“十四五”职业教育国家规划教材

Flash CS6项目驱动“教学做”案例教程

（第三版）

主　编　龚花兰
副主编　苏　文　于淑香　苏凯英
参　编　许玉枚　刘元海　王朝晖
　　　　程　雷　秦　伟

复旦大学出版社

内 容 简 介

本教程以案例为主，采用“教学做”的形式编写，教程知识前后贯通。编排上以Flash动画制作为基础，使读者在掌握Flash动画制作技术的基础之上，循序渐进地学习Flash MTV创作技术。在Flash MTV创作部分介绍了最新的技术和方法，强调教材的先进性和时代感，并注重拓宽知识面，激发学习者的学习兴趣和创作意识。

本书是面向高职高专的基础性教材，可作为Flash学习者的自学参考书，以及Flash动画制作基础培训班的教材，也可作为广大Flash爱好者、学校教师、网页动画制作者、多媒体从业人员的参考书。

全书分4篇共11个模块，第一篇 快速入门；第二篇 技能提高；第三篇 高级动画；第四篇 Flash MTV创作。编者认真总结长期积累的课程教学经验，本着“精讲多练，突出技能训练，理论以够用为度”的原则，采用任务驱动的方式编排案例和任务。每个模块根据“知识要点+经典案例演示+上机实战任务”编写。高度概括的知识要点有利于“教”，每个典型案例详细的演示步聚有利于“学”，每个上机实战任务的步骤描述有利于督促读者“做”。读者在学中练，练中悟；学中用，用中学；学中闯，闯中创，突显了本教程“教学做”合一的特点。

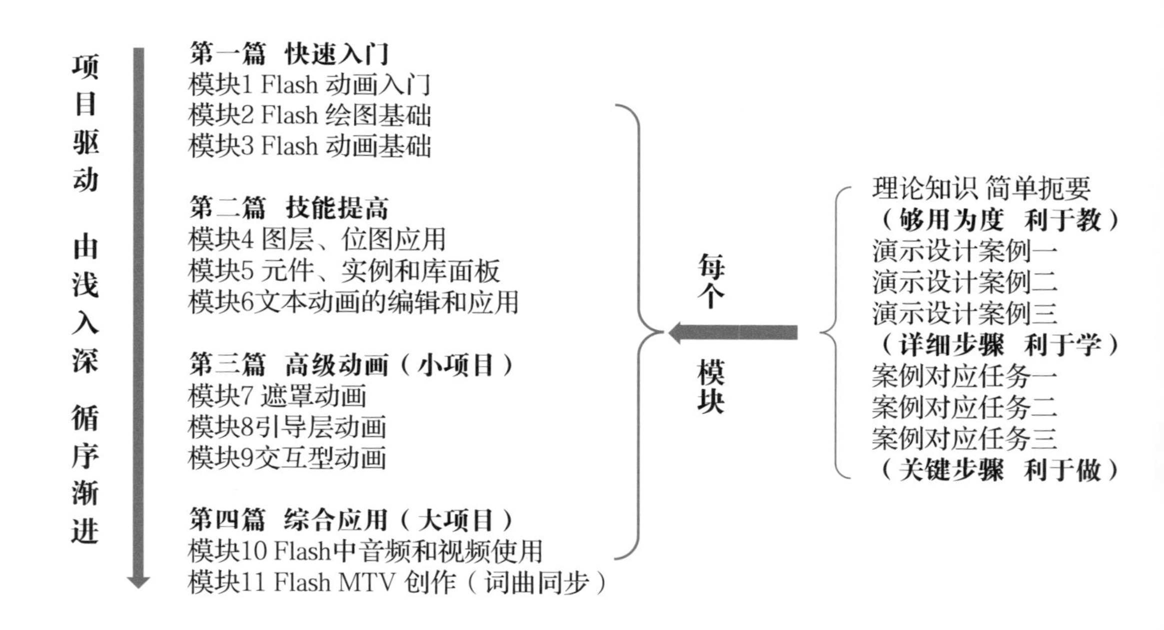

本书配有丰富的电子素材，下载地址：http://edu.fudanpress.com/kj/lg/flashcs6.rar

前　　言

感谢您翻开此书。在茫茫的书海中,或许您曾经为寻找一本技术全面、案例丰富的 Flash 动画制作图书而苦恼,或许您为担心自己是否能做出书中的案例效果和 Flash MTV 作品而犹豫,或许您为了自己应该买哪一本 Flash 动画入门教材而仔细挑选,或许您正在为自己进步太慢而缺少信心……

现在,我们就为您奉献一册实用的学习用书。本教程根据"任务驱动式"教学理念编制,从 Flash 动画的入门基础知识到完整的动画设计与制作,采用了大量的经典演示案例和上机任务来引导读者掌握 Flash CS6 的基本功能。

编者认真总结长期积累的课程教学经验,本着"精讲多练,突出技能训练,基础理论以够用为度"的原则编排,将知识点融入演示案例和上机任务,力求使读者学习后能创作出精彩的 Flash MTV 作品。

本教程主要突出如下特点:

1. 案例经典,"教学做"合一

每个模块按"教学做"递进形式展开。"教"知识要点;"学"精典案例演示;"做"上机实战。知识要点以够用为主,精典案例演示以巩固知识要点和提高操作技能为主,上机实战以任务驱动和实用为主。其中,高度概括的知识要点有利于"教",每个经典案例关键的演示步骤有利于"学",每个上机实战任务的详细讲解步骤有利于督促读者"做",突显了本教程"教学做"合一的特点。

2. 任务设置合理,利于提高技能

各模块中的每个任务,有利于提高动画制作技能,使读者在学习案例之后可以举一反三,提高灵活应用的操作技能。"知识要点+案例演示+任务",学习效果极佳。

60 多个针对性强、实用性强的经典案例,内容充实,演示步骤叙述清楚明了,且通俗易懂。改传统的"先学再做"为"边学边做",将知识点嵌入一个个案例,真正达到了理论与实际的结合。适合读者在学中练,练中悟;学中用,用中学;学中闯,闯中创。

3. 素材丰富,学习方便

配备了全部演示案例和任务的素材和源文件,供读者下载使用。

整个教程环环相扣,通过任务,读者最终能制作完成最实用的几大类项目:综合动画、网页广告、网站横幅、音乐贺卡、Flash MTV 作品等。

Flash 初学者应该逐个模块地阅读本书,对照书中每个实例的具体制作过程,进行认真的实践与反复的训练。读者在学习后面的模块知识时，应该注意书中指出的与前面模块知识的相关联之处，体会逐步深入的制作过程，慢慢地把握 Flash 动画的层次结构以及内在的联系。已初步掌握 Flash 的读者，应该重点学习实例之间的联系和对比，体会 Flash 各个功能及用法的层次关系，进一步熟练各种高级效果的制作技巧，并从中得到启发，创造性地制作出自己的动画作品。

主编认真收集用书学校一线授课教师反馈的信息，不断更新内容，现推出第三版。本教程分 4 篇共 11 个模块，每模块知识都能独立成章。参与本书编写的人员均为从事 Flash 动画制作教学工作的资深教师，他们有着丰富的教学经验和动画设计经验。其中，主编沙洲职业工学院龚花兰编写了模块 1、3 和 10 全部内容，模块 8 的案例 3，模块 11 的知识要点和演示案例 1、2。副主编连云港职业技术学院苏文编写了模块 9 的全部内容，和模块 11 的任务 1、2。副主编沙洲职业工学院于淑香编写了模块 2 的知识要点，模块 5、7 的全部内容，模块 6 的知识要点和 3 个案例。副主编沙洲职业工学院苏凯英编写了模块 4 的全部内容，模块 6 的 3 个任务，模块 8 的知识要点和案例 1、2。安徽滁州市应用技术学校许玉枚编写了模块 2 的 2 个案例和 1 个任务。江西工业职业技术学院王朝晖编写了模块 2 的 1 个案例和 1 个任务。上海新侨职业技术学院程雷编写了模块 2 的 1 个任务。苏州如意通动画公司项目经理刘元海编写了模块 8 的 2 个任务。江苏新泰克软件有限公司项目经理秦伟同志编写了模块 8 的 1 个任务。全书由主编龚花兰统编并统稿。

教材的编写得到了苏州如意通动画公司项目经理刘元海、江苏新秦克软件有限公司项目经理秦伟同志的大力帮助。但由于时间有限，书中难免有错误和疏漏之处，恳请广大读者批评、指正，编者们将不断完善。读者在学习的过程中，遇到困难，可以联系主编(电子邮箱 ghlzfr@163. com)。

编者

2019 年 10 月

目　　录

第一篇　快速入门

第二篇　技能提高

第三篇　高级动画

第四篇 Flash MTV 制作

Flash

第一篇
快速入门

模块1 Flash动画入门

动画是指物体在一定时间内发生变化的过程，包括动作、位置、颜色、形状、角度等的变化。在电脑中，可用一幅幅相关联的图片来表现这一段时间内物体的变化，每一幅图片称为一帧(以后就用帧表示图片)。当这些图片以一定的速度连续播放时，就会给人以动画的感觉，而静止的物体则用一幅幅相同的图片来表示。在电脑中，只要告诉Flash动画的第一幅和最后一幅图片，电脑会自动生成中间的变化，大大减轻了动画创作的负担，使得动画创作由传统的手工制作，转变为电脑合成，从而为动画制作开创了一片新的天地。

教 知识要点 简明扼要

- Flash动画基础知识
- Flash主界面了解及设置
- Flash影片制作基本流程

1.1 动画基础知识

1.1.1 动画的产生

动画是在连续多格的胶片上拍摄一系列单个画面，使胶片连续运动从而产生动态视觉效果的技术和艺术。因而，动画的产生基于人的相关生理和构成动画所遵循的基本规则。

1. *动画产生的生理基础*

动画是将精致的画面变为动态的艺术，由静止到动态的实现，主要是靠人眼的视觉暂留效应。动画之所以成为可能，就是利用了人类眼睛的视觉暂留现象。人在看物体时，物体在大脑视觉神经中停留的时间约为1/24 s。如果每秒更替24个画面或更多的画面，那么，前一个画面在人脑中消失之前，下一个画面就进入人脑，从而形成连续的影像。

2. *构成动画的基本规则*

前面提到的一系列单个画面之间是有联系的，每张图片之间既要有相似又要有差异，如果一系列不相干的图片连续播放，无法形成真正意义上的动画。也就是说，构成动画必须遵循一定的规则：

(1) 由多个画面组成,并且画面必须连续。

(2) 画面间必须存在差异,如在位置、形状、颜色、亮度等方面有所差异。

(3) 画面表现的动作必须连续,即后一幅画面是前一幅画面的继续。

人们常见的动画片中的动画,一般也称中间画,中间画是针对两张原画的中间过程而言的。动画片中的动作是否流畅、生动,关键要靠中间画完善。这里的中间画,其实就是一系列有联系的图片。

1.1.2 帧动画和矢量动画

计算机动画是在传统动画的基础上,采用计算机图形图像技术而迅速发展起来的一门高新技术。计算机动画按动画性质来说,可以分为两大类:第一类是帧动画,第二类是矢量动画;如果按照动画的表现方式,则可以分为二维动画和三维动画。

1. 帧动画

帧动画指构成动画的基本单位是帧,一部动画片由很多帧组成。帧动画借鉴传统动画的概念,每帧的内容不同,当连续播放时,形成动画视觉效果。制作帧动画的工作量非常大,计算机特有的自动动画功能只能解决移动、旋转等基本动作过程,不能解决关键帧的问题。帧动画主要应用在传统动画、广告片,以及电影特技的制作等方面。

2. 矢量动画

矢量动画(CG, Computer Graphics)是在两个有变化的帧之间创建动画。矢量动画只需制作头尾两帧的画面,中间画面由电脑自动生成,而不需要绘制出每一帧的画面。Flash就是目前使用最为广泛的矢量动画制作软件。

3. 二维动画和三维动画

二维动画是平面上的画面,由传统的手绘动画演变而来。一般是指通过动画师绘制每一帧画面,再将事先手工制作的原画面逐帧输入计算机,由计算机帮助完成绘线上色等工作,并且由计算机控制完成纪录。二维画面无论怎样看,画面的内容是不变的。计算机屏幕所显示的画面,无论立体感有多强,终究只是在二维空间上模拟真实的三维空间效果。

三维动画又称 3D 动画,画中景物有正面,也有侧面和反面,调整三维空间的视点,能够看到不同的内容。三维动画软件在计算机中,首先建立一个虚拟的世界,设计师在这个虚拟的三维世界中按照要表现的对象的形状尺寸建立模型以及场景;再根据要求,设定模型的运动轨迹、虚拟摄影机的运动和其他动画参数;最后按要求为模型附上特定的材质,并打上灯光。当这一切完成后就可以让计算机自动运算,生成最后的画面。

1.1.3 Flash 动画的应用领域

Flash 是最流行的二维矢量动画制作软件,广泛应用于网站片头、网络广告、游戏制作、多媒体课件、娱乐短片、Flash MTV 作品创作和应用程序界面开发等领域。Flash 动画是动画设计师、广告设计师、网页设计师、网站工程师、游戏工程师、多媒体设计师和电影特效创作人等必须掌握的软件。随着 Flash 软件版本的不断升级,Flash 的功能越来越强大,应用

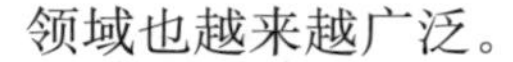
领域也越来越广泛。

1.1.4　Flash 动画的特点

Flash 动画之所以被广泛应用，与其自身的特点密不可分。

（1）从动画组成来看，Flash 动画主要由矢量图形组成。矢量图形具有储存容量小，并且在缩放时不会失真的优点，这就使得 Flash 动画不仅储存容量小，而且在缩放播放窗口时不会影响画面的清晰度。

（2）从制作手法来看，Flash 动画的制作比较简单。爱好者只要掌握一定的软件知识，拥有一台电脑、一套软件就可以制作出 Flash 动画。

（3）从动画发布来看，在导出 Flash 动画的过程中，程序会压缩、优化动画组成元素（如位图图像、音乐和视频等）。这就进一步减少了动画的储存容量，使其更加方便在网上传输。

（4）从动画播放来看，发布后的 *.swf 动画影片具有“流”媒体的特点。在网上可以边下载边播放，而不像 GIF 动画那样要把整个文件下载完了才能播放。

（5）从交互性来看，为 Flash 动画添加动作脚本使其具有交互性。这就使观众成为动画的一部分，这是传统动画无法比拟的。

（6）从制作成本来看，用 Flash 软件制作动画可以大幅度降低制作成本；同时，在制作时间上也比传统动画大大缩短。

1.2　初识 Flash

1.2.1　Flash 版本历史

Flash 版本历史见表 1-1。

表 1-1　Flash 版本历史

版本名称	更新时间	增加功能
Future Splash Animator	1995 年	由简单的工具和时间线组成
Macromedia Flash 1	1996 年 11 月	Macromedia 更名后为 Flash 的第一个版本
Macromedia Flash 2	1997 年 6 月	引入库的概念
Macromedia Flash 3	1998 年 5 月	影片剪辑，Javascript 插件，透明度和独立播放器
Macromedia Flash 4	1999 年 6 月	文本输入框，增强的 ActionScript，支持 MP3 音乐
Macromedia Flash 5	2000 年 8 月	智能剪辑，HTML 文本格式
Macromedia Flash MX	2002 年 3 月	Unicode，组件，XML，流媒体视频编码
Macromedia Flash MX 2004	2003 年 9 月	文本抗锯齿、ActionScript 2.0，增强的流媒体视频行为
Macromedia Flash MX Pro fessinal	2003 年 9 月	ActionScript 2.0 的面向对象编程，媒体播放组件

续 表

版本名称	更新时间	增加功能
Macromedia Flash 8	2005 年 9 月	详见 Flash 8 软件
Macromedia Flash 8 Pro	2005 年 9 月	方便创建 Flash Web,增强的网络视频
Adobe Flash CS3 Professional	2007 年	支持 ActionScript 3. 0,支持 XML
Adobe Flash CS3	2007 年 12 月	导出 QuickTime 视频
Adobe Flash CS4	2008 年 9 月	详见 Flash CS4 软件
Adobe Flash CS5	2010 年	FlashBuilder、TLF 文本支持
Adobe Flash CS5. 5 Professional	2011 年	默认支持 ISO 项目,iOS 项目支持 iPad 和 iPhone 4 高清 app 输出
Adobe Flash Professional CS6	2012 年	可生成 Sprite 表单和访问专用设备
Adobe Animate CC	2015 年	功能更强大,版本界面沿用至今
Adobe Flash Professional CC	2017 年	详见 Flash Professional CC

Adobe 的软件都是向下兼容的。对普通用户而言,Flash CS6 和之前的版本没有大的区别。为了使所有的 *. fla 文件都能打开编辑,使用最新版的 Flash 软件肯定更方便。

1.2.2 认识 Flash CS6

首先安装好 Adobe Flash Professional CS6,启动后便会进入 Adobe Flash Professional CS6(以下简称 Flash CS6)的“欢迎屏幕”页,如图 1-1 所示。

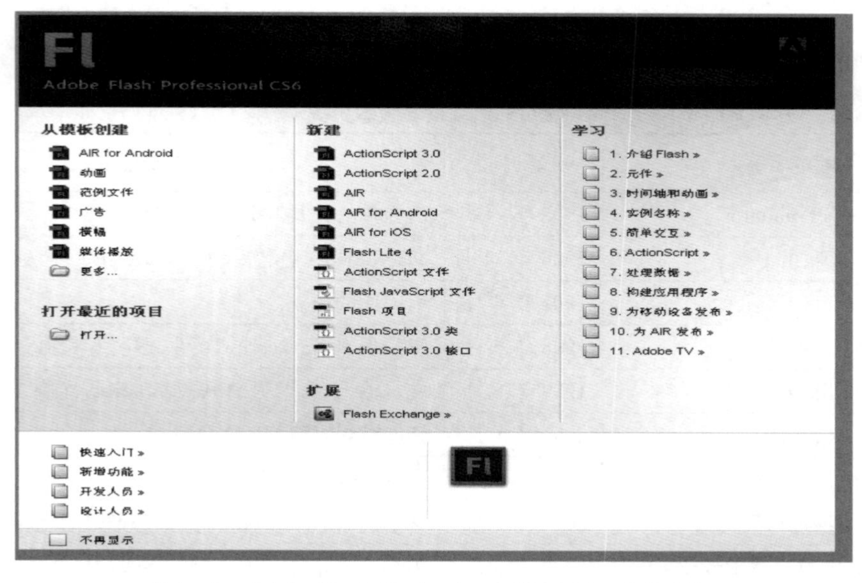

图 1-1　Adobe Flash Professional CS6 的“欢迎屏幕”页

勾选“欢迎屏幕”下方的“不再显示”项，则会弹出提示恢复“欢迎屏幕”页的设置。点击“欢迎屏幕”页主菜单的“编辑”|“首选参数”|“常规”，如图 1 - 2 所示，设置相关参数。

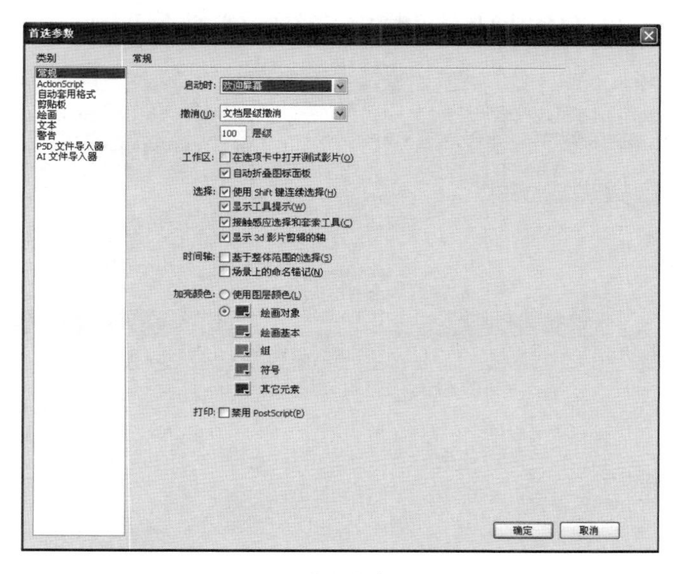

图 1 - 2　“首选参数”设置

1.3　Flash CS6 操作主界面

Flash CS6 的操作主界面继承了以前版本的风格，又和之后的版本一样美观、方便快捷。在“欢迎屏幕”页，选择“新建”下的“ActionScript 3. 0”就可以轻松地进入 Flash CS6 操作的主界面，并新建一个影片文档。Flash CS6 的操作主界面主要包括标题栏、菜单栏、时间轴、工具箱、舞台和浮动面板等，如图 1 - 3 所示。

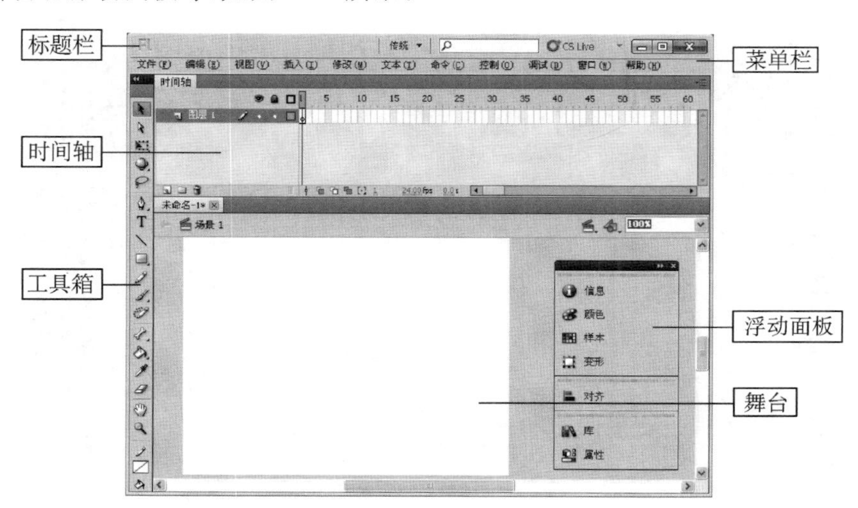

图 1 - 3　Flash CS6 操作主界面

点击 Flash CS6 操作主界面“标题栏”右边的“传统”字样，弹出的快捷菜单中有多个选项，包括“动画”“传统”“调试”“设计人员”“开发人员”“基本功能”“小屏幕”等，如图 1－4 所示。通过这 7 个选项，可以将 Flash CS6 操作主界面设置成不同的风格。

图 1－4　设置 Flash CS6 操作主界面的选项

选项不同，操作主界面风格也不同，使用者可以根据自己的需要选择不同的操作主界面。

同样，选择主菜单的“窗口”|“工作区”，显示出“工作区”下的级联菜单，如图 1－5 所示。显然，通过这 7 个选项，也可以设置操作主界面的风格。

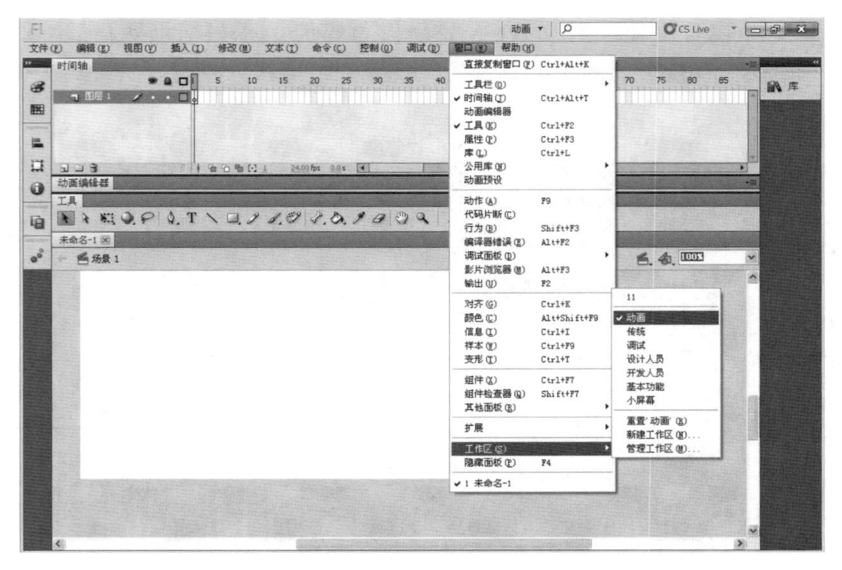

图 1－5　Flash CS6 主菜单“窗口”|“工作区”下的级联菜单

1.3.1　工具箱

工具箱汇集了一套完整的 Flash 图形创作工具，包括绘图、文字和修改等常用工具，利用这些工具可以进行绘画、选取、喷涂、修改及编排文字等操作，在后续的模块 2 中将详细介绍。

Flash 工具箱一般放在操作界面的左侧，执行主菜单的“窗口”|“工作区”|“传统”后，工具箱的位置和 Flash 以前的版本一样，并且标题栏显示“传统”字样(见图 1－4)。

选择主菜单的“窗口”|“工作区”|“开发人员”后，工具箱置于操作主界面上部，如图 1－6 所示，标题栏显示“开发人员”字样。

图 1－6　Flash CS6 开发人员风格操作主界面

单击工具箱上面的小三角可以折叠和展开工具箱，单击工具箱同时拖动鼠标可以将工具箱置于 Flash 操作主界面的任意位置。

1.3.2　时间轴面板

时间轴面板是 Flash 中最为重要的部分。勾选主菜单的“窗口”|“时间轴”选项后，时间轴面板会直接显示在操作主界面上。“时间轴”面板主要包括图层、帧和播放头几部分。直观地，又可以分为左、右两个部分，左边部分用来管理和操作图层，右边部分用来操作帧。熟悉如图 1－7 所示时间轴面板上各信息的名称，有利于后述内容的学习。

时间轴面板用于帧和层操作，它控制着影片的停止和播放。时间轴表示动画播放过程中随时间变化的序列，用于组织动画各帧的内容，并且可以控制动画每层、每帧的内容，显示动画播放的速率等信息。

时间轴的状态显示在“时间轴”面板的底部，包括若干用于改变帧显示的按钮，指示当前帧编号、帧频和到当前帧为止的播放时间等。

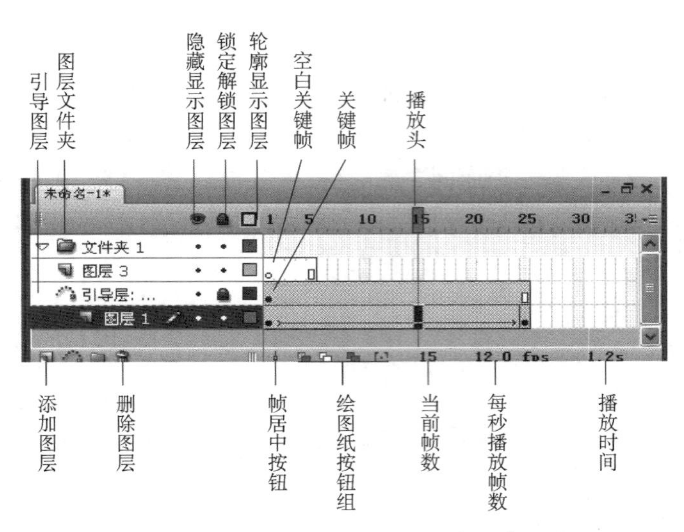

图 1-7　Flash CS6 时间轴面板各信息名称

1.3.3　舞台、工作区、场景

舞台是 Flash CS6 中最主要的可编辑区域。在 Flash CS6 中，把当前工作窗口称为舞台，全部的动画操作都是在舞台中进行的(见图 1-3)。舞台的范围也是 Flash 动画的播放范围，可以通过主菜单的"修改"|"文档"|"文档属性"，打开文档属性对话框，设置舞台的尺寸和舞台背景颜色等。

工作区就相当于放映厅里的空间，可以在上面摆放任意东西，但不一定能看到。工作区中的对象除非在某时刻进入舞台，否则不会在影片的播放中看到。

场景相当于一个电影院影片的放映厅，可以看完这个厅再去另外一个厅，按顺序一个一个地走。一个 Flash 动画往往包含若干个层和帧，也可有多个场景。Flash 利用不同的场景组织不同的动画主题，每个场景中的内容可能是某个相关主题的动画。一般情况下都只用一个场景，但在制作工程量较大或复杂的动画时，可能会用到几个场景。利用多个场景制作动画，主要是为了使动画分类清晰、修改方便。

1.3.4　面板

面板是 Flash CS6 中最重要的操作对象，Flash CS6 提供了大量的面板用于查看、组织动画中的各种元素。查看"窗口"菜单下对应项了解各种面板信息，根据主菜单"窗口"下拉菜单的排列，将这些面板分为设计面板、开发面板和其他面板等类型，每种类型面板又都包括多个面板。启动 Flash CS6 后，往往多个面板会围绕在舞台左边或右边。在操作中，为避免工作区出现混乱，需要进一步了解常用面板和常用面板设置。

1. 常用面板

(1)"属性"面板　"属性"面板是 Flash 中最常用的面板，该面板中的内容不是固定的，它会随着选择的对象的不同而显示不同的设置内容，如图 1－8 所示。“属性”面板的使用在后续的章节中会具体介绍。

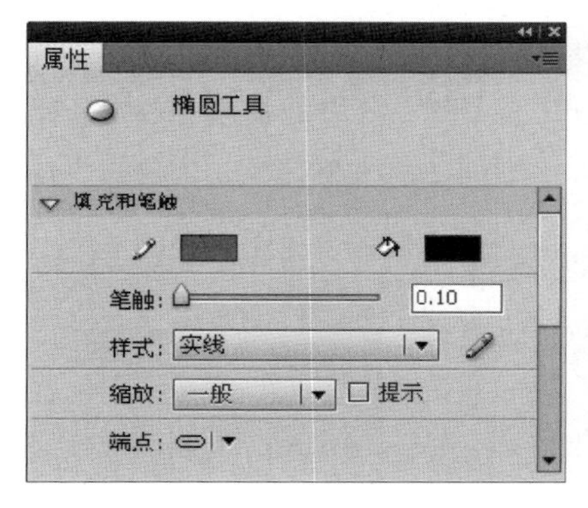

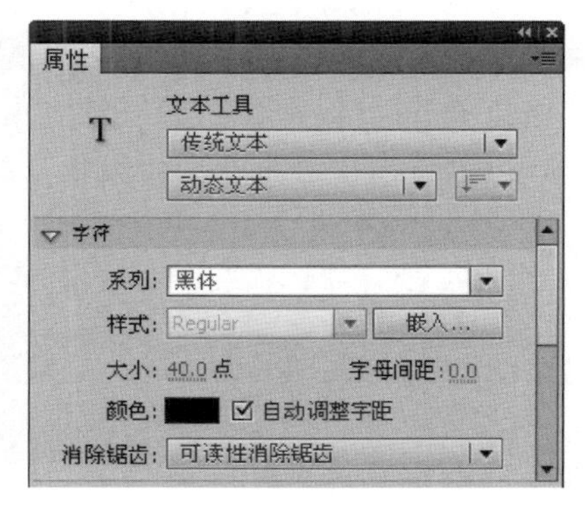

图 1－8　“属性”面板

（2）其他常用面板　Flash 中常用面板很多，有“对齐”面板、“颜色”面板、“信息”面板、“样本”面板、“变形”面板，还有“动作”“行为”面板和“库”“公用库”面板等。这些常用面板在后续章节的案例学习中也会具体介绍。

2. 常用面板设置

（1）打开面板　如果所需的面板没有显示，可以通过查看“窗口”菜单下对应项的相关命令将其打开。

（2）关闭面板　在已打开的面板标题栏上右击，然后在弹出的快捷菜单中选择“关闭”或“关闭组”命令即可，或者也可直接单击面板右上角的“关闭”按钮。若选择“窗口”菜单下的“隐藏面板”命令，则可以一次性关闭所有面板。

（3）折叠或展开面板　为扩大工作区范围，常常需要折叠或展开面板。右击任意面板的标题栏，会弹出折叠和关闭面板的相关选项。双击任意面板的标题栏，可以折叠或展开其面板。

单击停放区顶部的双箭头，可以折叠或展开其中的所有面板图标。若要调整面板图标大小以便仅能看到图标（看不到标签），可调整停放的宽度直到文本消失。若要再次显示图标文本，则加大停放的宽度。

若要将展开的面板重新折叠为其图标，则单击其标题栏中的双箭头。再次单击，即可展开该面板。

（4）移动面板　通过拖动面板标题栏可以将固定面板移动为浮动面板，也可以将浮动面板和其他面板组合在一起。在移动面板时，会看到蓝色突出显示的放置区域，可以在该区域中移动面板。例如，通过将一个面板拖移到另一个面板上面或下面的窄蓝色放置区域中，可以在停放中向上或向下移动该面板。如果拖移到的区域不是放置区域，该面板将在工作区中自由浮动。

（5）改变面板区域大小　在面板展开的情况下，将鼠标指针指向面板的边框，鼠标指针变为双向黑色箭头，这时拖动鼠标指针可以改变面板区域的大小。

(6) 重置面板　Flash CS6 面板在使用的过程中，会不知不觉地被操作者改变位置，有时在主界面上移动得到处都是，很多初学 Flash 者会很有耐心地将它们一个个拖动到原来的位置上，这样的确可以让这些面板恢复原样，但比较麻烦。其实在 Flash CS6 中有一个非常简单的菜单命令："重置"。只需点击主菜单"窗口"|"工作区"|"重置"命令，可以将面板快速恢复到初始位置。同样，还可以通过软件窗口"标题栏"右边的快捷选项，选择对应的"重置'传统'"命令，可将面板迅速恢复到初始位置，如图 1－9 所示。

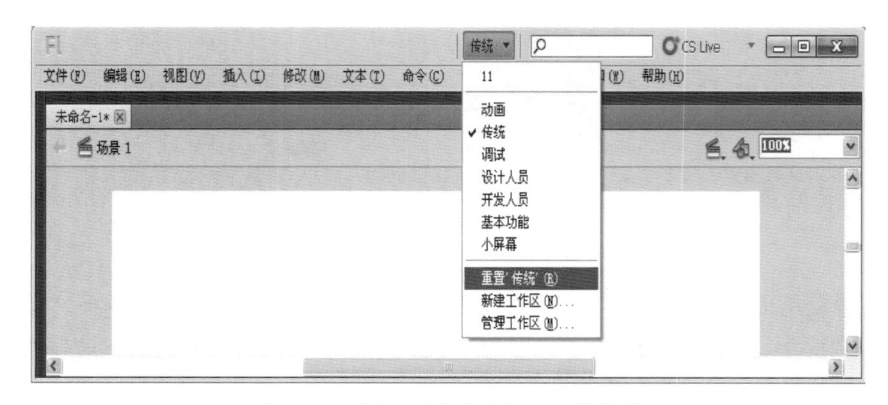

图 1－9　"重置面板"的快捷操作菜单

1.3.5　网格、标尺和辅助线

网格、标尺和辅助线是 3 种高级辅助设计工具，它们可以帮助 Flash 动画制作者精确地勾画和安排对象。

(1) 网格　网格主要有"显示网格"和"编辑网格"两个功能。在 Flash CS6 软件窗口，执行"视图"|"显示网格"命令，可以显示网格线。在 Flash CS6 软件窗口，执行"视图"|"网格"|"编辑网格"命令，打开编辑"网格"对话框，可以设置网格的各种属性。

借助网格可以很方便地制作一些图形，并且可以提高图形的制作精度，提高工作效率，如图 1－10 所示。

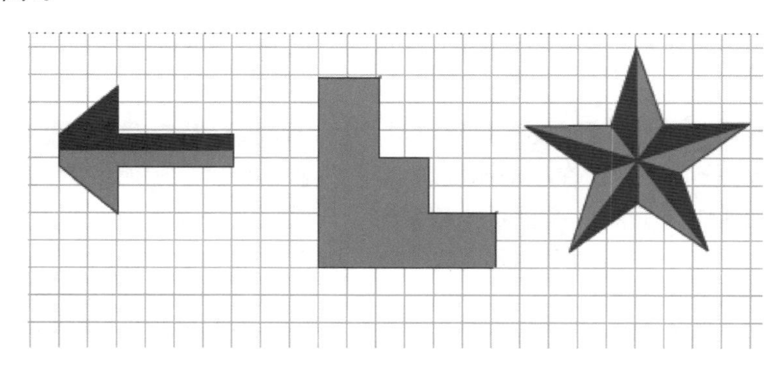

图 1－10　网格与图形

（2）标尺　标尺可以度量对象的大小、比例，有利于精确绘制图形和准确定位图形对象。在 Flash CS6 软件窗口，执行“视图”|“标尺”命令，可以显示或隐藏标尺。显示在工作区上边的是“水平标尺”，用来测量对象的宽度。显示在工作区左边的是“垂直标尺”，用来测量对象的高度。舞台的左上角为“标尺”的零起点。

（3）辅助线　首先确认标尺处于显示状态，在“水平标尺”和“垂直标尺”上按下鼠标并拖动到舞台上，“水平辅助线”和“垂直辅助线”就创造出来了，默认的颜色为绿色。在 Flash CS6 软件窗口，执行“视图”|“辅助线”|“编辑辅助线”命令，打开“辅助线”对话框，可以对辅助线进行相关的设置。

1.4　Flash CS6 影片文档

1.4.1　Flash CS6 影片制作的基本流程

Flash 影片文档主要是指用 Flash 软件编辑制作的扩展名为. fla 的源文件和扩展名为. swf 的动画视频文件。

Flash CS6 影片制作的基本流程是：素材准备→新建 Flash CS6 影片文档→设置文档属性→制作动画→测试和保存动画→导出和发布影片。

（1）素材准备　根据动画内容准备相应的动画素材，一般包括图形图像素材、音频素材（声效、歌曲、乐曲等）和视频素材等。为满足动画制作要求，事先需要采集、编辑和整理这些素材。

（2）创建 Flash CS6 影片文档　创建 Flash CS6 影片文档有两种方法：一种是新建空白的影片文档，另一种是从模板创建影片文档。在 Flash CS6 中，新建空白影片文档又有两种类型：一种是 Flash 文件（ActionScript 3.0），另一种是 Flash 文件（ActionScript 2.0）。这两种类型的影片文档主要的不同之处在于：前一种的动作脚本语言版本是 ActionScript 3.0，后一种的动作脚本语言版本是 ActionScript 2.0。

（3）设置文档属性　在正式制作动画之前，必需设置好文档属性。执行主菜单“修改”|“文档”，打开“文档属性”设置对话框，根据动画需要设置尺寸（舞台尺寸）、背景颜色（舞台背景颜色）、帧频（每秒播放的帧数）等文档属性，如图 1 - 11 所示。

（4）制作动画　制作动画是 Flash 动画制作流程的主要步骤。一般，需要先创建动画对象（可以用绘画工具绘制或者导入外部素材），然后在时间轴上组织和编辑动画效果。

（5）测试和保存动画　动画制作完成后，可以执行主菜单“控制”|“测试影片”命令（或按[Ctrl]+[Enter]键）测试影片效果，如果满意，可以执行“文件”|“保存”命令（或按[Ctrl]+[S]键）保存影片。在动画制作过程中记得按[Ctrl]+[S]键随时保存 Flash 影片文档。

（6）导出和发布影片　动画制作完毕，可以导出或发布影片。执行“文件”|“导出”|“导出影片”命令，可以导出影片。执行“文件”|“发布”命令可以发布影片，通过发布影片可以得

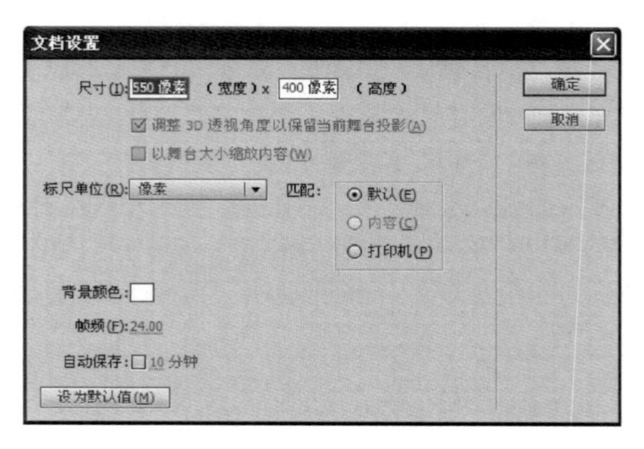

图 1-11 “文档设置”对话框

到更多类型的目标文件。

1.4.2 Flash 影片文档类型

1. Flash 影片文档类型

(1) *.fla 源文件　不可能脱离 Flash 软件环境运行。

(2) *.swf 文件　可以脱离 Flash 软件环境运行，但需要计算机上安装有不低于该版本的 Flash 播放器软件。安装方法：将下载的 Flash Player 复制到 C:\Program Files\Adobe\Adobe Flash CS6\Players 中，再安装即可。

(3) *.exe 文件　运行不需用播放器，但文件体积较大。

(4) *.html 格式　发布为网页文件。

2. Flash 影片文档大小比较

Flash 影片文档大小比较，一般为 *.exe> *.fla> *.swf。

学 知识巩固　案例演示

演示案例 1　运动的小球

演示步骤

1. 双击 Flash CS6 软件出现开始页后，选择“Flash 文件(ActionScript 3.0)”，启动 Flash CS6 的工作窗口，并新建了一个影片文档。

2. 点击工具箱中“矩形”工具右下角的黑三角，选择“椭圆”工具，工具箱下方对应的“笔触颜色”选择无，“填充颜色”选择红色渐变，如图 1-12 所示。

3. 左手按住[Shift]键，同时，右手用鼠标在舞台中绘制一个任意大小的红色小球。此时，在时间轴的“第 1 帧”处会出现一个黑色的小点：关键帧。

4. 使用工具箱中的“选择工具”在小球上点击后选定该小球，将小球移到舞台左边位置。在时间轴的“第 20 帧”处右击鼠标，在弹出的快捷菜单中选择“插入关键帧”命令，此时，按住[Shift]键将小球平行移动到舞台场景右边的位置，如图 1 - 13 所示。

5. 在时间轴的第 1 帧和第 20 帧间，右击鼠标，在弹出的快捷菜单中选择“创建传统补间”，在时间轴上会出现连续的帧（带箭头的实线），并且从“起始帧 1”到“终止帧 20”间显示蓝色，如图 1 - 13 所示。

6. 执行“文件”|“保存”命令，保存影片文档名称为“运动的小球. fla”，保存位置为模块 1 文件夹。

7. 按[Ctrl]+[Enter]键测试影片，在相同文件夹中会生成“运动的小球. swf”文件。

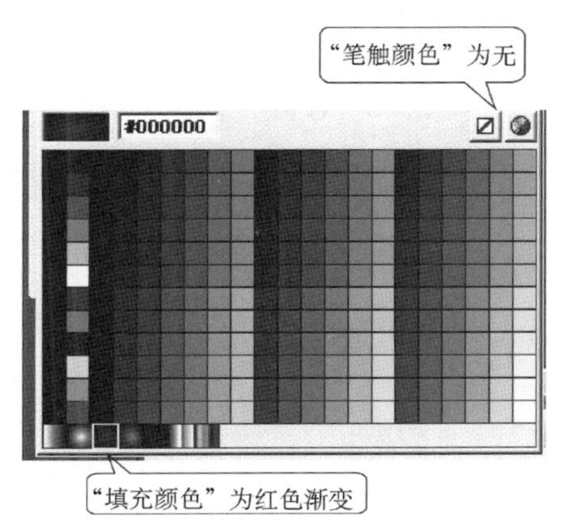

图 1 - 12　“颜色”面板设置

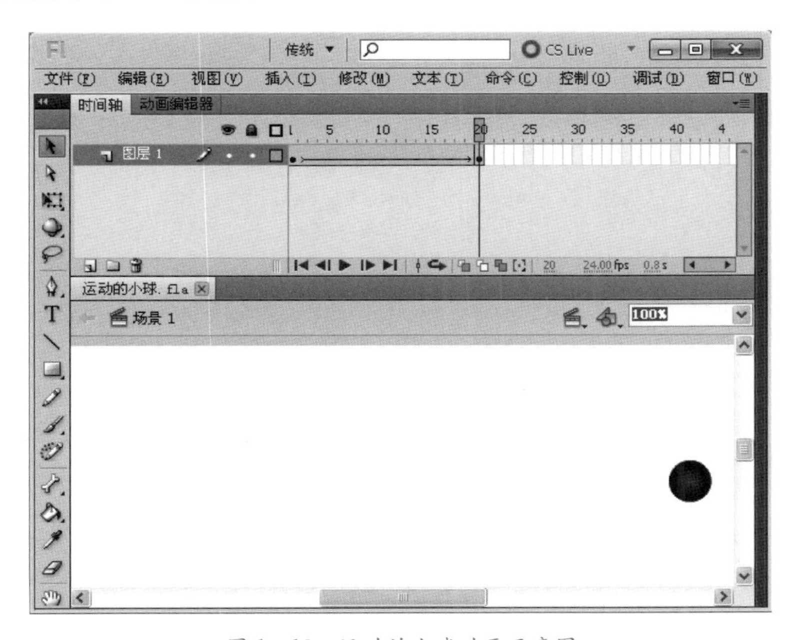

图 1 - 13　运动的小球动画示意图

知识点拨

打开“资源管理器”，定位到上述动画影片保存的指定文件夹，可以观察到该文件夹中多了两个文件。一个是影片文档源文件（扩展名是 fla），也就是步骤 6 中保存的文件；另一个是影片播放文件（扩展名是 swf），也就是步骤 7 中测试时产生的播放文件。查看影片文档的源文件和播放文件的属性，可以发现 *. fla 比 *. swf 大许多。

直接双击影片播放文件"运动的小球. swf"，可以在 Flash 播放器(对应的软件名称是 Flash Player)中播放动画。

演示案例 2　变色的小球

演示步骤

1. 新建一个 Flash 影片文档，执行"修改"|"文档"，打开"文档属性"设置对话框，设置尺寸为 300×200 像素、背景颜色为黑色，其他为默认，如图 1-14 所示。

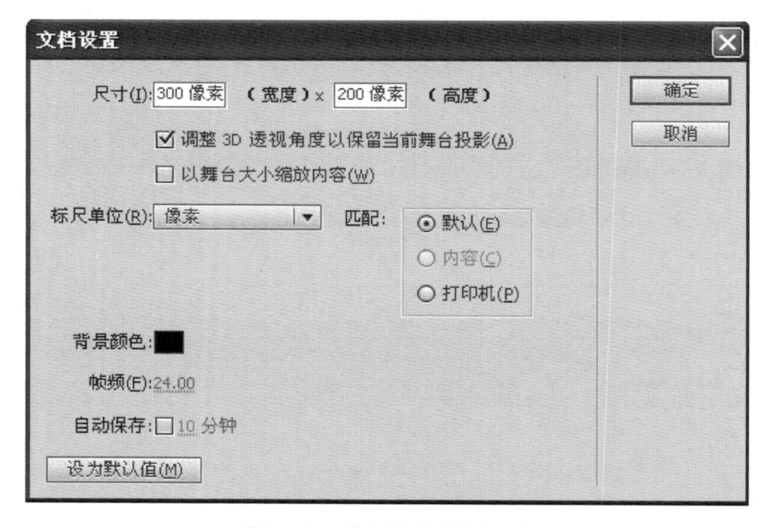

图 1-14　"文档设置"对话框

2. 选择工具箱中的"椭圆"工具，"笔触颜色"选择无，"填充颜色"选择灰色渐变，在舞台中绘制一个圆。点击窗口下的"属性"，显示"属性"面板，选中圆，将"属性"面板中"位置和大小"中的"宽"和"高"都设置为 65。

3. 在第 15 帧处右击鼠标，选择"插入关键帧"，在工具箱下方对应设置该帧"填充颜色"为多彩渐变样式，如图 1-15 所示。

4. 在第 1～15 帧间右击鼠标，选择"创建补间形状"动画，在时间轴的第 1～15 帧间出现连续的帧(带箭头的实线)，并且从"起始帧 1"处到"终止帧 15"间显示绿色。

5. 在第 30 帧处插入关键帧，设置该帧"填充颜色"为红色渐变样式，参考步骤 4 完成第 15～30 帧间的形状补间动画，如图 1-16 所示。

6. 保存影片文档"变色的小球. fla"至"模块 1"文件夹中。按[Ctrl]+[Enter]键测试影片，并生成"变色的小球. swf"文件。

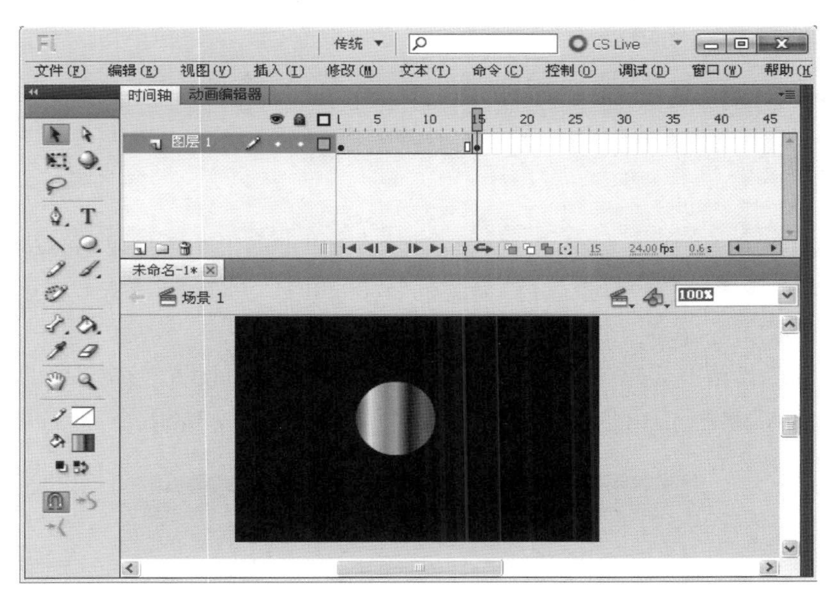

图 1-15　设置“填充颜色”为多彩渐变

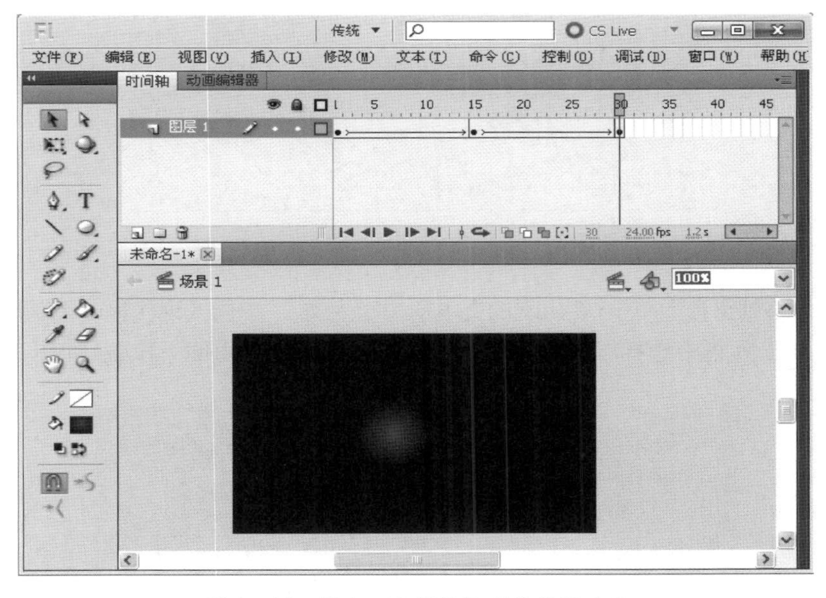

图 1-16　第 1～30 帧间的形状补间动画

知识点拨

演示案例 1 中动画完成后，点击舞台中的小球，小球为一个整体，即整件。演示案例 2 中动画完成后，点击舞台中的小球，小球是由无限个像素点组成的，即散件。显然创建传统补间的动画对象是整件，创建补间形状的动画对象是散件。

演示案例3　简单文本动画

演示步骤

1. 新建一个 Flash 影片文档，执行“修改”|“文档”，弹出“文档设置”对话框。设置“尺寸”为 600×400 像素，设置“背景颜色”为蓝色“#0033FF”、帧频为 12 fps，其他选项保持默认。保存文件为“文本字幕——中国式现代化”. fla。

2. 在绘画工具箱中选择“文本工具”[T]，在“属性”面板中设置“字符”项的“系列”为黑体，“大小”为 30，“颜色”为白色，其他属性保持默认，如图 1－17 所示。

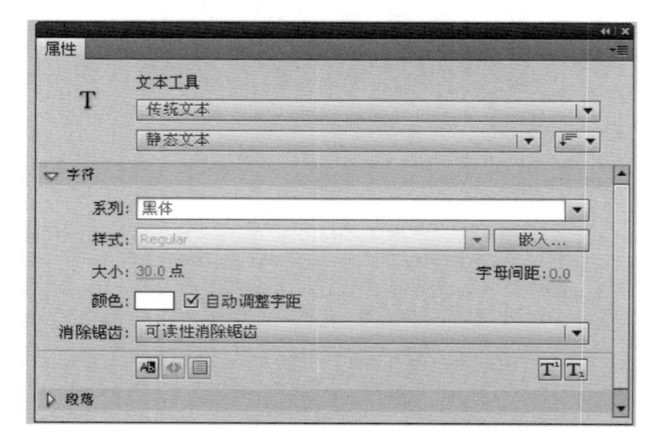

图 1－17　文本“属性”设置对话框

3. 将鼠标移到舞台上单击，在出现的文本框中输入文字“中国式现代化……”等文本内容。

4. 在绘画工具箱中选择“选择工具”，拖动文字到舞台中间偏下位置，如图 1－18 所示。

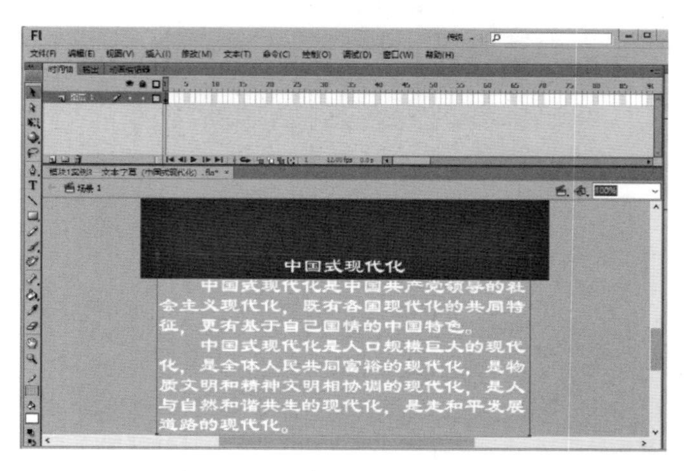

图 1－18　文本位置位于舞台偏下

5. 将鼠标移到时间轴的第 100 帧处右击，在弹出的快捷菜单中选择“插入关键帧”命令，此时，垂直拖动文字到舞台中间偏上位置，如图 1－19 所示。

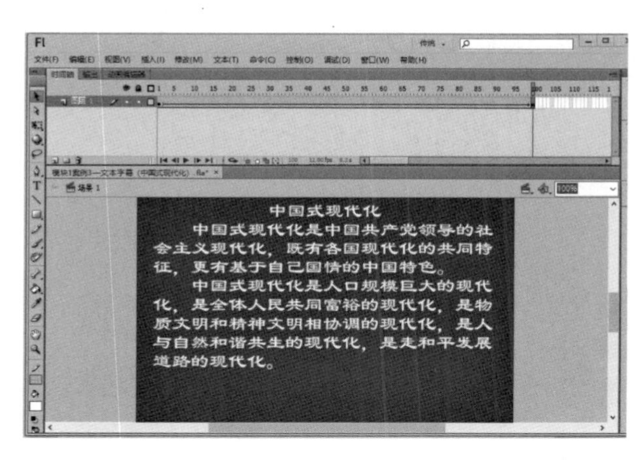

图 1－19　文本位置位于舞台

6. 将鼠标移到时间轴的第 1～25 帧间右击，在弹出的快捷菜单中选择“创建传统补间”命令，在时间轴上出现蓝色连续的帧。

7. 第 200 帧处右出，在弹出快捷菜单中选择“插入关键帧”命令(使 100 帧和 200 帧间文字处于静止显示状态，有利于阅读全部文本内容)。单击【保存】按钮，继续保存文件。

8. 执行主菜单“控制”|“测试影片”命令(或[Ctrl]+[Enter]键)测试影片效果。关闭测试窗口，可以返回到影片编辑窗口继续编辑修改。

9. 执行“文件”|“发布设置”|弹出“发布设置”对话框，在这个对话框中可以设置参数，暂且保持发布设置为默认状态，如图 1－20 所示。点击【发布】按钮发布影片。

图 1－20　“发布设置”对话框

10. 单击【确定】按钮，关闭"发布设置"对话框。查看"模块 1"文件夹会生成"文本字幕——中国式现代化. html"文件。

做 举一反三 上机实战

任务 1 跳动的小球

制作步骤

1. 双击 Flash CS6 软件，出现开始页，选择"Flash 文件（ActionScript 3. 0）"，在启动 Flash CS6 软件的同时新建一个影片文档。

2. 执行主菜单"修改"|"文档"，弹出"文档设置"对话框，设置尺寸为 500×400 像素、背景颜色为黑色。

3. 选择工具箱中的"椭圆"工具，此时"笔触颜色"选择无、"填充颜色"选择红色，如图 1－21 所示。

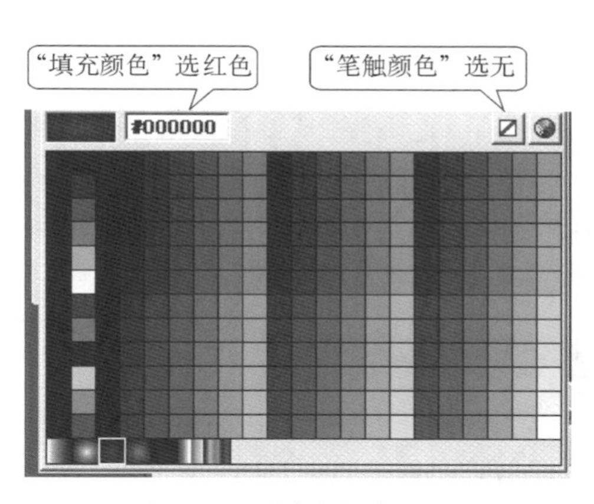

图 1－21 "填充颜色"设置

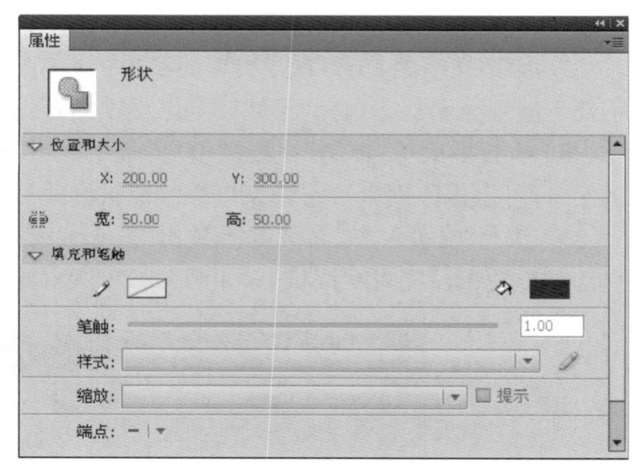

图 1－22 小球属性设置

4. 按住[Shift]键的同时在舞台场景中绘制一个小球，选定该小球显示属性面板，设置小球的属性，如图 1－22 所示。

5. 在第 20 帧处插入关键帧，将小球垂直移动到舞台场景上边；在第 40 帧处插入关键帧，将小球移回到初始位置。

6. 在时间轴的第 1 帧和第 40 帧间，右击鼠标，在弹出的快捷菜单中选"创建传统补间"，时间轴上出现蓝色连续的帧。

7. 按[Ctrl]＋[S]键，保存"跳动的小球. fla"至"模块 1"文件夹中；按[Ctrl]＋[Enter]键测试影片，产生"跳动的小球. swf"文件。

知识点拨

电影是由一格一格的胶片组成，而 Flash 动画不需要将每帧的内容制作出来，只要定义出动画的起始关键帧和终止关键帧，Flash 就会自动模拟中间的变化过程。

任务 2　伸缩棒

制作步骤

1. 新建一个 Flash 影片文档，执行“视图”|“显示网格”命令，显示网格线。

2. 用直线工具在舞台场景中绘制一条实线线段，设置该线段的属性：宽为 4、多彩色、笔触为 10。

3. 右击第 40 帧处选择“插入关键帧”命令，选择“窗口”|“信息”，打开“信息”面板，修改信息面板中的“宽”为 300。

4. 在第 1～40 帧间的时间轴区域右击，选择“创建补间形状”，时间轴上显示绿色的连续时间帧，如图 1 - 23 所示。

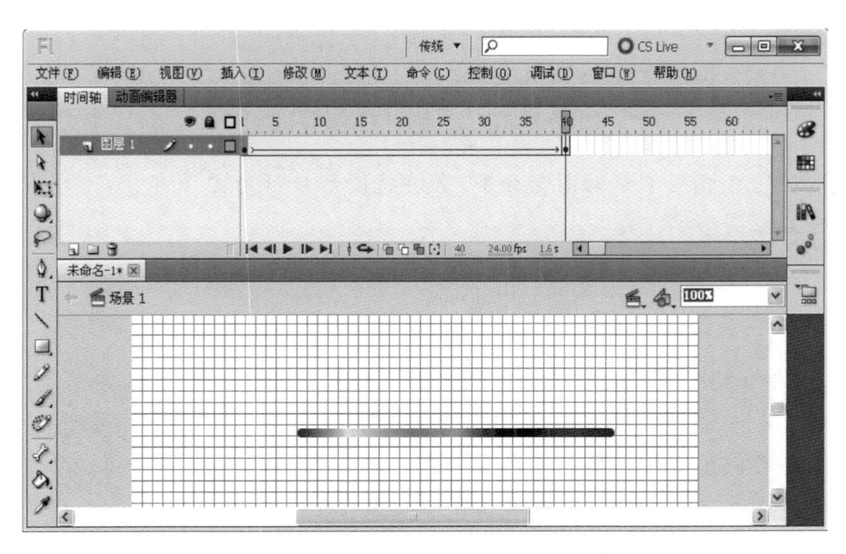

图 1 - 23　形状补间时间轴上显绿色

5. 保存影片文档为“伸缩棒. fla”至“模块 1”文件夹中。按[Ctrl]+[Enter]键测试影片，可以观看到伸缩棒的动画效果。

任务3　图形分解

制作步骤

1. 新建一个 Flash 影片文档，执行"修改"|"文档"，打开"文档属性"设置对话框，设置尺寸为 300×200 像素、背景颜色为白色、帧频为 12 fps，其他选项保持默认。

2. 选择工具箱中的"椭圆"工具，"笔触颜色"选择无，"填充颜色"选择多彩渐变样式，借助属性面板在舞台中绘制一个大小为 100×100 像素的圆。

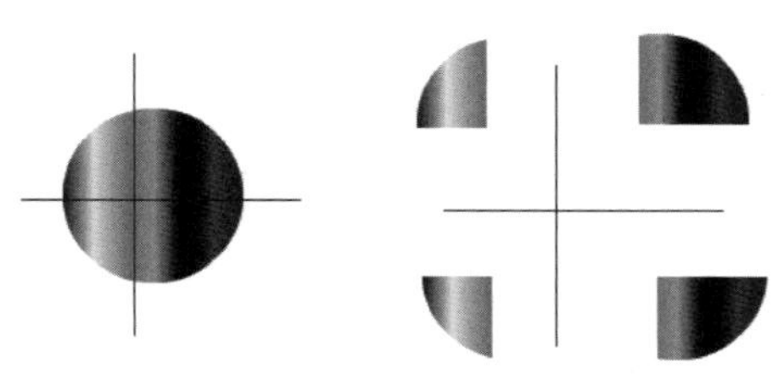

图 1－24　图形分解示意

3. 在第 50 帧处右击鼠标选择"插入关键帧"，在第 50 帧处选定该圆，用"直线工具"在圆上随意画"十字"型将圆分为 4 部分，然后将这 4 部分分别移开，如图 1－24 所示。

4. 删除"十字"型的直线，在第 1～15 帧间右击鼠标，选择"创建补间形状"动画，在时间轴的第 1～15 帧间出现连续的帧，并且从起始帧 1 到终止帧 15 间显示绿色。

5. 按[Ctrl]＋[Enter]键测试影片，可以观看到一个圆形图分为 4 部分的动画效果。

6. 保存影片文档为"图形分解. fla"至"模块 1"文件夹中。

知识点拨

"十字"型的直线用于帮助图形分解，若要将图形分解为更多部分，可以在图形上画"米"字型或其他图形。

模块小结

本模块主要介绍了 Flash CS6 主界面及界面风格的设置。通过 3 个简单又典型的动画案例，了解了一些常用面板的基本应用，着重比较了创建传统补间动画连续时间帧的颜色为蓝色，创建补间形状动画连续时间帧的颜色为绿色，掌握了 Flash 影片制作的基本流程。熟悉 Flash 动画制作技术，还需要在实际的制作中不断体会。

模块2 Flash CS6绘图基础

图形的绘制是制作动画的前提，也是制作动画的基础。每个精彩的 Flash 动画都少不了精美的图形素材。Flash CS6 自身的绘图工具很强大，熟练掌握 Flash 的绘图技巧，可以方便、快捷地绘制出各种各样的矢量图形，为制作精彩的 Flash 动画奠定坚实的基础。

教 知识要点 简明扼要

- Flash 工具箱
- Flash 常用工具的使用
- Flash 矢量图形绘制基础
- Flash 中的颜色管理
- Flash 中装饰工具的使用
- 3D 旋转工具和骨骼工具简介

2.1 Flash CS6 工具箱

Flash 工具箱提供了丰富的绘图工具，利用这些绘图工具可以绘制出精美的矢量图形。Flash CS6 工具箱中所含绘图工具的名称及其用途，如图 2－1所示。

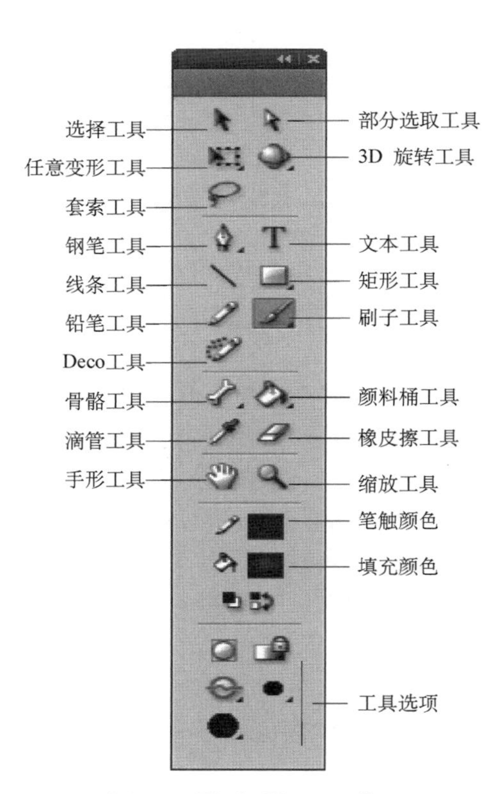

图 2－1 Flash CS6 工具箱

➢ 选择工具：选择对象、拖拽对象、改变图形形状等操作。

➢ 部分选取工具：选取对象的部分区域。

➢ 任意变形工具：对选取的对象进行变形。

➢ 3D 旋转工具：包括 3D 旋转工具（W）和 3D 平移工具（G）。

➢ 套索工具：选择一个不规则的图形区域，处理位图图形。

- 钢笔工具:主要绘制曲线。
- 文本工具:制作和编辑文本。
- 线条工具:绘制各种形式的线条。
- 矩形工具:绘制矩形、圆角矩形和椭圆等。
- 铅笔工具:绘制各种线条和曲线。
- 刷子工具:包括刷子工具和喷涂刷工具,主要绘制填充图形。
- Deco 工具:可以快速绘制出一些特定的图案。
- 骨骼工具:适合制作机械运动或人走路时上肢甩动的动画。
- 颜料桶工具:包括颜料桶工具和墨水瓶工具,填充和改变封闭图形的颜色。
- 滴管工具:用于将图形的填充颜色或线条属性复制到别的图形线条上,还可以采集位图作为填充内容。
- 橡皮擦工具:用于擦除图形中选定的内容。
- 手形工具:当舞台上的内容较多时,用于平移舞台以显示各个部分的内容。
- 缩放工具:缩放舞台中的图形。
- 笔触颜色工具:设置线条的颜色。
- 填充颜色工具:设置图形的填充区域。

2.2 常用工具及矢量图形绘制基础

2.2.1 选择工具

选择工具可用于抓取、选择和改变图形形状,它是 Flash 中使用最频繁的工具。选中该工具后,在工具箱下方的工具选项中会出现 3 个附属按钮,通过这些按钮可以完成以下操作。

(1) 贴紧至对象　也称“对齐”按钮。单击该按钮,然后使用选择工具拖拽某一对象时,光标将出现一个圆圈,若将它向其他对象移动,则会自动吸附上去,有助于将两个对象连接在一起。另外,此按钮还可以使对象对齐辅助线或网格。

(2) 平滑　该按钮对路径和形状进行平滑处理,消除多余的锯齿。可以柔化曲线,减少整体凹凸等不规则变化,形成轻微的弯曲。

(3) 伸直　该按钮对路径和形状进行平直处理,消除路径上多余的弧度。

知识点拨

“平滑”按钮和“伸直”按钮只适用于形状对象(就是直接用工具在舞台上绘制的填充和路径),而对于群组、文本、实例和位图不起作用。

通过简单的曲线绘制,可以比较“平滑”按钮和“伸直”按钮的作用。如图 2-2 所示,左侧的曲线是借助铅笔工具使用鼠标徒手绘制的，凹凸不平而且带有毛刺，图中间及右侧的曲线分别是经过3次平滑和伸直操作得到的，曲线变得非常光滑。此外，使用“选择工具”选择对象时，还可以实现以下功能。

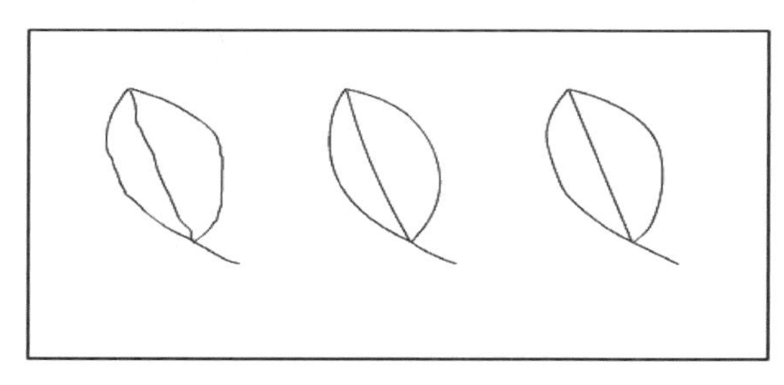

图2－2　平滑和伸直效果比较

1. 选择对象

如果选择的是一条直线、一组对象或文本，只需要在该对象上单击即可；如果所选的对象是图形，单击一条边线并不能选择整个图形，而需要在某条边线上双击。选择多个对象的方法主要有两种：使用选择工具框选或按住[Shift]键多次单击。

2. 裁剪和分开

利用选择工具可以裁剪对象。框选对象的某部分，可以将对象裁剪或分开，如图2－3所示。

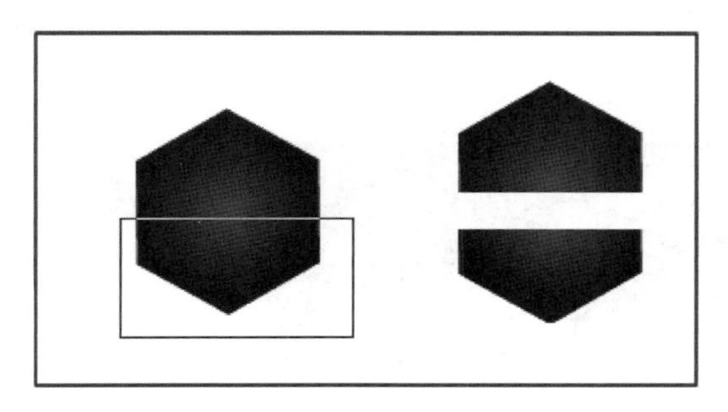

图2－3　裁剪和分开对象

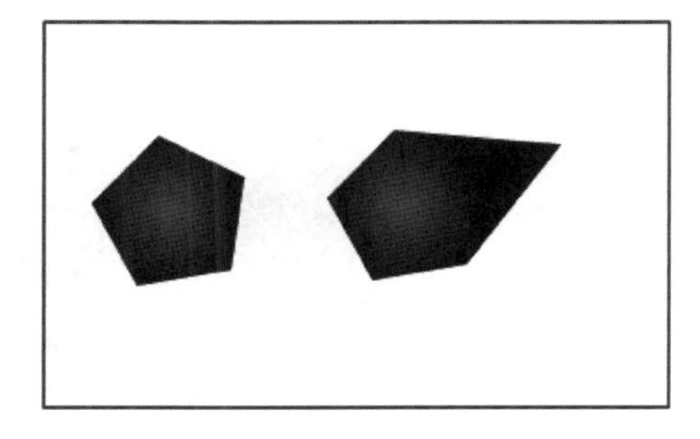

图2－4　改变拐点前后比较

3. 改变拐点

利用选择工具可以改变对象的拐点。将鼠标指针移动到对象的拐点上，当鼠标指针的尾部出现直角标志形状时，按住鼠标左键并拖拽鼠标，改变拐点的位置，在移动到指定位置后释放左键即可。图2－4所示为移动拐点前后的效果比较。

4. 直线变曲线

利用选择工具可以使对象的直线部位变为曲线。将鼠标指针移动到对象的直线部位，当鼠标指针的尾部出现弧形标志形状时，按住左键并拖拽，在移动到指定位置后释放左键即可。图2－5所示为对象中间的直线变为曲线的前后效果。

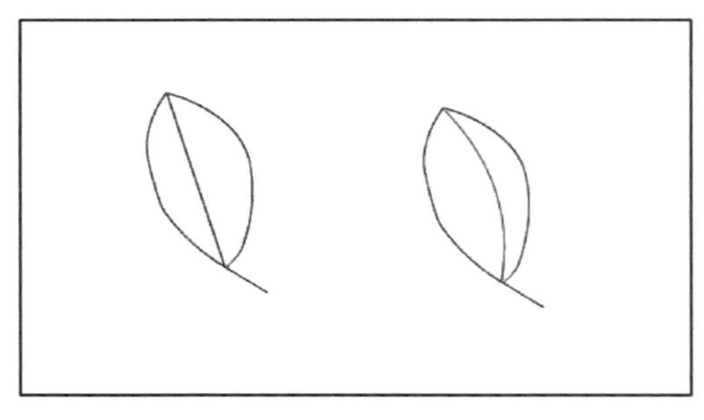

图 2-5　直线变为曲线

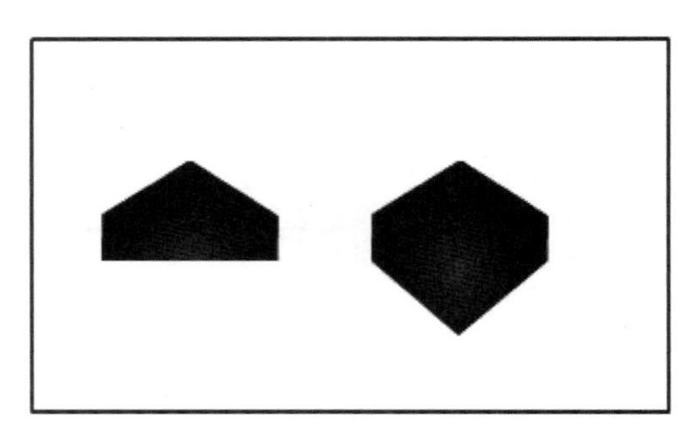

图 2-6　增加拐点前后比较

5. 增加拐点

利用选择工具可以使对象在线段上增加新的拐点。当鼠标指针下方出现弧形标志形状时，按住[Ctrl]键拖拽，在移动到适当位置后释放左键，就可以增加拐点。图 2-6 所示为增加拐点前后的效果比较。

6. 复制对象

使用选择工具可以直接在工作区中复制对象。首先，选择需要复制的对象；然后，按住[Ctrl]键或者[Alt]键，拖拽对象至工作区任意位置；最后，释放鼠标左键，即可生成复制对象。

2.2.2 部分选取工具

使用部分选取工具，可以对图形进行变形等处理。当使用部分选取工具选择对象时，对象上将会出现很多的路径点，表示该对象已经被选中，图 2-7 所示为被部分选取工具选择对象的前后比较。

图 2-7　部分选取工具选择对象的前后比较

1. 移动路径点

使用部分选取工具选择图形，在其周围会出现一些路径点，把鼠标指针移动到这些路径点上，在鼠标指针的右下角会出现一个白色的正方形，拖拽路径点可以改变对象的形状。

2. 调整路径点的控制手柄

在选择路径点移动的过程中，路径点的两端会出现调节路径弧度的控制手柄，并且选中的路径点将变为实心，拖拽路径点两边的控制手柄，可以改变曲线弧度。

3．删除路径点

使用部分选取工具选中对象上的任意路径点后，单击[Delete]键可以删除当前选择的路径点，删除路径点可以改变当前对象的形状。在选择多个路径点时，同样可以框选或者按[Shift]键复选。

2.2.3　线条工具

选择线条工具，拖拽鼠标可以在舞台中绘制直线路径。设置属性面板中的相关参数，还可以得到各种样式、粗细不同的直线路径。

知识点拨

在使用线条工具绘制直线时，按住[Shift]键，可以使绘制的直线沿水平方向、沿垂直方向，或沿 45°角倍数的方向延伸，从而很容易地绘制出水平和垂直的直线。

1．更改直线的颜色

选择线条工具，单击工具箱中的"笔触颜色"按钮，会打开一个调色板。调色板中所给出的是 216 种 Web 安全色，可以直接在调色板中选择需要的颜色，也可以通过单击调色板右上角的"系统颜色"按钮，打开 Windows 的系统调节色盘，从中选择更多的颜色，如图 2－8 所示。同样，颜色设置还可以在属性面板的"笔触颜色"中调整。

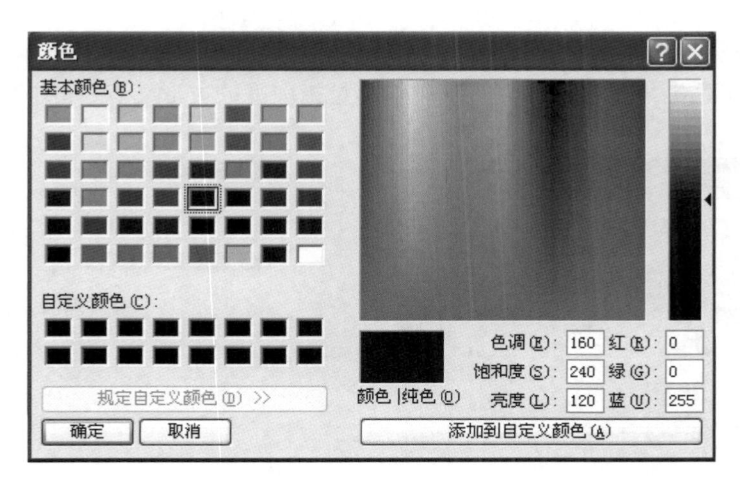

图 2－8　Windows 的系统调节色盘

2．改变直线的宽度和样式

选择需要设置的线条，在属性面板中显示当前直线路径的属性。其中，"笔触"文本框用于设置直线路径的宽度，用户可以在文本框中手动输入数值，也可以通过拖拽滑块设置；"样式"下拉列表用于设置直线路径的样式效果，用户可以根据需要设置直线路径的宽度和样式，如图 2－9 所示。

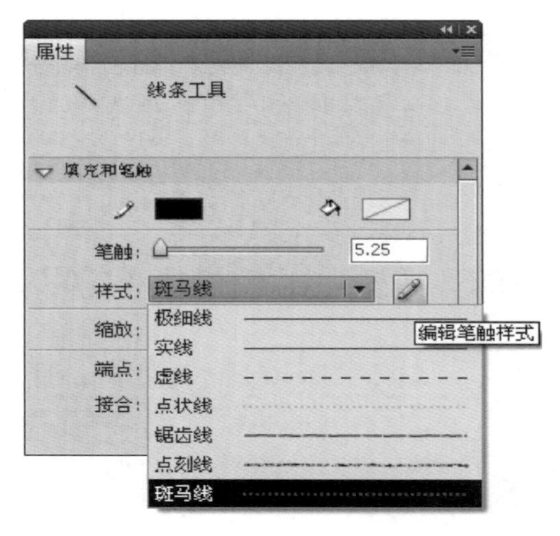

图 2-9　直线路径的宽度和样式

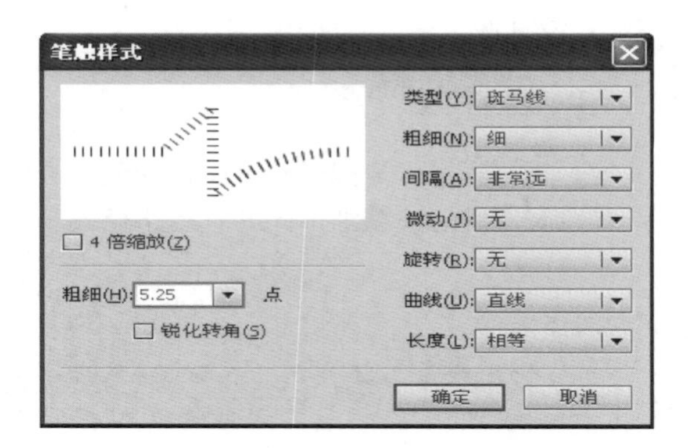

图 2-10　在“笔触样式”面板中设置直线路径

选择“编辑笔触样式”选项，会打开“笔触样式”面板，在该面板中可以详细设置直线路径的属性，如图 2-10 所示。

3. 更改直线的端点和接合点

（1）直线路径端点　在 Flash 的属性面板中，可以设置所绘路径的端点形状，如图 2-11 所示。若分别选择“圆角”和“方形”，其效果如图 2-12 所示。

（2）直线路径接合点　接合点指两条线段的相接处，即拐角的端点形状。Flash 提供了 3 种接合点的形状：尖角、圆角和斜角，其中斜角是指削平的方形端点，如图 2-13 所示。

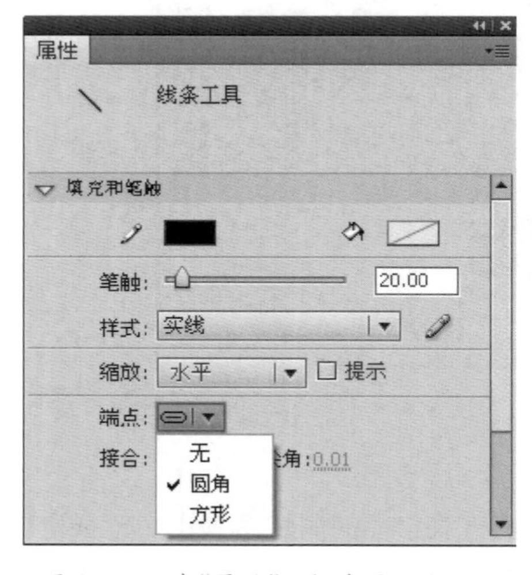

图 2-11　在“属性”面板中的端点设置

图 2-13　直线路径接合处的形状

2.2.4　铅笔工具

铅笔工具是一种手绘工具，其操作较简单。使用铅笔工具，可以在 Flash 中随意绘制路径不规则的形状。这和日常生活中使用的铅笔一样，若使用者有足够的美术基础，还可利用铅笔工具绘制任何需要的图形。在绘制完成后，Flash 还能够帮助使用者把不是直线的路径变直或者把路径变平滑。使用铅笔工具绘制路径的操作步骤简述如下：

(1) 在工具箱中选择铅笔工具。

(2) 在属性面板中设置路径的颜色、宽度和样式。

(3) 选择需要的铅笔模式。

(4) 在工作区中拖拽鼠标，绘制路径。

在工具箱的选项区中单击“铅笔工具”后，在弹出的对话框中选择不同的“铅笔模式”类型，有“伸直”“平滑”和“墨水”3 种选择。

1. “伸直”模式

选择该模式，可以将所绘路径自动调整为平直(或圆弧形)的路径。例如，在绘制近似矩形或椭圆时，Flash 将根据它的判断，将其调整成规矩的几何形状。

2. “平滑”模式

选择该模式，可以平滑曲线、减少抖动，对有锯齿的路径进行平滑处理。

3. “墨水”模式

选择该模式，可以随意地绘制各类路径，但不能对得到的路径作任何修改。要得到最接近于手绘的效果，最好选择“墨水”模式。

2.2.5　钢笔工具

钢笔工具的主要作用是绘制贝赛尔曲线，这是一种由路径点调节路径形状的曲线。钢笔工具与铅笔工具有很大的差别。要绘制精确的路径，可以使用钢笔工具创建直线和曲线段，然后调整直线段的角度和长度以及曲线段的斜率。钢笔工具不但可以绘制普通的开放路径，还可以创建闭合的路径。

1. 绘制直线路径

使用钢笔工具绘制直线路径的操作步骤如下：

(1) 在工具箱中选择钢笔工具，按[Caps Lock]键可以改变钢笔光标的样式。

(2) 在工具箱中，设置笔触和填充颜色。

(3) 在舞台上单击，确定第一个路径点。

(4) 单击舞台上的其他位置绘制一条直线路径，继续单击可以添加相连接的直线路径。

(5) 如果要结束路径绘制，可以按住[Ctrl]键，在路径外单击；如果要闭合路径，可以将鼠标指针移到第一个路径点上单击。

2. 绘制曲线路径

使用钢笔工具绘制曲线路径的操作步骤如下：

(1) 在工具箱中,选择钢笔工具。

(2) 在属性面板中,设置笔触和填充的属性。

(3) 返回到工作区,在舞台上单击,确定第一个路径点。

(4) 拖拽出曲线的方向。在拖拽时,路径点的两端会出现曲线的切线手柄。

(5) 释放鼠标,将指针放置在希望曲线结束的位置,单击,然后向相同或相反的方向拖拽。

(6) 如果要结束路径绘制,可以按住[Ctrl]键,在路径外单击;如果要闭合路径,可以将鼠标指针移到第一个路径点上单击。只有曲线点才会有切线手柄。

2.2.6 椭圆工具

1. 椭圆工具和基本椭圆工具

Flash 中的椭圆工具用于绘制椭圆和正圆,用户可以根据需要任意设置椭圆路径的颜色、样式和填充色。选择工具箱中的椭圆工具,在属性面板中就会出现与椭圆工具相关的属性设置。使用椭圆工具的操作步骤如下:

(1) 选择工具箱中的椭圆工具。

(2) 根据需要,在选项区中选择"对象绘制"模式。

(3) 在属性面板中,设置椭圆的路径和填充属性。

(4) 在舞台中拖拽鼠标指针,绘制图形。

2. 矩形工具和基本矩形工具

矩形工具用于创建矩形和正方形,使用方法和椭圆工具一样,不同的是矩形工具包括一个控制矩形圆角度数的选项。在"属性"面板中,输入一个圆角的半径像素点数值,即能绘制出相应的圆角矩形,如图 2-14 所示。在"矩形选项"的文本框中,可以输入 0～999 的数值。

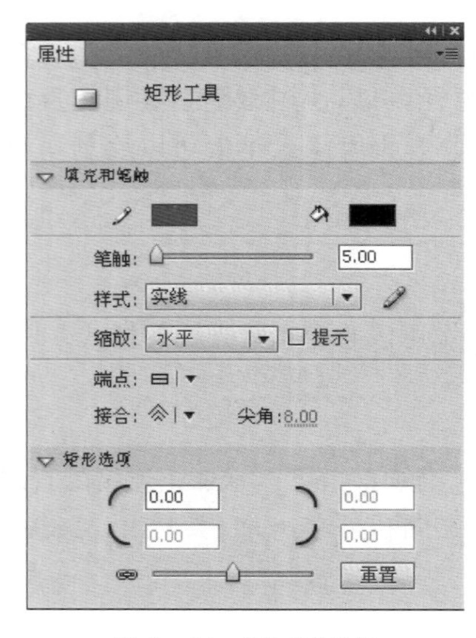

图 2-14 "属性"面板

图 2-15 边角半径为"999"的圆角矩形

数值越小，绘制出来的圆角弧度就越小，默认值为 0，即绘制直角矩形。如果输入“999”，绘制出的圆角弧度最大，得到的是两端为半圆的圆角矩形，如图 2-15 所示。

3. 多角星形工具

多角星形工具用于创建星形和多边形，使用方法和矩形工具的一样，不同的是多角星形工具属性面板中多了【选项】设置按钮，如图 2-16 所示。单击该按钮，在弹出的“工具设置”对话框中，可以设置多角星形工具的详细参数，其中的样式选项中有“多边形”和“星形”两种，如图 2-17 所示。

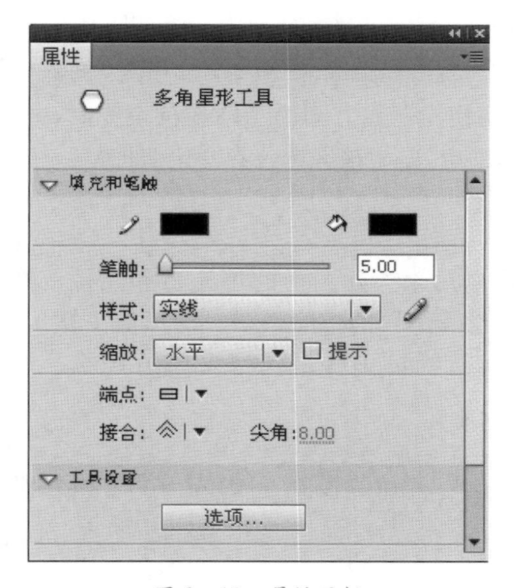

图 2-16　属性面板

图 2-17　“工具设置”对话框

2.2.7　刷子工具

刷子工具是为影片大面积上色时使用的，使用刷子工具可以为任意区域和图形填充颜色，但填充精度不高。通过更改刷子的大小和形状，可以绘制各种样式的填充线条。选择刷子工具时，在属性面板中会出现刷子工具的相关属性。同时，在刷子工具的选项区中也会出现一些刷子的附加功能。

1. 刷子工具的模式设置

刷子模式用于设置使用刷子绘图时对舞台中其他对象的影响方式，但是在绘图的时候不能使用对象绘制模式。其中，各个模式的特点如下：

(1) 标准绘画　新绘制的线条会覆盖同一层中原有的图形，但是不会影响文本对象和导入的对象。

(2) 颜色填充　只能在空白区域和已有的矢量色块填充区域内绘制，并且不会影响矢量路径的颜色。

(3) 后面绘画　只能在空白区域绘制，不会影响原有图形的颜色，所绘制出来的色块全部在原有图形后面。

(4) 颜料选择　只能在选择的区域中绘制。也就是说，必须先选择一个区域，然后才能在被选区域中绘图。

(5) 内部绘画　只能在起始点所在的封闭区域中绘制。如果起始点在空白区域，则只能在空白区域内绘制；如果起始点在图形内部，则只能在图形内部绘制。

2. 刷子工具的大小和形状设置

利用刷子大小选项，可以设置刷子的大小，共有 8 种不同的尺寸可以选择。利用刷子形状选项，可以设置刷子的不同形状，共有 9 种形状的刷子样式可以选择。

3. 锁定填充设置

在使用渐变色填充时，锁定填充选项用来切换参照点。当使用渐变色填充时，单击【锁定填充】按钮，即可将上一笔触的颜色变化规律锁定，作为该区域色彩变化的规范。

2.2.8 橡皮擦工具

橡皮擦工具虽然不具备绘图能力，但是可以用来擦除图形的填充色和路径。橡皮擦工具有多种擦除模式，用户可以根据实际情况设置不同的擦除效果。选择橡皮擦工具时，在属性面板中并没有相关设置，但是在工具箱选项区中会出现橡皮擦工具的一些附加选项。

1. 橡皮擦模式

在橡皮擦工具的选项中，单击橡皮擦模式，会打开擦除模式选项，有 5 种不同的擦除模式，特点如下：

(1) 标准擦除　擦除同一层中的矢量图形、路径、分离后的位图和文本。

(2) 擦除填色　只擦除图形内部的填充色，而不擦除路径。

(3) 擦除线条　只擦除路径，而不擦除填充色。

(4) 擦除所选填充　只擦除事先选择的区域，但是不管路径是否被选择，都不会受到影响。

(5) 内部擦除　只擦除连续的、不能分割的填充色块。

2. 水龙头模式

水龙头模式的橡皮擦工具，可以单击删除整个路径和填充区域，作用与油漆桶工具和墨水瓶工具相反。也就是将图形的填充色整体去除，或者将路径全部擦除。在使用时，只需在要擦除的填充色或路径单击即可。

3. 橡皮擦的大小和形状

打开橡皮擦大小和形状下拉列表框，可以看到 Flash 提供的 10 种大小和形状不同的选项。如果希望快速擦除舞台中的所有内容，可以双击橡皮擦工具。

2.3 颜色工具及颜色管理

2.3.1 颜色工具的使用

颜色工具提供了对图形路径和填充色的编辑和调整功能，用户可以轻松创建各种颜色效果，并将其应用到动画中。

1. 墨水瓶工具

选择墨水瓶工具时，在属性面板中会出现墨水瓶工具的相关属性。使用墨水瓶工具可以改变已存在路径的粗细、颜色和样式等，并且可以给分离后的文本或图形添加路径轮廓。但是，墨水瓶工具本身是不能绘制图形的。使用墨水瓶工具的操作步骤简述如下：

(1) 选择工具箱中的墨水瓶工具。

(2) 在属性面板中，设置描边路径的颜色、粗细和样式。

(3) 在图形对象上单击。

2. 颜料桶工具

颜料桶工具用于填充单色、渐变色及位图到封闭的区域，也可以更改已填充的区域颜色。在填充时，如果被填充的区域不是闭合的，则可以通过设置颜料桶工具的“空隙大小”填充。选择颜料桶工具时，在属性面板中会出现颜料桶的相关属性。同时，颜料桶工具的选项区中也会出现一些附加功能。

(1) 空隙大小　空隙大小是颜料桶工具特有的选择，单击此按钮会出现一个关联菜单，有 4 个选项。填充颜色的时候，可能会遇到无法填充颜色的问题，原因是鼠标所单击的区域不是完全封闭的区域。解决的方法有两种：一是闭合路径，二是使用空隙大小选项。各空隙大小选项的功能如下：

① 不封闭空隙：填充时，不允许空隙存在。

② 封闭小空隙：如果空隙很小，Flash 会近似地将其判断为完全封闭空隙而填充。

③ 封闭中等空隙：如果空隙中等，Flash 会近似地将其判断为完全封闭空隙而填充。

④ 封闭大空隙：如果空隙很大，Flash 会近似地将其判断为完全封闭空隙而填充。

(2) 填充　选择颜料桶工具选项中“锁定填充”功能，可以将位图或者渐变填充扩展覆盖在填充的图形对象上，该功能和刷子工具的锁定功能类似。使用颜料桶工具的操作步骤如下：

① 选择工具箱中的颜料桶工具。

② 选择一种填充颜色。

③ 选择一种空隙大小。

④ 单击需要填充颜色的区域。

3. 滴管工具

滴管工具可以从 Flash 的各种对象上获得颜色和类型信息，从而帮助用户快速获取颜色。Flash CS6 中的滴管工具和其他绘图软件中的滴管工具在功能上有很大区别。如果滴管工具吸取的是路径颜色,则会自动转换为墨水工具;如果滴管工具吸取的是填充颜色,则会自动转换为颜料桶工具。滴管工具没有属性面板,在工具箱的选项中也没有附加选项,它的功能就是采集颜色特征。

2.3.2 任意变形工具

任意变形工具用于调整渐变的颜色、填充对象,以及位图的尺寸、角度和中心点。使用任意变形工具调整填充内容时,在调整对象的周围会出现一些控制手柄,根据填充内容的不同,显示的手柄也会有所区别。

1. 任意变形工具调整线性渐变

使用任意变形工具单击需要调整的对象,在被调整对象的周围会出现一些控制手柄。

(1) 使用鼠标拖拽中间的空心圆点,可以改变线性渐变中心点。

(2) 使用鼠标拖拽右上角的空心圆角,可以改变线性渐变的方向。

(3) 使用鼠标拖拽右边的空心方点,可以改变线性渐变的范围。

2. 任意变形工具调整放射状渐变

使用任意变形工具单击需要调整的对象,在被调整对象的周围会出现一些控制手柄。

(1) 使用鼠标拖拽中间的空心圆点,可以改变放射状渐变中心的位置。

(2) 使用鼠标拖拽中间的空心倒三角,可以改变放射状渐变的方向。

(3) 使用鼠标拖拽右边的空心方点,可以改变放射状渐变的宽度。

(4) 使用鼠标拖拽右边中间的空心圆点,可以改变放射状渐变的范围。

(5) 使用鼠标拖拽右边下方的空心圆点,可以改变放射状渐变的旋转角度。

3. 任意变形工具调整位图填充

使用任意变形工具单击需要调整的对象,在被调整对象的周围会出现一些控制手柄。

(1) 使用鼠标拖拽中间的空心圆点,可以改变位图填充中心点的位置。

(2) 使用鼠标拖拽上方和右边的空心四边形,可以改变位图填充的倾斜角度。

(3) 使用鼠标拖拽左边和下方的空心方点,可以分别调整位图填充的宽度和高度;拖拽右下角的空心圆点,则可以同时调整位图填充的宽度和高度。

2.4 装饰工具的使用

在 Flash 中,新增了两个装饰工具,分别是 Deco 工具和喷涂刷工具。使用装饰工具,可以将创建的图形形状转变为复杂的几何图案。

2.4.1 Deco 工具

Deco 工具包含多种不同的绘制效果,如图 2-18 所示。以下分别介绍藤蔓式填充、网格填充和对称刷子的使用效果。

1. 藤蔓式填充效果

使用藤蔓式填充效果，可以用藤蔓式图案填充舞台、元件或封闭区域。从库中选择元件，可以替换自己的叶子和花朵的插图（有关“元件”的概念将在模块 5 中学习）。具体操作步骤如下：

（1）选择 Deco 工具，然后在属性面板的“绘制效果”下拉列表中，选择“藤蔓式填充”选项。

（2）在 Deco 工具的属性面板中，选择默认花朵和叶子形状的填充颜色。或者单击【编辑】按钮，从库中选择一个自定义元件，替换默认的花朵元件和叶子元件之一或同时替换两者。可以使用库中的任何影片剪辑或图形元件，将默认的花朵和叶子元件替换为藤蔓式填充效果。

（3）指定填充形状的水平间距、垂直间距和缩放比例。应用藤蔓式填充效果后，将无法更改属性面板中的高级选项以改变填充图案。

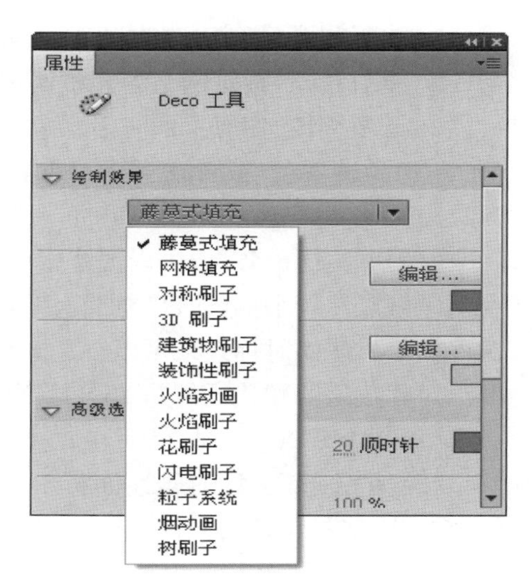

图 2-18　Deco 工具的“属性”面板

➢ 分支角度：指定分支图案的角度。

➢ 分支颜色：指定用于分支的颜色。

➢ 图案缩放：缩放操作会使对象同时沿水平方向（沿 X 轴）和垂直方向（沿 Y 轴）放大或缩小。

➢ 段长度：指定叶子节点和花朵节点之间的段长度。

（4）如果选择“动画图案”复选框，即可把整个填充效果制作为逐帧动画。

➢ 动画图案：指定效果的每次迭代都绘制到时间轴中的新帧。在绘制花朵图案时，此选项将创建花朵图案的逐帧动画序列。

➢ 帧步骤：指定绘制效果时，每秒要横跨的帧数。

（5）单击舞台，或者在要显示网格填充图案的形状或元件内单击，操作结束。

2. 网格式填充效果

网格式填充效果，可以用库中的元件填充舞台、元件或封闭区域。将网格填充绘制到舞台后，如果移动填充元件或调整其大小，则网格填充将随之移动或调整大小。使用网格填充效果可创建棋盘图案、平铺背景或用自定义图案填充区域或形状。对称效果的默认元件是 25×25 像素、无笔触的黑色矩形形状。应用网格式填充效果的操作步骤如下：

（1）选择 Deco 工具，然后在属性面板中选择“绘制效果”下拉列表中的“网格填充”选项。

（2）在 Deco 工具的属性面板中，选择默认矩形形状的填充颜色。或者单击【编辑】按钮，从库中选择自定义元件，可以将库中的任何影片剪辑或者图形元件作为元件与网格填充效果一起使用。

（3）指定填充形状的水平间距、垂直间距和缩放比例。应用网格式填充效果后，将无法更改属性面板中的高级选项以改变填充图案。

➢ 水平间距：指定网格填充中所用形状之间的水平距离（以像素为单位）。

➢ 垂直距离：指定网格填充中所用形状之间的垂直距离（以像素为单位）。

➢ 图案缩放：使对象同时沿水平方向和垂直方向放大或缩小。

（4）单击舞台，或者在要显示网格填充图案的形状或元件内单击，完成操作。

3. 对称刷子效果

使用对称刷子效果，可以围绕中心点对称排列元件。在舞台上绘制元件时，将显示一组手柄。可以使用手柄，通过增加元件数、添加对称内容或者编辑和修改效果的方式，以控制对称效果。使用对称效果可以创建圆形用户界面元素（如模拟钟面或刻度盘仪表）和旋涡图案。对称效果的默认元件是 25×25 像素、无笔触的黑色矩形形状。具体操作步骤如下：

（1）选择 Deco 工具，然后在属性面板的“绘制效果”下拉列表中选择“对称刷子”选项。

（2）在 Deco 工具的属性面板中，选择默认矩形形状的填充颜色。或者单击【编辑】按钮，在库中选择自定义元件。

（3）在属性面板的“绘制效果”下拉列表中选择“对称刷子”，在属性面板中会显示“对称刷子”的高级选项。

➢ 绕点旋转：围绕指定的固定点旋转对称中的形状，默认参考点是对称的中心点。若要围绕对象的中心点旋转对象，按圆形运动拖动即可。

➢ 跨线反射：跨指定的不可见线条等距离翻转形状。

➢ 跨点反射：围绕指定的固定点等距离放置两个形状。

➢ 网格平移：使用按对称效果绘制的形状创建网格，每次在舞台上单击 Deco 工具都会创建形状网格。使用有对称刷子手柄定义 X 坐标和 Y 坐标，可以调整这些形状的高度和宽度。

（4）单击舞台上要显示对称刷子插图的位置，然后使用对称刷子手柄调整对称的大小和元件实例的数量，即可完成效果。

2.4.2 喷涂刷工具

喷涂刷工具的作用类似于粒子喷射器，使用它可以一次将形状图案“刷”到舞台上。在默认情况下，喷涂刷工具使用当前选定的填充颜色喷射粒子点。选择喷涂刷工具时，在属性面板中会出现喷涂刷工具的相关属性。具体的使用将在后续案例中体会。

2.5 3D 旋转工具和骨骼工具简介

2.5.1 3D 旋转工具

工具箱提供了 3D 工具。3D 工具包括 3D 旋转工具（W）和 3D 平移工具（G）。点击图 2－1工具箱中的“3D 旋转工具”右下角的小三角，会显示出“3D 旋转工具（W）”和“3D 平移工具（G）”，如图 2－19（a）所示。

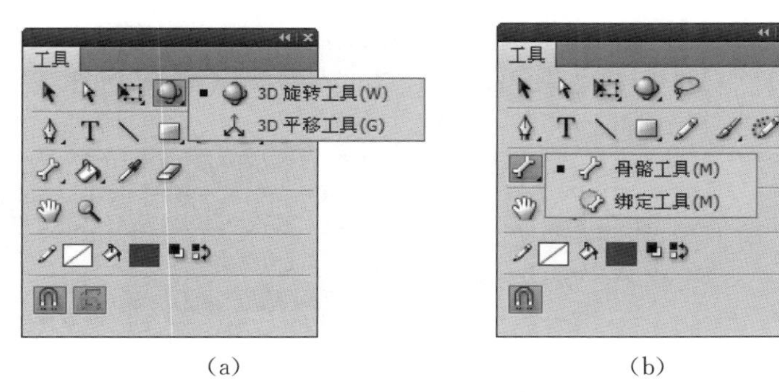

(a)　　　　(b)

图 2-19　Flash CS6 的折叠工具箱

3D 工具为 Flash 动画制作提供了一个 Z 轴，动画就从原来的二维环境拓展到三维环境。不过，这个三维环境是有限的。虽然有了 Z 轴，但是所有动画结构还是建立在图层基础上的，上下层关系在 Flash 的 3D 环境中随着 3D 旋转不会发生变化。因而，Flash 3D 没有 3D Max 和 Maya 等 3D 软件的功能强大。

2.5.2　骨骼工具

工具箱提供了骨骼工具，点击图 2-1 工具箱中的“骨骼工具”右下角的小三角，会显示出“骨骼工具(M)”和“绑定工具(M)”，如图 2-19 所示。可以使用骨骼工具创建骨架。骨架是一系列链接的元件或形状，当单击或运行动画时，它们会相对运动。这种动画方法称为反向运动(IK)。骨骼工具适合制作机械运动、人走路、鸟飞翔或木偶等反向运动的动画。

1. 创建骨骼

在工具箱中选择骨骼工具，在对象中单击，向另一个对象中拖放鼠标，释放鼠标后就可以创建这两个对象间的链接。此时，实例间将显示出创建的骨骼，如图 2-20(a)所示。在创建骨骼时，第一个骨骼是父级骨骼，骨骼的头部为圆形端点，有一个圆圈围绕着头部。骨骼的尾部为尖形，有一个实心点。选择骨骼工具，单击骨骼的头部，可向第二个对象拖拽鼠标，释放鼠标后就可以创建一个分支骨骼，该分支骨骼为对应的子级骨骼，如图 2-20(b)所示。

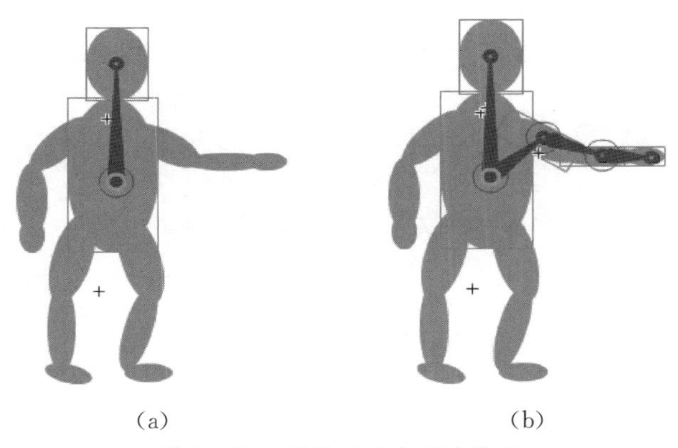

(a)　　　　(b)

图 2-20　链接的对象创建骨骼

在创建骨骼时，Flash 会自动将对象移动到时间轴的一个新图层中，这个图层即为姿势图层。每个图层将只能包括一个骨架及与之相关联的实例或形状，如图 2－21(a)所示。

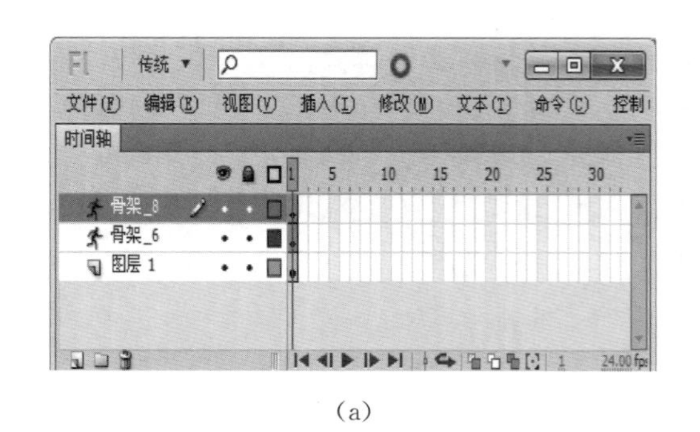

(a)

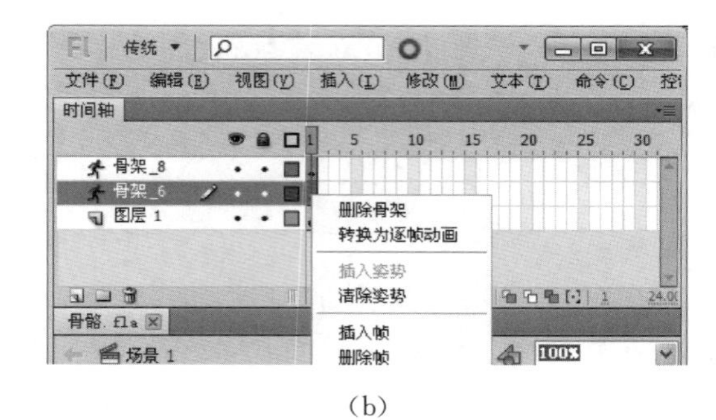

(b)

图 2－21　时间轴上面板上显示的姿势图层

2. 选择骨骼

创建骨骼后，可以使用多种方法编辑骨骼。在工具箱中点击“选择工具 ”后，单击骨骼即可选择该骨骼。在默认情况下，骨骼显示的颜色与姿势图层的轮廓颜色相同，骨骼被选择后，将显示该颜色的相反色。需要快速选择相邻的骨骼，可以在选择骨骼后，在“属性”面板中单击相应的按钮。

3. 删除骨骼

创建骨骼后，如果需要删除单个的骨骼及其下属的子骨骼，只需要选择该骨骼后按[Delete]键即可。如果需要删除所有的骨骼，可以右击姿势图层，选择关联菜单中的“删除骨架”命令，如图 2－21(b)所示。

4. 创建骨骼动画

为对象创建骨架后，就可以制作骨骼动画。在制作骨骼动画时，可以在开始关键帧中制作对象的初始姿势，在后续的关键帧中制作对象不同的姿势，Flash 会根据反向运动学和原理计算出连接点间的位置和角度，自动创建出从初始姿势到下一个姿势转变的动画效果。按[Enter]键测试动画即可看到创建的骨骼动画效果，具体应用参见本教程模块 10 中的任务 2。

学　知识巩固　案例演示

演示案例 1　绘制绿叶

演示步骤

1. 新建一个 Flash 影片文档，设置舞台尺寸为 500×400 像素、背景为白色，其他保持默认。

2. 选择工具箱中的“直线工具”，显示属性面板，设置“笔触颜色”为深绿（＃006600），在舞台中绘制一长一短两条直线，如图 2－22(a)所示。

3. 点击工具箱中的“选择工具”，分别指向直线，当鼠标尾部出现弧形时，按住鼠标左键拖动鼠标，使两条直线变成两条光滑自然的弧线，如图 2－22(b)所示。

4. 移动两条弧线，组合成树叶的轮廓，当接口处没有完全连接时，可以使用“选择工具”调整，如图 2－22(c)所示。

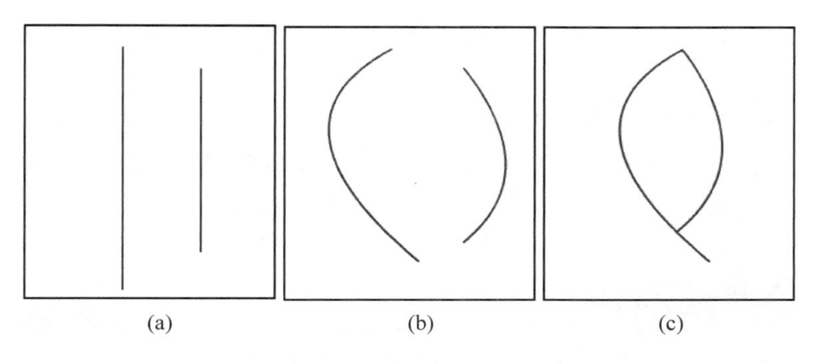

图 2－22　绿叶轮廓的绘制

5. 在绿叶的轮廓内部绘制一条直线，连接树叶的顶部和底部，用“选择工具”将内部直线调整为弧线。在绿叶内部添加若干短直线，如图 2－23(a)所示。

6. 用同样的方法，将绿叶内部的这些短线调整为自然的弧线，此时，绿叶的茎部基本绘制完成，如图 2－23(b)所示。

7. 使用工具箱中的“颜料桶工具”，填充颜色选择绿色（＃00FF00），如图 2－23(c)所示。

8. 保存并命名为“绿叶. fla”。

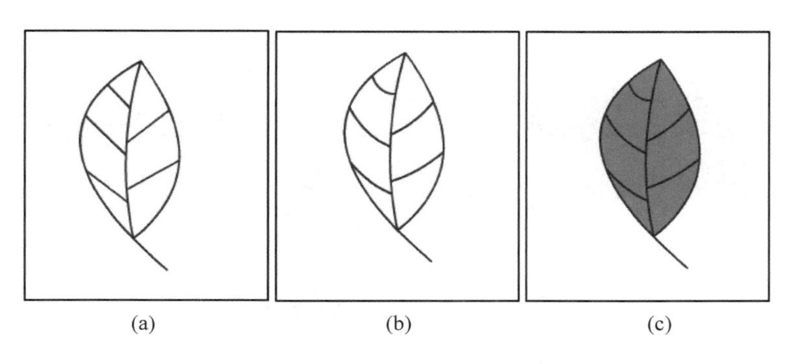

图 2－23　绿叶茎部的绘制

演示案例 2　绘制红心

演示步骤

1. 新建一个 Flash CS6 影片文档，设置舞台“尺寸”为 400×300 像素，背景和其他项为默认。

2. 选择工具箱中的“椭圆工具”，显示属性面板，设置“笔触颜色”为无，“填充颜色”为红色(#FF0000)，在舞台中绘制一个 90×90 像素的圆。

3. 复制一个相同的圆，使两圆上下对齐并部分重叠，如图 2-24(a)所示。

4. 点击工具箱中的“选择工具”，将鼠标移到重叠图形的底部最凹处，当鼠标尾部出现直角形时，拖动鼠标调整形状，使图形下部分出现红心的尖角，如图 2-24(b)部分所示。

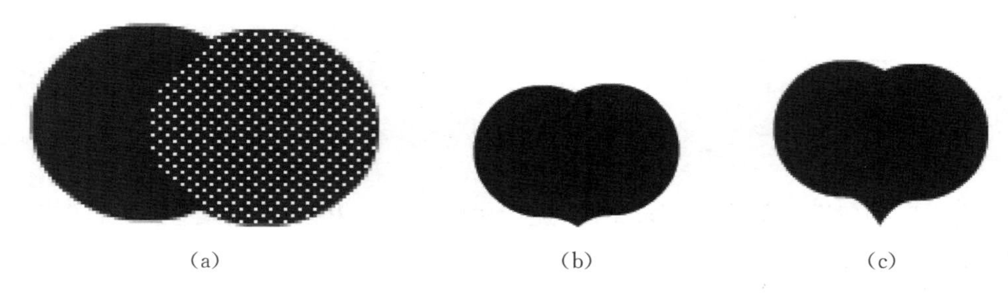

(a)　(b)　(c)

图 2-24　红心图形的形成

5. 类似上述步骤 4 的方法，点击工具箱中的“选择工具”，继续将鼠标移到图形的边缘，当鼠标尾部出现弧形时拖动鼠标，不断地微调图形形状，使图形成为红心形状，如图 2-24(c)所示。

6. 保存并命名为“红心. fla”。

知识点拨

在绘制的过程中，按住[Shift]键，即可绘制正圆。同理，按住[Shift]键，即可绘制正方形、正多边形等。

演示案例 3　绘制“港城花园小区”

演示步骤

1. 新建一个 Flash 影片文档，设置舞台“尺寸”为 600×500 像素、背景为白色，其他保持默认。

2. 选择工具箱中的“Deco工具”，执行“窗口”|“属性面板”显示属性面板，在绘制效果中选择“建筑物刷子”，对应的高级选项中选择“随机选择建筑物”，如图2-25所示。在舞台中，多次点击鼠标得到多个建筑物的图形，调整多个建筑物的图形成为城市高楼群形状，如图2-26所示。

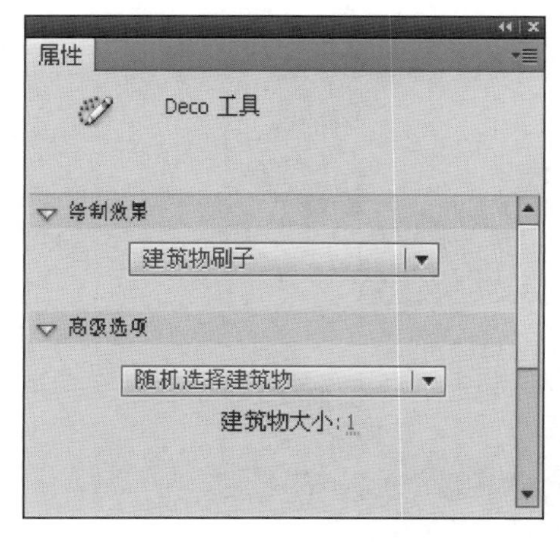

图2-25　Deco工具对应的属性面板

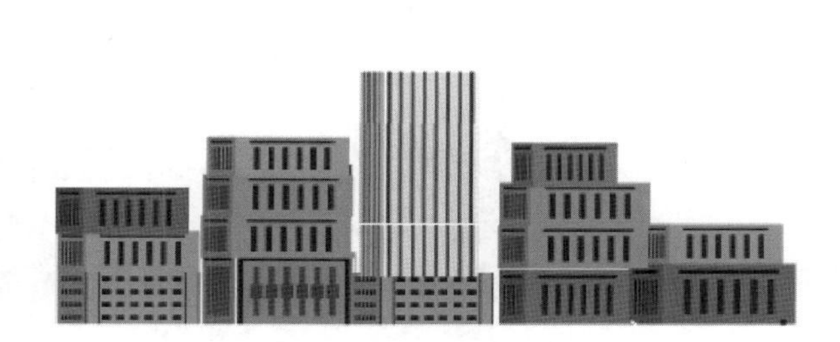

图2-26　刷出的“城市高楼”群

3. 继续选择工具箱中的“Deco工具”，在属性面板中的绘制效果中选择“树刷子”，对应的高级选项中选择“园林植物”。在舞台中，多次点击鼠标得到许多园林植物的图形，调整这些园林植物的图形，如图2-27(a)所示。

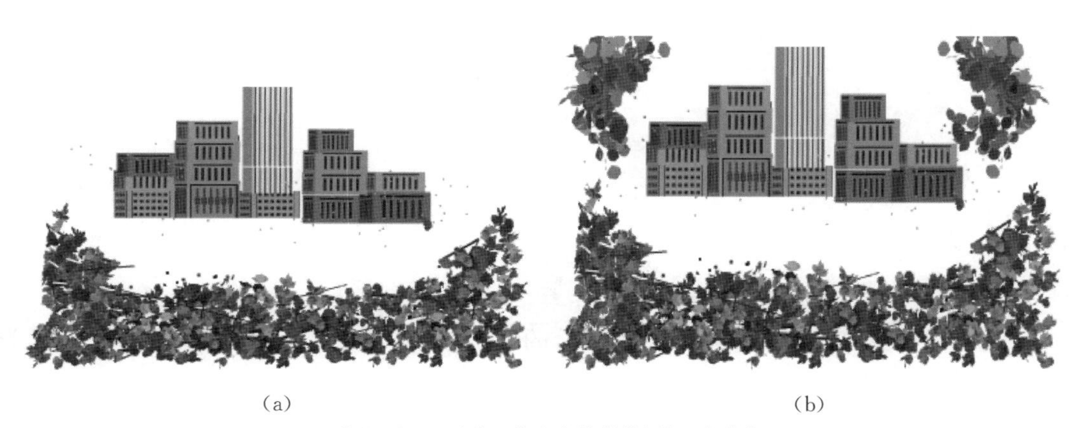

(a)　　(b)

图2-27　刷出了“园林植物”和“园林花”

4. 在属性面板中的绘制效果中选择“花刷子”，对应的高级选项中选择“园林花”。在舞台中，反复点击鼠标得到许多园林花的图形，调整这些园林花的图形，效果如图2-27(b)所示。

5. 保持"Deco 工具"处于选中状态，在属性面板中的绘制效果中选择"装饰性刷子"，对应的高级选项中选择"绳形"，在舞台四周绘制出"绳形"边框。

6. 选择工具箱刷子工具中的"喷涂刷工具"，填充颜色选蓝色，在舞台中喷涂出现一些点状的颗粒，再选择工具箱中的文本工具，输入"港城花园小区"字样，最终效果如图 2－28 所示。

图 2－28 "Deco 工具"刷出的效果图例

7. 保存文件为"港城花园小区. fla"。

做 举一反三 上机实战

任务 1 绘制红伞

制作步骤

1. 新建一个 Flash 影片文档，可先保存为"红伞"。

2. 选择主菜单"修改"|"文档"，在弹出的"文档设置"对话框中，可设置舞台尺寸为 400×300 像素，背景为默认。

3. 按快捷键[O]，单击工具箱中的"椭圆工具"按钮，设置属性面板中的"笔触颜色"为无色，"填充颜色"为红色。然后，在工作区中绘制一个 160×90 像素的椭圆。

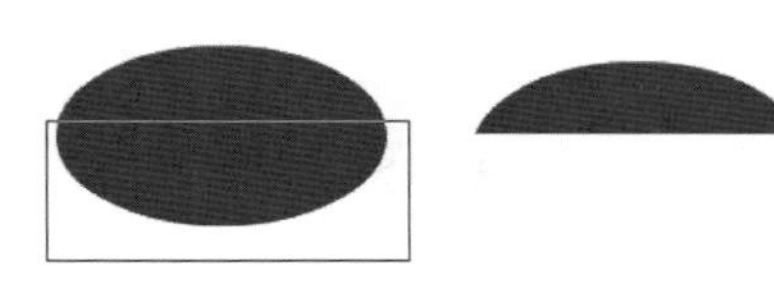

图 2－29 删除椭圆下部分的示意图

4. 用"选择工具"选定椭圆的下半部分并删除椭圆下半部分，保留的上部分作为伞身，如图 2－29 所示。

5. 选择“线条工具”，穿过椭圆的顶部绘制一条“笔触大小”为“5”的红色垂直线段，在垂直线段的下部分再画一条红色水平的短线段，如图 2－30 所示。

6. 点击“选择工具”，将鼠标移动到伞杆底部水平的短线段处，当鼠标尾部出现弧形时，略微滑动鼠标，调出伞的把手形状，如图 2－31 所示。

图 2－30　添加伞杆部分的示意图

图 2－31　调出伞把手的示意图

图 2－32　制作完成的伞示意图

7. 用“椭圆工具”绘制两小圆点，移到伞身的两端，使伞的形状更逼真，如图 2－32 所示。

8. 执行“文件”|“保存”命令，保存该影片文档。

任务 2　绘制立体效果五角星

制作步骤

1. 新建一个 Flash 影片文档。执行“修改”|“文档”，在弹出的“文档设置”对话框中，设置舞台尺寸为 400×400 像素，背景为默认。

2. 点击工具箱中“矩形工具”右边的小黑山角，选择“多角星形工具”，执行“窗口”|“属性面板”，在打开的属性面板中点击“选项”，进一步打开“工具设置”对话框并设置，如图 2－33 所示。

3. 在舞台中绘制一个五角星，如图 2－34(a)所示。选用工具箱中的“直线工具”，绘制红色线段连接五角形的各个顶点，如图 2－34(b)所示。

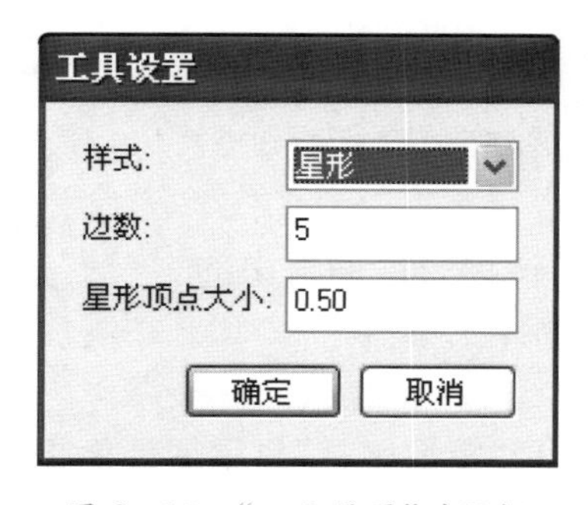

图 2－33　“工具设置”对话框

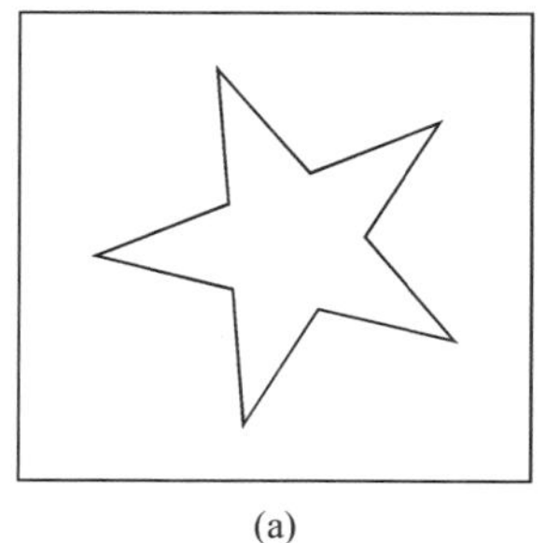

(a)

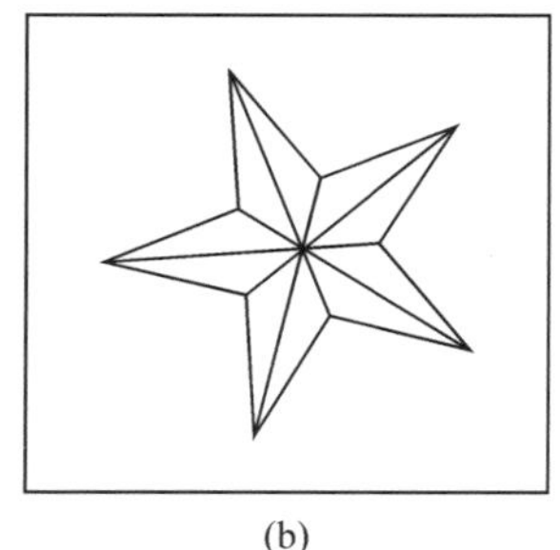

(b)

图 2－34　五角星图形

4. 选择工具箱中的"颜料桶工具"执行"窗口"|"颜色",打开"颜色"面板。在"颜色"面板中,设置"径向渐变":红(#FF0000)变黑(#000000),如图 2-35 所示。

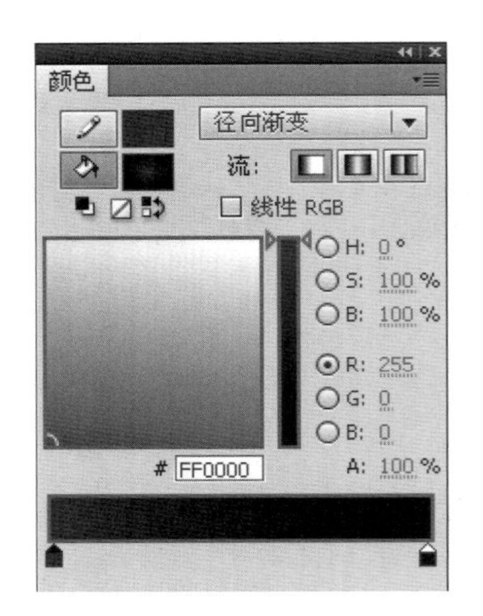

图 2-35 "颜色"面板

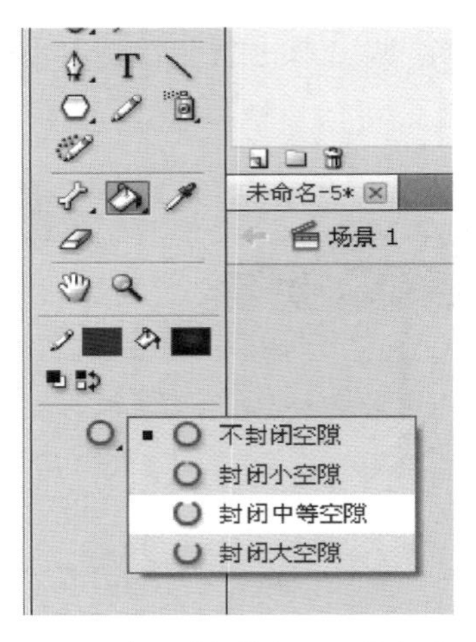

图 2-36 "颜料桶工具"选项

5. 设置工具箱中"颜料桶工具"对应的选项为"封闭中等空隙",如图 2-36 所示。然后,将五角星相间地填充,效果如图 2-37(a)所示。

6. 继续使用"颜料桶工具"填充,在"颜色"面板中设置"径向渐变":白(#FFFFFF)变红(#FF0000),将五角星其他部分相间地填充,填充效果如图 2-37(b)所示。

7. 保存该影片文档为"红五星.fla"。

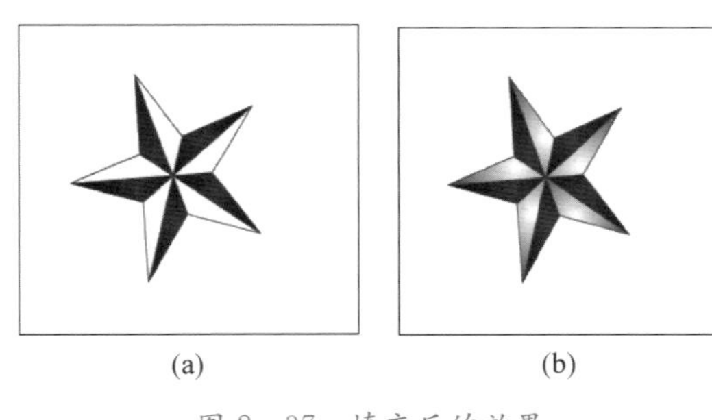

图 2-37 填充后的效果

任务 3 绘制齿轮

制作步骤

1. 按[Ctrl]+[N]键新建一个 Flash 影片文档,设置舞台尺寸为 600×400 像素,其他为默认。

2. 选择工具箱中的"椭圆工具",选择"椭圆工具"设置属性面板中的"笔触"为褐色、20 单位,"填充"为无,如图 2-38 所示。按[Shift]键,在舞台中绘制一个圆。在属性面板中设置大小:160×160,得到一个圆环。

3. 按快捷键[R],显示工具箱中的"矩形工具",选择"矩形工具"显示属性面板并设置其中的"填充"为褐色,"笔触"为无,如图 2-39 所示。在舞台中,绘制一个大小为 32×250 像

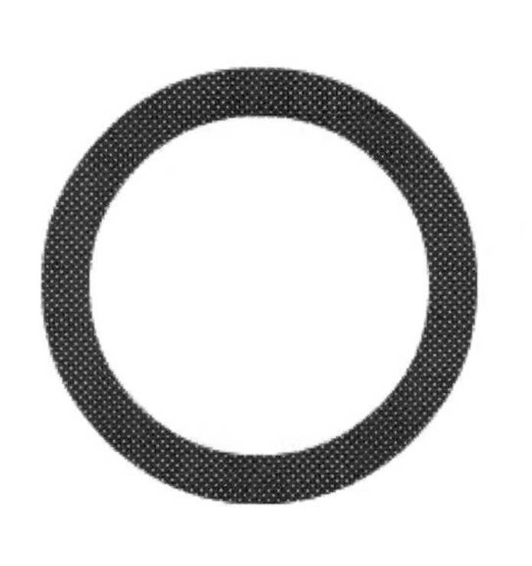

图 2-38 面板设置及圆形绘制效果

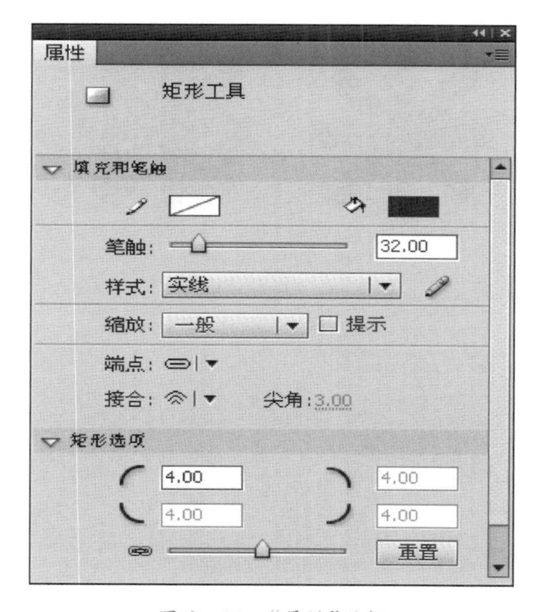

图 2-39 “属性”面板

素的长方形。

4. 选定该长方形，执行“窗口”|“变形”，打开变形面板，设置旋转：45°，点击“重制选区和变形”按钮，如图 2-40 所示。

5. 点击“重制选区和变形”按钮 4 次，得到“米”字形的图。移动舞台场景中的两图至中心重合，选定重合图形的中间部分，将中间部分图形删除，得到形如齿轮的图形，如图 2-41 所示。

6. 保存影片文档为“齿轮. fla”。

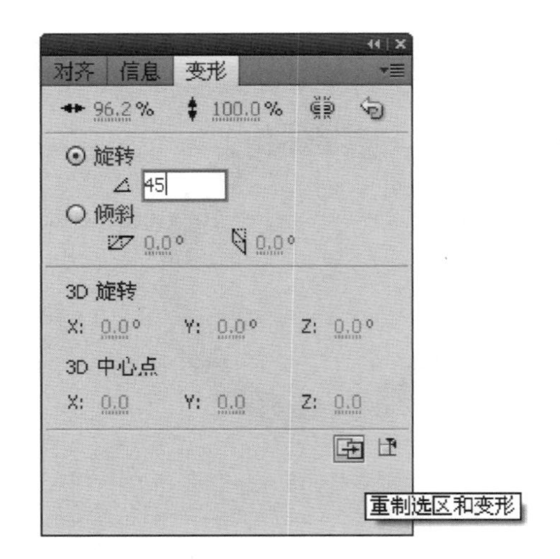

图 2-40 "变形"面板

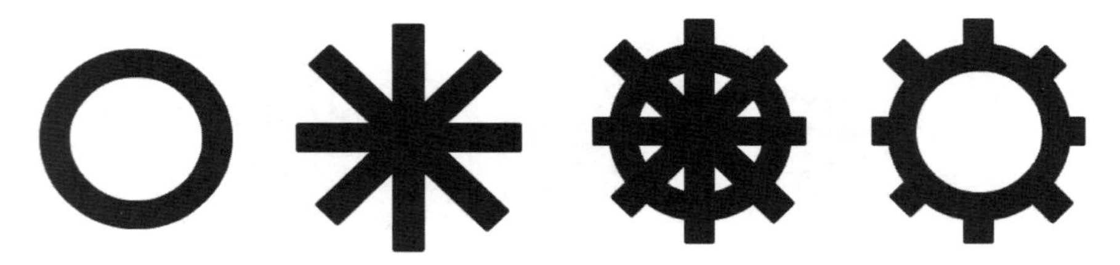

图 2-41 图形变化过程的示意

知识点拨

在任务 3 中,圆环图形的制作也可以采用绘制同心圆的方法。先绘制一个填充为"无"的正圆 1,再绘制一个与正圆 1 同心的填充为"无"的正圆 2。用颜料桶填充两个正圆组成的圆环部分。

模块小结

本模块介绍了 Flash CS6 工具箱中常用工具的使用,使学生掌握一些矢量图形的绘制技术。通过学习案例中典型图形的绘制技术,为制作 Flash 动画奠定坚实的基础。

模块3 Flash 动画基础

在 Flash 动画制作过程中，大部分操作都是针对时间轴的，而帧是时间轴中最小的播放单位，再长、再复杂的动画也是由帧组成的。因此，通过熟悉帧的概念，可以掌握 Flash 动画基础知识。Flash 能以逐帧动画的方式实现传统动画的制作，但逐帧动画不是 Flash 的核心动画技术，补间动画才是 Flash 的核心动画技术。

教 知识要点 简明扼要

- 帧的概念和帧的操作
- Flash 逐帧动画
- Flash 传统补间动画
- Flash 补间形状动画

3.1 帧

帧的概念贯穿动画制作的始终，可以说，不懂帧的概念与用法，基本上就没掌握 Flash。在 Flash 中，一帧对应一幅画面，快速连续地显示帧便形成了运动的画面。

3.1.1 帧的基本概念

在模块 1 中已经学习了简单动画的建立，知道影片文档在播放时，随着时间的推进，动画会按照时间轴的横轴方向播放。在 Flash 文档中，时间轴正是帧操作的场所，帧表现在“时间轴面板”上是一个个小方格，如图 3－1 所示。在时间轴上，帧由左至右编号，每一个小方格就是一个帧。在默认状态下，每隔 5 帧标示数字，如时间轴上 1、5、10、15 等数字的标示。真正理解时，第 1 帧和第 5 帧之间不是只有 5 帧，也可有无数帧，就像实数 1 和实数 5 之间有无数的数一样。

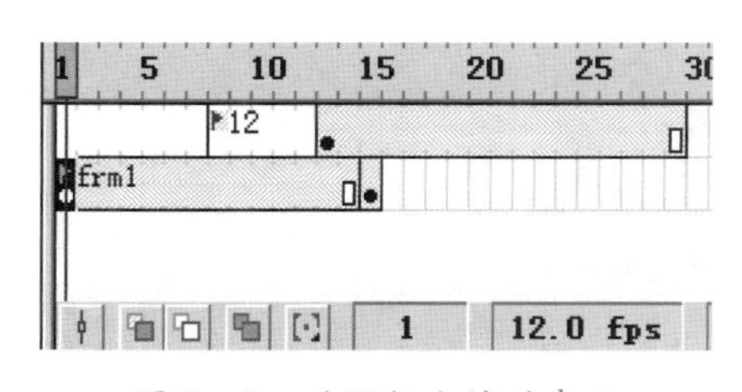

图 3－1 时间轴上帧的表示

帧在时间轴上的排列顺序决定了一个动画的播放顺序，至于每帧有什么具体内容，则需在相应的帧的工作区域内制作。比如在第一帧绘了一幅图,那么这幅图只能作为第一帧的内容,第二帧及后面的帧还是空的。一个动画,除了帧的排列顺序,即先放什么、后放什么外,动画播放的内容即帧的内容,也是至关重要、缺一不可的。每帧内容会随时间轴一个个地放映而改变,最后形成连续的动画。其中,帧频直接影响动画的播放效果。帧频的单位是帧/秒(fps),在时间轴上显示为 24.00 fps。

知识点拨

帧的播放顺序,不一定会严格按照时间轴的横轴方向播放。比如,自动播放到哪一帧就停止下来,接受用户的输入或回到起点重新播放,直到某件事情被激活后才能继续播放下去,等等。这涉及 Flash 的 Action 语句设置。这种交互式 Flash 将在 Flash 高级应用中讲解。

1. 关键帧(Keyframe)

关键帧有别于其他帧,它是一段动画起始和终止的原型,其间所有的动画都是基于起始和终止原型变化的。关键帧定义了动画的变化环节,逐帧动画的每一帧都是关键帧。本教程模块 1 中案例 1"运动的小球",关键帧 1 和关键帧 20 定义了这段小球运动动画过程的起始和终止,如图 3 - 2 所示。

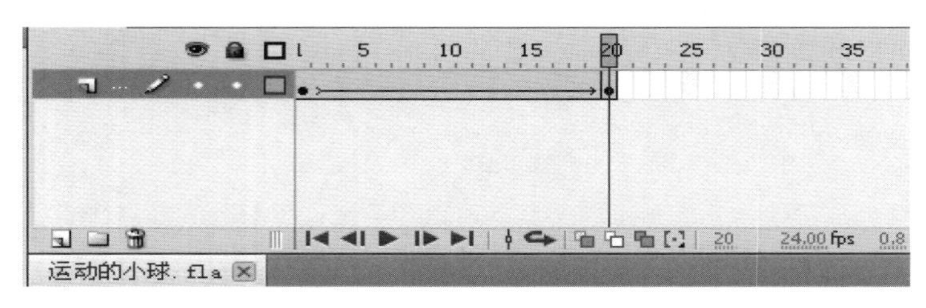

图 3 - 2　起始关键帧和终止关键帧

起始关键帧和终止关键帧不是绝对不变的,终止关键帧又可以是另外一段动画过程的起始关键帧。本教程模块 1 中任务 1"跳动的小球",若继续制作第 20 帧和第 40 帧间的动画,那么"第 20 帧"既是上一段动画的终止关键帧,同时,又是下一个动作延续的开始关键帧,如图 3 - 3 所示。

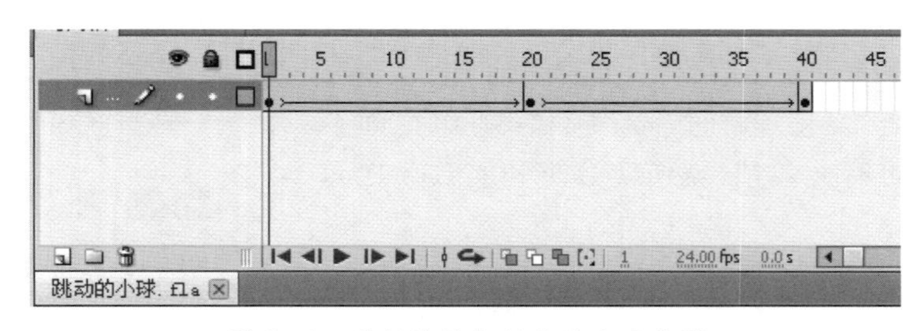

图 3 - 3　关键帧的起始和终止示意图

2. 空白关键帧(Blank Frame)

系统默认第一帧为空白关键帧,也就是没有任何内容的关键帧,它的外观是白色方格中间显示一个空心小圆圈。在空白关键帧对应的舞台上创建对象后,这个空白关键帧就变成了关键帧,这时帧的外观是灰色方格中出现一个黑色小圆圈,如图 3-4 所示。

在图 3-4 所示的时间轴上,实心圆点表示是有内容的关键帧,即实关键帧。在一个关键帧里,什么对象信息也没有,这种关键帧,就称为空白关键帧,用空心圆表示。空白关键帧中虽然什么对象信息都没有,但不是没有任何用途。空白关键帧的用途很大,特别是那些要进行动作(Action)调用的场合,常常需要空白关键帧的支持。

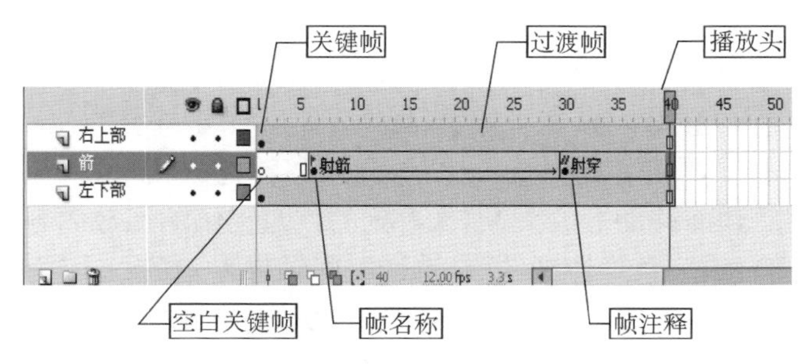

图 3-4 时间轴面板上不同帧的示意图

3. 过渡帧(Frame)

两个关键帧之间的部分就是过渡帧,它们是起始关键帧动作向终止关键帧动作变化的过渡部分。在动画制作过程中,可以不理会过渡帧的问题,只要定义好关键帧以及相应的动作就行了。

过渡帧显示为一个个普通的单元格,不同的过渡帧,颜色表示也不同。空白过渡帧单元格是无内容的帧,显示为白色。有内容的过渡帧均显示出一定的颜色,且颜色不同代表不同类型的动画。例如,动作补间动画的过渡帧,显示为浅蓝色;形状补间动画的过渡帧,显示为浅绿色;而没有定义补间动画的关键帧后面的过渡帧,显示为灰色,灰色部分继承和延伸该关键帧的内容。

4. 帧名称和帧注释

帧名称用于标识时间轴中的关键帧,用红三角加标签名表示,如图 3-4 中的"射箭"。帧注释用于制作者为自己或他人提供相关提示,用绿色的双斜线加注释文字表示,如图 3-4 中的"射穿"。

只有关键帧才可以添加帧名称或者帧注释。添加方法是:选中需要添加帧名称或者帧注释的关键帧,显示"属性"面板,在"属性"面板标签中的"名称"中输入需定义的名称,在标签中的"类型"下拉列表框中选择需要的类型,如图 3-5 所示。

5. 播放头

播放头用红色矩形表示(见图 3-4)。将播放头沿着时间轴移动,可以轻易地定位当前帧。播放头指示当前显示在舞台中的帧,红色矩形下面的红色细线所经过的帧,表示该帧目前正处于"播放帧"。

图 3－5 属性面板中帧名称和帧注释的设置

➢ 拖动播放头，可以在时间轴表示帧数目的背景上，单击并左右拉动播放头。

➢ 移动播放头，能观看影片的播放。比如，向后移动播放头，可以从前到后按正常顺序来观看影片；如果由后到前移动播放头，那么看到的就是动画的回放内容。

播放头的红色垂直线一直延伸到低层，选择时间轴标尺上的一个帧并单击，就把播放头移动到了指定的帧；或者单击层上的任意一帧，也会在标尺上跳转到与该帧相对应的帧数目位置。所有层在这一帧的共同内容，就是在工作区当前所看到的内容。

3.1.2 帧的基本操作

Flash 动画的制作过程离不开对帧的操作，帧的操作直接影响到动画效果。读者需要掌握以下几种帧的基本操作方法。

1. 选择帧

动画中的帧有很多，在操作中首先要准确定位和选择相应的帧，才能对帧操作。

(1) 选择某单帧来操作，可以直接单击该帧。

(2) 选择很多连续的帧，先在要选择的帧的起始位置处单击，然后拖动光标到要选择的帧的终点位置。也可以先单击起点帧，在按住[Shift]键的同时单击需选取的连续帧的最后一帧。

(3) 在按住[Ctrl]键的同时单击时间轴上的帧，可以选取多个不连续的帧。

2. 插入关键帧

将鼠标移到时间轴上表示帧的部分，用左键点击要插入关键帧的方格，然后单击鼠标右键，在弹出菜单中选“插入关键帧”(Insert Keyframe)。将鼠标定位在时间轴上，按快捷键[F6]也可以快速地插入关键帧。

关键帧具有延续功能，只要定义好了开始关键帧并加入了对象，那么在定义结束关键帧时就不需再添加该对象了，因为起始关键帧中的对象也延续到结束关键帧了，而这正是 Flash 关键帧动态制作的基础。现在，再回到模块 1 的第一个 Flash 动画“运动的小球”，该动画就是直接利用关键帧的延续功能做出来的。当在第 20 帧处插入关键帧后，起始关键帧的对象也延续成为终止关键帧的对象，只需把终止关键帧的对象位置改变一下便可。

3．翻转帧

顾名思义，翻转帧就是帧的翻转。在创作动画时，一般是把动画按顺序从头播放，但有时也会把某部分动画反过来播放，创造出对应效果，这可以利用“翻转帧”命令来实现。帧翻转以后动画从后往前播放，即原来的第一帧变成最后一帧，原来的最后一帧变成第一帧，整体调换位置。具体操作步骤是：首先选定需要翻转的所有帧，然后在帧格上右击，在弹出的快捷菜单中选择“翻转帧”命令即可，如图 3－6 所示。

图 3－6　翻转帧示意图

4．添加帧

制作动画时，常常要添加帧。

(1) 给作为背景的帧继续添加相同的帧　在要添加的帧处右击，在弹出的快捷菜单中选择“插入帧”命令。也可以选择“插入”|“时间轴”|“帧”命令，这样就可以将该帧持续一定的显示时间。

(2) 在关键帧后面再建立一个关键帧　在时间轴面板所需插入的位置上单击鼠标右键，这时会弹出一个快捷菜单，选择其中的“插入关键帧”命令即可。也可以执行“插入”|“时间轴”|“关键帧”命令(或按快捷键[F6])。

(3) 同时创建多个关键帧　只要用鼠标选择多个帧的单元格，单击右键，在弹出的快捷菜单中选择“插入关键帧”命令即可。

(4) 创建空白关键帧　在时间轴面板所需插入的位置上选择一个单元格，单击右键，在弹出的快捷菜单中选择“插入空白关键帧”命令即可。也可以执行“插入”|“时间轴”|“插入空白关键帧”命令来完成(或按快捷键[F5])。

5. 移动和复制帧

在制作动画过程中，有时会调整某一帧的位置，也有可能是多个帧甚至一层上的所有帧整体移动，此时就要用到移动帧的操作。

首先选取这些要移动的帧，被选中的帧显示为黑色背景；然后，按住鼠标左键拖到需要移到的新位置，释放左键，帧的位置就变化了。

如果既要插入帧，又要把编辑制作完成的帧直接复制到新位置。那么，还要先选中这些需要复制的帧(某个帧或某几个帧)，再单击鼠标右键，在弹出的快捷菜单中选择“拷贝帧”命令(被复制的帧已经放到了剪贴板)，右键单击新位置，在弹出的菜单中执行“粘贴帧”命令，就可以将所选择的帧粘贴到指定位置。

6. 删除帧

某些帧已经无用了可将它删除。由于 Flash 中帧的类型不同，所以删除的方法也不同。

(1) 删除关键帧　单击鼠标右键，在弹出的快捷菜单中选择“清除关键帧”命令。或者选择需要删除的关键帧，执行“插入”|“时间轴”|“清除关键帧”命令。

(2) 删除普通帧　右击要删除的帧，在弹出的快捷菜单中选择“删除帧”命令。

3.2　逐帧动画

逐帧动画，顾名思义就是一帧一帧地做动画，每一帧都有内容，在不同帧处有不同的图像，并且这些图像具有一定的关联。把运动过程附加在每个帧中，当影格快速移动的时候，利用人的视觉的暂留现象，形成流畅的动画效果。

3.2.1　逐帧动画制作原理

逐帧动画的制作原理和人们熟悉的电影原理是一样的。电影胶片若以每秒 24 格画面匀速转动，一系列静态画面就会因视觉暂留作用而造成一种连续的视觉印象，产生逼真的动感。因此，将几张相关联的静态图片放在连续的几个帧里，然后逐一播放，可以形成逐帧动画。

逐帧动画是最传统的动画方式，通过细微差别的连续帧画面来完成动画作品。因此，具有很大的设计灵活性，也可以完整细腻地表达需要的设计细节。如图 3－7 所示，小猫跳绳的序列图像是相关联的，可以作为逐帧动画素材。

图 3－7　小猫跳绳的序列图像

3.2.2 逐帧动画制作方法

逐帧动画是一种非常简单的动画方式。创建逐帧动画时，将所有帧都定义为关键帧，然后为每一个帧创建不同的图像信息(或绘制内容)，后一帧可以在前一帧的基础上暂变，不设置任何补间，这样连续播放的时候就会产生动画效果了。相当于在一本书的连续若干页的页脚都画上图形，快速地翻动书页，就会出现连续的动画一样。

1. 逐帧动画的制作方法

创建逐帧动画的典型方法主要有以下 3 种。

(1) 从外部导入素材生成逐帧动画，如导入静态的图片和序列图像等。

(2) 从数字或者文字制作逐帧动画，如实现文字跳跃或者旋转等特效动画。

(3) 绘制矢量逐帧动画，应用各种设计工具在场景中绘制矢量逐帧动画。

因为逐帧动画所涉及的帧的内容可能需要手工编辑创作，任务量比较大，所以在确定使用哪种逐帧动画的方法时，一定要构思好。不论哪种方法，创建逐帧动画都包括以下两个要点：一是添加若干个连续的关键帧；二是在关键帧中，创建不同的但又有一定关联的画面。比如，第一种方法，从外部导入素材生成逐帧动画，是创建逐帧动画最简单的一种，只需导入相关联的序列图像。具体操作是：

① 新建一个 Flash 影片文档，打开"本书素材"|"模块 3"|"小猫跳绳"文件夹中的内容，有 5 幅小猫跳绳的序列图像。

② 在第 1 帧处，导入"小猫跳绳"的第一张图像内容。

③ 在第 2 帧处，导入"空白关键帧"，粘贴"小猫跳绳"的第 2 张图像内容。

④ 依次在第 3 帧、第 4 帧、第 5 帧处，导入"小猫跳绳"的第 3、4、5 张图像内容。

⑤ 设置每张图像在舞台中的位置和大小都相同。此时，时间轴图层结构如图 3－8 所示。

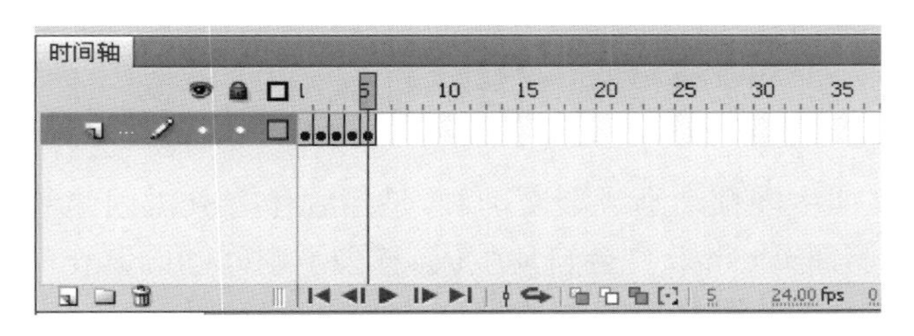

图 3－8 逐帧动画的时间轴图

⑥ 测试动画，并命名逐帧动画为"小猫跳绳. fla"。

知识点拨

因为逐帧动画的特点，一个连续动作是由许多个关键帧组成的，所以会增加文档的体积。而且逐帧动画在制作过程中要付出远比其他制作形式大得多的努力，所以要有目的地使用逐帧动画，把作品中最能体现主体的动作、表情用逐帧动画来表现。

2. 修改动画播放速度

修改动画播放速度的方法主要有两种：一种是修改动画的帧频，另一种是延长单个帧的播放时间。

按[Ctrl]+[Enter]键测试上述只有 5 帧的小猫跳绳的逐帧动画，感觉画面播放太快，此时，可以对这个小猫跳绳的逐帧动画进一步修改：单击选中第 1 帧，连续按[F5]键 4 次，在第 1 帧后插入 4 个普通帧。按同样的方法，在每个关键帧后面连续按[F5]键 4 次，插入 4 个普通帧。完成操作后的时间轴图层结构，如图 3－9 所示。再按[Ctrl]+[Enter]键测试，测试小猫跳绳的逐帧动画，动画效果自然流畅。

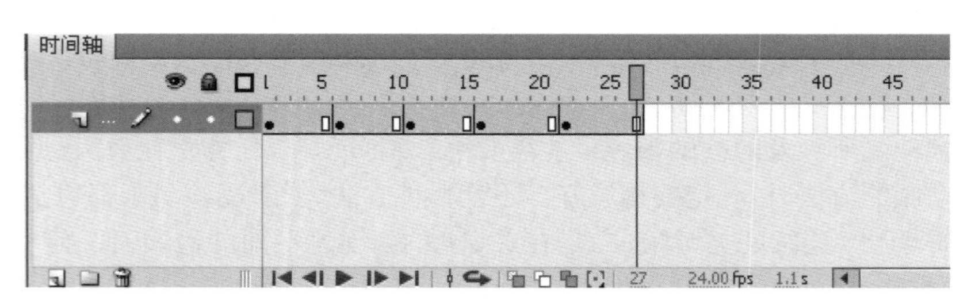

图 3－9　添加普通帧后逐帧动画时间轴图层结构

知识点拨

逐帧动画的时间轴效果，并不是一帧必须靠着一帧。一帧靠着一帧是逐帧动画的普遍现象，图 3－9 所示每帧延长 4 帧后，仍可理解为逐帧动画。

3.3 补间动画

所谓补间动画又叫中间帧动画或渐变动画，是指制作者只需创建起始关键帧和终止关键帧的画面，而中间画面 Flash 软件会自动生成，省去了中间动画制作的复杂过程。在两个关键帧中间可以通过补间动画实现图画的运动，插入补间动画后两个关键帧之间的插补帧是由计算机自动运算而得到。并且，使用补间动画不需要逐帧导入图像序列，能尽量减少文件的大小。因此，在用 Flash 制作动画时，应用最多的是补间动画。

3.3.1 补间动画类型

在 Flash 中创建补间动画时，时间轴出现 3 个选项：创建补间动画、创建补间形状、创建传统补间，如图 3－10 所示。其中，创建补间形状操作与 Flash 8 相同，补间动画和传统补间的区别应该是在 Flash CS 版本才出现的，用过较早的 Flash 版本的话，应该会比较习惯使用传统补间。在此，主要探讨后两种。

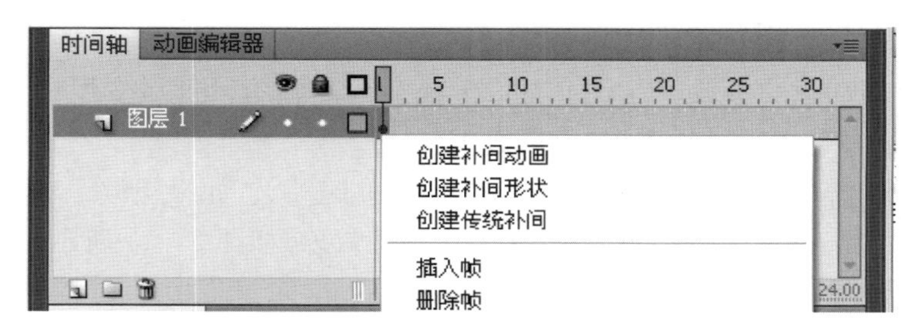

图 3-10 Flash CS6 中的补间动画选项

1. 传统补间动画

创建传统补间动画是指在 Flash 的时间轴面板上，在一个关键帧上放置一个元件，然后在另一个关键帧改变这个元件的大小、颜色、位置、透明度等，Flash 将自动根据两者之间的帧的值创建动画。传统补间动画建立后，时间轴面板的背景色变为淡蓝色，在起始帧和结束帧之间有一个长长的箭头。构成传统补间动画的元素是元件，包括影片剪辑、图形元件、按钮、文字、位图、组合等，但不能是形状。只有把形状组合（或按[Ctrl]+[G]键）或者转换成元件后，才可以创建传统补间动画。

2. 补间形状动画

补间形状动画又叫形状补间动画，是在 Flash 的时间轴面板上的一个关键帧上绘制一个形状，然后在另一个关键帧上更改该形状或绘制另一个形状等，Flash 将自动根据两者之间的帧的值或形状来创建动画，它可以实现两个图形之间颜色、形状、大小、位置的相互变化。补间形状动画建立后，在起始帧和结束帧之间也有一个长长的箭头，但时间轴面板的背景色变为淡绿色。构成形状补间动画的元素大多数是用鼠标或绘图工具绘制出的形状，而不能是图形元件、按钮、文字等。如果要使用图形元件、按钮、文字，则必须先打散（快捷键[Ctrl]+[B]）后才可以做形状补间动画。

3.3.2 创建补间动画

1. 创建传统补间动画

(1) 创建传统补间动画的方法　创建传统补间动画的基本制作方法是，在一个关键帧上创建一个对象，在另一个关键帧改变这个对象的大小、位置、颜色、透明度、旋转、倾斜、滤镜等属性。定义好补间动画后，Flash 自动补上中间的动画过程。创建传统补间的步骤如下：

① 单击图层名称使之成为活动层，然后在动画开始播放的图层中选择一个空白关键帧，该帧将成为传统补间的第一帧。向传统补间的第一个帧添加内容。

② 在动画结束处，插入第 2 个关键帧，选择这个新的关键帧，可以修改结束帧中的项目，执行下列任意一项操作：将项目移动到新的位置，修改项目的大小、旋转或倾斜，修改项目的颜色（仅限实例或文本块）。

③ 单击补间的帧范围中的任意帧，然后选择“创建传统补间”，时间轴上出现连续的帧

箭头。

(2) 传统补间动画的参数设置　定义了传统补间动画后，可以在“属性”面板中进一步设置相应的参数，以使动画效果更丰富、有效。

① “缩放”复选框。在制作补间动画时，在终止关键帧上，如果更改了动画对象的大小，那么，这个“缩放”复选框选择与否就直接影响动画的效果，如图 3-11 所示。

如果选择了这个复选框，就可以将大小变化的动画效果呈现出来。也就是说，可以看到对象从大逐渐变小(或者从小逐渐变大)的动画效果。如果没有选择这个复选框，大小变化的动画效果就呈现不出来。在默认情况下，“缩放”复选框处于勾选状态。

模块 1 中案例 1“运动的小球”，在终止的关键帧第 20 帧处，将小球图形放大，若“缩放”复选框处于勾选状态，可以看到小球在从左到右的运动过程中，伴随从小逐渐变大的动画效果；若“缩放”复选框不勾选，可以看到小球从左到右运动，当运动到终止的关键帧时，突然变大，动画效果不自然。

图 3-11　属性面板中“缩放”复选框

图3-12　属性面板中“编辑缓动”按钮

② “缓动”选项。单击“缓动”右边的文本框“0”，可以设置参数值，如图 3-12 所示。在文本框中输入具体的数值，设置完后，补间动画效果会按照设置作出相应的变化。

- 在默认情况下，“缓动”文本框中的值为 0，此时补间帧之间的变化速率是匀速的。
- 在－1～－100 的负值之间，动画运动的速度从慢到快，朝运动结束的方向加速补间。
- 在 1～100 的正值之间，动画运动的速度从快到慢，朝运动结束的方向减速补间。

在图 3-12 中，“缓动”文本框右边有一个“编辑缓动”按钮，单击此按钮会弹出“自定义缓入/缓出”对话框，如图 3-13 所示。“自定义缓入/缓出”对话框显示了一个表示运动速度随时间变化的坐标图。水平轴表示帧，垂直轴表示变化的百分比。第一个关键帧表示为 0%，最后一个关键帧表示为 100%。图形曲线的斜率表示对象的变化速率。曲线水平时(无斜率)，变化速率为零；曲线垂直时，变化速率最大，一瞬间完成变化。利用这个功能，可以制作出更加丰富的动画效果。

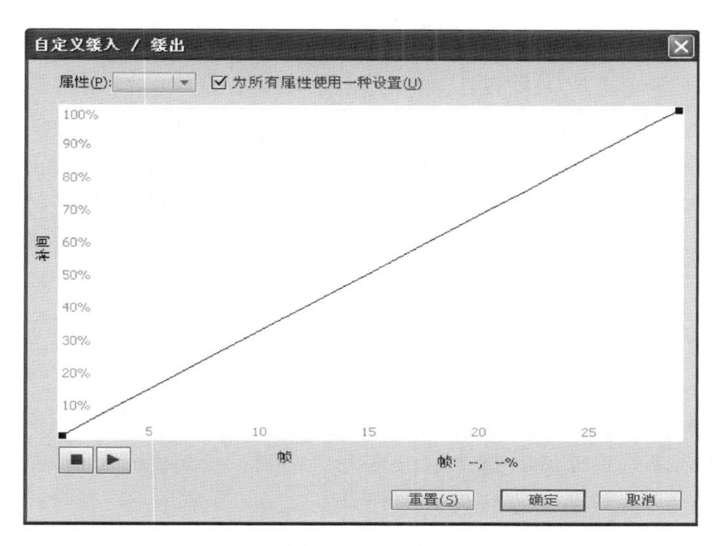

图 3-13　“自定义缓入/缓出”对话框

③ “旋转”选项。在属性面板中，“旋转”下拉列表中包括 4 个选项，如图 3-14 所示。

➢ 选择“无”(默认设置)可禁止元件旋转。

➢ 选择“自动”可使用元件在需要最小动作的方向上旋转对象一次。

➢ 选择“顺时针”(CW)或“逆时针”(CCW)，并在后面输入数字，可使元件在运动时顺时针或逆时针旋转相应的圈数。

④ “调整到路径”复选框。勾选“调整到路径”复选框，可以将对象的运动基线调整到运动路径。此项功能主要用于引导路径动画(见模块 8)，在定义引导路径动画时，选择这个复选框，可以使对象根据路径调整动画，使效果更逼真。

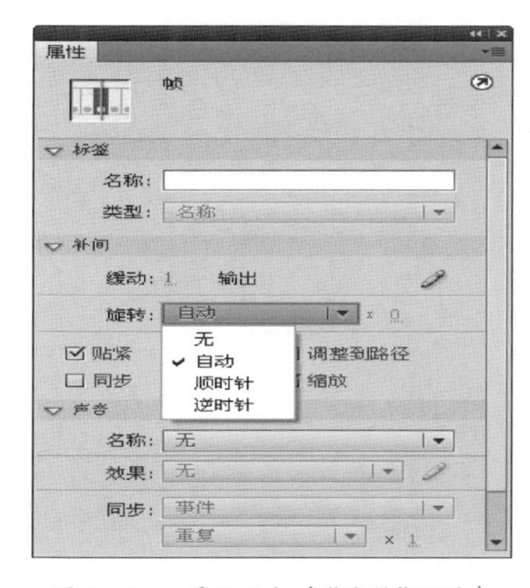

图 3-14　属性面板中“旋转”项列表

⑤ “同步”复选框。勾选“同步”复选框，可以使图形元件的动画和主时间轴同步。

⑥ “贴紧”复选框。勾选“贴紧”复选框，可以根据注册点将补间对象附加到运动路径。此项功能主要用于引导路径动画。

2. 创建补间形状动画

补间形状动画又称为形状补间动画，可以创建类似于形变的动画效果，使一个形状逐渐变成另一个形状，如从一个矩形变成一个三角形或改变大小和颜色等。利用补间形状可以制作许多生动的动画效果。

(1) 补间形状动画的方法　创建补间形状动画的基本制作方法是在一个关键帧上绘制一个形状，然后在另一个关键帧更改该形状或绘制另一个形状，接着在这两个关键帧之间定义补间形状，Flash 就会自动补上中间的形状渐变过程。创建补间形状动画的步骤如下：

① 单击图层名称使之成为活动层，然后在动画开始播放的图层中选择一个空白关键帧。该帧将成为补间形状的第一帧，向补间形状的第一个帧添加内容。

② 在动画结束处，插入第 2 个关键帧。选择这个新的关键帧，可以修改结束帧中的项目，执行下列任意一项操作：将项目移动到新的位置，修改项目的形状、大小和颜色等。

③ 单击补间帧范围中的任意帧，然后选择“创建补间形状”，时间轴上出现连续的帧箭头。

知识点拨

可以对补间形状内的形状的位置和颜色进行补间。若要对组、实例或位图图像应用形状补间，请分离这些元素。请参阅分离元件实例。要对若干文本应用形状补间，需要将文本分离两次，从而将文本转换为图形对象。

(2) 补间形状的参数设置　定义了补间形状后，在“属性”面板中可以进一步设置相应的参数，以使得动画效果更丰富，如图 3－15 所示。

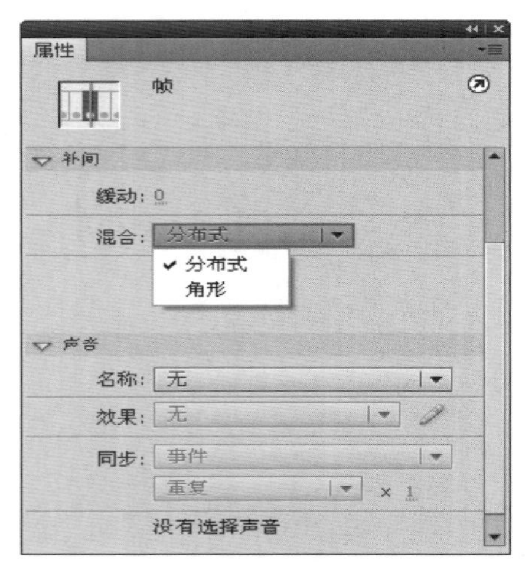

图 3－15　属性面板中的“混合”项列表

① “缓动”选项。单击“缓动”右边的文本框“0”，可以设置参数值。在文本框中输入具体的数值，设置完后，补间动画效果会按照设置作出相应的变化。设置完后，动画效果会作出相应的变化。

➢ 在默认情况下，动画的变化率是匀速的。

➢ 在－1～－100 的负值之间，动画运动的速度从慢到快，朝运动结束的方向加速补间。

➢ 在 1～100 的正值之间，动画运动的速度从快到慢，朝运动结束的方向减速补间。

② “混合”选项。这个选项的下拉列表中有两个选项：

➢ 分布式：创建的动画中间过渡形状更为平滑和不规则。

➢ 角形：创建的动画中间过渡形状会保留有明显的角和直线。

知识点拨

传统补间动画与补间形状动画的主要区别在于：传统补间动画是一个固定形状的对象在场景中沿某种路径运动，对象本身是不变的，只是移动位置或者旋转角度，在时间轴上出现的连续帧显蓝色；补间形状动画是从一个形状变到另一个形状，中间的补间是连续的过渡，在时间轴上出现的连续帧显绿色。

学 知识巩固 案例演示

演示案例1 逐帧动画——烛光摇曳

制作步骤

1. 新建一个Flash影片文档，设置舞台背景为黑色，其他参数保持默认。

2. 制作蜡烛杆：

(1) 将“图层1”层的名称改为“蜡烛杆”。在这个图层，用椭圆工具绘制一个“笔触颜色”为白色、无填充色的椭圆。显示网格，按住[Ctrl]键垂直向下拖动复制一个椭圆副本，用线条工具连接两个椭圆。最后，删除下面椭圆内侧的一个圆弧，得到一个圆柱体图形，如图3-16所示。

图3-16 圆柱体图形

(2) 选择颜料桶工具，在“颜色”面板中设置填充效果为“径向渐变”，两个渐变色块从左到右的颜色值依次为#FF0000、#8E2C02。用“颜料桶工具”单击填充圆柱体的侧面，并且用“渐变变形工具”将变形中心点调整到圆柱体侧面的偏上部。

(3) 选择颜料桶工具，在“颜色”面板中设置填充效果为“径向渐变”，两个渐变色块从左到右的颜色值依次为#FF0000、#FF9900。用“颜料桶工具”单击填充圆柱体的上底面。

(4) 删除图形原来的白色笔触。至此，一个蜡烛杆就制作完成了，效果如图3-17所示。

图3-17 蜡烛体图形

3. 制作蜡烛焰：

(1) 插入图层2，并将其层名更为“蜡烛焰”。先绘制一个小的椭圆，椭圆径向填充的颜色值为＃FFCC00、＃FF9966。

(2) 复制该椭圆成 4 个，用"选择工具"指向椭圆的边缘位置，调整出对应的蜡烛焰，效果如图 3-18 所示。

图 3-18 蜡烛焰图形

4. 制作逐帧动画：

(1) 在"蜡烛杆"层的第 40 帧处按[F5]键，延长时间帧，锁定该层。

(2) 分别在"蜡烛焰"层的第 10 帧、第 20 帧、第 30 帧处按[F6]键，插入关键帧。

(3) 将绘制好的"蜡烛焰"粘贴到对应的第 10 帧、第 20 帧、第 30 帧处。

(4) 右击时间轴，选定第 1～30 帧，在弹出的快捷菜单中，选"创建补间形状"，完成蜡烛焰的逐帧动画。"时间轴"面板，如图 3-19 所示。

5. 执行"文件"|"保存"，将影片保存为"烛光摇曳. fla"。

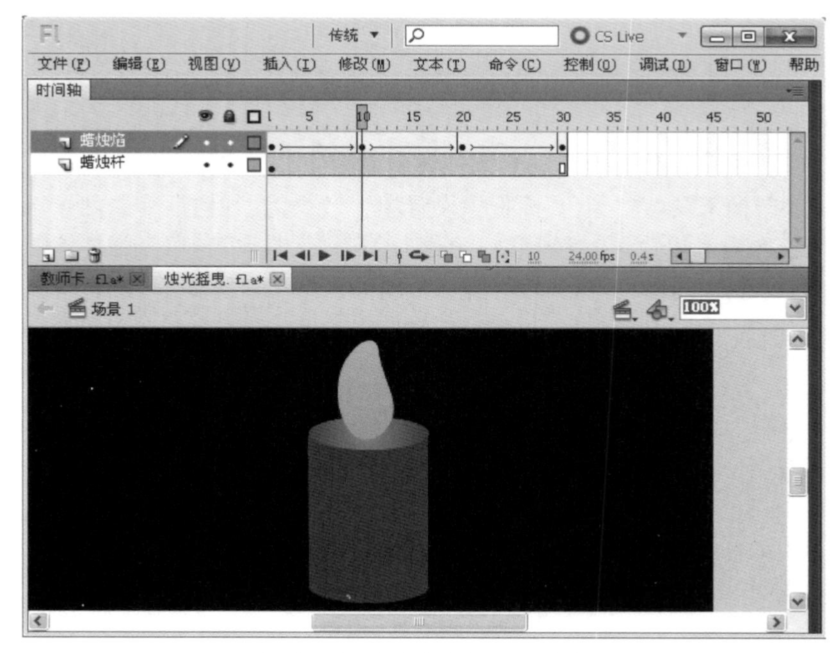

图 3-19 "时间轴"面板示意图

演示案例 2　传统补间动画——树叶随风飘落

演示步骤

1. 新建一个 Flash 文档，选择菜单“修改”|“文档”命令，在“文档设置”对话框中，尺寸设为 500×400 像素，其他为默认。

2. 选中第 1 帧，参照模块 2 中绘制绿叶。选择“修改”|“组合”命令（或按[Ctrl]+[G]键），将绿叶图形组成一个整体形状。

3. 用鼠标点击时间轴右上角的黑三角标志，在弹出的菜单中选择“小”，这样可增加时间轴刻度的可视范围，选择“图层 1”第 100 帧，按[F6]键插入关键帧。

4. 在“图层 1”第 1 帧将绿叶移到场景的左上角，第 100 帧处将绿叶移到场景的右下角，右击第 1～100 帧间，在弹出的菜单中选择“创建传统补间”动画。此时，时间轴面板效果如图 3-20 所示。

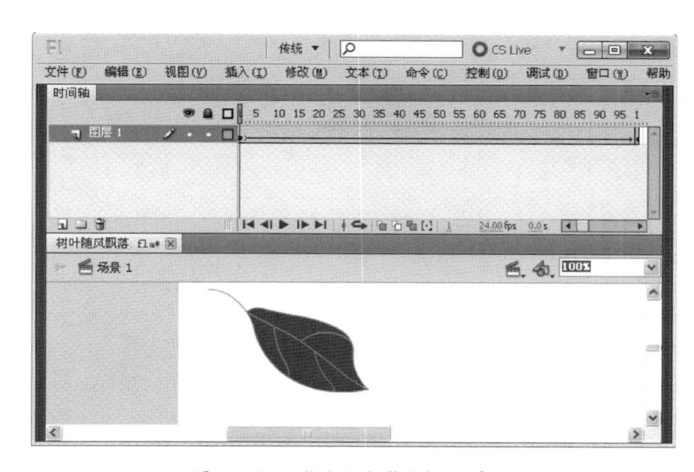

图 3-20　“时间轴”面板示意图

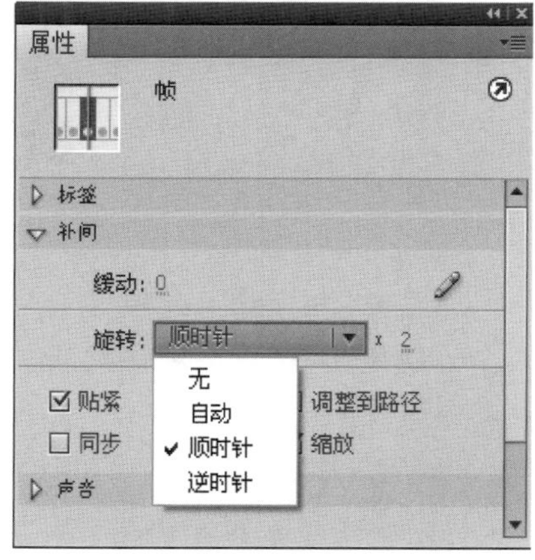

图 3-21　“属性”面板

5. 测试影片，可见树叶由左上角移动到右下角。

6. 选择第 1 帧，打开属性面板设置补间为“顺时针”并旋转两周，如图 3-21 所示。

7. 保存并测试影片，可观察到树叶随风飘落的自然效果。

演示案例 3　补间形状动画——数字转换效果

演示步骤

1. 新建一个 Flash 文档，选择菜单“修改”|“文档”命令，在“文档设置”对话框中，尺寸设为 400×300 像素，其他为默认。

2. 选择"文本工具",在属性面板中设置字体为 Arial Black,字体大小为 160、颜色为黑色。

3. 选中第 1 帧,输入数字"1",选择"修改"|"分离"命令(或按[Ctrl]+[B]键),将文本 1 分离成"1"的形状。

4. 选择"图层 1"第 30 帧插入关键帧,选择"文本工具"输入数字"2"。同样,按[Ctrl]+[B]键,将文本分离成"2"的形状。

5. 右击第 1～30 帧的任意位置,选择"创建补间形状"动画。

6. 测试影片,可以观察到数字"1"变为数字"2"的动画效果,但变化效果比较混乱。

7. 选中第 1 帧,选择"修改"|"形状"|"添加形状"命令两次,这时舞台上会连续出现两个红色的形状提示点(重叠在一起)。

8. 用鼠标选中形状提示点,并调整第 1 帧和第 30 帧处的形状提示点的位置。提示点的颜色会发生变化,由黄色变为绿色。例如,第 1 帧上的提示点为黄色,第 30 帧上的提示点为绿色。图 3－22 所示为调整后起始形状和结束形状提示点的位置示意图。

图 3－22　调整后起始形状和结束形状提示点的位置示意图

9. 测试影片,可以观察到数字"1"变为数字"2"的动画效果比较美观了。

知识点拨

控制比较复杂或特殊的形状变化,可以使用形状提示。形状提示会标识起始形状和结束形状中的相对应的点。比如,创建脸部表情变化时,在五官的多处建立形状提示,这样在动画过渡时就不会太乱。

做 举一反三　上机实战

任务 1　逐帧动画——打字

制作步骤

1. 新建一个 Flash 文档,选择菜单"修改"|"文档"命令,在"文档设置"对话框中,设置舞

台尺寸为 600×200 像素，其他为默认。

2. 选择工具箱中的文本工具，显示属性面板，设置字符的大小为 50、字符间距为 1、颜色为蓝色或红色，其他为默认，如图 3-23 所示。

图 3-23　“字符”属性设置

3. 在舞台上第 1 帧处，单击鼠标，输入字母“学”。选择第 5 帧，按[F6]键插入一个关键帧，接着输入字母“习”。选择第 10 帧，按[F6]键插入一个关键帧，接着输入字母“贯”。

4. 用同样的方法，分别在第 15、20、25、30、35、40、45、50 帧处插入关键帧，依次输入文本“彻”“党”“的”“二”“十”“大”“精”“神”等。

5. 接着，在第 100 帧处，按[F5]键延长时间帧。此时，时间轴上的帧如图 3-24 所示。

6. 测试影片。保存影版文档为“打字(学习贯彻党的二十大精神). fla”。

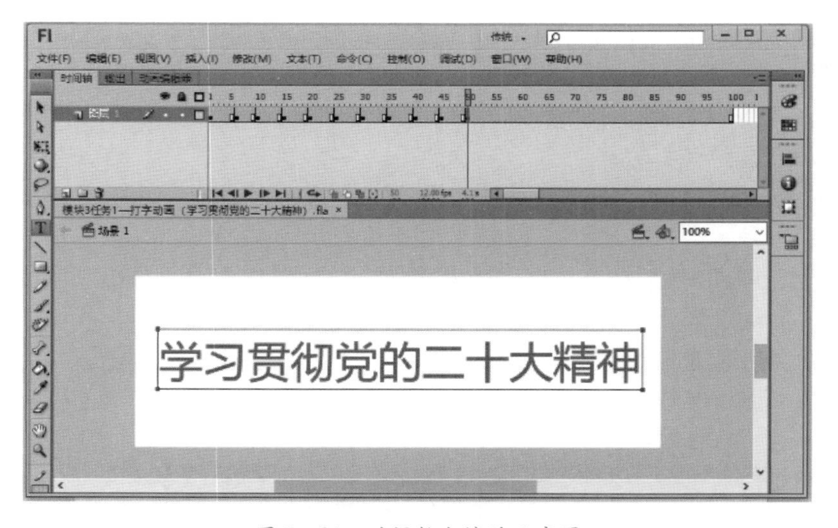

图 3-24　时间轴上帧的示意图

任务 2　传统补间动画——加速旋转齿轮效果

制作步骤

1. 新建一个 Flash 文档，选择菜单“修改”|“文档”命令，在“文档设置”对话框中，尺寸为

图 3-25 属性面板中“补间”参数设置

500×400 像素，其他为默认。

2. 选中第 1 帧，复制模块 2 中绘制的齿轮。执行“修改”|“组合”命令(或[Ctrl]+[G]键)，将齿轮图形组成一个整体形状。

3. 选择“图层 1”第 80 帧，按[F6]键插入一个关键帧，在第 1～80 帧间右击鼠标，在弹出的菜单中选择“创建传统补间”动画。

4. 将鼠标定位在第 1 帧，设置属性面板“补间”参数的缓动为－50、旋转方向为“顺时针”、旋转次数为 1，如图 3-25 所示。

5. 保存为“加速旋转齿轮.fla”，测试影片，可观察到齿轮加速旋转的动画效果。

任务 3 补间形状动画——自行车变飞机

制作步骤

1. 新建一个 Flash 文档，在“修改”|“文档”|“文档设置”对话框中，设置舞台背景为蓝色(＃0099FF)，其他保持默认。

2. 选择“文本工具”，在“属性”面板中，设置字体为 Webdings、字号大小为 200、文本颜色为白色。

3. 在舞台上单击，然后在文本框中输入字母“B”，此时舞台上不是出现了小写字母“b”，而是会出现一个自行车符号(或其他符号)，如图 3-26 所示。

4. 保持文本工具的属性设置不变，选中第 50 帧，然后在文本框中输入字母“J”，此时舞台上不是出现了小写字母“j”，而是会出现一个飞机符号(或其他符号)，如图 3-26 所示。

图 3-26 “自行车”符号和“飞机”符号示意图

5. 点击第1帧，将自行车符号拖放到舞台左下角位置。执行“修改”|“取消组合”命令(或按[Ctrl]+[Shift]+[B]组合键)，将自行车符号分解为自行车图形。

6. 点击第50帧，将飞机符号拖放到舞台右上角位置。按[Ctrl]+[Shift]+[B]组合键。同样，将飞机符号分解为飞机图形。

7. 选中第1～50帧，创建补间形状动画。

8. 测试影片，可观察到自行车变飞机的形变动画效果。

9. 保存影片文档为“自行车变飞机.fla”。

模块小结

主要介绍动画基础知识。通过对帧的了解和学习，熟悉帧的概念，了解建立逐帧动画的原理和方法，区别了创建传统补间动画与创建补间形状动画的方法，学会了传统补间动画与补间形状动画的相关参数设置，进一步为后序的Flash动画制作打下坚实的基础。

第二篇
技能提高

模块4 图层、位图应用

在Flash中,单个图层中的动画效果很有限,影片越复杂,需要用到的图层就会越多。同样,在Flash中用绘图工具绘制的矢量图形是有限的,要创造出丰富多彩的动画,还需要在使用Flash时导入图像。掌握图层的知识,可以提高Flash影片制作效率;学会导入素材的应用,也可以大大增强Flash影片的动画效果。

教 知识要点 简明扼要

- Flash CS6 中多图层设置
- Flash CS6 多图层分配
- Flash CS6 中位图应用
- Flash CS6 中位图处理

4.1 图　　层

图层就像透明的玻璃纸一样,可以在舞台上一层层叠加。每个图层上都可以放置不同的图形对象,而且在一个图层上绘制和编辑的动画对象,不会影响其他图层上的对象。为方便动画制作,需要利用图层来组织和管理影片中的对象。

4.1.1 多图层设置

1. 新建和重命名图层

(1) 新建图层　新建的Flash影片文档只有一个默认的"图层1",绘图时可以根据需要增加多个图层。新建图层的常用方法如下:

① 单击时间轴左下方工具栏的"新建图层"按钮,如图4-1所示,就可直接插入新图层。

② 选择"插入"|"时间轴"|"图层"命令插入新图层。

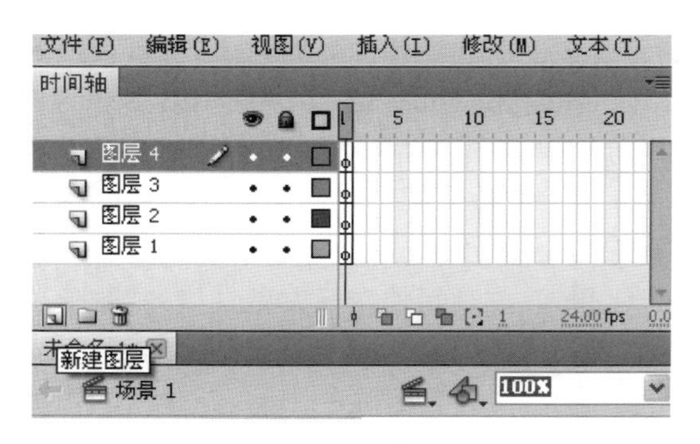

图4-1 新建图层

③ 在时间轴的层编辑区右击某个图层，在弹出的快捷菜单中选择"插入图层"命令插入新图层。插入新图层后，系统默认的图层名称依次为"图层 2""图层 3""图层 4"等。绘图制作时，为了方便编辑和管理，需根据图层上的对象给图层重新命名。

(2) 重命名图层　重命名图层的常用方法如下：

① 双击"图层"名称，在字段中输入新的名称。

② 右击"图层"，可以打开"图层属性"对话框，在对话框中可以重命名图层，并且还可在其中设置该图层相关属性，如图 4-2 所示。

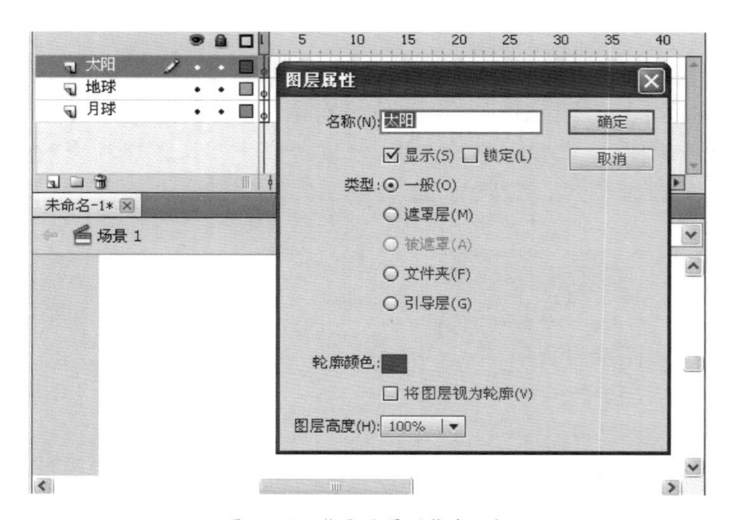

图 4-2 "图层属性"对话框

2. 选取图层和删除图层

(1) 选取图层　编辑工作只能在当前被选择的图层进行，若有多个图层，必需选取对应的图层。选取图层的常用方法如下：

① 单击时间轴左边对应的图层名称，这时图层名称的背景变为蓝色，并且旁边会出现一个类似铅笔的工作标志。

② 单击时间轴上某图层的任意一帧，可以选择该图层。

③ 直接选定舞台上的对象，可以选择该图层。

④ 按住[Shift]键，再分别单击图层名称，可以同时选取多个连续的图层；按住[Ctrl]键，再分别单击图层名称，可以同时选取多个不连续的图层。

(2) 删除图层　空白图层和没用的图层必需删除，这样可以减小整个影片文档的大小。删除图层的常用方法如下：

① 单击时间轴左下方工具栏的"删除"按钮，就可直接删除图层。

② 直接用鼠标拖放需要删除的图层到时间轴左下方工具栏的"删除"按钮。

③ 右击需要删除的图层，在弹出的快捷菜单中选择"删除图层"命令。

3. 隐藏和显示图层

为便于对不同图层对象的操作，可以先将其他图层隐藏起来，隐藏后图层中的所有对象都看不见。在时间轴左边图层名称上方有个形似眼睛的图标，如图 4－3 所示，点击该图标可以隐藏或显示图层。

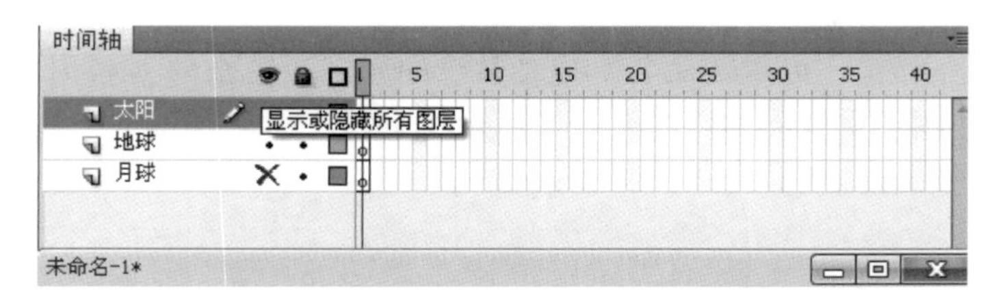

图 4－3 显示或隐藏图层

(1) 单击某图层眼睛图标下对应的“显示”或“隐藏”按钮，就可直接显示或隐藏该图层。并且，隐藏时，对应的“隐藏”按钮为一个红叉；显示时，默认的“显示”按钮为一个实心黑点。

(2) 单击时间轴上的“显示或隐藏所有图层”按钮，如图 4－3 所示，就可直接显示或隐藏所有图层，并且隐藏后所有图层上都出现红叉。

(3) 用鼠标依次拖动各层对应的“显示或隐藏”按钮，可以隐藏多个图层；反之，也可以显示多个图层。

4. 锁定图层和解除图层锁定

为避免对其他图层对象造成误操作，可以锁定图层。被锁定图层上的对象依旧显示，但不能被编辑。在时间轴左边图层名称上方有个小锁形状的图标，点击该图标可以锁定图层或解除图层锁定。

(1) 单击某图层小锁图标下对应的“锁定或解除锁定”按钮，就可直接锁定图层或解除图层锁定。锁定时，对应的“锁定或解除锁定”按钮显示为一个小锁；解除锁定时，默认的按钮为一个实心黑点。

(2) 单击时间轴上的“锁定或解除锁定所有图层”按钮，如图 4－4 所示，就可直接锁定所有图层，并且锁定后所有图层上都出现小锁图标。

图 4－4 锁定或解除图层锁定

(3) 用鼠标依次拖动各层对应的“锁定或解除锁定所有图层”对应的按钮，可以锁定多个图层；反之，也可以对多个图层解除锁定。

5. 图层文件夹

时间轴上的图层可能较多,可以创建图层文件夹分类管理。图层文件夹将图层放在一个树形结构中,通过展开或折叠文件夹来查看所包含的图层。图层文件夹可以包含图层,也可以包含文件夹。新建图层文件夹的常用方法:单击时间轴左下方工具栏的"新建文件夹"按钮,就可直接插入图层文件夹。

图层文件夹建立后,还可重新命名。拖动某个图层到图层文件夹名称上,该图层就会以缩进的方式出现在图层文件夹中,如图 4-5 所示的"太阳"层。单击文件夹名称左侧的三角形,可以展开或折叠文件夹。

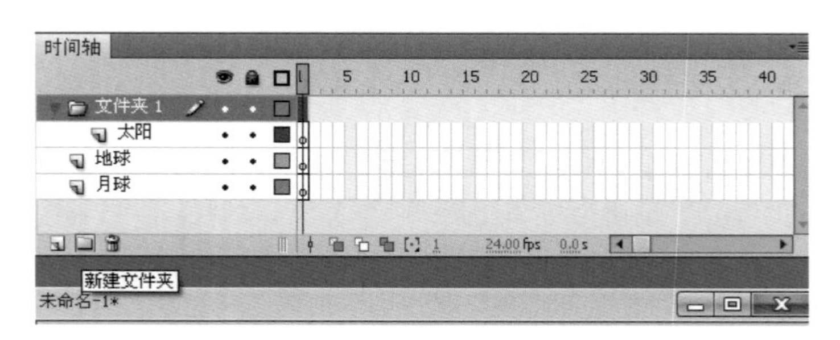

图 4-5 创建图层文件夹

4.1.2 多图层分配功能

图层分配功能可以将选择的对象添加到新图层中,减少对单个对象的重复操作。图层分配功能不仅应用于图形,还可以应用于舞台中的任何类型的元素,包括文字、位图、群组对象、元件以及视频剪辑等。

1. 对象分配到多层

可以快速将一个帧中的所选对象分散到独立的层中,以便给对象应用补间动画。这些对象最初可以在一个或多个层上,Flash 会将每一个对象分散到一个独立的新层中。任何没有选中的对象(包括其他帧中的对象),都保留在它们的原始位置上。常用的方法有:

(1) 选择需要分离的对象并在其上右击,在弹出的快捷菜单中选择"分离"命令,将对象全部打散。

(2) 对象被分离后,选择"修改"|"时间轴"|"分散到图层"命令,将对象分散到各个图层中。

此时,可以看到对象的各个部分都分别显示在不同的图层上,图层效果如图 4-6 所示。

2. 分配图层并自动命名

除了直接在时间轴面板中对图层命名外,还可以通过很巧妙的方式将图层自动命名。就是将对象分离并分配到图层时,新图层就会采用与对象名称一致的方法自动命名。例如文本,常用的方法如下:

(1) 选择要分离的文本对象并在其上右击,在弹出的快捷菜单中选择"分离"命令,将对

图4-6　多个对象分配到多图层

象分为单个的文字。

(2) 对象被分离后,执行"修改"|"时间轴"|"分散到图层"命令,将对象分别分散到各个图层中。

此时,可以看到对象的各个部分都分别显示在不同的图层上,并且新增的各个图层都会以与单个文字对象名称一致的方法自动命名。图层效果如图4-7所示。

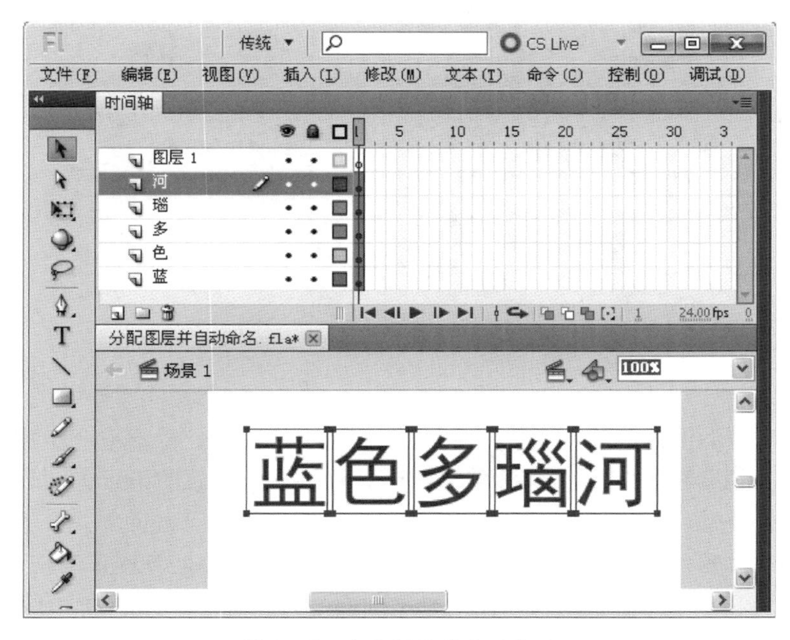

图4-7　分配图层并自动命名

4.2 位图应用

计算机图像有矢量图形和位图图像两种。在 Flash 中，用绘图工具绘制的是矢量图形。而在制作 Flash 动画时，常常需要矢量图形和位图图像两种，并会经常交叉使用、互相转换。

4.2.1 位图与矢量图的概念

1. 位图图像

位图图像是通过像素点来记录图像的。构成位图的最小单位是像素，每个像素点都有其各自的属性，如颜色、位置等。位图就是由像素阵列的排列来实现其显示效果的，从宏观的效果上看，就是一幅完整的图像。位图的质量与它的分辨率有关，分辨率是单位面积中像素的数量或单位长度内的像素数。

位图文件一般为 jpg 格式文件，编辑操作的对象是每个像素，可以改变图像的色相、饱和度、透明度，从而改变图像的显示效果。当位图放大时，实际是像素的放大，因此，放大到一定程度会出现马赛克现象，如图 4－8 所示。

图 4－8 位图图像放大前后的效果比较

2. 矢量图形

矢量图形和位图图像的成形方式完全不同。矢量图是多个对象组合生成的，是用包含颜色和位置属性的点和线来描述的图像。对其中的每一个对象的记录方式，都是以数学函数来实现的。也就是说，矢量图形实际上并不是像位图那样记录画面上每一点的信息，而是记录了元素形状及颜色的算法。打开一幅矢量图的时候，软件运算图像对应的函数将运算结果（图形的形状和颜色）显示出来。无论显示画面是大还是小，对象对应的算法是不变的。因此，即使对画面进行倍数相当大的缩放，都不会影响图形的质量，其显示效果仍然相同（不失真），如图 4－9 所示。

图 4-9　矢量图形放大前后的效果比较

3. 矢量图和位图各自的优点

位图的优点是色彩变化丰富，可以改变形状区域内的色彩显示效果。相应地，图像文件变大后，要实现较好的效果，需要的像素点就更多。

矢量图的优点是轮廓的形状更容易修改和控制，但是对于单独的对象，色彩上的变化不如位图直接、方便，并且矢量图查看起来不如位图方便。

4.2.2　位图处理

1. 位图导入

使用位图，必须先将它导入到当前 Flash 影片文档的舞台或当前文档的库中。Flash 提供了导入位图的相关命令，可以很方便地导入和使用位图。导入位图的方法如下：

(1) 在 Flash 文档中，执行“文件”|“导入”|“导入到舞台”命令，打开“导入”对话框，找到“模块 4 素材|卡通熊猫”，选择需要导入的图片文件，如图 4-10 所示。

图 4-10　“导入”对话框

(2) 打开"库"面板可以看到导入的位图对象,"库"面板中的位图对象可以随时拖入到舞台。导入的位图在"库"中是图像的文件名,它们的"类型"标识为"位图"。

(3) 如果要导入的位图名称有一定的顺序,例如 1. jpg、2. jpg、3. jpg、4. jpg 等,导入时,就会出现"是否导入文件序列"对话框,如图 4-11 所示。

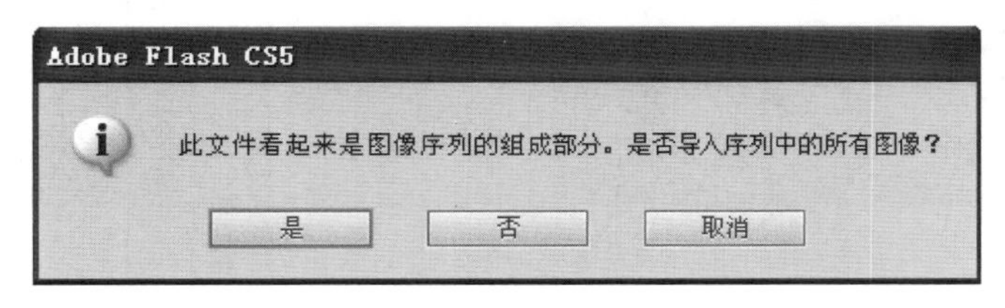

图 4-11 导入的位图是序列

(4) 单击【是】按钮,导入所有图片序列文件,且这些图片各占用时间轴的 1 帧。

(5) 单击【否】按钮,只导入所选的图片文件。

2. 将位图转换为矢量图

Flash 可以方便地将位图转换为矢量图,转换的具体步骤如下:

(1) 导入"模块 4 素材|卡通熊猫"中的 4. jpg 文件,在舞台中选中已导入的位图对象,使用工具箱中的"选择工具"选中对象,则在它的四周出现一个矩形的虚线框,虚线框的大小就是该图位的大小。

图4-12 转换位图为矢量图的对话框

(2) 选择"修改"|"位图"|"转换位图为矢量图"命令,则打开"转换位图为矢量图"对话框。

(3) 在对话框中,设置"颜色阈值"为 30,"最小区域"为 5 像素,"角阈值"为一般,"曲线拟合"为平滑等,如图 4-12 所示。

(4) 转换完毕后与图 4-8 相比较可以看出,转换后的矢量图与之前的图位有一些细微的差别,图形边缘发生了一些变化,但放大后再也不会出现马赛克现象,仍然保持清晰,如图4-13 所示。

图 4-13 位图转换为矢量图的效果

知识点拨

位图转换成矢量图之后就可以对其编辑，如填色；分离位图好像只是等同于用位图填充一个矩形一样。查看混色器，发现它的填充颜色就是刚才的位图。而且，转换成矢量图之后图形任意放大、缩小都不会有品质的差异，但是分离的位图，放大后会有马赛克。注意：把位图转换成矢量图时，往往图形都会变形。

3. 位图去背景

导入到Flash影片文档中的位图有背景，使用不方便，为了利于作品整体风格的设计，往往需要去背景，具体的操作步骤如下：

(1) 在舞台中导入“模块4素材|卡通熊猫”的4.jpg，选中已导入的位图对象，执行“修改”|“分离”命令(或按[Ctrl]+[B]键)将位图对象分离，被分离的对象呈点状显示。

(2) 选择绘图工具箱中的“套索工具”，单击其选项栏中的“魔术棒设置”，打开“魔术棒设置”对话框，如图4-14所示。在“阈值”中输入30，在“平滑”下拉菜单中选择“平滑”后确定。

图4-14　“魔术棒设置”对话框

图4-15　位图去背景后的效果

(3) 用绘图工具箱“套索工具”中的“魔术棒”，单击选定图像中对应的背景，按[Delete]键，删除选中的背景。重复此操作，直到将所有不需要的背景删除。

(4) 补充措施：放大舞台显示比例，选择“橡皮擦工具”，在“橡皮擦工具”工具栏中的“橡皮擦形状”中选择一较小的圆形橡皮擦，将不整齐的边缘修饰完善。位图去除背景后的效果如图4-15所示。

知识点拨

阈值用来定义在选取范围内相邻像素色值的接近程度，数值越高，选取的范围越宽，可以输入的范围为0～200。

4. 位图填充

位图填充是指把位图当作填充色，填充图形区域。填充的区域也可以使用渐变变形工具缩放、旋转或倾斜。实际操作如下：

（1）在 Flash 影片文档中选择“椭圆工具”，绘制一个笔触色为蓝色、填充色为无色的椭圆。

（2）执行“文件”|“导入”|“导入到库”命令，将“模块 4 素材|卡通熊猫”中图片 5.jpg 导入到“库”中。

（3）展开“颜色”面板，单击“填充色”按钮，在“类型”下拉列表框中选择“位图”，此时，在工具栏中“填充色”按钮上的颜色变成了位图。将鼠标指针移动到下方的图片缩略图上，光标变成了滴管状。

图 4－16 位图填充的效果

（4）选择颜料桶工具为椭圆填充色，效果如图 4－16 所示。

（5）选择渐变变形工具，单击椭圆，位图填充区域上出现了渐变变形手柄。

（6）中心点手柄可以改变所填充位图的中心，横向和纵向倾斜手柄可以在横向或纵向倾斜填充的位图，横向和纵向缩放手柄可以在横向和纵向任意缩放填充的位图。

（7）旋转手柄可以旋转填充的位图，内部平铺手柄可以在形状内部平铺填充的位图。

学 知识巩固 案例演示

演示案例 1 多图层绘图——QQ 企鹅

演示步骤

1. 新建 Flash 影片文档。执行主菜单“修改”|“文档”命令，在“文档设置”对话框中，尺寸设为 500×400 像素，其他为默认。

2. 绘制企鹅头部和身躯。新建两个图层，上图层命名为企鹅头部，下图层命名为企鹅身躯。设置椭圆工具的“笔触”为无，“填充”为黑色，绘制两个黑色实心椭圆，用“选择工具”调整形状，如图 4－17(a)所示。

(a)

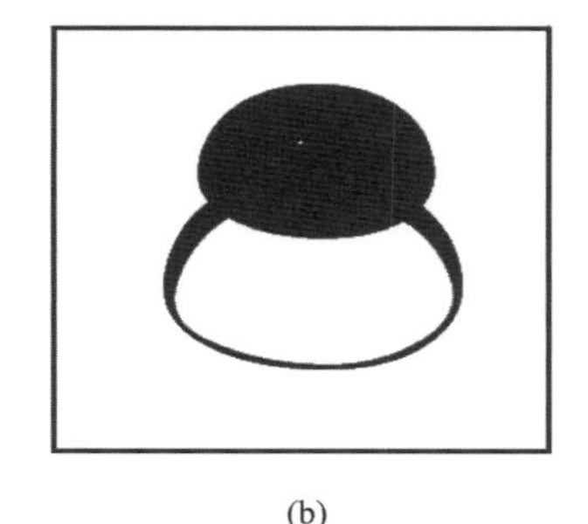

(b)

图 4－17 企鹅的头部和身躯

3. 绘制企鹅身躯。锁定现有的图层，在两层中间插入一个新图层，命名中间的新图层为“企鹅身躯”。将企鹅身体部分复制到中间图层，填充颜色为白色，调整形状使显示出效果，如图 4-17(b)所示。

4. 绘制企鹅双翅。锁定已有图层，插入一个新层并将该层调到最底层，命名为“企鹅双翅”。用椭圆工具画一个细长的黑色实心小椭圆，使用“变形”面板，将黑色实心小椭圆倾斜约 60°，调整位置成为右翅膀。复制右翅膀，并选定被复制的右翅膀，执行“修改”|“变形”|“水平翻转”，调整位置使被复制并翻转的右翅膀正好成为左翅膀，如图 4-18(a)所示。

5. 绘制企鹅双脚。锁定已有图层，再插入一个新层，调到最底层，命名为企鹅双脚。用椭圆工具画一个外框为黑色、内填充为橙色的小椭圆，调整到右脚位置。参照步骤 3 完成左脚，并用铅笔工具勾画出企鹅的脚趾，如图 4-18(b)所示。

(a)

(b)

图 4-18 企鹅的双翅和双脚

6. 绘制企鹅眼睛。锁定已有图层，在最上层插入一个新层，命名为“企鹅眼睛”。用椭圆工具画出白色和黑色的小椭圆，放置在头部位置形成双眼，如图 4-19(a)所示。

7. 绘制企鹅嘴巴。锁定已有图层，在最上层插入一个新层，命名为“企鹅嘴巴”。用椭圆工具在头部位置形成嘴巴，如图 4-19(b)所示。

(a)

(b)

图 4-19 企鹅的眼睛和嘴巴

8. 绘制企鹅围巾。在最上层插入一个新层,命名为“企鹅的围巾”。用矩形工具绘制围巾的轮廓,并用铅笔工具勾画出围巾皱褶,用选择工具调整围巾形状,如图 4－20(a)所示。

9. 绘制企鹅蝴蝶结。在最上层插入一个新层,命名为“企鹅的蝴蝶结”。同样,在该图层中用矩形工具绘制蝴蝶结的轮廓,用选择工具调整形状,如图 4－20(b)所示。

(a)

(b)

图 4－20　企鹅的围巾和蝴蝶结

10. 按[Ctrl]+[S]键,保存影片为“QQ 企鹅. fla”。

演示案例 2　多图层应用——梅花朵朵

演示步骤

1. 新建 Flash 文档。执行主菜单“修改”|“文档”命令,在“文档设置”对话框中,设置尺寸为 400×400 像素,其他为默认。

2. 将图层 1 改名为“花瓣 1”,选择椭圆工具,笔触颜色为“黑色”,填充色为“无”。然后,在场景中画个垂直的椭圆,利用“对齐”面板将椭圆与舞台中心保持“水平对齐”和“底对齐”,如图 4－21 所示。

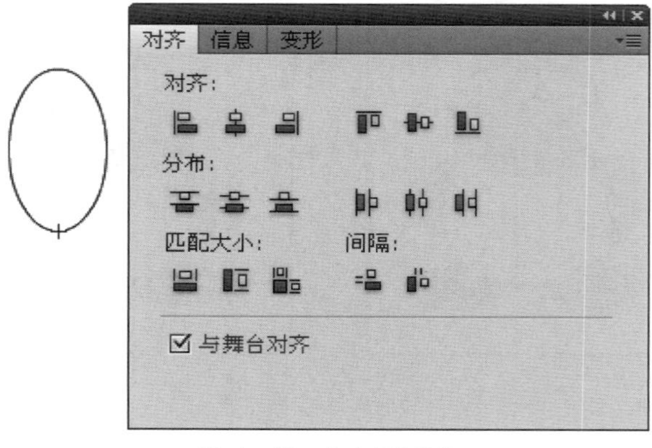

图 4－21　“对齐”面板

3. 选中椭圆，用任意变形工具把注册点移到场景中心，然后打开变形面板，勾选“结束比”，旋转 72°，复制并应用变形 4 次，删除多余线条，如图 4－22(a)所示。

4. 用“直线工具”画 5 条线段，将中心与弧形接点处连接，如图 4－22(b)所示。用“选择工具”将 5 条线段拉成弧形，如图 4－22(c)所示。

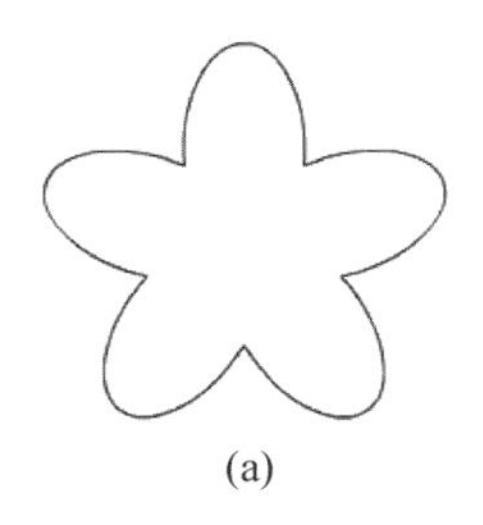

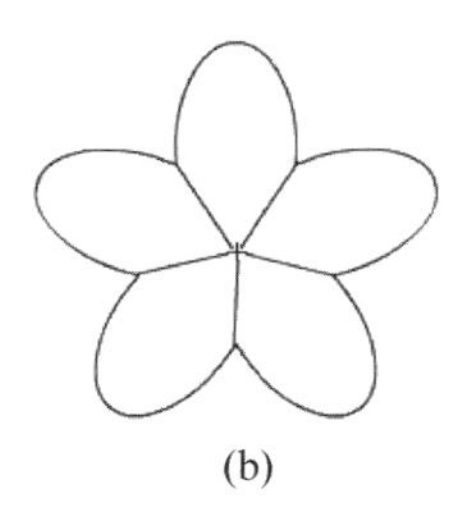

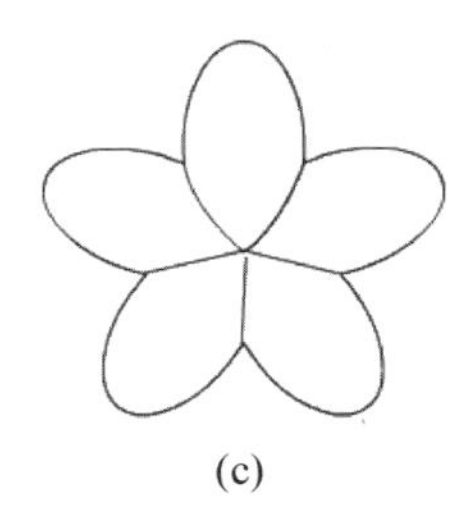

图 4－22　花的轮廓

5. 用“颜料桶工具”径向渐变填充，显示颜色面板，设置左色标为＃B9042A、中色标为＃FA1F62、右色标为＃F39CC8。填充后，效果如图 4－23(a)所示。然后，用填充变形工具调整填充中心，删除边线并稍加调整，如图 4－23(b)所示。

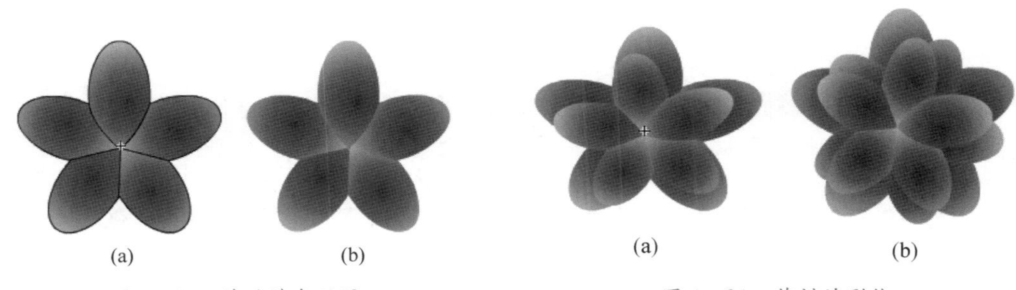

图 4－23　花的填色效果　　　　图 4－24　花瓣的形状

6. 插入图层 2，改名为“花瓣 2”，复制花瓣 1 图层的第 1 帧，粘贴到花瓣 2 图层第 1 帧，显示“变形面板”并设置“约束”勾选，宽改为 80％，回车确认后，如图 4－24(a)所示。再用任意变形工具把图层 2 的花瓣 2 稍稍旋转一点角度形成花朵的形状，如图 4－24(b)所示。

7. 插入图层 3 并命名为“花蕊 1”，用线条工具，线性填充：左色标＃F484B4、右色标＃FECDDC，画数条直线并用选择工具调整，弯曲成花蕊状；再用画笔工具，“线性”填充：左色标＃996600、中色标＃CCCC00、右色标＃CC9900，在每一根花蕊上点出花蕊的头部。效果如图4－25(a)所示。

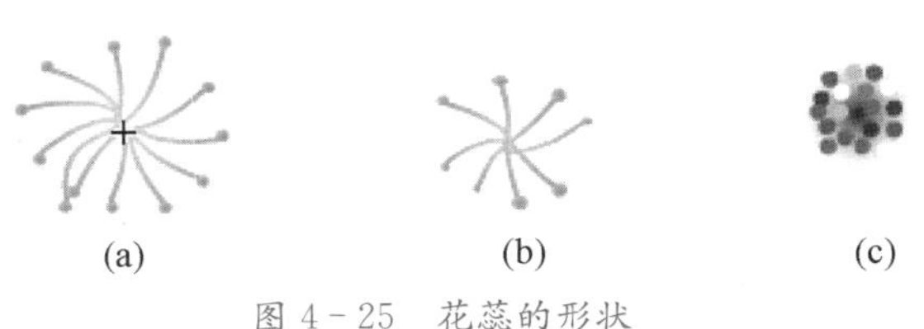

图 4－25　花蕊的形状

图 4-26　梅花花朵的形状

8. 插入图层 4，改名为“花蕊 2”，用上述画花蕊的方法画花蕊 2，如图 4-25(b)所示。

9. 插入图层 5，改名为“花蕊 3”，用椭圆工具，笔触禁止，径向填充，左色标＃543201、中色标＃CC9900、右色标＃CC9900，右色标透明度为 0，画一椭圆，再用笔刷工具，用各种颜色在椭圆上画点，如图 4-25(c)所示。

10. 调整各图层对象的位置，绘制完成的梅花花朵效果如图 4-26 所示。

11. 按[Ctrl]+[S]键，保存影片为“梅花朵朵. fla”。

演示案例 3　多图层动画——太阳冉冉升起

演示步骤

1. 新建一个 Flash 文档。执行主菜单“修改”|“文档”命令，在“文档设置”对话框中，尺寸设为 650×500 像素，帧频为 12，其他为默认。

2. 执行“文件”|“导入”|“导入到舞台”命令，弹出“导入”对话框，导入 Windows 7 中“共享文档”|“共享图像”|“示例图片”中的“Sunset. jpg”到舞台中。

3. 选定导入的位图图像，在属性面板中设置“位置和大小”中的参数为 X：0，Y：0，宽：650，高：500，使图像大小和位置正好与舞台场景完全吻合，如图 4-27 所示。

图 4-27　属性面板

图 4-28　分离位图为上、下两部分

4. 为方便操作，可将舞台场景显示设置为“50%”。点击位图图像，执行“修改”|“分离”命令将位图分解。用“选择工具”框选位图，根据图像颜色的特征，从图像的黑色处将位图分成上、下两部分，如图 4-28 所示。

5. 命名图层 1 为“内层”，插入一新图层并命名为“外层”。

6. 选择位图的下部分，右击鼠标后选择“剪切”，然后在“外层”的第 1 帧处选择“编辑”|“粘贴到当前位置”，将位图的下部分移到“外层”的第 1 帧处。调整位图的上、下部分位置，

使图像衔接如初。

7. 分别在现有两层的第50帧处按[F5]键延长时间帧。在两层中间再插入一新层，命名新层为“太阳升起”。

8. 点击“外层”和“内层”眼睛图标下对应的“显示或隐藏”按钮，将这两层的对象隐藏。

9. 在中间层的第1帧处绘制一个太阳，大小设为80×80，笔触为“无”，填充为“红黑渐变”。

10. 按[F6]键在中间层的第50帧处插入关键帧，将“太阳”对象垂直上移一小段距离。在第1帧和第50帧间右击鼠标，选择“创建传统补间”动画。

11. 点击“外层”和“内层”眼睛图标下对应的“显示或隐藏”按钮，显示这两层的对象，测试影片，调整“太阳”的起始位置和升起的路径，直到可以观察到“太阳”从天边冉冉升起的动画效果。图4-29所示为太阳冉冉升起的动画示意图。

12. 按[Ctrl]+[S]键，保存影片为“太阳冉冉升起.fla”。

图4-29 太阳冉冉升起的动画示意图

知识点拨

多层动画制作必须明确：显示在最外层中的对象放在时间轴的最上层，最内层中的对象放在时间轴的最下层。

做 举一反三 上机实战

任务 1 多图层绘图——卡通小熊猫头像

制作步骤

1. 新建影片文档。执行主菜单“修改”|“文档”命令，在“文档设置”对话框中，尺寸设为 400×300 像素，背景为淡蓝色(＃66CCFF)，其他为默认。

2. 绘制卡通小熊猫的头部。设置椭圆工具的“笔触”为无、“填充”为白色，绘制一个尺寸为 130×100 的白色实心椭圆，该图层命名为“小熊猫头部”。

3. 绘制小熊猫的左眼眶。插入一新层，命名为“小熊猫眼眶”。设置椭圆工具的“笔触”为无、“填充”为黑色，绘制一个尺寸为 45×35 的黑色实心椭圆，如图 4-30(a)所示。用“变形面板”使这个黑色实心椭圆旋转 60°，调整位置，成为小熊猫的左眼眶，如图 4-30(b)所示。

4. 绘制卡通小熊猫的右眼眶。选定小熊猫的左眼眶，复制一个相同的眼眶。选定被复制的眼眶，选择“修改”|“变形”|“水平翻转”，使其成为小熊猫的右眼眶，如图 4-30(c)所示。

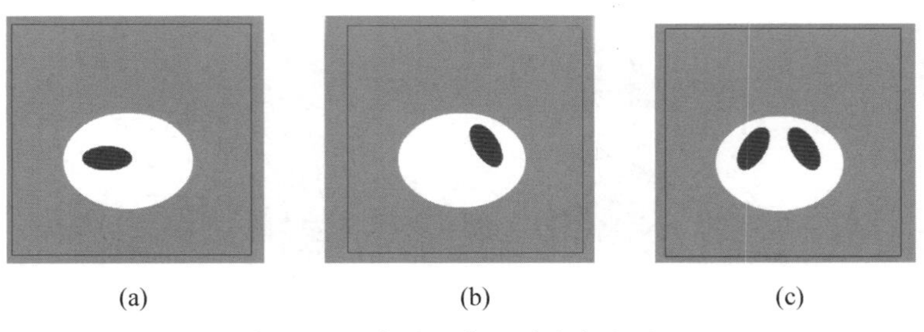

(a) (b) (c)

图 4-30 卡通小熊猫的头部和眼眶

5. 绘制卡通小熊猫的左眼珠。锁定已有图层，插入一新层，命名为小熊猫眼珠。设置椭圆工具的“笔触”为无，“填充”为灰色(＃CCCCCC)，绘制一个尺寸为 15×15 的灰色实心圆。然后，再在灰色圆上绘制一个尺寸为 8×8 的黑色实心圆，如图 4-31(a)所示。

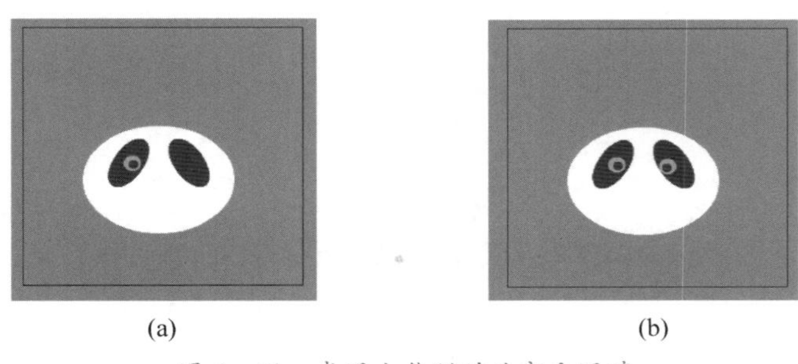

(a) (b)

图 4-31 卡通小熊猫的头部和眼睛

6. 绘制卡通小熊猫的右眼珠。选定小熊猫的左眼珠，复制一个相同的眼珠，并且选择“修改”|“变形”|“水平翻转”，使被复制的对象成为小熊猫的右眼珠，如图 4 - 31(b)所示。

7. 绘制卡通小熊猫的鼻。锁定已有图层，插入一新层，命名为“小熊猫鼻和嘴”。设置椭圆工具的“笔触”为无，“填充”为黑色，绘制一个尺寸为 16×10 的黑色实心椭圆，如图 4 - 32(a)所示。

8. 绘制卡通小熊猫的嘴。设置椭圆工具的“笔触”为黑色且粗细为 2，“填充”为无，绘制一个空心椭圆，截取空心椭圆的一小部分，调整其位置使这小部分成为小熊猫的嘴部，如图 4 - 32(b)所示。

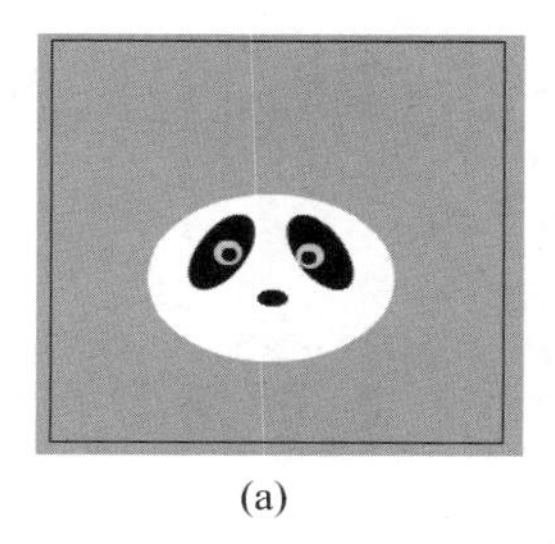
(a)

(b)

图 4 - 32　卡能小熊猫头部的鼻和嘴

9. 绘制卡通小熊猫的耳朵。锁定已有图层，插入一新层，命名为“小熊猫耳朵”，用鼠标将该层拖到最底层。设置椭圆工具的“笔触”为无，“填充”为黑色，绘制两个尺寸为 45×45 的黑色实心圆。调整位置使其成为小熊猫的耳部，如图 4 - 33(a)所示。

(a)

(b)

图 4 - 33　卡通小熊猫头部的耳朵和帽子

10. 绘制卡通小熊猫的红帽。锁定已有图层，在最上部插入一新层，命名为“小熊猫红帽”。选择“多角星工具”，显示属性面板，设置“多角星工具”的“笔触”为无，“填充”为红色。单击多角星形工具属性面板中的“选项”按钮，在弹出的“工具设置”对话框中，选择多角星形工具的“样式”为多边形，“边数”为 3。绘制一个尺寸为 60 的红色正三角形。再在红帽上添加一白色小圆点作为装饰，调整红帽的位置，如图 4 - 33(b)所示。

11. 按[Ctrl]+[S]键，保存影片为“卡通小熊猫. fla”。

任务 2　多图层动画——电子钟

制作步骤

1. 新建一个 Flash 影片文档，设置舞台尺寸为 500×400 像素、帧频为 2 fps，背景为黑色。

2. 命名该层为"钟面",插入两层,分别更名为"时针分针"层,"秒针"层。

3. 在"钟面"图层制作钟面:

(1) 选择工具箱中的"椭圆工具",显示属性面板,设置"笔触颜色"为橙色(#FF6600)、"笔触大小"为 8、"笔触样式"为实线、"填充颜色"为无。在左手按住[Shift]键的同时,在舞台中心位置绘制一个 150×150 的正圆作为钟的外部形状,如图 4-34(a)所示。

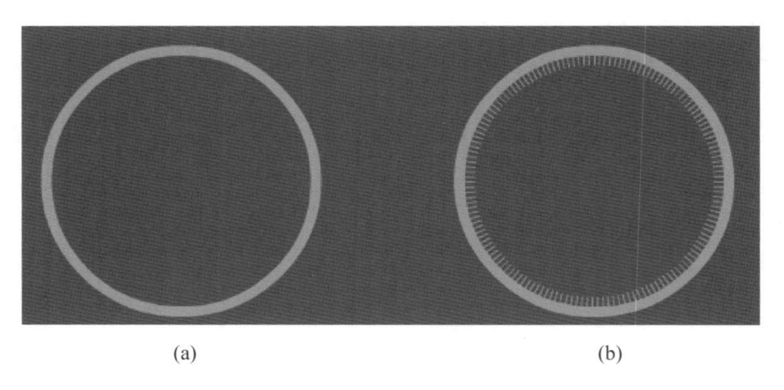

(a) (b)

图 4-34 钟的外部形状

(2) 选定该圆,执行"窗口"|"变形",打开"变形"面板,将比例改为 98%,点击"复制选区和变形"按钮,如图 4-35 所示,可以在圆的内部复制出一个略小的圆。

(3) 保持内部略小的圆处于选定状态,在显示属性面板中将其笔触大小改为 15、笔触样式改为斑马线,如图 4-36 所示。可得到图 4-34(b)所示有刻度的图形作为钟的轮廓形状。

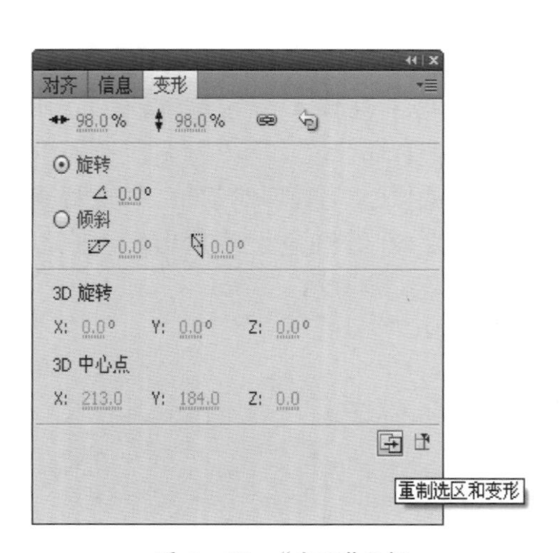

图 4-35 "变形"面板

图 4-36 "属性"面板

(4) 使用工具箱中的“文本工具”，分别输入文字“3”“6”“9”和“12”，调整文本的位置，如图 4－37(a)所示。

(a)　　(b)

图 4－37　“电子钟面”的形状

(5) 在该层的第 120 帧处，按[F5]键，将时间针延长到第 120 帧。

4. 在“时针分针”图层制作时针、分针：

(1) 使用工具箱中的“直线工具”，显示属性面板，设置“笔触颜色”为橙色(＃FF6600)、“笔触大小”为 3、笔触样式为实线，绘制两线段作为钟的时针和分针。

(2) 调整时针和分针的位置，效果如图 4－37(b)所示。

(3) 在该层的第 120 帧处，按[F5]键，将时间针延长到第 120 帧。

5. 在“秒针”图层制作秒针：

(1) 设置“笔触颜色”为橙色(＃FFCC00)、“笔触大小”为 2.5、“笔触样式”为实线，绘制钟的“秒针”。

(2) 调整秒针的位置，如图 4－37(b)所示。

(3) 按[Ctrl]＋[S]键将秒针组合，按[F6]键在该层的第 120 帧处插入关键帧。

(4) 在第 1 帧和第 120 帧间右击鼠标，选择“创建传统补间”动画。

(5) 使用工具箱中的“任意变形”工具选定“秒针”，会显示出“秒针”的中心位置。将“秒针”的中心位置移到与“钟面”的中心重合。

(6) 在“秒针”图层的第 1 帧，显示属性面板，设置面板属性如图 4－38 所示。实现指针绕中心点顺时针旋转的动画。

6. 保存该影片，并命名为“电子钟.fla”。

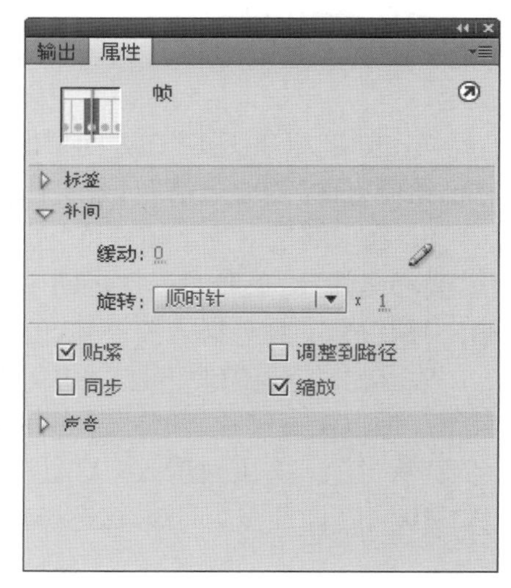

图 4－38　“属性”面板

知识点拨

在“文档设置”对话框中，将帧频改为 2 fps，即每秒两帧，秒针运动一周为 60 秒。创建在第 120 帧处，秒针刚好顺时针转动一周的动画符合现实生活中钟的运动规律。

任务 3　多图层动画——丘比特爱心之箭

制作步骤

1. 新建一个 Flash 文档，在“文档设置”对话框中，尺寸设为 600×400 像素、帧频为 12，其他为默认。

图 4－39　“红心”分成两部分

2. 参照模块 2 知识绘制红心。调整“红心”对象到舞台偏左下方。

3. 右击“红心”，选择“分离”命令将对象分解。用“线条工具”斜向绘制一直线，大致将“红心”分成左右两部分，如图 4－39 所示。

4. 命名图层 1 为“上层”，插入一新图层并命名为“下层”。剪切“红心”的右部分，选择“编辑”|“粘贴到当前位置”，将右部分移到“下层”的第 1 帧处。删除线条，调整“红心”左、右两部分的位置，使图像衔接如初。

5. 分别在现有两层的第 30 帧处按[F5]键延长时间帧。在两层中间再插入一新层，命名新层为“爱心之箭”。

6. 点击“上层”和“下层”图层小锁图标下对应的“锁定或解除锁定”按钮，将这两层锁定。

7. 选用“线条工具”在中间层的第 1 帧处绘制一个对象“爱心之箭”。按[Ctrl]+[G]键将已绘制好的“爱心之箭”对象组合成一个对象。

8. 在中间层的第 1 帧处将“爱心之箭”调到舞台的右上角位置，第 25 帧处插入关键帧，使“爱心之箭”对象向左下方运动一段距离。在第 1 帧和第 25 帧间创建“创建传统补间”动画。再在第 30 帧处插入关键帧，使“爱心之箭”穿过后停留一会儿。

9. 点击“上层”和“下层”图层小锁图标下对应的“锁定或解除锁定”按钮，将这两层对象解锁。通过测试影片，调整“红心”的位置和“爱心之箭”的运动路径，直到可以观察到“爱心之箭”从“红心”右上角射入，从“红心”的左下角射出，如图 4－40 所示。

10. 按[Ctrl]+[S]键，保存影片为“爱心之箭. fla”。

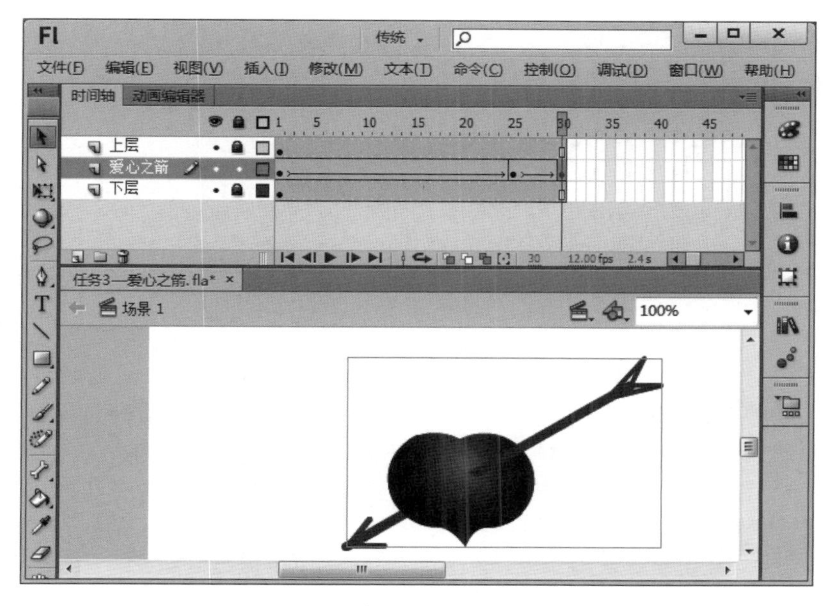

图 4-40　爱心之箭的动画示意图

模块小结

本模块详细介绍层的相关知识，学习了多图层绘图技术。在 Flash 影片制作过程中，多图层绘图知识是动画制作的主要基础，位图对象的导入和合理处理也能使动画实现特殊效果。

模块5 元件、实例和库面板

元件和实例是 Flash 中非常重要的两个概念。当频繁地使用一个对象时，就可以将它转换为元件。动画中，所有的元件对象都可以保存到称为元件库的仓库中。元件在场景中的应用称为实例，当重新编辑元件时，会相应地更新该元件的所有实例。

教 知识要点 简明扼要

- Flash 元件的概念和类型
- Flash 实例的概念和设置
- Flash 元件的创建和编辑
- Flash 中库和元件的管理
- 外部库和公用库的使用

5.1 认识元件、实例和库

在 Flash 动画的大舞台中，最主要的“演员”就是元件。元件包括 3 种类型，不同的元件类型具备不同的特点。“登上”舞台表演的元件就称为实例，它是元件在舞台上的具体表现。因此，元件从库进入舞台就称为该元件的实例。

5.1.1 元件和库的关系

图 5－1 椭圆形状的“属性”

元件是 Flash 管理中的最基本单位。先做一个简单的试验：随意在舞台上绘制一个红色圆球，准确地说，这个圆球只是一个“形状”，它还不是 Flash 管理中的最基本单位，也就是说还不是元件。

(1) 选中这个圆球，查看它的“属性”面板，可以发现它的名称为“形状”，它的属性也只有宽、高和坐标值，如图 5－1 所示。

(2) 选中这个圆球，执行“修改”|“转换为元件”命令(或按[F8]键)，弹出“转换为元件”对话框，如图 5－2

图 5-2　“转换为元件”对话框

所示。其名称默认为“元件 1”，类型可先选择为“图形”，单击【确定】按钮，便把“形状”转换为图形元件。

(3) 执行“窗口”|“库”命令(或按[Ctrl]+[L]键)，打开“库”面板，库中便有了一个项目“元件 1”，如图 5-3 所示。

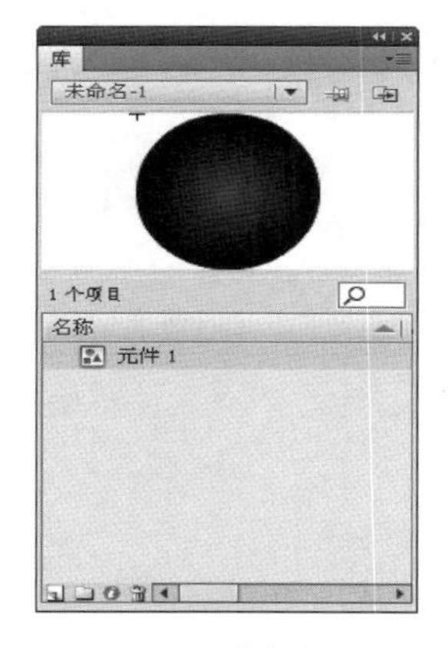

图 5-3　“库”面板

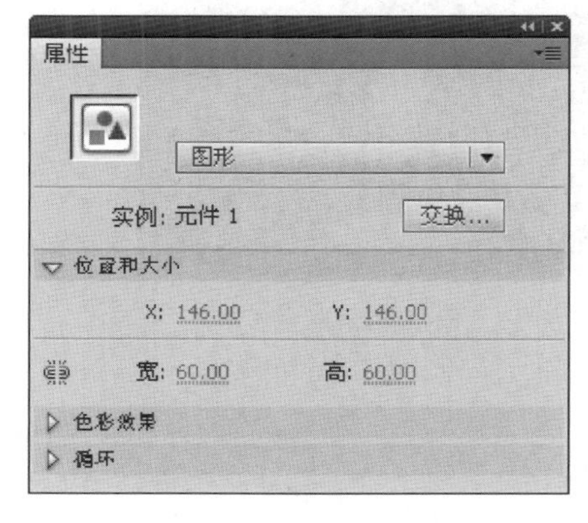

图 5-4　元件的“属性”面板

(4) 再选择舞台上这个“红色圆球”对象，现在这个红色圆球已不是之前的离散状了，而是变成了一个整体(被选中后，周围会出现一个蓝色矩形框)，且它的“属性”面板也丰富了很多，显示出作为元件等信息，如图 5-4 所示。

知识点拨

每个 Flash 文档都有自己的一个库，当新建一个 Flash 影片文档后，因为没有创建任何一个元件，也没有导入外部的文件，所以“库”面板是空的。当创建元件后，一个个元件就在“库”面板中安家了。

5.1.2　元件和实例的关系

接着上面的试验，从“库”面板中把“元件 1”向舞台拖放 3 次，这样舞台上就有了 4 个实例(原来舞台上已有一个),如图 5-5 所示。分别调整这 4 个实例的大小、形状和颜色,其中在“属性”面板中的“色彩效果”项选择“样式”中的“色调”,移动“色调”滑杆或修改旁边小方框内数据来改变各实例的颜色,如图 5-6 所示。接着,查看已被修改的各实例的属性,发现它们的身份始终没变,都是“元件 1”的实例。

图 5-5　元件的实例

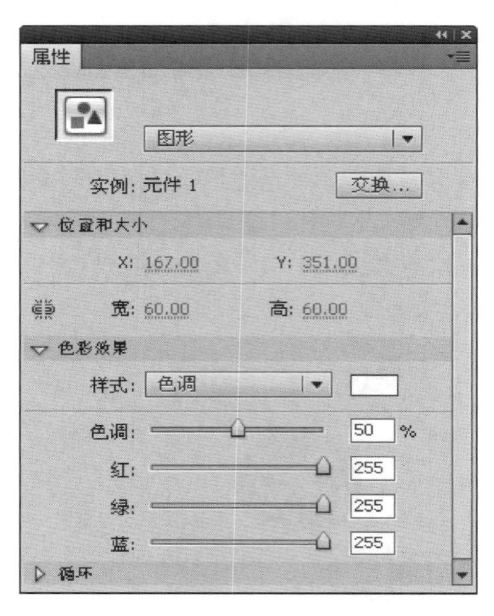

图 5-6　属性面板的“色彩效果”设置

知识点拨

把元件从库面板中拖放到舞台场景,即可创建当前元件的实例。元件是一种可重复使用的对象,元件创建后可以重复使用多次,所谓“取之不尽,用之不竭”。

5.1.3　元件的类型

在 Flash 中,元件分为 3 种类型:图形元件、按钮元件和影片剪辑元件。

(1) 图形元件　图形元件通常用于静态的图像或简单的动画,它可以是矢量图形、图像和声音。图形元件的时间轴和影片场景的时间轴同步,交互函数不会在图形元件中起作用。

(2) 按钮元件　按钮元件是影片中创建的对应鼠标事件的交互按钮,随着鼠标事件的动作,按钮颜色或者形状会发生改变。因为在 Flash 动画中经常使用,所以作为一种独立的元件类型。

按钮元件有 4 种状态:弹起、指针经过、按下和点击。每种状态都可以通过图形、元件及声音来定义。

(3) 影片剪辑元件　影片剪辑元件就像是一个独立的小影片,里面可以包含图形、按钮、声音或是其他影片剪辑。影片剪辑元件是用途最广的元件，它有自己的时间轴和属性，支持 ActionScript 和声音，可以包括交互控制、声音以及其他影片剪辑的实例。

5.1.4　创建元件

1. 创建图形元件

创建图形元件的方法一般有两种，一种是新建元件，另一种是将场景中的对象转换为图形元件。

(1) 新建元件　新建元件的具体操作步骤如下：

① 启动 Flash，从主菜单中执行“插入”|“新建元件”命令，弹出“创建新元件”对话框。

② 在对话框中设置元件的名称和类型，名称默认的为“元件 1”。类型有 3 种，如图 5 - 7 所示。

图 5 - 7　创建新元件对话框

③ 单击【确定】按钮，进入元件编辑模式，元件的名称便出现在场景名称的右侧。在元件的编辑场景中显示一个十字图标，表示该元件的“对齐”设置。

④ 使用工具箱中的工具绘制对象，如绘制椭圆，执行“窗口”|“库”命令，打开“库”面板，新建的元件已保存在“库”面板中。

(2) 转换为图形元件　在 Flash 中，除了新建元件以外，还可以直接将场景中已有的对象转换为图形元件。具体操作步骤如下：

① 选定场景中已有的对象，执行“修改”|“转换为元件”命令(或按[F8]键)，弹出“转换为元件”对话框，如图 5 - 8 所示。

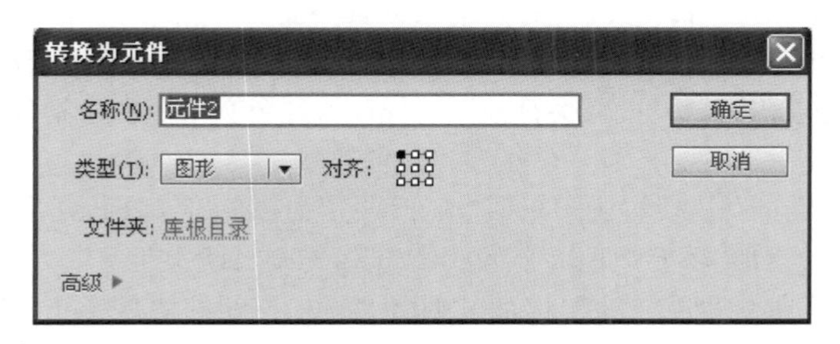

图 5 - 8　转换为元件对话框

② 在对话框中设置元件的名称和类型，在右边的“对齐”项，点击网格位置可进行相应设置。

③ 单击【确定】按钮，就将场景中选定的对象转换为元件了。

④ 执行“窗口”|“库”命令，打开“库”面板，元件已保存在“库”面板中，舞台上选定的对象此时就成为了该元件的一个实例。

2. 创建按钮元件

（1）按钮元件　按钮元件是 Flash 中的一种特殊元件，它的时间轴和其他元件不一样，不会随时间播放，而是根据鼠标事件选择播放某一帧。按钮元件有 4 种帧，分别对应 4 种不同的按钮事件，分别为弹起、指针经过、按下、点击。它们的具体意义如下：

① 弹起：当鼠标指针不接触按钮时，该按钮处于弹起状态。该状态为按钮的初始状态，其中包括一个默认的关键帧，用户可以在该帧中绘制各种图形或者插入影片剪辑元件。

② 指针经过：鼠标指针移动到该按钮上面，但没有按下鼠标时的状态。如果希望鼠标移动到该按钮上时能够出现一些内容，则可以在此状态中添加内容。指针经过该帧，也可以绘制各种图形或者插入影片剪辑元件。

③ 按下：鼠标指针移动到该按钮上面，并且按下了鼠标左键时的状态。在鼠标按下时按钮发生变化，同样可以在该帧处绘制各种图形或者放置影片剪辑元件。

④ 点击：点击帧定义了鼠标单击的有效区域。在 Flash 的按钮元件中这一帧很重要，在 SWF 文件中不可见。例如，在制作隐藏按钮的时候，就需要专门使用按钮元件的点击帧来制作。

（2）创建按钮元件　创建简单按钮元件的步骤如下：

① 启动 Flash，使用工具箱中的“矩形工具”绘制一个无“笔触颜色”，且“填充颜色”为红色（#000000）的圆角矩形。

② 选定该圆角矩形对象，执行“修改”|“转换为元件”命令（或按[F8]键），弹出“转换为元件”对话框，在对话框中设置元件的名称“矩形按钮”，选择元件的类型“按钮”，单击【确定】。

③ 进入按钮元件的编辑模式，元件的名称便出现在场景名称的右侧。在元件的编辑场景中显示一个十字图标，表示该元件的“对齐”设置，如图 5－9 所示。

④ 进入按钮元件的编辑模式后，时间轴默认选中第 1 帧，此时舞台上红色圆角矩形就是第 1 帧的内容，也是指针没经过该按钮的一般弹起状态。在图层 1 中，分别在“指针经过”和“按下”状态帧处右击，选择“插入关键帧”，这样就将红色圆角矩形分别复制给了这两个状态帧。

⑤ 选择“指针经过”帧，设置圆角矩形“填充颜色”为绿色（#00FF00）的圆角矩形。选择“按下”帧，设置圆角矩形“填充颜色”为蓝色（#0000FF）的圆角矩形。

⑥ 单击场景 1，返回到场景编辑状态，此时不能显示按钮的动态效果。按快捷键[Ctrl]+[Enter]测试，用鼠标经过或按下，可以显示该矩形按钮的动态效果。

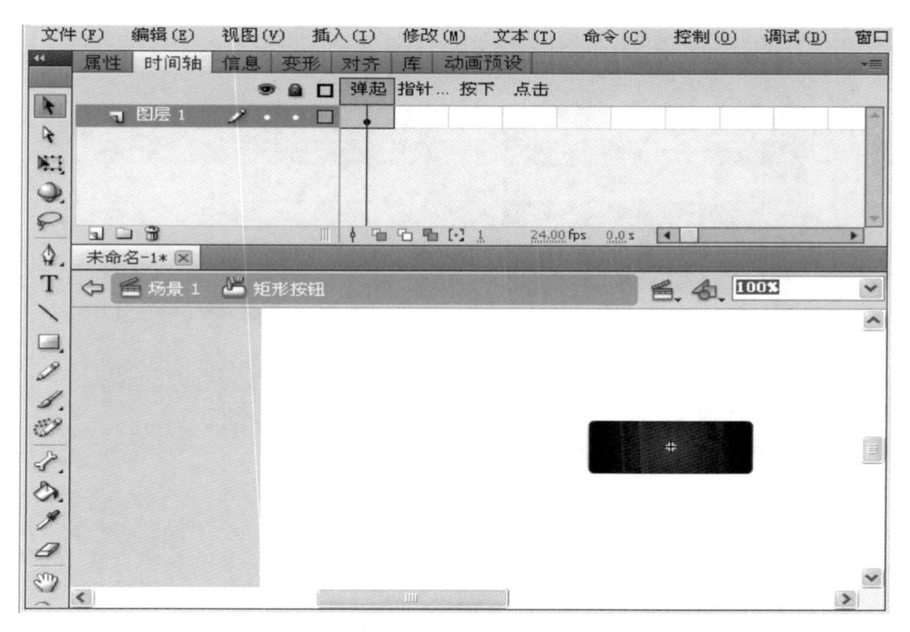

图 5-9　矩形按钮元件的创建

3. 创建影片剪辑元件

影片剪辑元件是 Flash 中最具交互性、用途最多、功能最强的，也是使用最频繁的元件类型。它基本上是个小的独立电影，里面可以包含图形、按钮、声音或是其他影片剪辑。可以把场景上能看到的任何对象转换成影片剪辑元件。

影片剪辑元件是包含在 Flash 影片中的影片片段，具有自己的时间轴和属性，还可以将影片剪辑实例放在按钮元件的时间轴内，以创建动画按钮。影片剪辑元件作为 Flash 元件的一个重要类型，在动画制作中一直发挥着不可替代的作用，合理地运用影片剪辑可以制作出更加丰富的动画效果。

如果在主场景中存在影片剪辑，按[Enter]键不能观看动画效果。需要通过快捷键[Ctrl]+[Enter]测试影片才可以观看。下面来创建一个简单的影片剪辑元件，体会具体创建步骤：

(1) 启动 Flash，选择“插入”|“新建元件”命令，弹出“创建新元件”对话框，在对话框中设置名称为“小球运动”，选择类型为“影片剪辑”，单击【确定】，进入到影片剪辑元件编辑状态。

(2) 在影片剪辑元件编辑状态的第 1 帧，将图 5-3 库中元件名称为“元件 1”的红色圆球拖放到舞台的左边(也可重新绘制一个元件)，接着在第 30 帧处插入一个关键帧，将红色圆球拖放到舞台的右边，建立一个元件 1 从第 1～30 帧的补间动画，如图 5-10 所示。

(3) 返回到场景，清空场景内容，从库中将影片剪辑元件“小球运动”拖放到场景中，按[Enter]键，此时不能显示影片剪辑元件的动态效果。按快捷键[Ctrl]+[Enter]测试，可以看见该影片剪辑元件的动态效果。

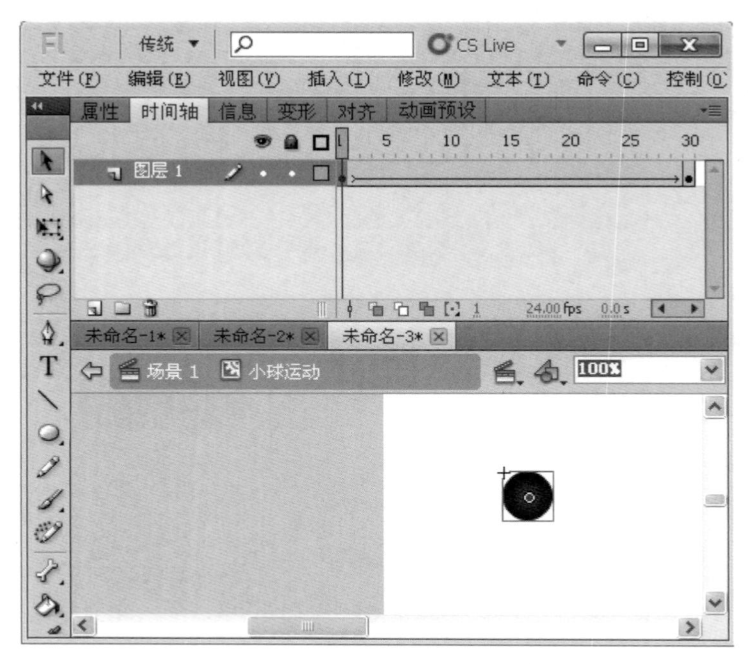

图 5-10 影片剪辑元件的创建

(4) 接着,从库中将影片剪辑元件"小球运动"拖放多次到场景中(也可用鼠标选定场景中已有的影片剪辑元件"运动小球"后,复制再粘贴),这样,场景中就有影片剪辑元件"运动小球"的多个实例了。按快捷键[Ctrl]+[Enter]测试,可以同时看见多个红色小球运动的动态效果。

5.2 "库"面板

每个 Flash 动画文档都有自己的库,可以把库比作后台的"演员休息室","休息室"中的"演员"随时可进入"舞台"演出,无论该"演员"出场多少次,甚至在"舞台"中扮演不同的角色,动画播放时,其播放文件仅占有"一名演员"的空间,节省了大量资源。

5.2.1 认识"库"面板

Flash 中的"库"面板就是一个储存元件的仓库。"库"面板中除了可以存储元件对象以外,还可以存放从影片文件外部导入的位图、声音和视频等类型的对象。新建一个影片文档时,选择"窗口"|"库"命令,打开"库"面板,可以看见库中的元件。执行主菜单"文件"|"导入"|"导入到库",选择"本书素材"|"模块 4"|"熊猫.jpg"后,查看库面板,如图 5-11 所示。显然,库面板中又多了一个"熊猫.jpg"的位图元件。

随着元件的创建以及外部媒体文件的导入,"库"面板中的对象会越来越丰富。熟悉

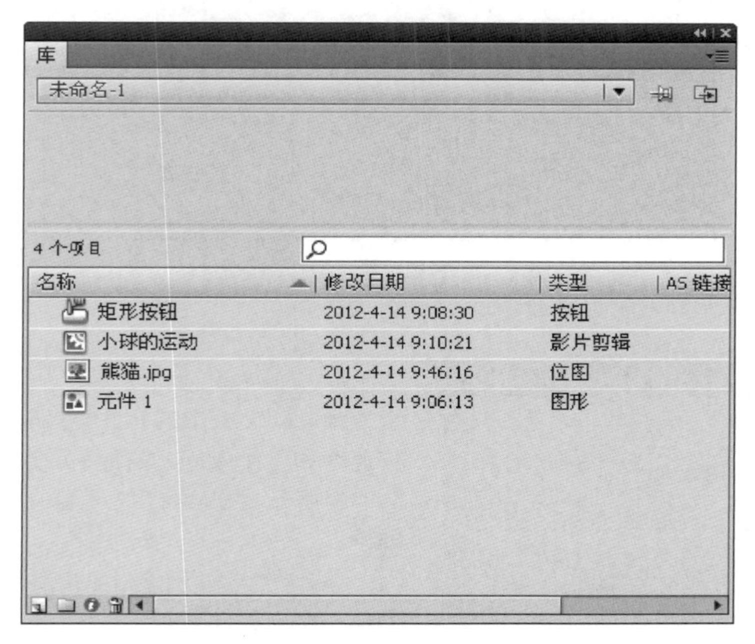

图 5－11　导入位图后的库面板

“库”面板有利于元件的管理。

5.2.2　管理库元件

“库”面板是管理元件的主要工具，对元件的常规管理包括重命名元件、直接复制元件、分类存放元件、清理元件、排序元件等。

1．重命名元件

元件的命名不能太随意，含义清楚的元件名既可以加深对元件中内容的理解，又容易在“库”面板中搜寻。在“库”面板中，元件重命名的最简单的方法有两种：

（1）双击元件名称，然后输入新的名称，按下[Enter]键确认即可。

（2）选定需要重新命名的元件，右击鼠标从弹出的快捷菜单中选择“重命名”命令，也可以给元件重新命名。

2．直接复制元件

直接复制元件是一个很重要的功能。如果新创建的元件和“库”面板中的某一元件类似，就没有必要重新建这个元件，应采用先直接复制元件再继续编辑修改的方法，可极大地提高工作效率。直接复制元件的方法是：在“库”面板中，右击要直接复制的元件，在弹出的快捷菜单中选择“直接复制”命令，弹出“直接复制元件”对话框，如图 5－12 所示。在其中的“名称”文本框中，可以重新输入元件的名称，也可以重新选择元件的类型，点击【确定】按钮后，可以得到一个元件的副本。

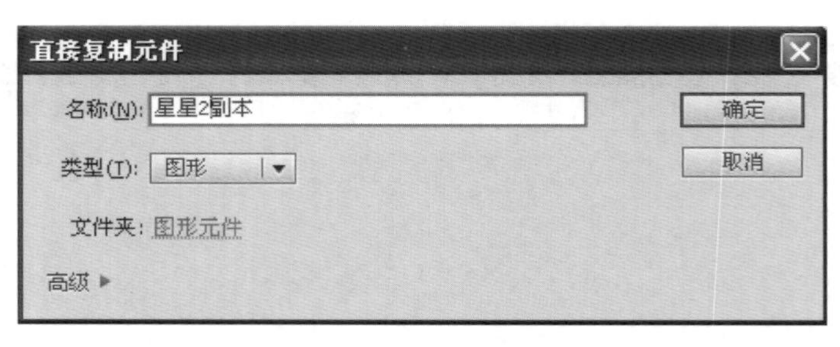

图 5-12 直接复制元件对话框

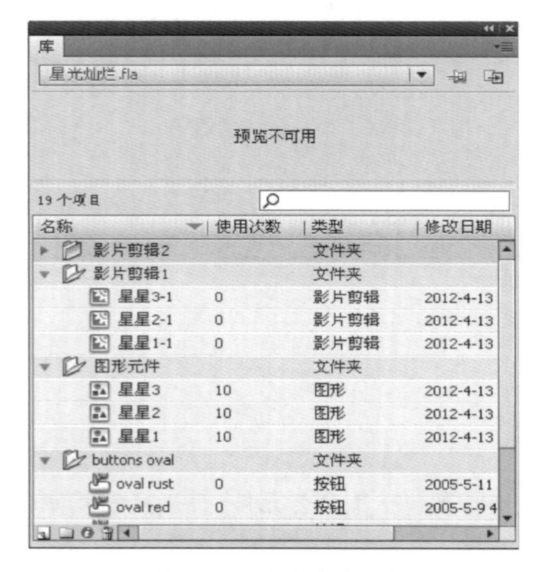

图 5-13 分类存放元件

3. 分类存放元件

当“库”面板中的元件很多时，为提高动画创作速度和工作效率，必须将元件分类存放，如图 5-13 所示。分类存放元件的具体操作步骤如下：

(1) 单击“库”面板上的“新建文件夹”按钮，创建一个新文件夹。

(2) 默认情况下，新文件夹名称为“未命名文件夹 1”，可以根据元件分类的需要重新命名文件夹。

(3) 用鼠标将要存放在文件夹中的元件拖放到这个文件夹图标上，松开鼠标即可。

4. 清理元件

在创作 Flash 动画时，往往有创建了元件又不用的情况，这些没用的元件会大大增加动画文件的体积。动画创作完毕时，应该及时清理“库”面板中不需用的元件，具体操作步骤如下：

(1) 单击“库”面板右上角的“库菜单”按钮，在弹出的菜单中执行“选择未用选项”命令，Flash 会自动检查“库”面板中没有应用的元件，并对查到的元件加蓝色高亮显示。

(2) 选定无用的元件，可按下[Delete]键删除(或用鼠标右击无用的元件，选择“删除”命令)。

(3) 也可选定无用的元件后，单击“库”面板左下角的“删除”按钮。

5. 排序元件

在“库”面板的“宽库视图”模式下，如图 5-14 所示，可以显示“库”面板中各元件的项目名称、项目类型、项目在文件中的使用次数、项目的链接状态和修改日期等。当“库”面板的项目很多时，有必要将“库”面板的所有项目排序。项目排序后，可以同时查看彼此相关的项目。“库”面板中项目排序的方法很简单：单击“名称”项的“切换排序顺序”按钮。

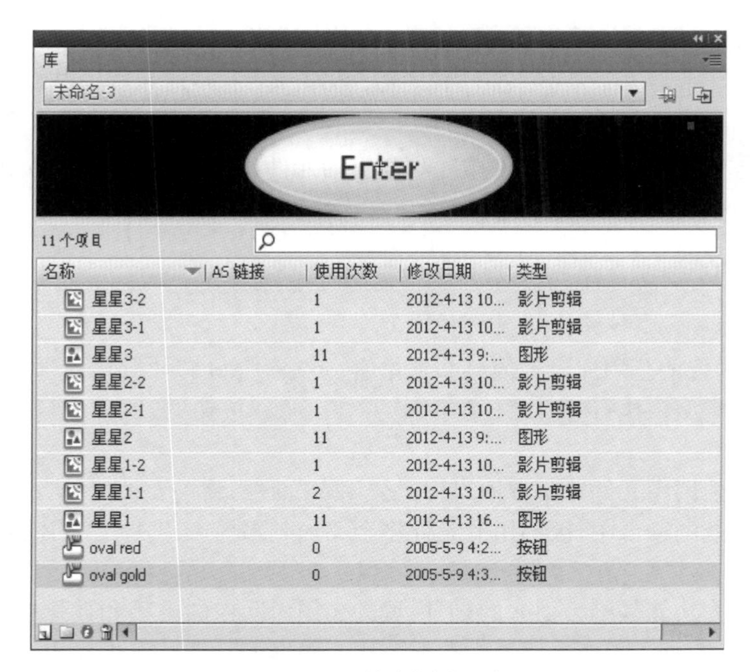

图 5-14　排序“库”元件

5.2.3　打开外部库

要用到另一个 Flash 文档“库”中的元件时，可以在当前的 Flash 影片文档中，打开另一个 Flash 影片文档的“库”面板，具体操作步骤如下：

(1) 执行“文件”|“导入”|“打开外部库”命令，打开“作为库打开”对话框，如图 5-15 所示。

图 5-15　“作为库打开”对话框

(2) 选中要作为库打开的 Flash 影片文件,单击【打开】按钮,这样就会在当前的 Flash 影片文档中打开选定的 Flash 文件的"库"面板,并在"库"面板顶部显示对应的 Flash 影片文件名。

(3) 使用选定的 Flash 影片文件中"库"面板的元件,只需直接将要用的元件拖到当前影片文档的"库"面板或舞台中。

5.2.4 公用库

1. 公用库元件

Flash 软件内置的公用库元件内容非常丰富。点击"窗口"|"公用库",显示公用库有声音、按钮、类 3 大类型。执行"窗口"|"公用库"|"声音"、"按钮"或"类",会打开相应的"公用库"面板。

使用内置的公用库元件非常方便,打开"公用库"面板,将需要调用的"公用库"中元件拖放到当前影片文档的舞台中,被调用的元件将会添加到当前影片文档的"库"面板中。

2. 公用库内容扩充

公用库的强大功能是不言而喻的,但内置的公用库元件的类型和数量毕竟有限,要想得到更多的公用元件,可以扩充公用库。扩充公用库内容的具体操作步骤如下:

(1) 创建 Flash 影片文档,在该文档的"公用库"面板中存储想要公用的元件,这些元件可以自己制作,也可以共享其他 Flash 文档中的元件。

(2) 将该 Flash 影片文档存储在 Flash 软件系统的 Libraries 文件夹中,这个文件夹的路径一般是:盘符(C:):\Program Files\Adobe\Adobe Flash CS6\Common\Configuration\Libraries,如图 5-16 所示。

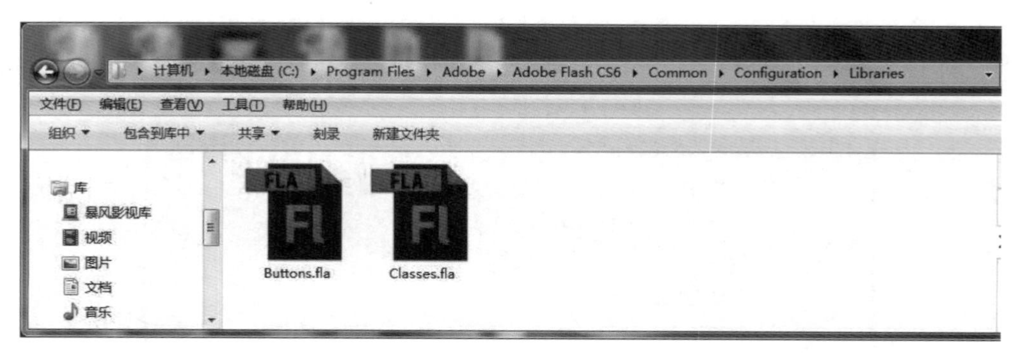

图 5-16 Libraries 文件夹

(3) 将 Flash 文件存放在 Libraries 文件夹中,当再次启动 Adobe Flash 时,将会发现公用库得到了扩充。

学 知识巩固　案例演示

演示案例1　元件的制作和应用——星光灿烂

演示步骤

1. 新建一个Flash影片文档，选择“修改”|“文档”命令，设置舞台大小为800×550、背景为深蓝色(#0066FF)，其他参数保持默认。

2. 显示“库”面板，新建3个库文件夹：图形元件、影片剪辑1、影片剪辑2。

3. 创建3个星星的图形元件，放入库中“图形元件”文件夹中：

(1) 选择绘图工具箱中的“多角星形工具”，此时查看属性面板，设置“笔触颜色”为无，“填充颜色”为蓝色渐变，如图5-17所示。

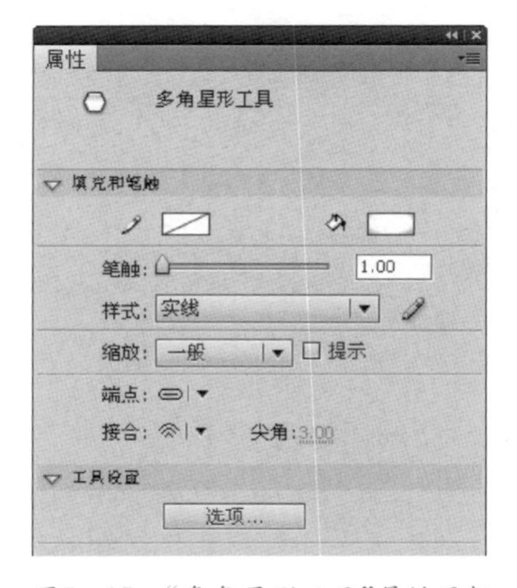

图5-17　“多角星形工具”属性面板

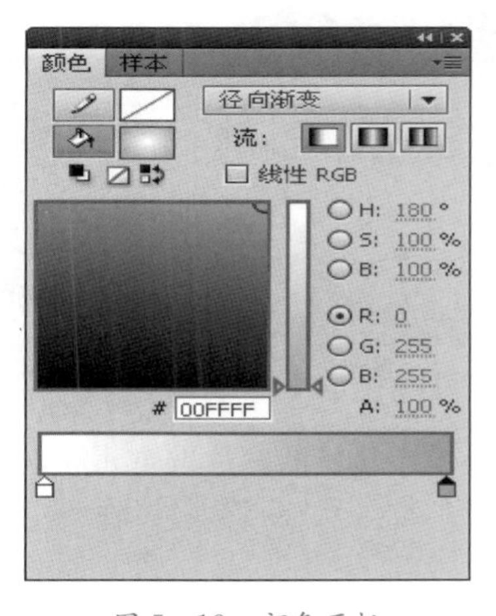

图5-18　颜色面板

(2) 执行“窗口”|“颜色”命令，打开颜色面板，设置径向渐变颜色：从白色(#FFFFFF)渐变为淡蓝色(#00FFFF)，如图5-18所示。

(3) 点击属性面板中的【选项】按钮，打开“工具设置”对话框。在工具设置对话框中设置：“样式”为星形，“边数”为4，“星形顶点大小”为0.2，如图5-19所示。确定后，在场景中绘制一个“笔触颜色”为无、“填充颜色”为从白色(#FFFFFF)渐变为淡蓝色(#00FFFF)的小星星。

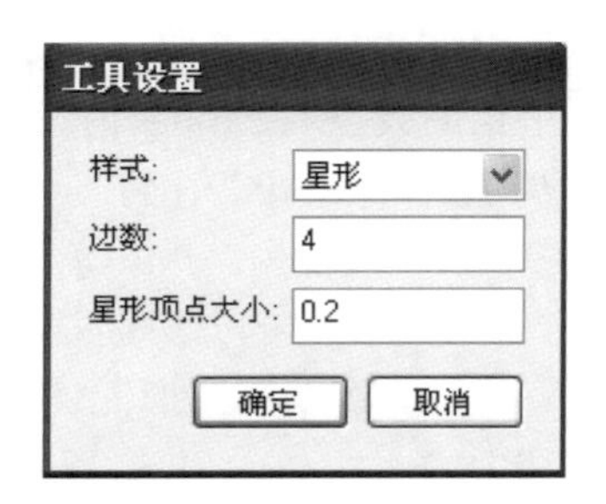

图5-19　工具设置对话框

(4) 同样，打开属性面板“选项”中的“工具设置”对话框，只修改“星形顶点大小”为0.4和0.6，分别绘制两个“笔触颜色”为无，且“填充颜色”为：从白色(#FFFFFF)渐变为淡蓝色

(#00FFFF)小星星。这样,舞台场景中便有顶点不同的3个小星星,如图5-20所示。

图5-20　星形顶点不同的小星星

(5) 分别选中3个小星星,将3个小星星图形转换为3个图形元件,名称依次为“星星1”“星星2”“星星3”,查看“库”面板,如图5-21所示。将3个图形元件拖放到库文件夹“图形元件”中。

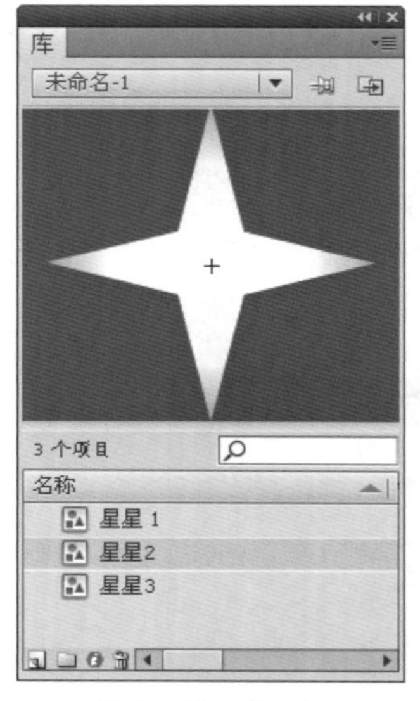

图5-21　库面板

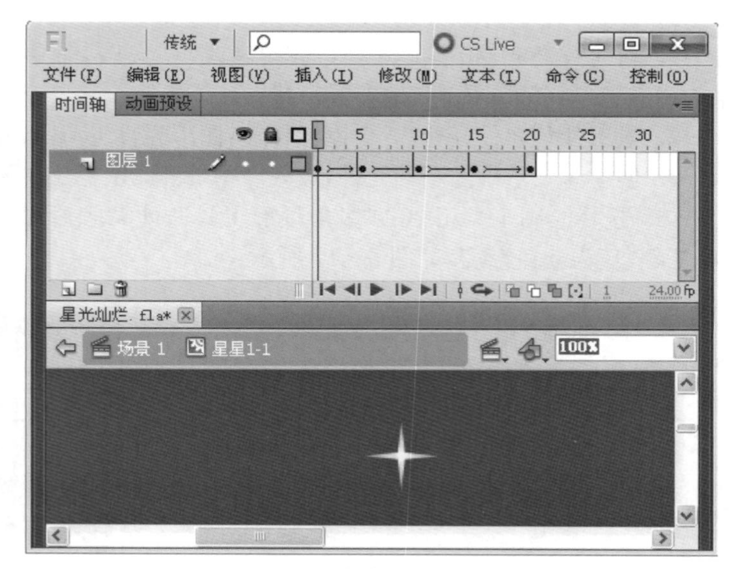

图5-22　影片剪辑元件的时间轴

4. 创建3个星星的影片剪辑元件,放入库文件夹“影片剪辑1”中:

(1) 选择“插入”|“新建元件”命令,弹出“创建新元件”对话框,在对话框中设置名称为“星星1-1”,选择类型为“影片剪辑”,单击【确定】,进入到影片剪辑元件编辑状态。

(2) 将“库”中的图形元件“星星1”拖到舞台中央,按住[Ctrl]键选中时间轴上的第5、10、15、20帧,分别插入关键帧。选定第1～20帧,右击鼠标,选择“创建传统补间”动画,此时,影片剪辑元件的时间轴如图5-22所示。

(3) 分别选中第1、5、10、15、20帧处的元件实例,改变星星的大小和其属性面板“色彩效果”中的各个参数。比如,在第1帧将星星调到很小,“Alpha”值设为30%;在第5帧将星星稍调大点,“Alpha”值设为80%,“色调”为{255,255,0},接近黄色;在第15帧又将星星稍调小点,“Alpha”值为60%;在第20帧将星星调大点,“色调”为{0,0,255},接近蓝色,“Alpha”值设为20%;等等。总之,使星星闪动效果更加自然。

(4) 同样的方法,创建星星2和星星3的影片剪辑元件,分别为“星星2-1”和“星星3-1”。

(5) 将3个图形元件“星星1-1”“星星2-1”和“星星3-1”拖放到库文件夹“影片剪辑1”中。

5. 分别创建3个星星对应闪动的元件,放入库文件夹“影片剪辑2”中:

(1) 选择“插入”|“新建元件”命令，弹出“创建新元件”对话框，在对话框中设置名称为“星星 1－2”，选择类型为“影片剪辑”，单击【确定】，进入到影片剪辑元件编辑状态。

(2) 双击库中的影片剪辑“星星 1－1”，进入到影片剪辑“星星 1－1”的编辑状态，选中时间轴上第 1～20 帧，右击鼠标选择“复制帧”；再双击库中的影片剪辑“星星 1－2”，进入到影片剪辑“星星 1－2”的编辑状态，鼠标右击第 1 帧，选“粘贴帧”，这样快速地将影片剪辑“星星 1－1”完全复制给影片剪辑“星星 1－2”。

(3) 选定影片剪辑“星星 1－2”所有的帧，右击鼠标选“翻转帧”。

(4) 创建影片剪辑“星星 2－2”和“星星 3－2”元件。右击库中“星星 2－1”元件，直接复制并命名为“星星 2－2”元件。双击“星星 2－2”元件，将时间帧实现“翻转帧”可以快速实现“星星 2－2”元件与“星星 2－1”元件对应闪动的效果。同理，用“星星 3－1”元件制作出“星星 3－2”元件。

(5) 将 3 个图形元件“星星 1－2”“星星 2－2”和“星星 3－2”拖放到库文件夹“影片剪辑 2”中。

6. 查看库面板，库面板中有 9 个元件，可分别存放在库面板的 3 个库文件夹中，如图 5－23 所示。

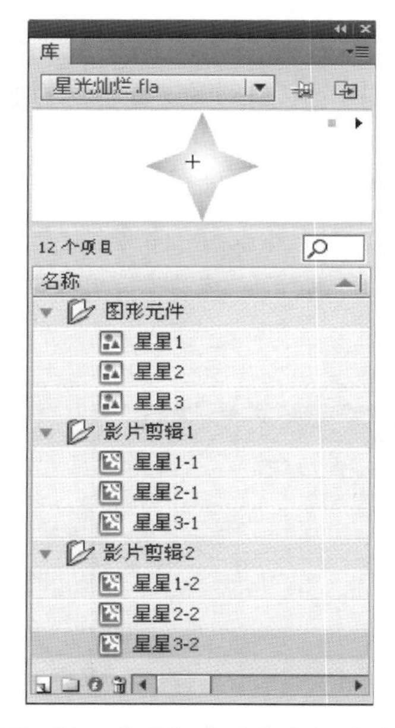

图 5－23　库面板中元件分组后效果

图 5－24　乡村夜景中“星星”排列的效果

7. 回到场景并清空舞台，命名该层为“乡村夜景”，执行“文件”|“导入”|“导入到舞台”，将本书素材中“模块 5 素材”|“乡村夜景.jpg”导入到舞台中，调整图片与舞台吻合。

8. 锁定现有图层，插入新层并命名为“星光”层，从库中向舞台拖出任意多个影片剪辑元件：“星星 1－1”“星星 2－1”“星星 3－1”和“星星 1－2”“星星 2－2”“星星 3－2”，如图 5－24 所示。

9. 按[Ctrl]+[Enter]键测试效果。观察星星闪动效果,不满意的话,继续调整库中各个影片剪辑元件的动画效果,直到“星星”闪动更接近自然效果。满意的话,保存影片文档为“星光灿烂.fla”。

知识点拨

通过帧的“复制”和“翻转”,快速实现对称闪动效果。采用对称闪动效果的目的,是为了快速制作更多的影片剪辑元件,使“星光灿烂”的动画效果丰富并且自然。

演示案例 2　导入外部库元件制作——大鱼吃小鱼

演示步骤

1. 新建一个 Flash 影片文档,设置舞台背景尺寸为 800×600、帧频为 12 fps,其他参数保持默认。先命名影片为“大鱼吃小鱼.fla”。

2. 导入位图对象。选择“文件”|“导入”|“导入到舞台”,打开导入对话框,选择本书素材“模块 5”|“海底世界.jpg”,点击【打开】按钮。选定舞台中的位图对象,显示属性面板,设置位图对象的高为 800、宽为 600,调整位图对象与舞台背景吻合。

3. 命名该图层为海底世界,在第 90 帧处按[F5]键延长时间帧。锁定该图层。

4. 插入一新层并命名为“大鱼”,选择“文件”|“导入”|“打开外部库”命令,打开“作为库打开”对话框,选择本书素材“模块 5”|“游鱼.fla”,如图 5-25 所示。点击【打开】按钮后,便打开了游鱼.fla 的库面板。

图 5-25　“作为库打开”对话框

5. 查看“游鱼. fla”的库面板，如图 5－26 所示，库中有 5 个对象。将影片剪辑元件“Fish Movie Clip”拖放到舞台场景中，显示当前影片文档“大鱼吃小鱼”的库面板，则影片剪辑元件“Fish Movie Clip”等 5 个对象已存放在当前影片文档“大鱼吃小鱼”的库面板中，如图 5－27 所示。关闭外部库素材。

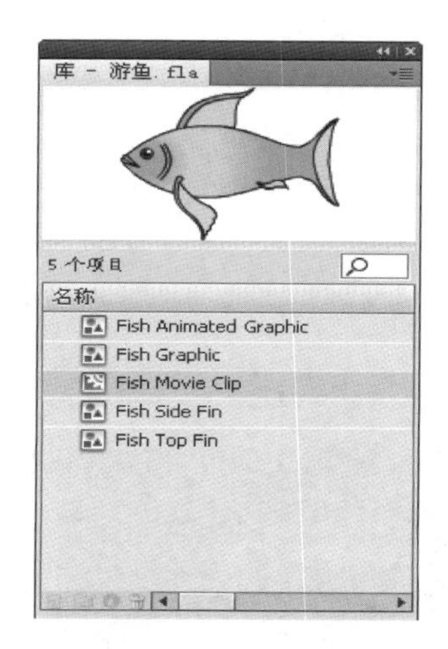

图 5－26　外部库素材

图 5－27　当前文档库面板

6. 制作大鱼游动的动画。删除“大鱼”图层现有对象，在第 1 帧处将鱼的图形元件“Fish Graphic”拖放到场景右边，在第 40 帧处插入关键帧，此时将鱼的图形元件移到场景中央；再在第 90 帧处插入关键帧，此时将鱼的图形元件移到场景偏左，在第 1 帧和第 90 帧间“创建传统补间”动画。按[Enter]键可观看到大鱼正从右边游到左边的动画效果，如图 5－28 所示。

图 5－28　大鱼游动的动画示意图

7. 制作小鱼游动的动画。锁定已有图层，在两层间插入一新层命名为“小鱼”。在第 1 帧处将鱼的图形元件“Fish Graphic”拖放到场景左边，用“自动变形工具”将图形元件调整成小鱼，选定该小鱼执行“修改”|“变形”|“水平翻转”，调转小鱼的方向；在第 40 帧处插入关键帧，此时将小鱼的图形元件移到场景中央，在第 1 帧和第 40 帧处“创建传统补间”动画。按[Enter]键可观看到两条鱼相向游动的动画效果，如图 5－29 所示。

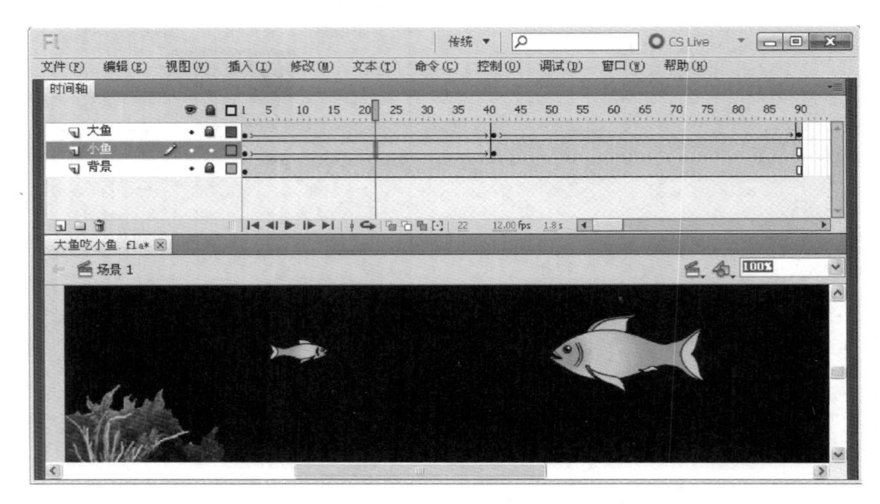

图 5－29　两条鱼相向游动的动画示意图

8. 制作大鱼吃小鱼动画效果。选定“小鱼”图层的第 41 帧和第 90 帧右击鼠标，在弹出的快捷菜单中选“删除帧”命令，将“小鱼”图层的第 41 帧和第 90 帧删除，如图 5－30 所示。

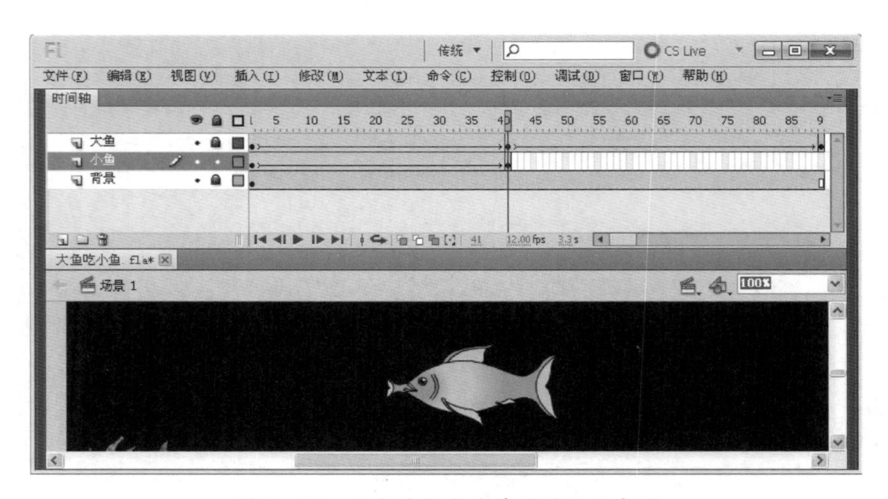

图 5－30　小鱼被大鱼吃掉的动画示意图

9. 测试效果后，保存“大鱼吃小鱼. Fla”。

知识点拨

分析图5-30的时间轴，在时间轴上“小鱼”层的第41帧和第90帧间没有任何对象，表示小鱼游到第40帧处遇见大鱼时小鱼不见了，实现小鱼被大鱼吃掉的动画效果。同样方法，还可以增加两个图层，制作小鱼吃虾米动画效果。

演示案例3　导入素材制作——行驶的小车

演示步骤

1. 新建一个Flash影片文档，设置舞台尺寸为1 000×620，其他参数保持默认。

2. 导入位图对象。选择“文件”|“导入”|“导入到舞台”，打开导入对话框，选择本书素材“模块5”|“小车.jpg”，导入的位图对象如图5-31(a)所示。

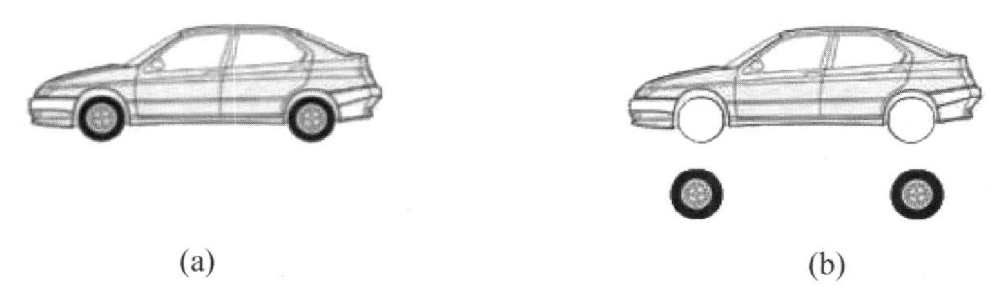

(a)　　(b)

图5-31　导入的小车图形

3. 将车轮和车体分离：

(1) 在舞台中选定小车图形，按[Ctrl]+[B]键将其分解。

(2) 用“椭圆工具”绘制一个和小车的车轮差不多大，笔触为“黑色”、内部填充为“无”的正圆。

(3) 将该“正圆”移动到小车的车轮位置并与车轮重合，然后将车轮移开，如图5-31(b)所示。

知识点拨

要制作小车车轮转动的动画，才能实现小车在公路上行驶的自然效果。因为导入的小车为位图对象，只有将车轮与车体分开才能制作车轮转动的动画效果，在此使用同车轮相同大小的空心圆来“裁剪”出两个车轮。

4. 选中“车体”，选择“修改”|“转换为元件”命令(或按[F8]键)，弹出“转换为元件”对话框，在对话框中设置名称为“车体”，类型为“图形”，单击【确定】便将“车体”转换成了图形元件。

5. 同样，选中“车轮”，选择“修改”|“转换为元件”命令(或按[F8]键)，弹出“转换为元

件”对话框，在对话框中设置名称为“车轮”，类型为“图形”，单击【确定】。

6. 制作影片剪辑元件“行驶的小车”：

(1) 选择“插入”|“新建元件”命令，弹出“创建新元件”对话框，在对话框中设置名称为“行驶的小车”，类型为“影片剪辑”，单击【确定】，进入到影片剪辑元件编辑状态。

(2) 将库中的图形元件“车体”放在图层 1。插入两新层，分别将两个图形元件“车轮”放在图层 2 和图层 3。调整两个车轮的位置，正好与图层 1 的车体吻合成一个完整的小车图形。

(3) 制作车轮转动的动画：

➢ 在图层 2 的第 25 帧处插入关键帧，在第 1 帧和第 25 帧间创建传统补间动画。

➢ 选中图层 2 的第 1 帧，显示属性面板，设置属性(见图 3－21)，使“车轮”对象在第 1 帧和第 25 帧间顺时针转动两周。

➢ 同样的步骤，制作图层 3 中另一个车轮在第 1 帧和第 25 帧间同步顺时针转动两周。此时，影片剪辑元件“行驶的小车”的时间轴面板如图 5－32 所示。

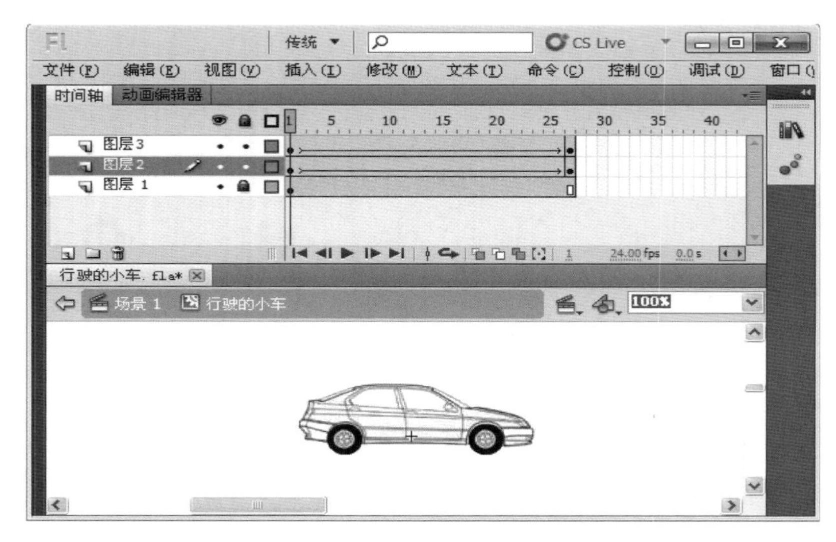

图 5－32 影片剪辑元件“行驶的小车”的时间轴面板

7. 回到场景并清空场景。在图层 1 中导入本书素材“模块 5”|“公路.jpg”，按快捷键[F5]延长时间帧到第 120 帧。

8. 插入图层 2 并命名为“行驶的小车”，将影片剪辑元件“行驶的小车”拖放在第 1 帧，位置正好在公路的左边，选定该元件，选择“修改”|“变形”|“水平翻转”命令，改变小车起点的行驶方向。

9. 在图层 2 的第 120 帧处插入关键帧，将影片剪辑元件“行驶的小车”拖放在公路的右边，在第 1 帧和第 120 帧之间创建传统补间动画，实现小车在第 1 帧和第 120 帧之间从左向右在公路上行驶的动画效果。

10. 按[Ctrl]＋[Enter]键测试影片效果，如图 5－33 所示。按[Ctrl]＋[S]键，保存影片为“行驶的小车.fla”。

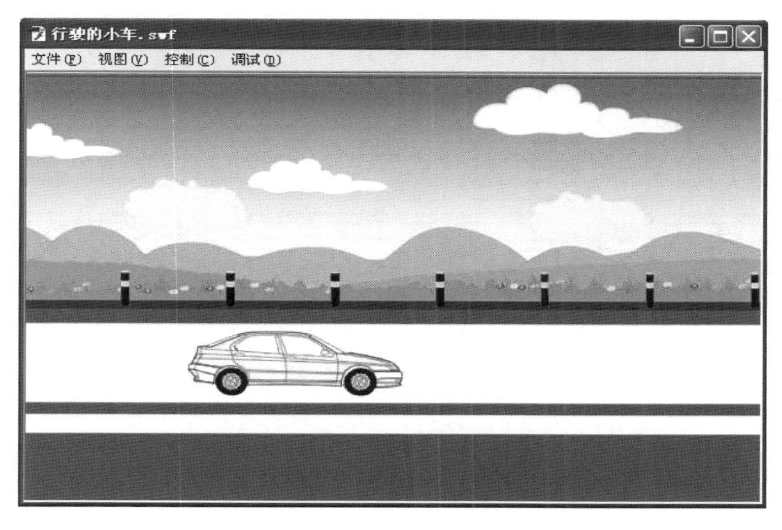

图 5-33　公路上行驶的小车

做　举一反三　上机实战

任务1　灯光闪烁

演示步骤

图 5-34　"光芒线"图形元件

1. 新建一个 Flash 影片文档，设置舞台尺寸为 800×500、背景为黑色，其他参数保持默认。

2. 创建"光芒线"图形元件。用椭圆工具绘制一个椭圆："笔触颜色"无，填充色为红变黑的径向渐变。将该椭圆调整为细长型。删除细长椭圆的一半，将剩余的半个细长椭圆转换为图形元件，命名为"光芒线"，如图 5-34 所示。

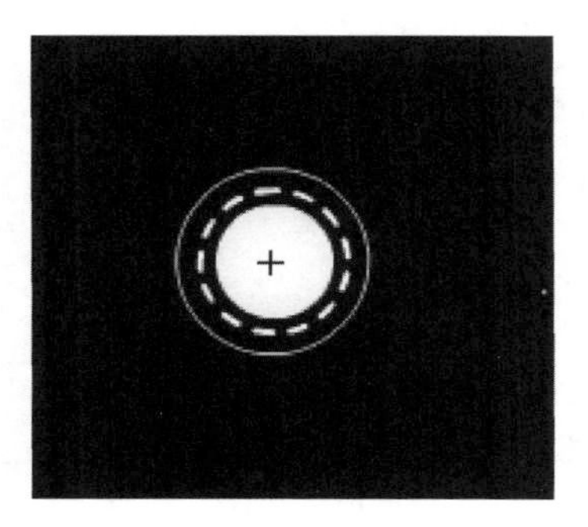

图 5-35　"光源"图形元件

3. 创建"光源"图形元件：

(1) 选择"插入"|"新建元件"，命名元件为"光源"。绘制一个尺寸为 40×40 的实心小圆："笔触颜色"无，填充色为白变黄的径向渐变。

(2) 绘制一个笔触颜色为淡黄(＃FFCC99)的空心圆，粗细为 2，样式为虚线，填充色为无，尺寸为 50×50。再绘制一粗细单位为 1、尺寸为 65×65 的空心圆："笔触颜色"为白色，填充色为无。

(3) 调整 3 个圆的位置，使 3 个对象的中心重合，如图 5-35 所示。

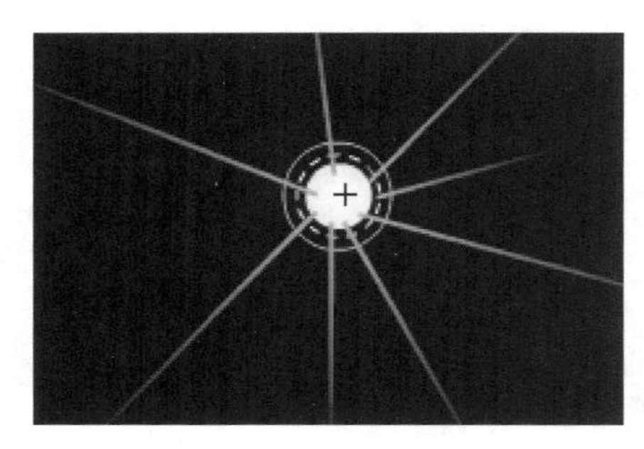

图 5－36　“灯光”图形元件

4. 制作“灯光”图形元件：

(1) 执行“插入”|“新建元件”命令，打开“创建新元件”对话框，选择类型为图形，元件名称为“灯光”，确定后进入“灯光”元件的编辑状态。

(2) 将库中“光源”元件拖到舞台中心，“光芒线”元件拖放 8 次到舞台中，用任意变形工具改变光芒线的大小和位置，调整到如图 5－36 所示的效果。

(3) 使用工具箱中的“选择工具”全选场景中的对象(或按[Ctrl]＋[A]键)，选择菜单“修改”|“组合”命令(或按[Ctrl]＋[G]键)组合图形。

5. 制作“灯光闪烁”影片剪辑元件：

(1) 选择“插入”|“新建元件”，元件名称为“灯光闪烁”，类型为影片剪辑，确定后进入“灯光闪烁”影片剪辑元件的编辑状态。

(2) 从库中将“灯光”图形元件拖放在第 1 帧，分别在第 10、15 和第 40 帧处插入关键帧，调整第 1 帧处的对象为很小，第 10 帧处的对象略大，第 15 帧处的对象略小，第 40 帧处的对象略大。

(3) 在第 1～40 帧间创建传统补间动画。此时的时间轴面板，如图 5－37 所示。

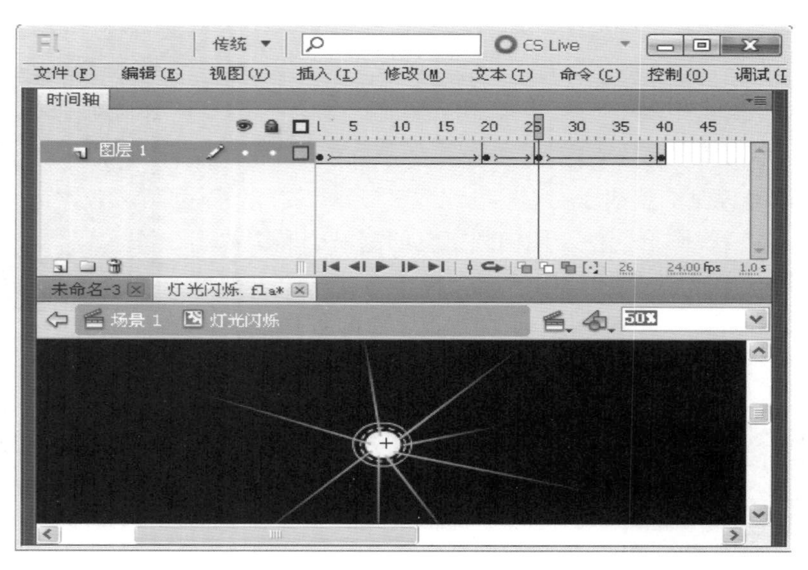

图 5－37　“灯光闪烁”影片剪辑元件的时间轴面板

6. 回到场景并清空场景中的内容，命名该层为背景，导入本书素材“模块 5”|“城市夜景. jpg”，调整图片与舞台吻合，按快捷键[F5]延长时间帧到第 40 帧。

7. 插入新层并命名为“灯光”，拖放若干个“灯光闪烁”影片剪辑元件到该层中。按快捷键[Ctrl]＋[Enter]测试效果，并调整。

8. 创建对应闪烁的影片剪辑元件"灯光闪烁 2"：

(1) 打开"库"面板，选定"灯光闪烁"影片剪辑元件，右击选择"直接复制"命令，打开"直接复制元件对话框"，名称为"灯光闪烁 2"，类型为影片剪辑元件。

(2) 双击库中影片剪辑元件"灯光闪烁 2"，进入到"灯光闪烁 2"影片剪辑元件的编辑状态。选定影片剪辑"灯光闪烁 2"所有的帧，右击鼠标选择"翻转帧"。

9. 再拖放若干个"灯光闪烁 2"影片剪辑元件到"灯光"图层中，调整元件位置，尽可能使影片剪辑元件"灯光闪烁"和"灯光闪烁 2"相间排列，如图 5－38 所示。

图 5－38　城市夜景中"灯光闪烁"效果

10. 按快捷键[Ctrl]＋[Enter]测试效果，直到灯光闪烁接近自然效果，满意的话，保存 Flash 文档为"灯光闪烁. fla"。

任务 2　荷塘月色

制作步骤

1. 新建一个 Flash 影片文档，设置舞台背景尺寸为 500×400、背景色为黑色，其他参数保持默认。先保存文档为"荷塘月色. fla"。

2. 命名该图层为"荷塘"，选择"文件"|"导入"|"导入到舞台"命令，弹出"导入"对话框，导入本书素材"模块 5"|"荷塘. jpg"。

3. 选定舞台中的位图对象，显示属性面板，设置位图对象为 500×240，调整位图对象与舞台背景的下部分重合，如图 5－39(a)所示。按快捷键[Ctrl]＋[B]分散位图对象，用小橡皮工具修改位图对象的上边缘，使位图对象效果自然，按快捷键[Ctrl]＋[G]组合位图对象，如图 5－39(b)所示。

(a)　　　　　　　　(b)

图 5-39　导入对象与舞台背景的下部分重合

4. 锁定已有图层，插入新层并命名为"月亮"。选择椭圆工具，显示"颜色"面板，设置笔触颜色为无，填充色为白色（#CCCCCC）至灰色（#999999）的径向渐变，在该图层绘制一个月亮，调整月亮的位置如图 5-40(a)所示。

5. 锁定已有图层，插入一新层并命名为"星光"。选择"文件"|"导入"|"打开外部库"命令，打开"作为库打开"对话框，选择本书素材"模块 5"|"星光灿烂. fla"，打开"星光灿烂. fla"的"库"面板。将"库"面板中的"影片剪辑 1"文件夹和"影片剪辑 2"文件夹拖放到当前的"库"面板中。然后，将影片剪辑元件"星星 1-1""星星 2-1""星星 3-1"和"星星 1-2""星星 2-2""星星 3-2"拖放若干个到"星光"图层中，调整各个影片剪辑元件的位置，如图 5-40(b)所示。

(a)　　　　　　　　(b)

图 5-40　荷塘月色示意图

6. 按快捷键[Ctrl]+[Enter]测试效果，满意的话，保存 Flash 文档为"荷塘月色. fla"。

知识点拨

元件和实例是 Flash 中非常核心的一组概念。创建一个元件以后，就可以在"库"面板中看到它。可以把它拖拽到舞台上，从而创建它的任意多个实例。

元件和实例的重要特征是：一个元件可以创建多个实例，修改了元件以后，相应的实例都会随之改变。但是，改变了实例以后，元件不会发生任何变化。

任务 3　综合制作——湖光夜色

1. 新建一个 Flash 影片文档，设置舞台背景尺寸为 600×400、帧频为 12 fps，其他参数保持默认。先保存文档为“湖光夜色. fla”。

2. 命名该图层为“湖光夜景”，选择“文件”|“导入”|“导入到舞台”命令，弹出“导入”对话框，选择本书素材“模块 5”|“湖光夜景. jpg”。调整位图对象与舞台背景的下部分重合，按快捷键[F5]延长时间帧到第 63 帧。

3. 创建图形元件“树叶 1”和“树叶 2”，形状如图 5 - 41 所示。

图 5 - 41　“树叶”图形元件参考图

4. 创建影片剪辑元件“叶飘 1”：

(1) 按[Ctrl]+[F8]键，打开创建新元件对话框，选择名称为“叶飘 1”，类型为影片剪辑元件，进入到影片剪辑元件“叶飘 1”的制作状态。

(2) 将图形元件“树叶 1”拖到场景中心偏上方位置。在第 30 帧处插入关键帧，并且在 30 帧处将图形元件“树叶 1”拖到偏下一点位置。在第 1～30 帧间创建传统补间动画，其中的第 20 帧也插入一个关键帧，在此帧处将图形元件“树叶 1”水平翻转，使树叶从上向下飘落的动画效果更加自然。

(3) 在第 31 帧处插入一个空白关键帧，在此帧处绘制两个同心椭圆，在第 35 帧和第 40 帧处分别插入关键帧，将同心椭圆形状调整到由小变大。在第 50 帧和第 63 帧处分别插入关键帧，将同心椭圆形状改为 3 个，并且调整 3 个同心椭圆由小变大，好像水中波纹的效果。在第 31～63 帧间创建形状补间动画。时间轴面板如图 5 - 42 所示。

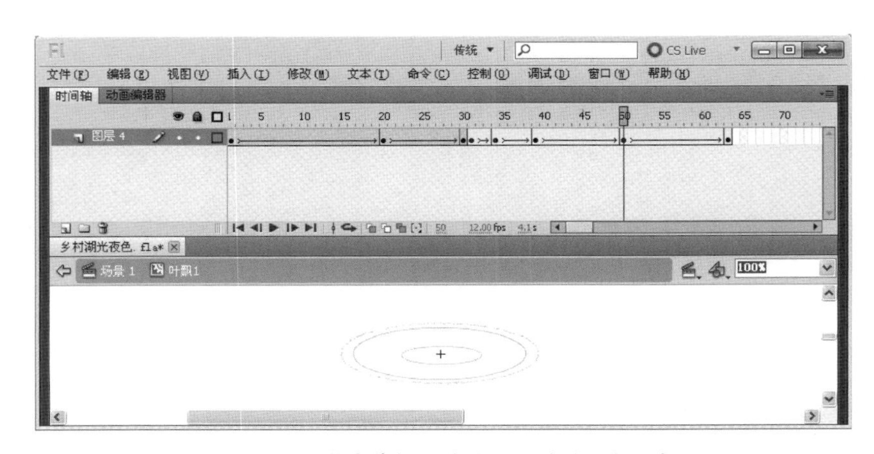

图 5 - 42　影片剪辑元件叶飘 1 的时间轴面板

(4) 调整影片剪辑元件“叶飘 1”的动画效果:将“树叶 1”的第 30 帧调到接近第 31 帧椭圆的位置,使得到第 31 帧后,显示出树叶落入水中的动画效果。

5. 创建影片剪辑元件“叶飘 2”。参照影片剪辑元件“叶飘 1”制作,将图形元件“树叶 2”拖到场景中心偏上方位置。采用创建传统补间动画和创建形状补间动画,使制作的剪辑元件“叶飘 2”的动画效果与影片剪辑元件“叶飘 1”的动画效果类似。

6. 回到场景,插入两个新层“叶飘 1”和“叶飘 2”,分别将两个影片剪辑元件“叶飘 1”和影片剪辑元件“叶飘 2”拖到场景中,按快捷键[F5]延长时间帧到第 63 帧。

7. 按[Ctrl]+[Enter]键测试动画效果,如图 5 - 43 所示。按[Ctrl]+[S]键,保存该景片文档。

图 5 - 43 “湖光夜色”效果

模块小结

本模块介绍了元件的类型,元件和实例的概念及关系。通过本模块的学习可以掌握创建元件的方法,了解库中元件的分类管理知识。通过典型案例的学习,理解库元件的使用方法和使用率,逐步理解和掌握复杂动画中多个元件不断更新和对应创建的制作技巧。

模块6 文本对象的编辑与应用

一个完整而精彩的动画或多或少需要一定的文字来修饰，而文字的表现形式又非常丰富。Flash 具有强大的文本编辑功能，合理地使用文本工具可以增加 Flash 动画的完美效果，使动画的内容更加丰富。因此，文本的编辑也是 Flash 中的关键技术。

教 知识要点 简明扼要

- Flash 中文本对象的属性
- Flash 中文本对象的类型
- Flash 中文本对象的创建
- Flash 中文本对象的编辑

6.1 文本对象

用工具箱中的“文本工具”可以直接输入文字，并且可以改变文字的字体、大小、颜色等属性。同时，还可以将外部文本资料导入到 Flash 中。

6.1.1 使用文本工具

选择工具箱中的“文本工具”，在舞台上单击，便可以在输入框中输入相应的文本，如输入文本“电脑人生潇洒自在”。使用“复制”“剪切”和“粘贴”，也可将一个文本框中的内容复制或移动到另一个文本框中。

6.1.2 文本的属性

执行“窗口”|“属性”命令，打开“属性”面板查看文本属性，在“属性”面板中可以对文本进行相应的设置，如图 6－1 所示。

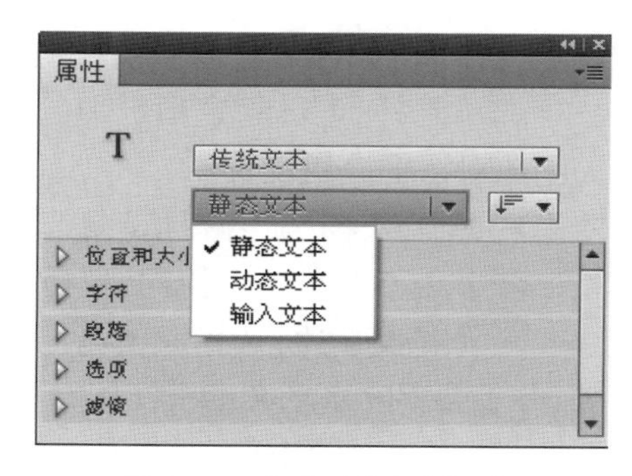

图 6－1 文本的“属性”面板

➤ 文本类型：用于设置所绘文本框的类型，包括静态文本、动态文本和输入文本 3 个选项。

➢ 位置和大小：可以设置文本在场景中的位置和文本大小。

➢ 字符：可以设置文本的字体、字号、颜色等，也可以执行“文本”菜单下拉列表框中的命令，在弹出的子菜单中设置。

➢ 段落：为当前段落选择文本的对齐方式，包括“左对齐”“居中对齐”“右对齐”和“两端对齐”等对齐方式，以及文本“间距”“边距”和“改变文本方向”等。

➢ 选项：可以设置文本相应的链接目标。

➢ 滤镜：利用滤镜效果能够为文本添加奇妙的视觉效果。

6.2 创建文本对象

在 Flash 中，常常需要创建各种文本，文本类型不同，创建的方法不同。

6.2.1 文本类型

Flash 中文本类型主要包括静态文本、动态文本和输入文本。

(1) 静态文本是指不会动态更改的字符文本，常用于决定作品的内容和外观。

(2) 动态文本是指可以动态更新的文本，如体育得分、股票报价或天气报告等。

(3) 输入文本就是指可以直接创建，而主要用于一些表单或调查表的输入文本。

6.2.2 创建文本对象

只有静态文本可以创建水平文本和垂直文本，而动态文本和输入文本只可以创建水平文本。

1. 创建静态文本

默认状态下，使用“文本”工具创建水平文本，即文字自左向右依次排列。而当选择静态文本类型时，也可创建从左向右或从右向左流动的垂直文本。也可根据具体需要设置首选参数，使垂直文本成为默认方向，并设置垂直文本的相关选项。操作步骤如下：

(1) 执行“编辑”|“首选参数”命令，打开“首选参数”对话框，切换至“文本”选项卡，可以显示设置垂直文本首选参数的选项，如图 6-2 所示。设置完后，需重启软件才会更新。

(2) 在“垂直文本”选项组中包括如下 3 个复选项，当完成各项设置后，单击【确定】按钮关闭该对话框应用设置。

➢ 默认文本方向：选择该复选项，可使创建的文本自动垂直排列。

➢ 从右至左的文本流向：选择该项，可使创建的垂直文本自动从右向左排列。

➢ 不调整字距：选择该项，可防止对垂直文本应用字距微调。该选项只对垂直文本有效，并不会影响水平文本中使用的字距微调。

(3) 在工具箱中单击“文本工具”按钮，选中该工具，此时鼠标指针将变成带有一个“T”字形的十字光标。

(4) 在“属性”面板中的“文本工具”下拉列表中，选择“可选”选项，其属性选项如图 6-3

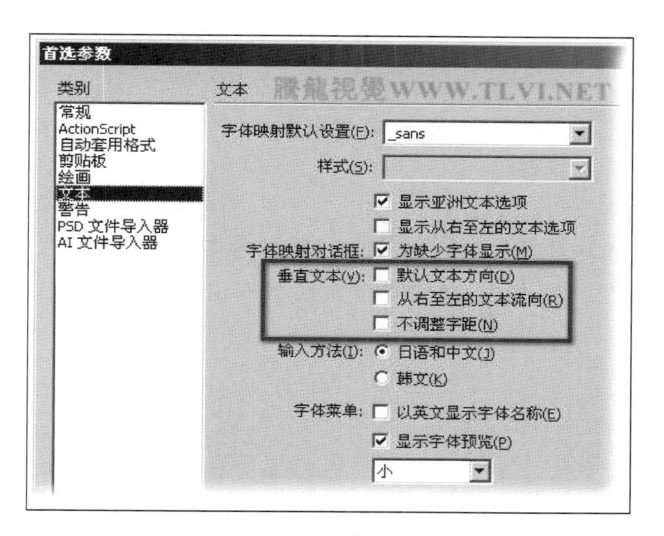

图 6－2 《首选参数》对话框

所示。

（5）如果需要指定文本的排列方式，可在“属性”面板中单击【改变文本方向】按钮，打开设置文本方向的选项，在弹出菜单中包括 3 个选项：

➢ 水平：选择该默认选项时，将在水平方向上从左向右依次排列文本。

➢ 垂直：选择该选项，将在垂直方向上从右向左排列文本。

➢ 垂直，从左向右：选择该选项，将在垂直方向上从左向右排列文本。

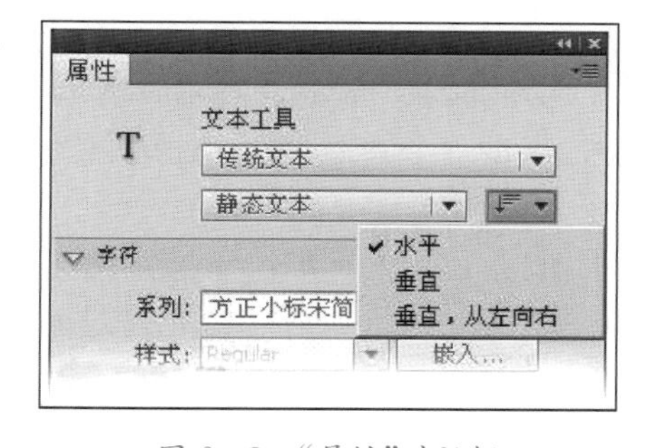

图 6－3 “属性”对话框

图 6－4 所示是设置为不同文本方向时创建的文本结果。

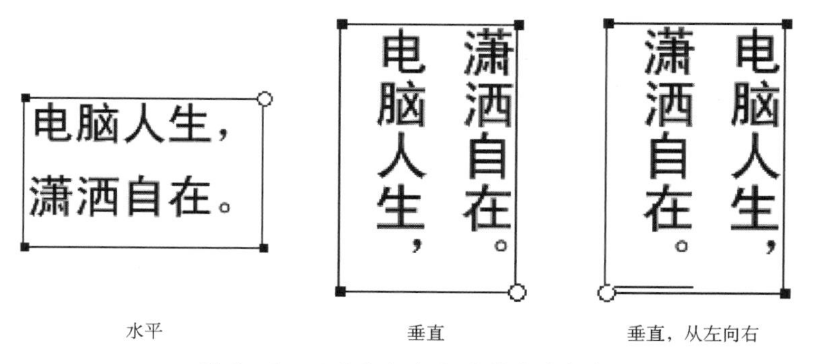

图 6－4 不同文本方向时创建的文本

（6）另外，还可根据需要设置文本对象的字体、字号、字样和颜色，以及字体间距等属性。

(7) 当指定文本的属性后，可执行下列任意一项操作：

➢ 扩展的静态水平文本：创建单行文本，可在舞台上需要开始文本的位置单击，将会创建可以自动扩展的文本块。输入文本后，将会在该文本块的右上角出现一个圆形手柄，如图 6-5(a)所示。

➢ 固定宽度的静态水平文本：要创建固定宽度(对于水平文本)或固定高度(对于垂直文本)的文本块时，可将指针移至舞台上合适的位置按下鼠标左键，当拖动至所需的宽度或高度后再释放鼠标按键。输入文本后，将会在该文本块的右上角出现一个方形手柄，如图 6-5(b)所示。

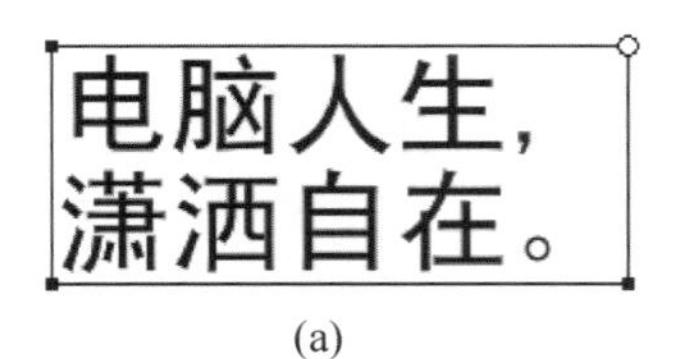

(a)

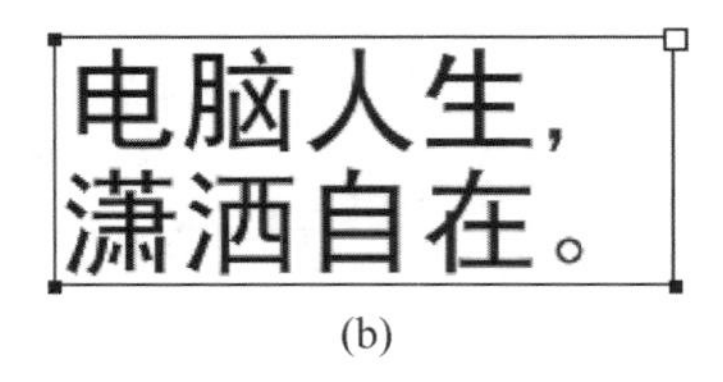

(b)

图 6-5　静态水平文本

➢ 对于扩展的静态垂直文本，将会在该文本块的左下角(垂直)或右下角(垂直，从左向右)出现一个圆形手柄，其具体位置取决于文本的方向，如图 6-6(a)所示。

➢ 对于具有固定高度的静态垂直文本，会在该文本块的左下角或右下角出现一个方形手柄，其位置同样取决于文本的方向，如图 6-6(b)所示。

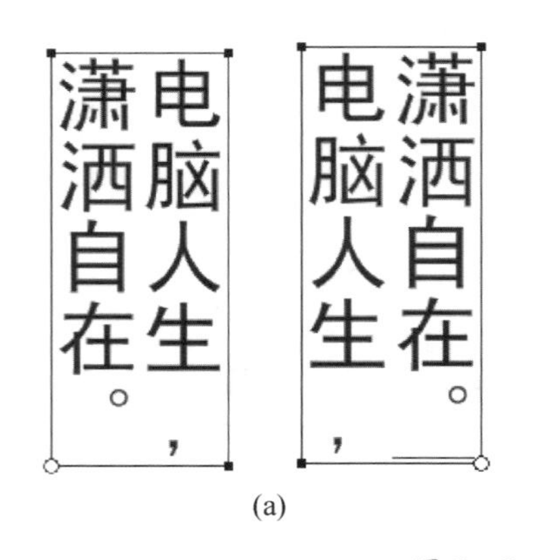

(a)

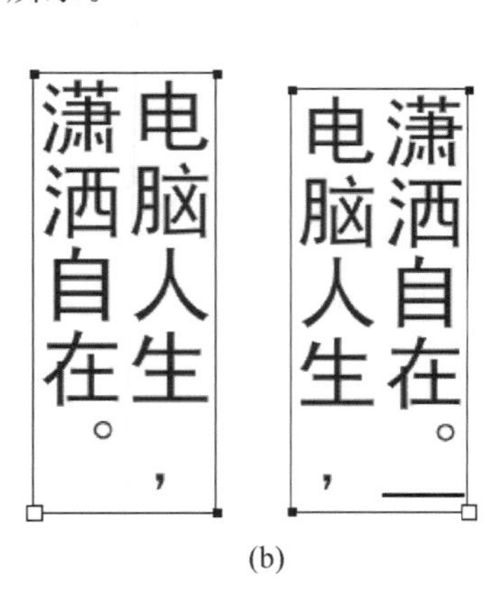

(b)

图 6-6　静态垂直文本

要更改文本块的尺寸，可拖动相应的文本块手柄；要在定宽和定高以及可扩展文本块之间切换，可双击文本块手柄。

2. 创建动态文本或输入文本

创建动态文本和输入文本的方法与创建静态文本的方法较为相似，用户只要在"属性"面板中选择所需的文本类型，然后再指定文本的属性即可。所不同的是，这两种文本类型都只可创建水平文本，而无法输入垂直文本。当创建动态文本或输入文本时，可执行操作步骤如下：

（1）单击主窗口工具箱中的“文本”工具按钮，选择该工具。

（2）在“属性”面板的“文本工具”下拉列表中分别选择“动态文本”或“输入文本”选项，图 6-7 所示是这两种文本类型的可设置选项。

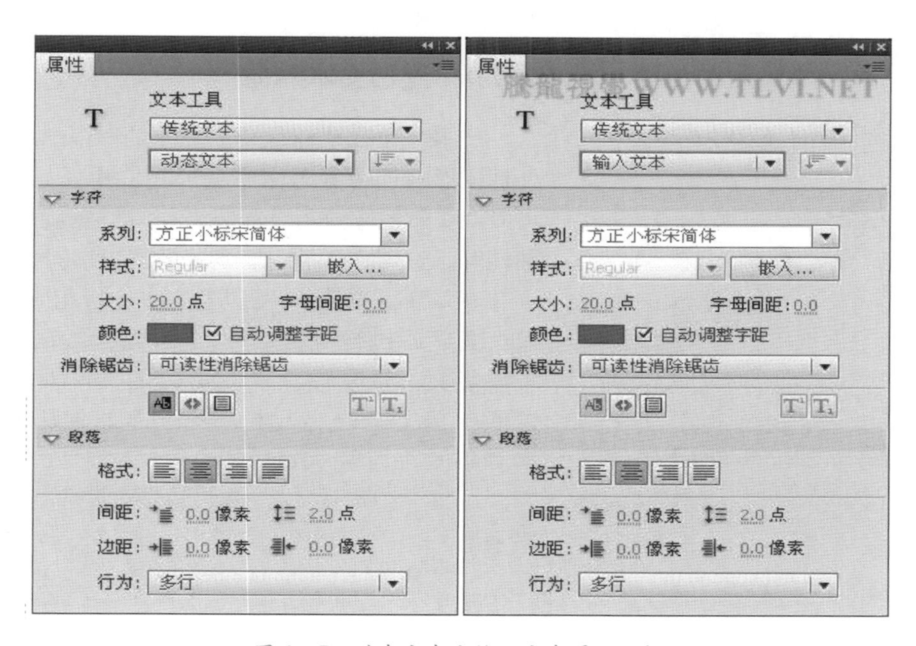

图 6-7　动态文本和输入文本属性面板

（3）此时可根据需要设置文本的各项属性，然后在舞台中确定文本的起始位置，并输入文本内容。

扩展的动态文本或输入文本，会在文本块的右下角出现一个圆形手柄；具有固定高度和宽度的动态文本或输入文本，会在文本块的右下角出现一个方形手柄。

知识点拨

静态文本就是一种静止的、不变的文本，在某种意义上更像是一幅图片，如一些标题或说明性的文字等；动态文本足够强大，但不够完美，它只允许动态地显示，却不允许动态地输入。用 Flash 开发在线提交表单这样的应用时，需要一些能够让用户实时输入的文本域，这时就需要用到输入文本了。输入文本主要用处就是开发表单程序（比如留言板），当然，也可以输入文本来显示数据。

6.3 文本对象的编辑

在 Flash 中，文本对象的创建往往只是动画的开始，文本对象的编辑则是使用文本的主要目的，掌握一些文本对象的编辑技术可以实现理想的动画效果。

6.3.1 变形文本对象

文本对象在某种意义上更像是一幅图片，可以像处理图形一样将静态文本变形。使用任意变形工具可以对文本对象进行变形操作，如缩放、旋转、倾斜和翻转等。选定文本后，执行“修改”|“变形”，在“变形”下有许多项下拉菜单，可以对文本进行相应的变形操作。变形后执行“修改”|“变形”|“取消变形”，又可以使文本恢复原状。变形后的文本对象依然可以修改其文本内容，但变形后的文本只会改变文本对象的位置和大小，文本的“字符”属性不会改变。图 6－8 所示为文本对象的原状和变形后的对比示例。

原状

缩放

旋转

翻转

电脑人生潇洒自在
电脑人生潇洒自在
电脑人生潇洒自在

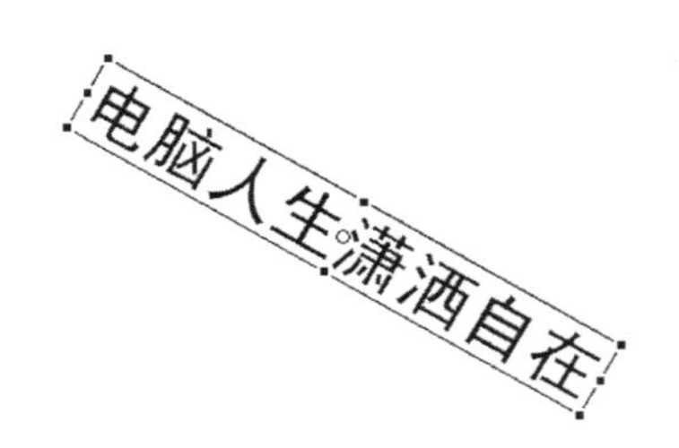

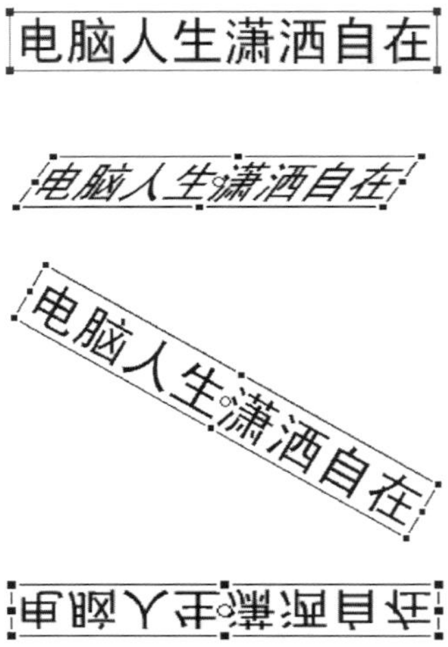

图 6－8　文本对象的原状和变形后的对比

知识点拨

严重的变形可能会使文本变得难以阅读，而且把文本块当作对象缩放时，字体大小磅值的增减不会反映在“属性”面板中。

6.3.2 分离文本对象

分离文本对象的操作比较简单，选定所需分离的文本，执行“修改”|“分离”(或按[Ctrl]＋[B]键)，可以对文本对象执行两次分离的操作。

第一次分离是将文本框中的每个文字变成相互独立的对象，如图 6－9 所示。此时，这些相互独立的对象仍然可以编辑，可以设置为不同的属性(如大小、颜色、旋转等)，还可以制作成不同的动画效果(如文字的整体动作或逐一显示等)。

第二次分离文本操作，是将文字转换成图形对象，如图 6－10 所示。虽然，文本不可以

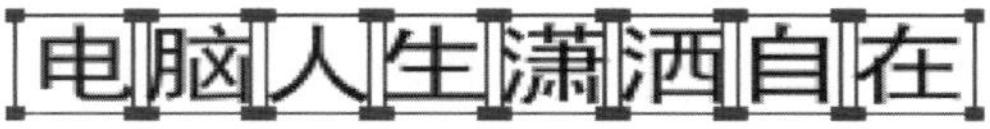

电脑人生潇洒自在

图 6－9　文本对象第一次分离的效果

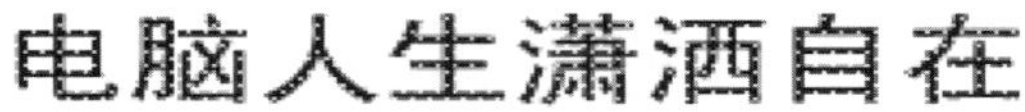

电脑人生潇洒自在

图 6－10　文本对象第二次分离的效果

直接应用填充效果。但是，把文本分离成图形对象后，就可以使用填充效果制作出各种特效文字，如变色字、五彩字、空心字等。

此外，在第二次分离文本框中多个文字时，若右击选择所有文字，在弹出的快捷菜单中选"分离到图层"命令，则相应的文字被分离到相应的图层，并且各图层名称与相应的文字对应，如图 6-11 所示。

图 6-11 文本对象分离到图层的效果

6.3.3 消除文本锯齿

消除文本锯齿可以提高文字显示的清晰度和平滑度。选择"文本"工具后，在"属性"面板的"消除锯齿"列表框中有 5 种字体呈现方法供选择，如图 6-12 所示。

1. 使用设备字体

在创建静态文本时，可以指定 Flash Player 使用设备字体来显示某些文本块。使用设备字体可以减小文档的大小，这是因为文档并不包括文本的字体轮廓。使用设备字体也可以提高小于 10 磅的文本的可读性。

在"属性"面板的"消除锯齿"的表框中选择"使用设备字体"以后，指定 SWF 文件使用本地计算机上安装的字体来显示字体。尽管此选项对 SWF 文件大小的影响极小，但还是会强制根据安装在用户计算机上的字体来显示字体。例如，如果将字体 Times New Roman 指定为设备字体，则回放内容的计算机上必须安装有 Times New Roman 字体才能正常显示文本。因此，使用设备字体时，应该只选择通常都安装的字体系列。

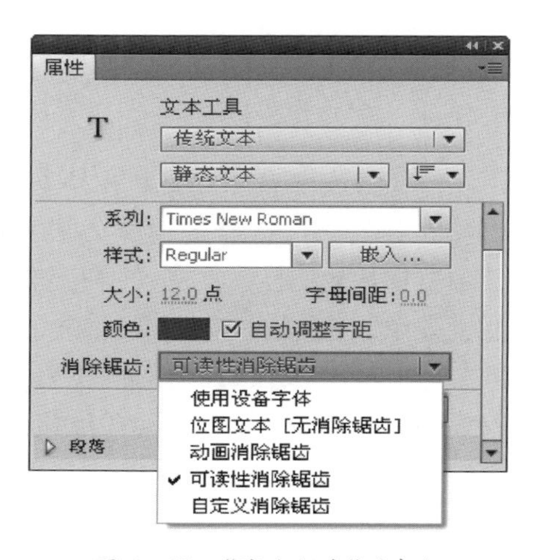

图 6-12 "消除锯齿"列表框

2. 位图文本(无消除锯齿)

这个选项会关闭消除锯齿功能,不对文本平滑处理。它用尖锐边缘显示文本,而且由于字体轮廓镶嵌入了 SWF 文件,因而增加了 SWF 文件的大小。位图文本的大小与导出大小相同时,文本比较清晰。但位图文本缩放后,文本显示效果比较差。

3. 动画消除锯齿

选择动画消除锯齿选项可以创建较平滑的动画。由于 Flash 忽略对其方式和字距微调信息,因此该选项只适用于部分情况。由于字体轮廓是嵌入的,因此指定动画消除锯齿会创建较大的 SWF 文件。

另外,适用动画消除锯齿呈现的字体,在字体较小时会不太清晰。因此,建议在指定动画消除锯齿时,使用 10 磅或更大的字体。

4. 可读性消除锯齿

可读性消除锯齿是文本的默认状态,这个选项适用新的消除锯齿引擎,改进了字体(尤其是较小字体)的可读性。“可读性消除锯齿”可以创建高清晰的字体,即使在字体较小时也是这样。由于字体轮廓是嵌入的,因此指定可读性消除锯齿会创建较大的 SWF 文件。而且,它的动画效果较差,并可能会导致性能问题。为了使用“可读性消除锯齿”设置,必须将 Flash 内容发布到 Flash Player 8 以上版本。

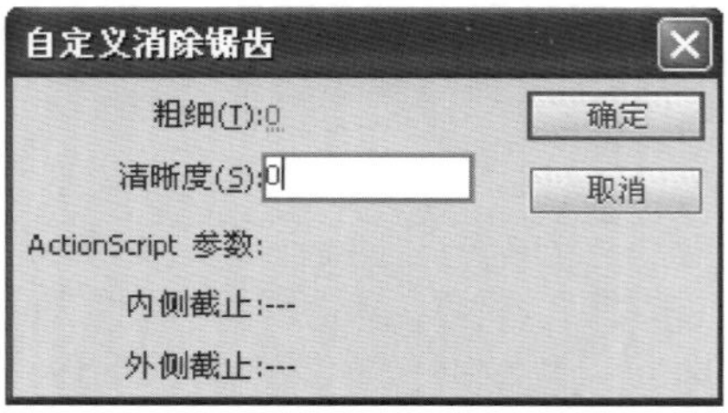

5. 自定义消除锯齿

自定义消除锯齿选项允许按照需要修改字体属性,以达到字体更清晰的目的。用“文本”工具输入一个静态文本,设置字体为黑体。在“属性”面板的“字体呈现方式”列表框中选择“自定义消除锯齿”,会弹出“自定义消除锯齿”对话框,如图 6-13 所示。其中的“粗细”确定文字消除锯齿转变显示的粗细,较大的值可以使字符看上去较粗;“清晰度”确定文本边缘与背景过渡的平滑度。

图 6-13 “自定义消除锯齿”对话框

6.3.4 文本滤镜

滤镜效果是从 Flash 8 开始新增加的功能,滤镜能够为对象增添奇妙的视觉效果。Flash 中,图形元件不能用滤镜,影片剪辑、按钮元件及文字都可以用滤镜效果。在“文本属性”对话框中,单击面板左下角的“添加滤镜”按钮,弹出的滤镜菜单包括投影、模糊、发光、斜角、渐变发光、渐变斜角和调整颜色 7 种滤镜特效,如图 6-14 所示。

文本滤镜的具体应用不仅方便,而且效果好。图 6-15 所示列举了文本滤镜的几种效果。

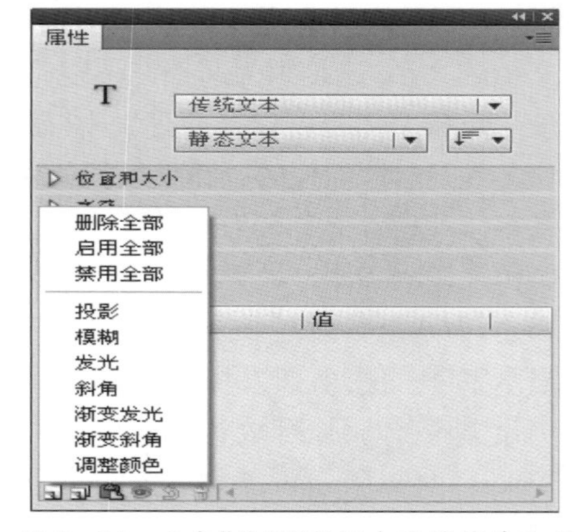

图 6-14 文本“属性”面板中滤镜菜单选项

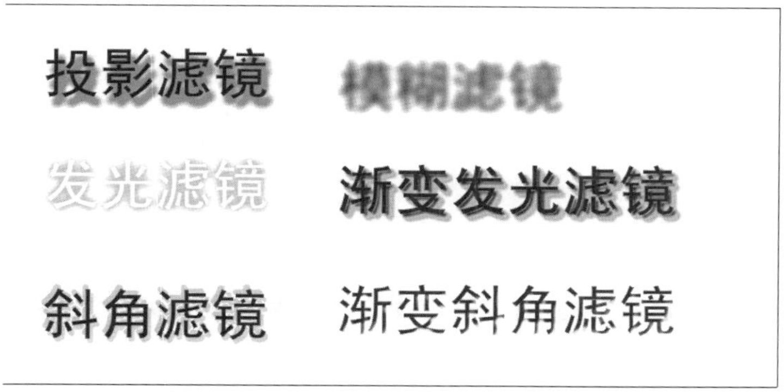

投影滤镜　模糊滤镜

发光滤镜　渐变发光滤镜

斜角滤镜　渐变斜角滤镜

图 6－15　文本的各种滤镜效果

1. 文本滤镜制作

(1) 选择“文本”工具，在“属性”面板中设置文本类型为“静态文本”、字体为“黑体”、字体大小为 60、字体颜色为蓝色。在舞台上输入文字“投影滤镜”。

(2) 选中文字，展开“滤镜”面板，单击“添加滤镜”按钮，在下拉列表框中选择“投影”滤镜。

(3) 在右边的属性区，设置“模糊”值为 8×8 px、“强度”为 300％、“品质”为中、“角度”为 60、“距离”为 10、“颜色”为＃999999。

(4) 观察舞台上的文字产生了投影效果(见图 6－15)。

(5) 类似的方法还可以设置模糊滤镜、发光滤镜、斜角滤镜、渐变发光滤镜、渐变斜角滤镜和调整颜色等其他滤镜面板，得到文本的相应滤镜效果(见图 6－15)。

2. 文本滤镜的复制

设置好的滤镜效果，通过复制和粘贴滤镜效果功能可以很方便地移植应用。下面，接着上面的步骤实际操作一下：

(1) 使用“文本”工具，在舞台上输入一组文字“复制和粘贴滤镜效果”，颜色设置为绿色。

(2) 选中“滤镜效果”文本，在“滤镜”面板中的左下角单击“剪贴板”按钮，在下拉菜单中选择“复制所选”命令。

(3) 选中文字“复制和粘贴滤镜效果”，在“滤镜”面板中再单击“剪贴板”按钮，选择“粘贴”命令，滤镜效果快速被复制到新的文本对象上，如图 6－16 所示。

投影滤镜效果

复制和粘贴滤镜效果

图 6－16　文本滤镜效果的复制和粘贴

学 知识巩固 案例演示

演示案例 1 特效文字制作

演示步骤

1. 新建一个 Flash 影片文档，设置舞台背景尺寸为 400×300、背景色为黑色，其他参数保持默认。保存文档为“特效字. fla”。

2. 选择“文本工具”，输入 3 组文字：多彩字、立体字、中空字。显示属性面板将文字设置为：黑色、华文琥珀、50 号。

3. 制作多彩字：

(1) 选定“多彩字”对象，按[Ctrl]+[B]键两面次，将“多彩字”3 个文字分解为图形。

(2) 使用“颜料桶”工具，填充色选“多彩样式”，颜料桶选项选“封闭大空隙”，如图 6-17 所示。

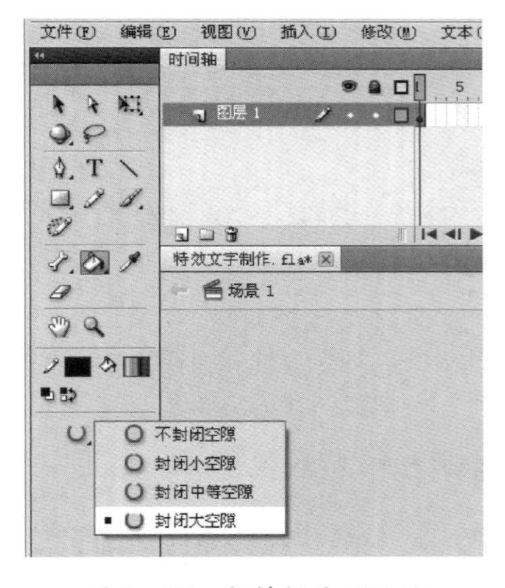

图 6-17 颜料桶选项设置

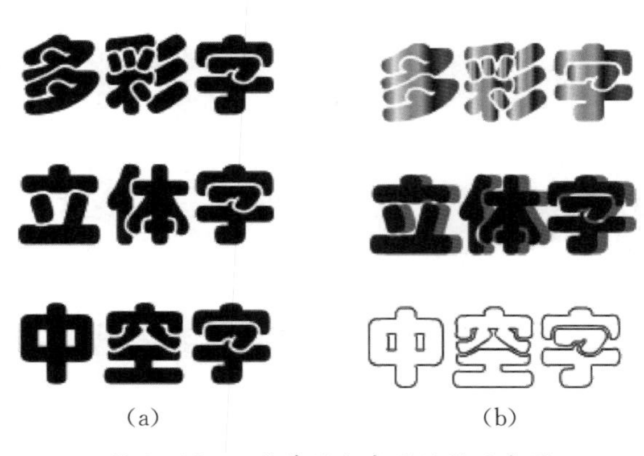

图 6-18 3 种特效文字的效果示意图

(3) 将“颜料桶”工具移到已分解为图形的“多彩字”上填充，效果如图 6-18 所示。

4. 制作立体字：

(1) 选定“立体字”对象，按[Ctrl]+[C]键，再按[Ctrl]+[V]，复制“立体字”为两份。

(2) 选定其中的一份“立体字”，在属性面板将文字黑色改灰色(#666666)。

(3) 选定改为灰色“立体字”，执行“修改”|“排列”|“移到最底层”。

(4) 调整两份“立体字”对象的位置，使得上下、左右略微错开，显示出立体效果(见图 6-18)。

5. 制作中空字：

(1) 选定“中空字”对象，按[Ctrl]+[B]键两面次，将“中空字”分解为散件图形。放大舞台显示效果为200%。

(2) 使用“墨水瓶”工具，填充色选“蓝色”(与现有的黑色明显区别开)，将“墨水瓶”移到已分解为图形“中空字”上描边，如图6－19所示。

图6－19 “中空字”描边后的效果

(3) 使用“选择工具”将“中空字”内部的黑色部分删除，得到图6－18所示的效果。

6. 按快捷[Ctrl]+[Enter]键，测试效果。按[Ctrl]+[S]键继续保存影片文档。

演示案例2　文字动画——风吹效果字

演示步骤

1. 新建一个Flash影片文档，设置舞台背景尺寸为800×600、帧频为12 fps、背景色为黑色，其他参数保持默认。先保存文档为“风吹效果字.fla”。

2. 命名该图层为“雪景”，执行“文件”|“导入”|“导入到舞台”命令，弹出“导入”对话框，导入本书素材“模块6”|“外景.jpg”。选定舞台中的位图对象，显示属性面板，设置位图对象为800×600，调整位图对象与舞台背景重合。

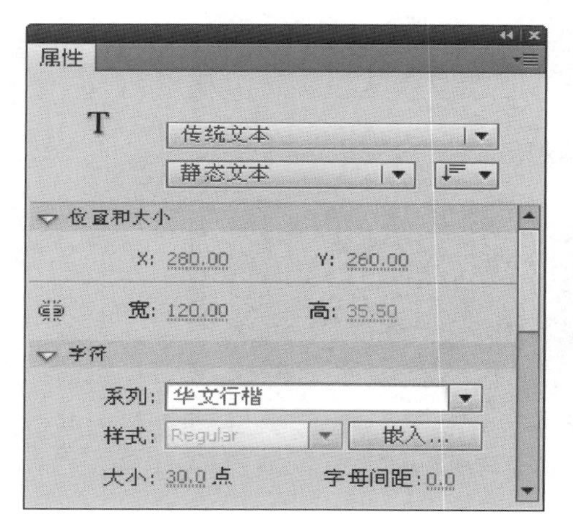

图6－20　文字“雪花飘”的属性面板设置

3. 锁定已有图层，插入新层并命名为“文本”。在第1帧处选择“文本工具”，输入文字“雪花飘”。文字“雪花飘”的字体颜色为白色，其他属性设置如图6－20所示。

4. 选定文本，选择“修改”|“分离”(或按[Ctrl]+[B]键)，将文本框中的每个文字变成相互独立的3个对象。右击3个文字对象，在弹出的快捷菜单中选“分散到图层”命令，则相应的文字被分别放到相应的图层，如图6－21所示。

5. 删除已有的“文本”图层，选定“雪”图层，按[F5]键延长其图层至第100帧，锁定其他图层。在第1帧，将文本“雪”拖放到场景的左中部。

6. 在第50帧处插入关键帧，此时将文本“雪”移到场景右上角，在第1帧和第50帧间创建传统补间动画。在第50帧处选定文字“雪”，执行“修改”|“变形”|“水平翻转”。

7. 同样，在“花”图层和“飘”图层对文本“花”和“飘”在第1帧和第50帧间建立同“雪”一样的传统补间动画。

8. 用鼠标选定“花”图层的第1～50帧，在时间轴上将创建传统补间动画的蓝色部分往

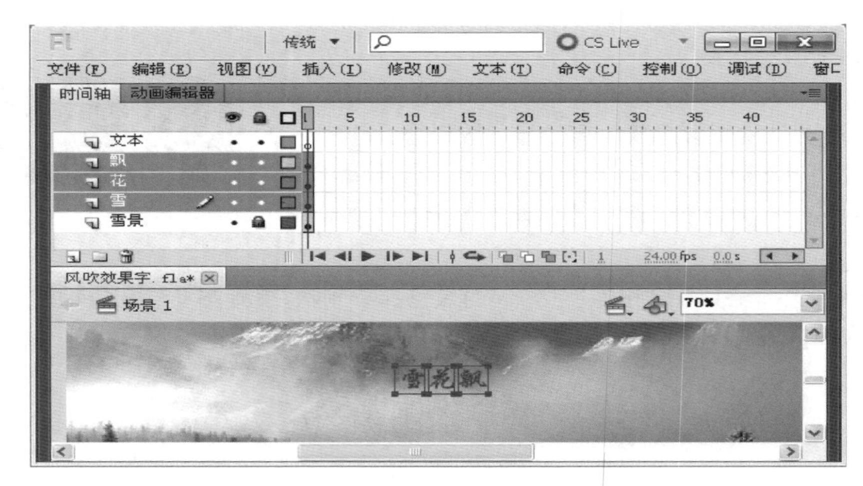

图 6-21 文字“雪花飘”分配到各层的效果

后移动 20 帧。同样，用鼠标选定“飘”图层的第 1～50 帧，将创建传统补间动画的蓝色部分往后移动 40 帧。

9. 按[F5]键延长各图层的最后一帧至第 100 帧。此时，时间轴面板如图 6-22 所示。

图 6-22 文字“雪花飘”最后的时间轴面板

10. 按快捷键[Ctrl]+[Enter]测试效果，按[Ctrl]+[S]键保存影片文档。

知识点拨

针对文本“雪”“花”“飘”3 字，在第 50 帧处执行“修改”|“变形”|“水平翻转”，使这 3 个文字在第 1～50 帧间实现传统补间动画的同时，伴随翻转的动画，目的是使“雪”“花”“飘”更接近自然风的吹动效果。

演示案例3　文字特效动画——贴春联

演示步骤

1. 新建一个 Flash 影片文档，设置舞台背景尺寸为 800×700、帧频为 12 fps，其他参数保持默认。保存文档为“贴春联. fla”。

2. 命名该图层为“大门”，选择“文件”|“导入”|“导入到舞台”命令，弹出“导入”对话框，选择本书素材“模块 6”|“新年快乐. jpg”，导入到舞台中。

3. 选定舞台中的位图对象，显示属性面板，设置位图对象尺寸为 800×700，调整位图对象与舞台完全重合。在第 80 帧处按[F5]键，将时间帧延长到第 80 帧。

4. 锁定已有图层，插入一新层并命名为“文本”。选择“插入”|“新建元件”，命名元件名称为“文本 1”、类型为图形。选择“文本工具”，显示属性面板并设置字体颜色为黑色，静态文本选“垂直”，如图6－23 所示。

5. 输入文本“龙的传人迎盛世”，呈垂直显示的状态。同样，选择“插入”|“新建元件”，命名元件名称为“文本 2”，类型为图形。选择“文本工具”，属性面板的设置仍如图 6－23 所示，输入文本“春之使者润丰年”，呈垂直显示的状态。最终，“文本 1”和“文本 2”显示的状态如图 6－24 所示。

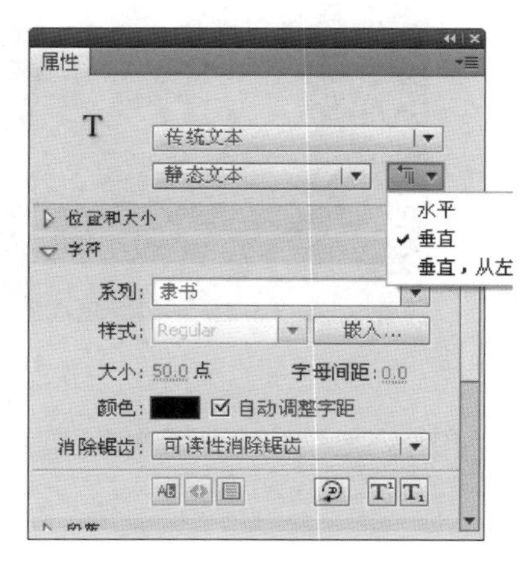

图 6－23　属性面板设置

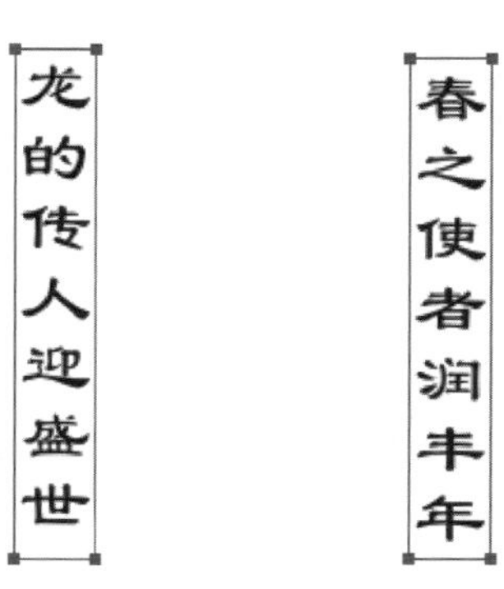

图 6－24　垂直显示的文本

6. 创建影片剪辑元件“红纸”：

（1）执行“插入”|“新建元件”，命名元件名称为“红纸”、类型为影片剪辑。确定后，便进入到该影片剪辑元件的编辑状态。

（2）在第 1 帧处，选择“矩形工具”，绘制一个“笔触颜色”无、填充色为红色，且尺寸为 60×2 的矩形。

（3）在第 80 帧处插入关键帧，此时，选择“窗口”|“信息”，打开“信息”面板，修改矩形的

高为“500”。

（4）在第 1 帧和第 80 帧间创建补间形状，使影片剪辑元件“红纸”从第 1～80 帧实现由小变大展开的效果。接着，在第 81 帧和第 100 帧间分别插入空白关键帧，将第 80 帧的对象粘贴到第 81 帧和第 100 帧间，使红纸在 81 帧和 100 帧间保持展开状。

7. 回到舞台场景，锁定已有图层，新建“文本”层，将文本 1 和文本 2 拖放至文本层的第 1 帧，且文本 1 放在左边，文本 2 放在右边，如图 6－25 所示。在第 190 帧处按[F5]键将时间帧延长到第 190 帧。

8. 参考步骤 6 和 7 的方法，制作影片剪辑元件“横联”，文字为“永远跟党走”。

9. 新建“左右联”图层，从库中拖放两个影片剪辑元件“红纸”至“左右联”层的第 1 帧。参照文本 1 的位置，一个位于左边；参照文本 2 的位置，另一个位于右边。在第 190 帧处按[F5]键，将该层的时间帧延长到第 190 帧。

10. 在最上层新建“横联”图层，在横联图层的第 101 帧处，插入空白关键帧，将影片剪辑元件“横联”放在第 101 帧处（横联等左右联展开后再播放，横联从 101 帧处开始播放），横联放在大门（场景）的上部。左联、右联和横联 3 个“文本”与未展开的“红纸”相对位置示意，如图 6－25 所示。

永远跟党走

龙的传人迎盛世

春之使者润丰年

图 6－25　两“文本”与“红纸”相对位置示意图

图 6－26　“贴春联”完成后效果

11. 按快捷键[Ctrl]＋[Enter]测试影片，效果如图 6－26 所示。满意的话，按[Ctrl]＋[S]键保存。

知识点拨

“贴春联”动画案例中，两个文本对象“龙的传人迎盛世”和“春之使者润丰年”本身处于静止状态。动画设计时，选择的背景图片两侧为黑色且文本也为黑色，使原本存在的文本不可见，动画效果的真正体现是两张红纸。制作过程中，将红纸置于文本下方的层中，借鉴红纸的形变，实现动画由小至大地展开，文本好像在不断显示出来，最终具有春联慢慢展开的动画效果。

做 举一反三 上机实战

任务1 文字动画设计——新春福到

制作步骤

1. 新建一个Flash影片文档，设置舞台尺寸为70×160、帧频为12 fps，其他默认。

2. 图层1第1帧处绘制一个矩形，笔触为无、填充色为红(#FF0000)，利用变形面板将该矩形旋转45°。

3. 新建图层2，利用文本工具输入文字“春”，字体为“隶书”、大小40点、颜色为#FFFF00，将文字拖至图层1矩形中央位置，如图6-27(a)所示。

4. 新建图层3，输入文字“新快”，文字方向为“垂直”、大小32点、字距5；在右边输入“年乐”，字体设置同上，位置下移，错开一个字(参照图6-29)。

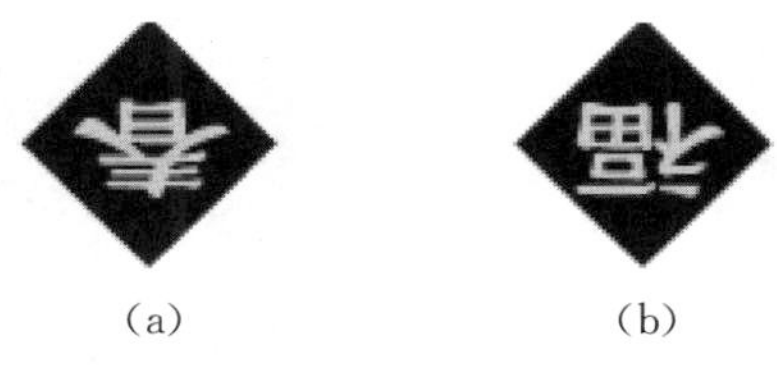

(a) (b)

图6-27 文字位置示意图

5. 在图层2第15帧处插入关键帧，双击该帧，将文字“春”改为“福”，如图6-27(b)所示。

6. 在图层3第15帧处插入关键帧，双击该帧，将文字“新快”“年乐”改为“恭发”“喜财”。

7. 将3个图层延长至30帧，时间轴面板如图6-28所示。

图6-28 时间轴面板

图6-29 “新春福到”效果示意图

8. 按快捷键[Ctrl]+[Enter]测试影片，效果如图6-29所示。保存影片文档为“新春福到.fla”。

任务2 网页广告——庆祝改版

制作步骤

1. 打开本教程素材“模块6”中已有的“改版素材.fla”文件，设置帧频为12 fps。查看

"库"面板，库中已有剪辑元件"烟花绽放"影片剪辑元件"鞭炮"。

2. 将图层 1 重命名为"背景"，绘制矩形覆盖整个舞台，填充颜色为线性渐变从＃A90000 到＃FE1E00，利用"渐变变形工具"将渐变方向调整为如图 6－30 中所示。

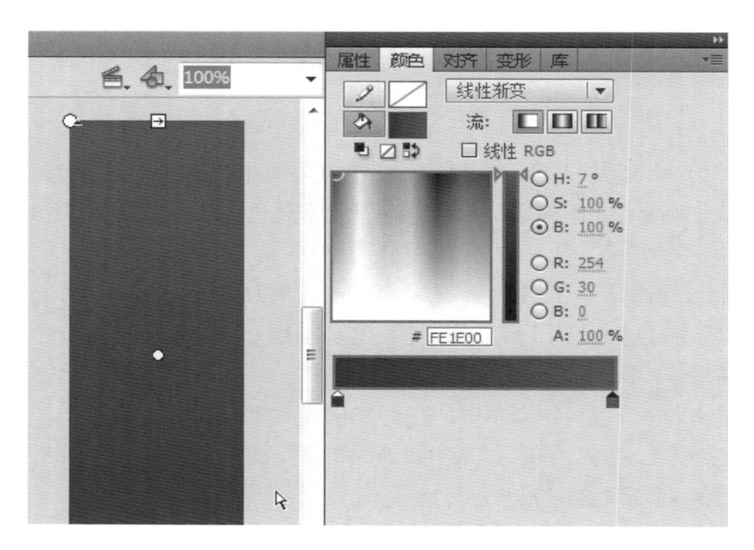

图 6－30　矩形"线性渐变"填充

3. 新建图层，命名为"烟花"，将影片剪辑元件"烟花绽放"拖放至舞台 3 次，大小和位置随意，按[Ctrl]＋[Enter]测试效果。

4. 新建图层，命名为"鞭炮"，将影片剪辑元件"鞭炮"拖放至舞台上方，大小设置为 70％，按[Ctrl]＋[Enter]测试效果。

5. 新建影片剪辑元件"文字"。

(1) 新建图形元件"热烈祝贺"：

➢ 按[Ctrl]＋[F8]键新建图形元件"热烈祝贺"，进入该元件的编辑窗口，使用"文本工具"，输入文字"热烈　贺"，字体为"华康海报体"，大小为 20 点，颜色为＃EA0611。按两次[Ctrl]＋[B]键打散文字，再将笔触大小设置为 1.5，颜色为白色，选中"墨水瓶工具"给文字描上白边，利用变形工具将文字旋转 8°；

图 6－31　文字效果填充

➢ 在该元件中输入"祝"，字体大小颜色同上，打散两次，笔触颜色＃FFFF33 描边。把"祝"字拉到适当位置，效果如图 6－31 所示。

(2) 新建影片剪辑元件"电信系招生网"：

➢ 按[Ctrl]＋[F8]键新建影片剪辑元件"电信系招生网"，进入该元件的编辑窗口，使用"文本工具"，输入文字"电信系招生网"，字体为"微软雅黑"、样式为"Bold"、大小为 20 点、颜色为＃EA0611。

➢ 按两次[Ctrl]+[B]键打散文字，选用“墨水瓶工具”，设置笔触颜色为＃FFFF00，利用墨水瓶工具描边，效果如图 6－32(a)所示。

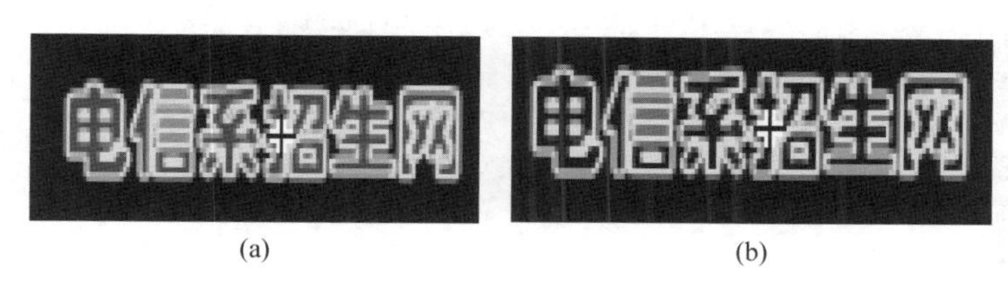

图 6－32　“描边”的文字效果

➢ 在第 5 帧和第 10 帧处插入关键帧，然后将第 5 帧的文字颜色设置为黑色，效果如图 6－32(b)所示。影片剪辑元件“电信系招生网”的时间轴面板，如图 6－33 所示。

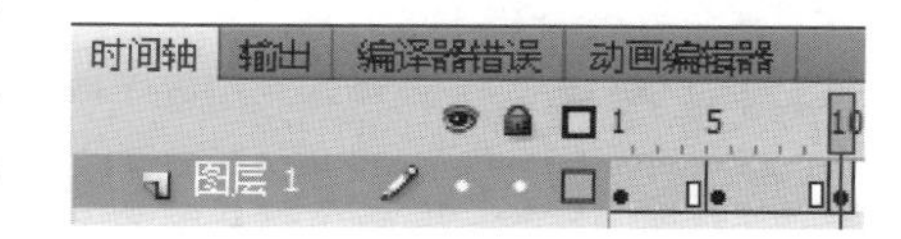

图 6－33　影片剪辑元件“电信系招生网”的时间轴

(3) 按[Ctrl]+[F8]键新建图形元件“改版”，在该元件的编辑窗口，使用“文本工具”，输入文字“改版”，字体为“微软雅黑”、样式为“Bold”、字号大小为 24、间距为 5、颜色为黑色，同上述方法一样设置白色描边效果。

(4) 设置影片剪辑元件“文字”的时间轴动画：

➢ 在图层 1 第 1 帧处，将“热烈祝贺”拉到舞台外侧，第 5 帧处插入关键帧，将元件适当下移到舞台上部，回到第 1 帧创建移动补间动画。

➢ 新建图层 2，在第 10 帧处插入空白关键帧，将“电信系招生网”拉到舞台中部位置，在第 15 帧处插入关键帧，元件位置适当上移，回到第 10 帧，创建传统补间动画。

➢ 新建图层 3，在第 17 帧处插入空白关键帧，将“改版”元件放到“电信系招生网”下方，在第 23 帧处插入关键帧，回到第 17 帧，创建传统补间动画。同时，将第 17 帧元件大小设置为 10%、“色彩效果”中的“Alpha”为 10%。

➢ 新建图层 4，在第 27 帧处插入空白关键帧，将库项目“成功. png”拉至舞台下部。在第 30 帧、第 33 帧处插入关键帧，然后删除第 30 帧处元件，实现闪现效果。

➢ 最后，按[F5]键，将影片剪辑元件“文字”的 4 个图层均延长至 50 帧，时间轴面板如图 6－34 所示。

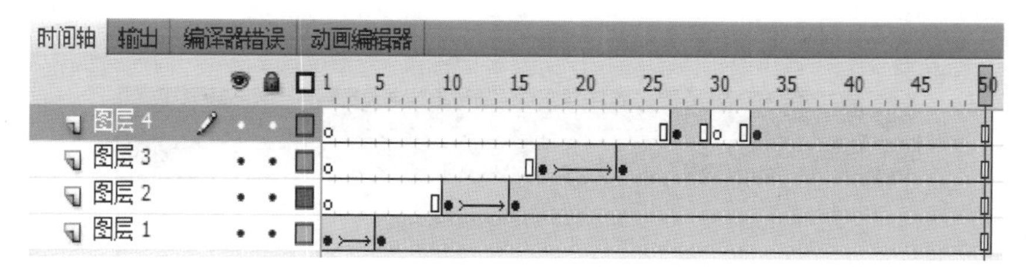

图 6－34　影片剪辑元件“文字”的时间轴面板

图 6-35 “庆祝改版”动画效果

6. 返回场景 1，创建图层并命名为“文字”，将影片剪辑元件“文字”拖至“文字”图层适当位置。

7. 按快捷键[Ctrl]+[Enter]测试效果，文档保存为“庆祝改版.fla”，如图 6-35 所示。

知识点拨

在制作的动画中加入文字，既能丰富动画界面，又能对动画的内容进行辅助性说明。文字在动画中可以起到画龙点睛的作用。

任务 3　网站横幅——招生广告

制作步骤

1. 打开本书素材“模块 6”|“banner 素材.fla”，设置帧频为 12 fps、背景颜色为黑色。

2. 将图层 1 重命名为“背景”，把库中项目“banner.jpg”拉至舞台中间。可利用对齐面板使其相对于舞台水平居中、垂直居中，效果如图 6-36 所示。

图 6-36　banner 背景

3. 新建图层命名为“加入信息行业”，在库面板中新建图形元件“加入信息行业”。编辑该元件，输入文字“加入信息行业，过白领生活”，字体为方正静蕾简体、大小 20 点、间距 5，颜色为白色，效果如图 6-37 所示。

图 6-37　右下文字

4. 将文字“加入信息行业，过白领生活”加粗。具体步骤：选中该元件，连续按两次[Ctrl]+[B]将文字打散，再将笔触大小设置为 1、颜色为白色，选中“墨水瓶工具”给文字描上白边，效果如图 6-38 所示。回到场景 1，将元件拉到图层“加入信息行业”第 1 帧右下位置。

图 6-38 右下文字加粗

5. 在场景 1 中新建图层命名为“流星”，将库面板影片剪辑元件“流星”拉至舞台中间位置，适当缩放(元件大小覆盖舞台)，效果如图 6-39 所示。按快捷键[Ctrl]+[Enter]测试效果。

图 6-39 流星闪过

6. 在场景 1 中新建图层命名为“飘带”，新建图形元件“飘带线”。编辑该元件，选中铅笔工具，铅笔模式设置为“平滑”、笔触大小为 1、颜色为白，在元件中绘制出如图 6-40 所示的圆润线条。注意：飘带动画跨度比较大，相应元件也比较大，此处可修改视图为25%。

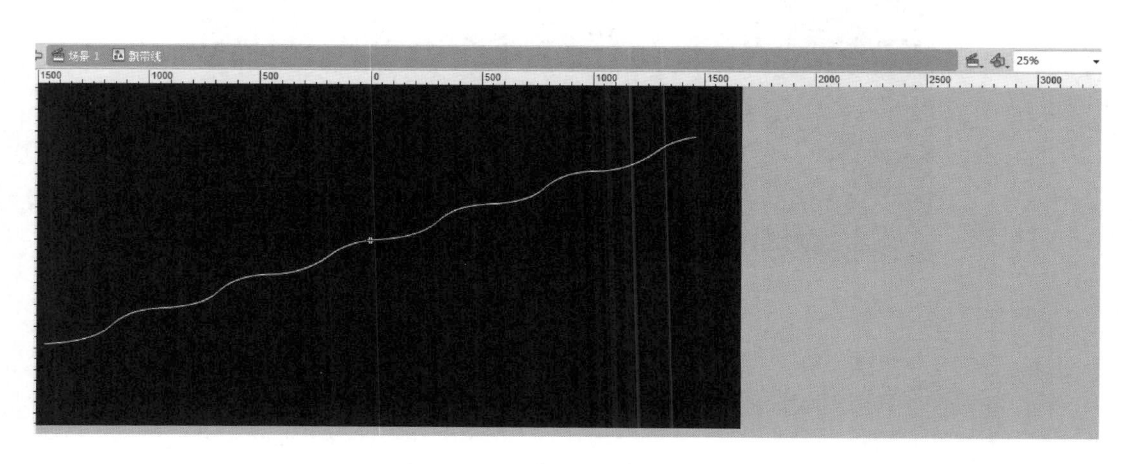

图 6-40 飘带线(25%)示图效果

7. 新建图形元件“飘带大”，利用钢笔工具绘制如图 6-41 所示的形状。

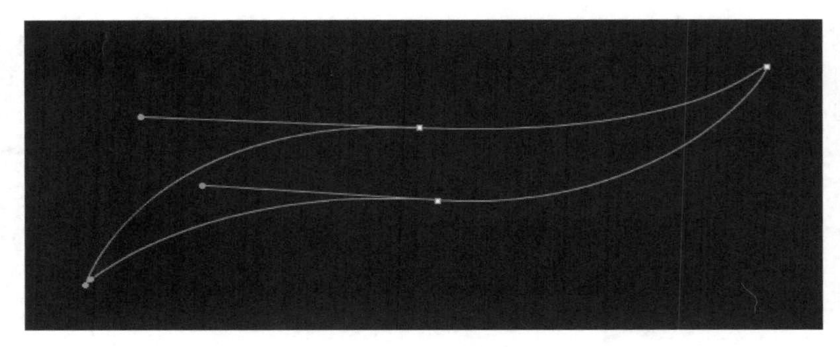

图 6-41 飘带大形状

8. 利用颜料桶工具,将以上形状填充白色,效果如图 6-42 所示。

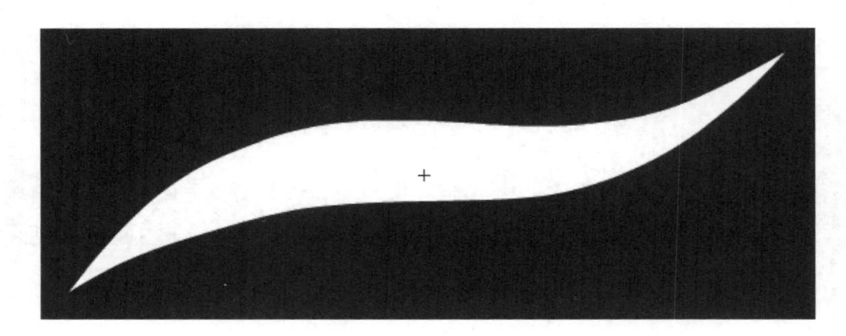

图 6-42 飘带大

9. 新建图形元件"飘带小",利用钢笔工具和颜料桶工具绘制如图 6-43 所示元件。

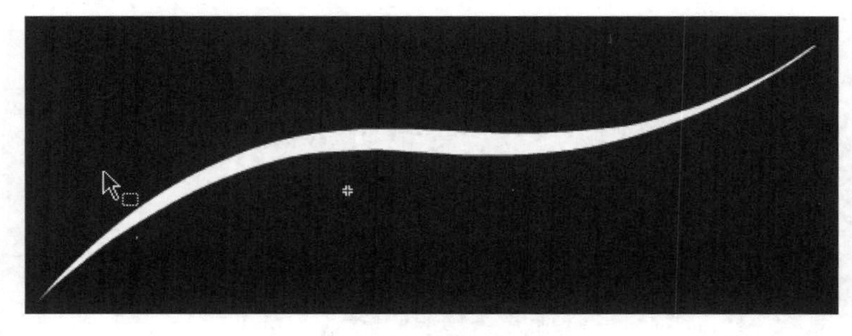

图 6-43 飘带小

10. 新建影片剪辑元件"飘带",编辑该元件,准备 7 个图层,由下往上分别命名为"线""上-大""上-小""中-大""中-小""下-大""下-小",将元件"飘带线"拉至图层"线"左下位置,"飘带大"拉至"上-大""中-大""下-大"3 个图层适当位置,"飘带小"拉至其余 3 个图层适当位置,注意"飘带大"盖住"飘带小",效果如图 6-44 所示。

11. 继续编辑"飘带",将图层"线"的第 1 帧处元件的色彩效果设置为 Alpha=50%,其余 6 个图层的第 1 帧处元件的色彩效果设置为 Alpha=10%,效果如图 6-45 所示。

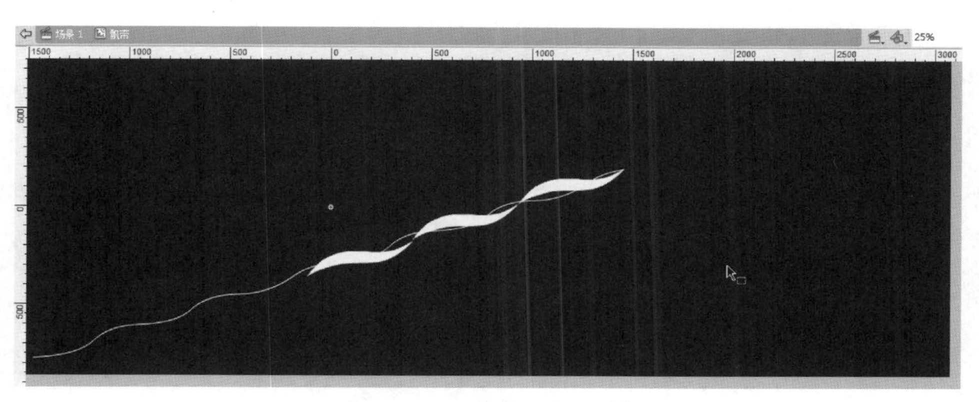

图 6 - 44　飘带第 1 帧(25%)

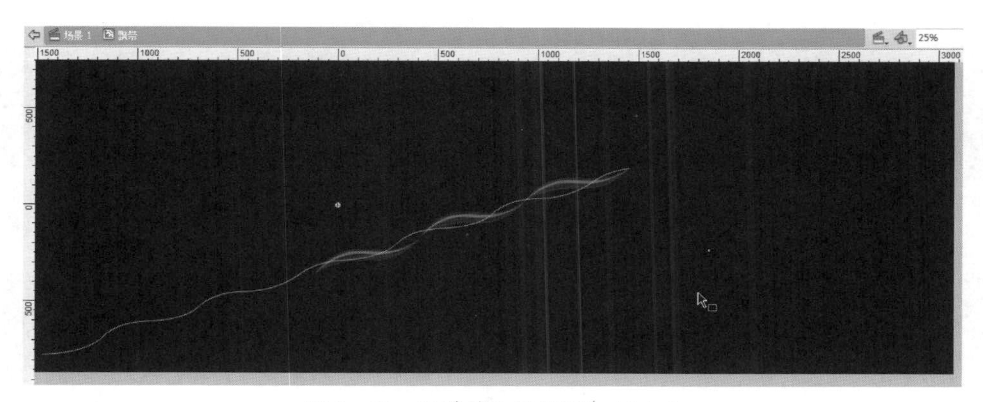

图 6 - 45　飘带第 1 帧(25%,Alpha)

12. 继续编辑“飘带”,依次在 7 个图层的 200 帧处插入关键帧([F6]),回到第 1 帧创建 7 个传统补间动画。同时,选中 7 个图层的 200 帧,将元件一起右移至适当位置构建飘动效果,注意:移动位置应沿飘带线方向。200 帧处的效果如图 6 - 46 所示。

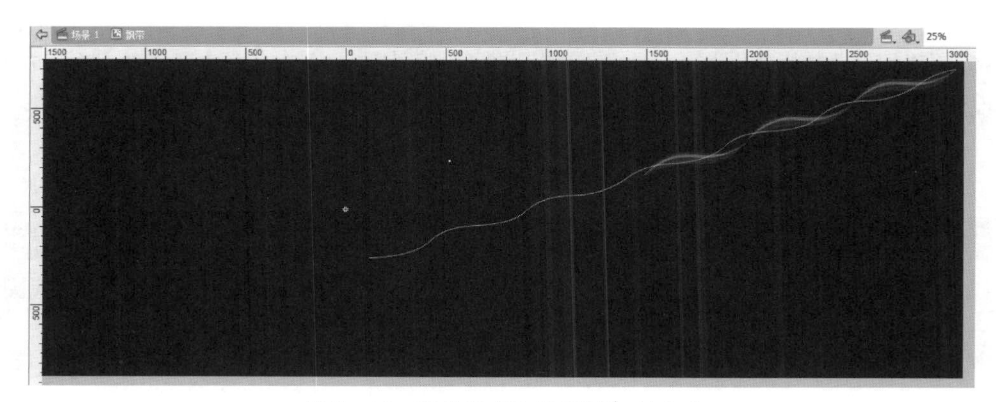

图 6 - 46　飘带第 200 帧(25%,Alpha)

13. 回到场景 1，将元件“飘带”拉至图层“飘带”适当位置，如图 6－47 所示。然后，测试影片效果。

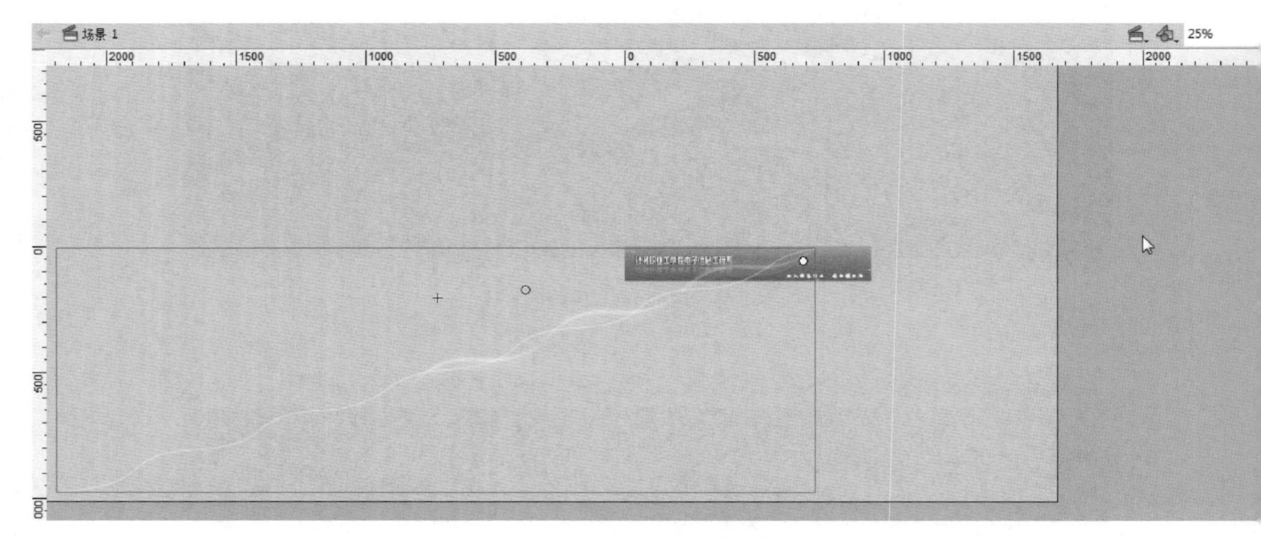

图 6－47　飘带位置(25%)

14. 在场景 1 中，新建图层命名为“动态文字”，新建影片剪辑元件“闪字”。编辑该元件，将图层 1 命名为“招生咨询”。在 10 帧处插入空白关键帧，利用文本工具输入文字“招生”，字体为“汉真广标”、大小 36 点、间距 5、颜色为白色，给文字添加滤镜效果：投影、距离 4 px、颜色为＃333333；在 15 帧处插入关键帧，更改文字为“招生咨询：”；在 20 帧处插入关键帧，更改文字为“招生咨询：0512－”；在 28 帧处插入关键帧，更改文字为“招生咨询：0512－56730118”，动画延续至 50 帧。

15. 在“闪字”中新建图层命名为“招生代码”，在 55 帧处插入空白关键帧，输入文字“招生”，文字设置同上；在 60 帧处插入关键帧，更改文字为“招生代码：”，动画延续至 90 帧。

16. 在“闪字”中新建图层命名为“1278”，在 68 帧处插入空白关键帧，输入文字“1278”，文字设置同上。给文字添加滤镜效果：发光，品质为中，颜色为＃ff0000，动画延续至 90 帧。元件“闪字”3 个图层的时间轴面板如图 6－48 所示。

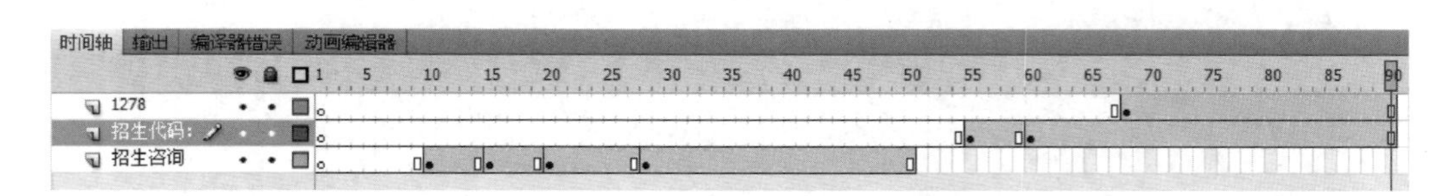

图 6－48　闪字时间轴

17. 返回场景1,将影片剪辑元件“闪字”拖至“动态文字”图层适当位置。

18. 按快捷键[Ctrl]+[Enter]测试动画效果。文档保存为“招生广告.fla”。整体效果如图6-49所示。

图6-49　网站banner的效果

模块小结

本模块通过学习文本对象的属性、类型,文本对象的创建和编辑,了解到文本对象的应用具有很大的灵活性。通过文本动画的一些特殊案例,学会了文本动画的设计和创作技巧。

Flash

第三篇
高级动画

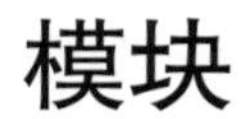

模块7 遮罩动画

遮罩动画是Flash中的一个很重要的动画类型，很多特殊效果的动画都必须通过遮罩动画来完成。

教 知识要点 简明扼要

- Flash遮罩动画的基础
- Flash遮罩动画的制作
- Flash遮罩动画的应用

7.1 遮罩动画基础

在Flash的图层中，有一个遮罩图层类型，为了得到特殊的显示效果，可以在遮罩层上创建一个任意形状的视窗，遮罩层下方的对象可以通过该视窗显示出来，而视窗之外的对象将不会显示。

7.1.1 遮罩动画概念

1. 遮罩的概念

遮罩就是一层遮档另一层的对象，遮罩层就是将某层作为遮罩层，另一层则成为被遮罩层，只有遮罩层中填充色块下的内容可见，色块本身是不可见的。

在Flash中，遮罩动画是通过遮罩层有选择地显示位于其下方的被遮罩层中的内容。在一个遮罩动画中，遮罩层只有一个，被遮罩层可以有任意多个。

2. 遮罩的作用

遮罩主要有两种作用，一是用在整个场景或一个特定区域，使场景外的对象或特定区域外的对象不可见；另一个作用是遮罩住某一元件的一部分，实现一些特殊的效果。

7.1.2 遮罩动画原理

当一个画面放在另一个画面上的时候，动画播放时遮罩画面的轮廓里面显示出被遮罩画面的内容，其余的部分则不显示(可以理解为透明的)。遮罩跟遮挡相反，也就是透过遮罩层中的对象看到被遮罩层中的对象及其属性(包括它们的变形效果),可以理解为在舞台前增加一个"电影镜头",这个"电影镜头"不仅仅局限于圆形,可以是任意形状,甚至可以是文字。导出的影片并不是将舞台上的全部对象都显示出来,而只是显示"电影镜头"拍摄出来的对象,其他不在"电影镜头"区域内的舞台对象不显示。

必须注意的是,遮罩层中对象的许多属性,如渐变色、透明度、颜色和线条样式等,是被忽略的。比如,不能通过遮罩层的渐变色来实现被遮罩层的渐变色变化。

7.2 遮罩动画应用技术

制作遮罩动画很简单,关键是学会在复杂动画中灵活应用。我们常常看到很多炫目、神奇的效果,而其中不少就是用简单的遮罩完成的,如水波、万花筒、百叶窗、放大镜、望远镜等。

7.2.1 创建遮罩动画

1. 创建遮罩层

在 Flash 中,没有专门的按钮来创建遮罩层,遮罩层其实是由普通图层转化的。只要在某个图层上右键单击,在弹出菜单中勾选"遮罩层"命令,该图层就会生成遮罩层,层图标就会从普通层图标变为遮罩层图标,系统会自动把遮罩层下面的一层关联为被遮罩层,在缩进的同时图标变为被遮罩层。要想关联更多的图层被遮罩,只要把这些层拖到被遮罩层下面就可以实现,如图 7-1 所示。

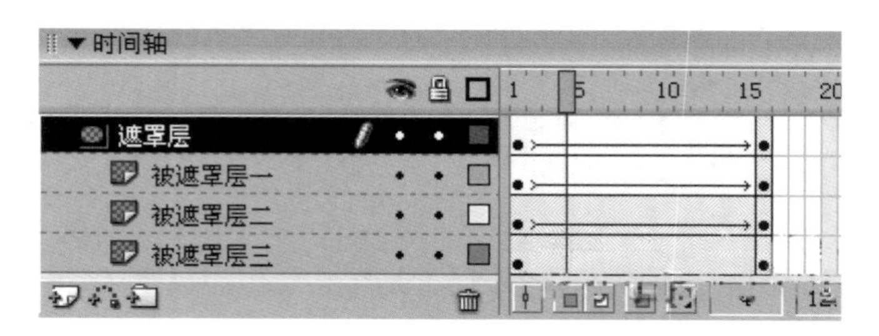

图 7-1 多层遮罩时间轴面板

2. 构成遮罩和被遮罩层的元素

遮罩层中的图形对象在播放时是看不到的。遮罩层中的内容可以是按钮、影片剪辑、图形、位图、文字等,但不能使用线条,如果一定要用线条,可以将线条转化为填充。被遮罩层中的对象只能透过遮罩层中的对象被看到。在被遮罩层,可以使用按钮、影片剪辑、图形、位图、文字、线条。

3. 遮罩中可以使用的动画形式

可以在遮罩层、被遮罩层中分别或同时使用形状补间动画、动作补间动画、引导线动画等动画手段,从而使遮罩动画变成一个可以施展无限想象力的创作空间。

4. 应用遮罩时的技巧

(1) 要在场景中显示遮罩效果,可以锁定遮罩层和被遮罩层。

(2) 可以用"Actions"动作语句建立遮罩,但这种情况下只能有一个被遮罩层。同时,不能设置"Alpha"属性。

(3) 不能用一个遮罩层试图遮蔽另一个遮罩层。

(4) 遮罩可以应用在 gif 动画上。

7.2.2 简单遮罩动画制作步骤

新建 Flash 影片文档后插入两个图层,分别命名为"遮罩层"与"被遮罩层",遮罩层在上,被遮罩层在下。

(1) 编辑被遮罩层　从库中将图像素材拖到被遮罩层,设置图像大小并调整其在舞台上的位置。

(2) 编辑遮罩层　选中"椭圆工具",绘制一椭圆并转换其为图形元件,如图 7-2(a)所示。

(3) 创建遮罩效果　右击遮罩层,在弹出的快捷菜单中选择"遮罩层"命令,如图 7-2(b)所示。

(a)

(b)

图 7-2　编辑遮罩层和遮罩效果

在遮罩动画制作过程中,遮罩层经常挡住下层的元件,影响视线,无法编辑。可以按下遮罩层时间轴面板上的"显示图层轮廓"按钮,使遮罩层只显示边框形状。在这种情况下,还可以拖动边框调整遮罩图形的外形和位置。

学 知识巩固　案例演示

演示案例 1　双向遮罩应用——百叶窗效果

演示步骤

1. 新建一个 Flash 影片文档。在工作区域中右击,在弹出的菜单中选择"文档属性",打开"文档设置"对话框,背景颜色为蓝色(#3399FF)、背景大小为 400×230,其他为默认。

2. 按[Ctrl]+[F8]键,创建一个"矩形 1"图形元件。使用矩形工具绘制一个"笔触颜色"为无色、“填充颜色”为黑色的矩形，在“信息”面板中设置矩形的宽为 400、高为 28，如图 7－3 所示。

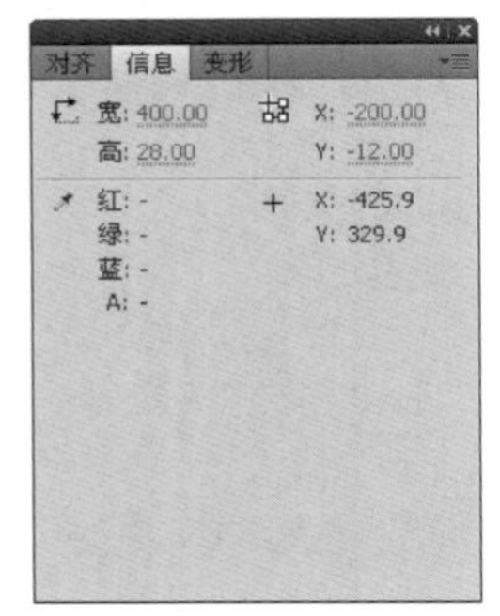

图 7－3 “矩形 1”信息设置

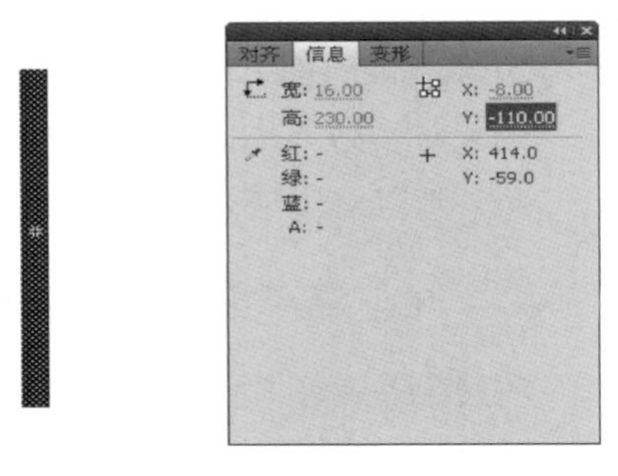

图 7－4 “矩形 2”信息设置

3. 再创建一个“矩形 2”图形元件。使用矩形工具绘制一个“笔触颜色”为无色、“填充颜色”为黑色的矩形，在“信息”面板中设置矩形的宽为 16、高为 230，如图 7－4 所示。

图 7－5 调整实例的中心点位置

4. 创建一个名称为“影片 1”的影片剪辑元件。将“矩形 1”元件从库中拖到窗口中，使用“任意变形工具”将实例的中心点调整到上边缘处，如图 7－5 所示。

5. 在第 40 帧处插入关键帧，然后选择第 1 帧处“矩形 1”元件的实例，在“变形”面板中设置缩放高度参数为 2%，如图 7－6 所示。在第 1 帧处右击，在弹出的快捷菜单中选择“创建传统补间”命令，创建第 1～40 帧的传统补间动画。

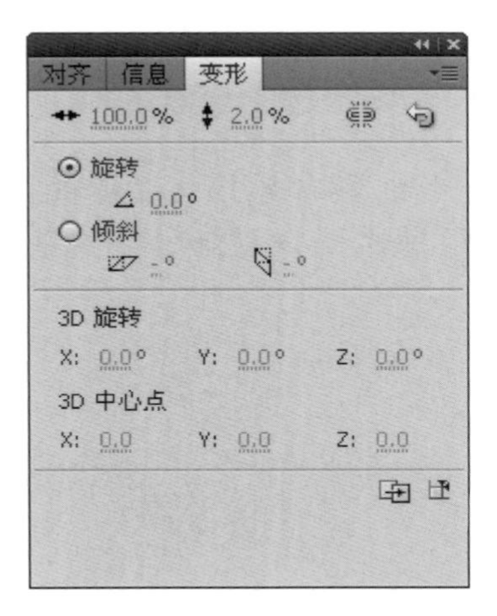

图 7－6 “变形”面板

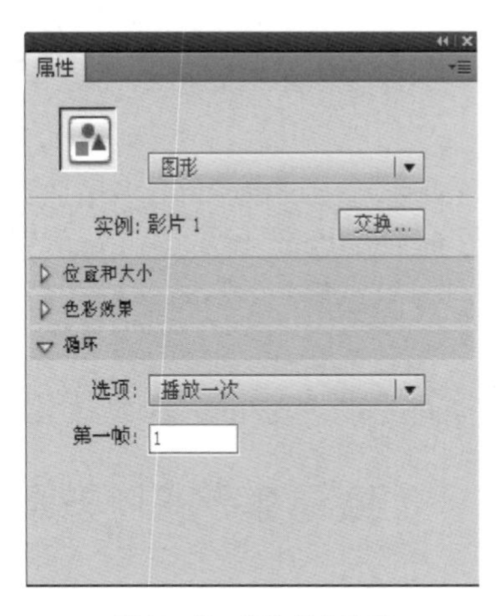

图 7－7 “属性”面板

6. 再创建一个名称为“影片 2”的影片剪辑元件。将“影片 1”元件从库中拖到窗口中，在“属性”面板中将其转换为“图形”元件，并设置“循环”中的“选项”为“播放一次”，如图 7－7 所示。

7. 在此窗口中复制多个(16～20)“影片 1”实例，使用“对齐”面板将多个实例对齐。按

[F5]键在第40帧处插入普通帧，如图7-8所示。

8. 创建一个名称为“影片3”的影片剪辑元件。将“矩形2”元件从库中拖到窗口中，使用“任意变形工具”将实例的中心点调整到左边缘处，如图7-9所示。

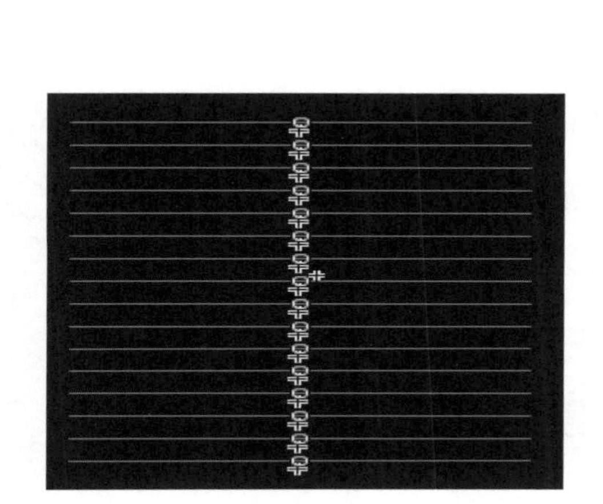

图7-8 “影片1”复制的实例

图7-9 调整实例的中心点位置

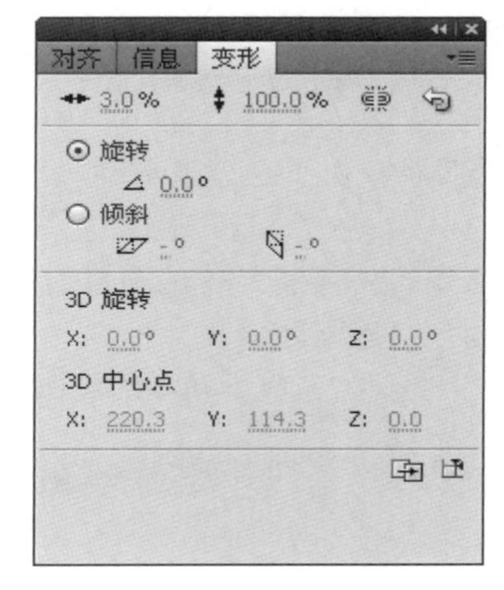

图7-10 “变形”面板

9. 在第40帧处插入关键帧，然后选择第1帧处“矩形2”元件的实例，在变形面板中设置缩放宽度参数为3%，如图7-10所示。在第1帧处右击，在弹出的快捷菜单中选择“创建传统补间”命令，创建第1～40帧的传统补间动画。

10. 再创建一个名称为“影片4”的影片剪辑元件，将“影片3”元件从库中拖到窗口中，在“属性”面板中将其转换为“图形”元件，并设置“循环”中的选项为“播放一次”。同样，在窗口中复制多个“影片3”实例，使用“对齐”面板将多个实例对齐，如图7-11所示。按[F5]键，在第40帧处插入普通帧。

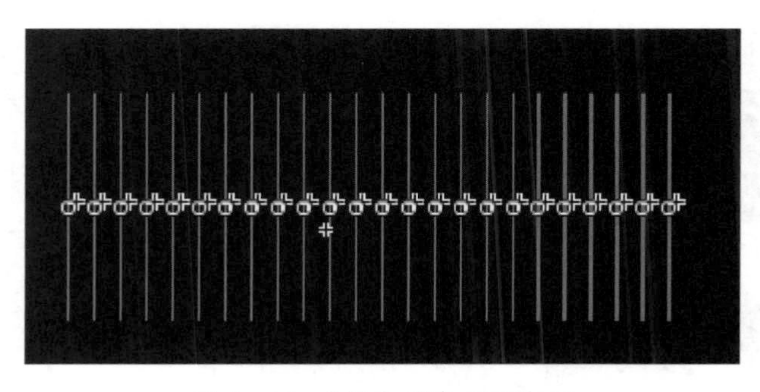

图7-11 “影片3”复制的实例

11. 单击“场景”按钮回到舞台场景，选择“文件”|“导入”|“导入到舞台”命令，弹出“导入”对话框，选择本书素材“模块 7”|“tu1.jpg”，导入到舞台中。设置位图尺寸为 400×230，调整导入位图文件对象与舞台背景吻合。按[F5]键，在第 40 帧处插入普通帧，命名该层的层名为“背景 1”。

12. 插入一新层，命名该层的层名为“背景 2”。在第 41 帧处插入空白关键帧，导入本书素材“模块 7”|“tu2.jpg”到舞台中。设置位图尺寸为 400×230，调整导入位图文件对象与舞台背景吻合。在第 80 帧处按[F5]键，延长到第 80 帧。

13. 在现有的两层中插入“图层 3”，锁定背景图层 1、2。将影片剪辑元件“影片 2”从库中拖到舞台中，将“背景 1”中的图覆盖住。在“图层 3”上右击，在弹出的菜单中选择“遮罩层”命令，从而创建遮罩动画。

14. 在“背景 2”图层上方插入“图层 4”，将影片剪辑元件“影片 4”从“库”面板中拖到舞台中，将“背景 2”中的图覆盖住。在“图层 4”上右击，在弹出的菜单中选择“遮罩层”命令，从而创建遮罩动画。

至此，完成了动画的制作，时间轴面板如图 7－12 所示。

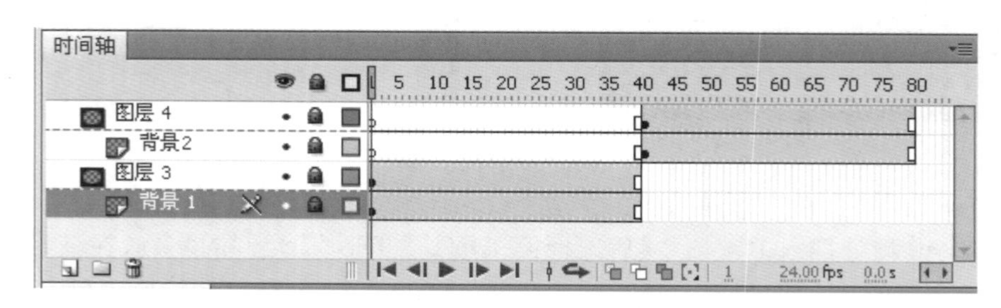

图 7－12 “时间轴”面板

15. 按[Ctrl]+[Enter]键测试效果，保存影片文档为“百叶窗.fla”。

演示案例 2　圆形遮罩应用——地球自转

演示步骤

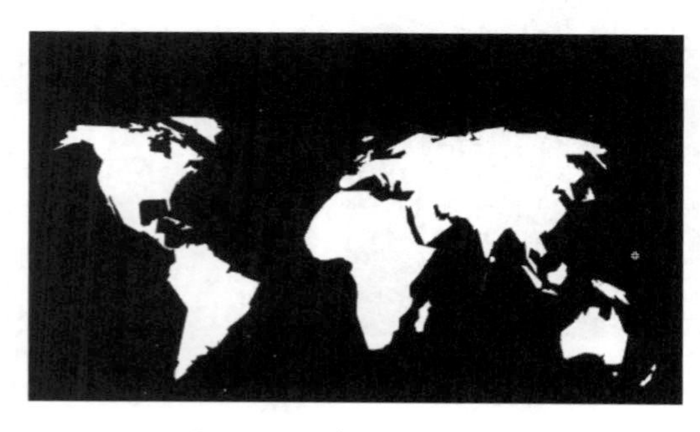

图 7－13 导入的地图图形

1. 新建一个 Flash 影片文档，背景颜色为黑、背景大小为 1 000×400，其他为默认。

2. 选择“文件”|“导入”|“导入到舞台”命令，弹出“导入”对话框，选择本书素材“模块 7”|“map.jpg”，导入到舞台中，如图 7－13 所示。将图片转换为元件，并命名为“地图”保存在库中。

3. 选中该图片，按[F8]键，弹出“转换为元件”对话框，将位图对象转换为“地球”元件。

4. 选择“插入”|“新建元件”菜单命令，弹出“新建元件”对话框，在“名称”框中输入文字“地球自转”，设置类型为“影片剪辑”，单击【确定】按钮，进入该元件的编辑窗口。

5. 在“时间轴”面板上的左侧，双击“图层1”层的名称，将其命名为“圆形遮罩”。选择工具箱上的“椭圆工具”，在“属性”面板上设置“笔触线条”为无颜色，“填充色”为蓝(或白)色，按住[Shift]键的同时拖动鼠标，在舞台中央绘制一个270×270的正圆。

6. 选中该图，按[F8]键，弹出“转换为元件”对话框，在“名称”框中输入文字“圆形”，类型选择“图形”，将其转换为图形元件“圆形”。

7. 锁定“圆形遮罩”图层，插入一新图层并命名为“正面地球”。按[Ctrl]+[L]键，弹出“库”面板，将该面板中的“地图”元件拖动到舞台上；按住[Ctrl]键的同时，将其向右拖动，复制出一个相同的地图图形，如图7-14所示。

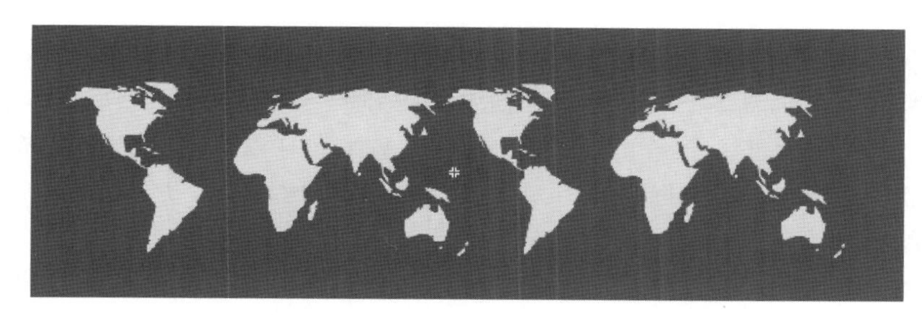

图7-14　复制后的两地图图形

8. 点击“绘图”工具箱上的“箭头工具”按钮，框选这两个图形，选择“窗口”|“对齐”菜单命令，在弹出的“对齐”面板中，选择“顶对齐”，将这两个图形对齐。按[Ctrl]+[G]键，组合这两个图形，用鼠标将该图形拖动到蓝(或白)色圆上(靠右)，如图7-15所示。

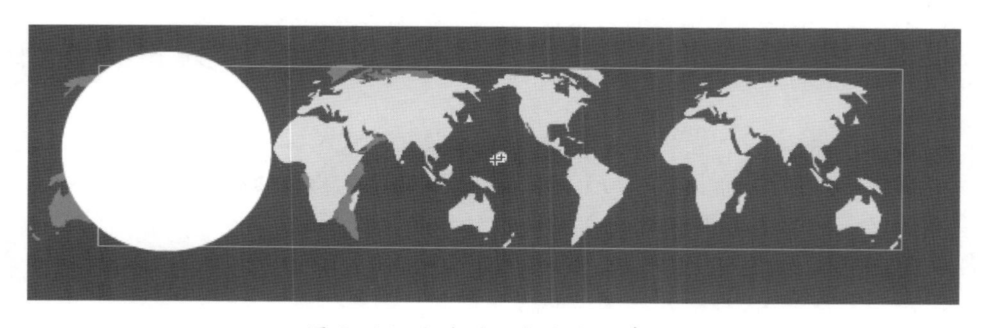

图7-15　组合的两地图图形(靠右)

9. 单击“地球正面”图层的第40帧，按[F6]键插入一个关键帧。在“时间轴”面板下方，单击“编辑多个帧”按钮，可同时编辑多个帧中的内容。继续单击“修改标记”按钮，在弹出的下菜单中，选择“标记整个范围”命令，将可编辑帧的范围设置为图层中的所有帧，此时的“时间轴”面板如图7-16所示。

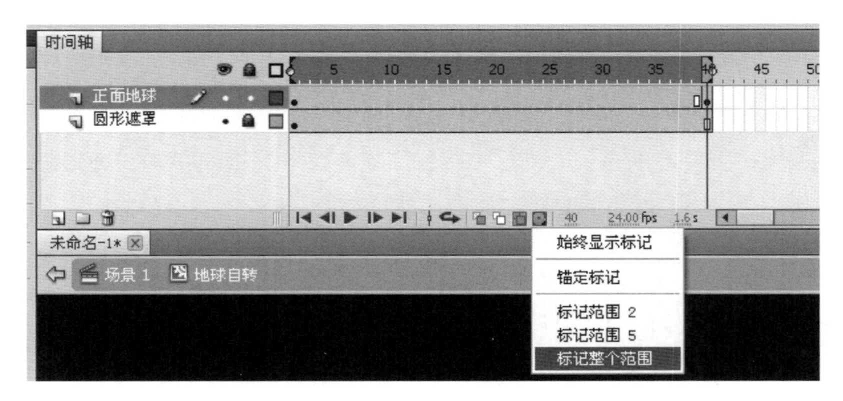

图 7-16 "时间轴"面板

知识点拨

有时需要同时编辑多个关键帧中的图形,例如对齐、调整间距、位置参照等。在"时间轴"面板下方,提供了一组绘图纸工具,利用这些工具可以非常方便地显示和编辑多个帧的内容。这组工具包括绘图纸外观工具、绘图纸外观轮廓工具、编辑多个帧工具和修改绘图纸标记工具。

(1) 绘图纸外观工具　将时间轴上起始标记和结束标记之间的帧的内容显示在舞台上,并且图形颜色由深到浅。当前帧的显示颜色最深,其他帧的显示颜色逐渐变浅。当前帧可以编辑,其余显示的帧均不能编辑。

(2) 绘图纸外观轮廓工具　将时间轴上起始标记和结束标记之间的帧的内容,以轮廓线条方式显示在舞台上。当前帧可以编辑,其余显示的帧均不能编辑。

(3) 编辑多个帧工具　可以编辑时间轴上起始标记和结束标记之间的帧的内容,它只能显示标记范围内关键帧的内容,即只有关键帧才能编辑。

(4) 修改绘图纸标记工具　单击该工具按钮,弹出的菜单中包括了 5 项设置标记的命令:

- 始终显示标记:一直显示标记,无论是否使用绘图纸工具。
- 锚定标记:将起始标记和结束标记固定,不随播放指针的移动而移动。
- 标记范围 2:在播放指针的左右各显示两帧。
- 标记范围 5:在播放指针的左右各显示 5 帧。
- 标记整个范围:显示当前图层中的所有帧。

10. 单击"地球正面"图层的第 40 帧,选中该帧中的图形,按键盘上的向左方向键,使第 40 帧的图形向左移动。当该图形右半部与第 1 帧图形左半部的地图图形完全吻合时,停止移动,如图 7-17 所示。

11. 单击"时间轴"面板下方的"编辑多个帧"按钮,退出多帧编辑状态。此时,"地球正

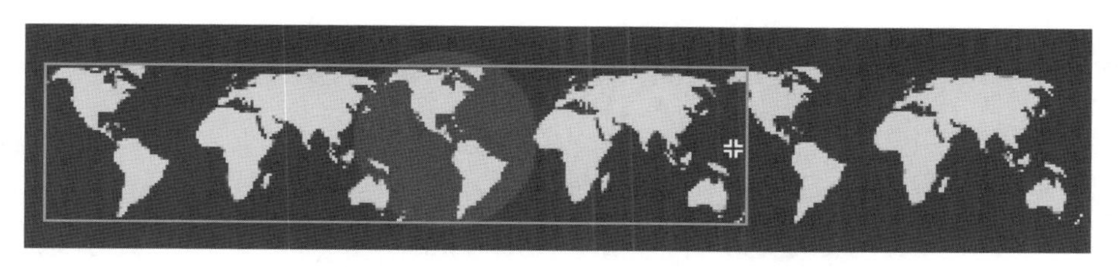

图 7-17 同时编辑第 1 帧和第 40 帧

面”图层第 1 帧中地图的图形位置，如图 7-18(a)所示；第 40 帧中地图的图形位置，如图 7-18(b)所示。

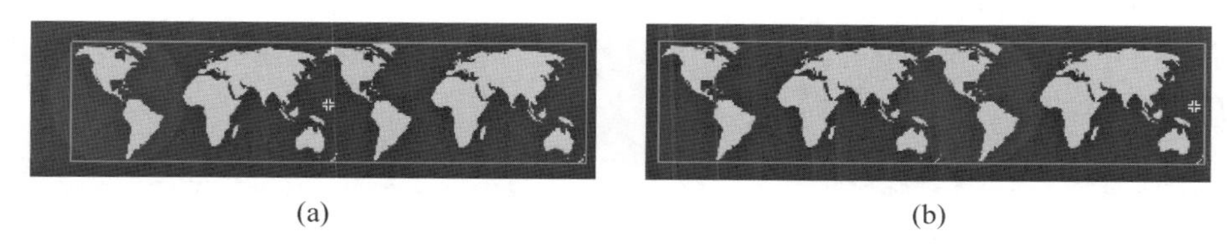

(a) (b)

图 7-18 第 1 帧和第 40 帧中地图的图形位置

12. 在“地球正面”图层的第 1 帧和第 40 帧间创建传统补间，得到地图图形从右向左移动的运动渐变动画。

13. 将“地球正面”图层锁定，继续在该图层上插入一个新图层，并命名为“地球背面”。将“库”面板中的“地图”元件拖到舞台上，生成该元件的一个实例。选中该实例，在“属性”面板“色彩效果”的“高级”中，设置如图 7-19 所示的参数。单击【确定】按钮，此时地图图形变得较为暗淡，用来表示在地球背面的图形效果。

14. 选定地图图形后，选择“修改”|“变形”|“水平翻转”菜单命令，将图形水平翻转。在其右侧复制出一个相同的图形，方法同步骤 7，对齐后将这两个图形组合，如图 7-20 所示。

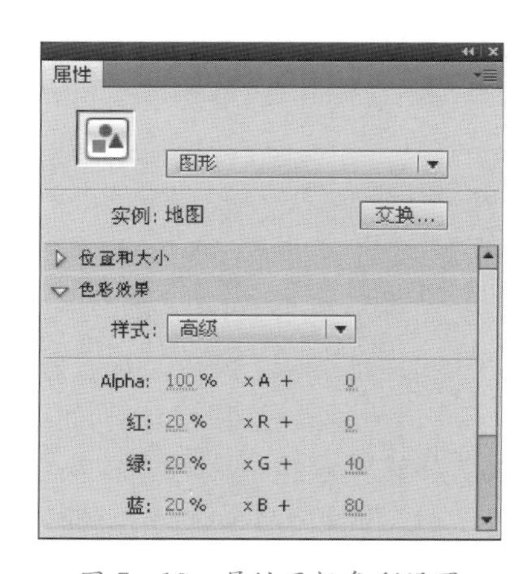

图 7-19 属性面板色彩设置

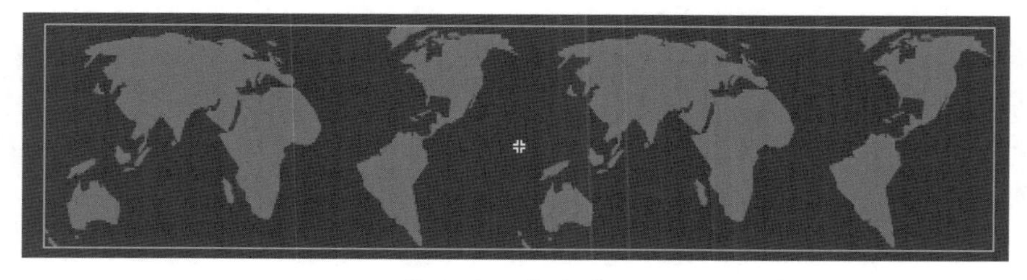

图 7-20 组合图形

15. 将该组合图形拖动到白色圆上(靠左)，如图 7-21 所示。

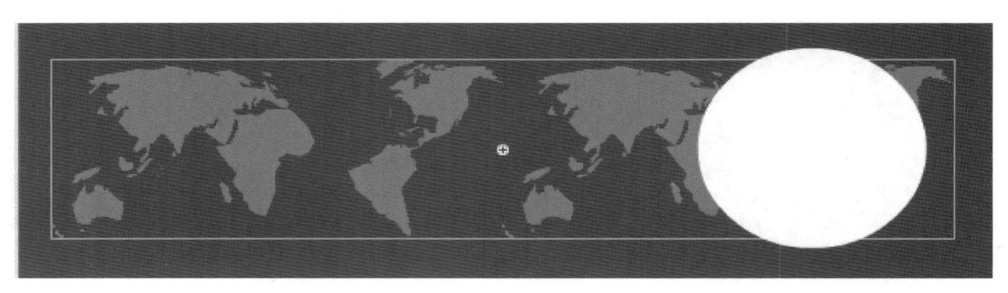

图 7-21 两组合图形位置(靠左)

16. 单击“地球背面”图层的第 40 帧,按[F6]键插入一个关键帧。按步骤 9~11,将第 40 帧中的图形向右移动,当图形左半部与第 1 帧中图形右半部的地球图形完全吻合时,停止移动。该图层第 1 帧中地图的图形位置,如图 7-22(a)所示;第 40 帧中地图的图形位置,如图 7-22(b)所示。

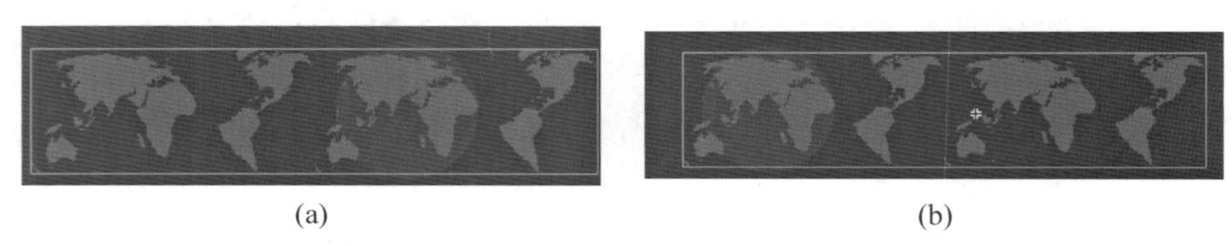

(a) (b)

图 7-22 第 1 帧和第 40 帧中地图的图形位置

17. 在“地球背面”图层的第 1 帧和第 40 帧间创建传统补间,得到地图图形从左向右移动的运动渐变动画。

18. 将“圆形遮罩”图层拖动到最上层,将“地球背面”图层拖动到最下层。在“圆形遮罩”图层上单击鼠标右键,弹出快捷菜单,选择“遮罩层”命令,将该图层设为遮罩层,在其下层的“地球正面”图层自动设为被遮罩层,如图 7-23 所示。

19. 用鼠标将“地球背面”图层向右上方稍稍拖动一些距离,当出现水平虚线时,松开鼠标,使该图层也成为被遮罩层。在“圆形遮罩”图层上单击鼠标右键,在弹出的快捷菜单中选择“显示遮罩”命令,显示出遮罩效果,此时在遮罩层和被遮罩层上显示遮罩效果。锁定各图层,如图 7-23 所示。

知识点拨

在一个遮罩层下面可以有多个被遮罩层。将图层设置为遮罩层时,在其下层并与之相邻的图层将会自动设置为被遮罩层。若要将其他图层也设置为被遮罩层,只需要将其拖动到遮罩层下即可。

20. 单击“时间轴”面板最上层,插入一个新图层,双击图层名,将其改为“半透明圆”。取消“圆形遮罩”图层的锁定状态,选中舞台上的圆形,按[Ctrl]+[C]键,将其复制到剪贴板上;单击“半透明圆”图层的第 1 帧,按[Ctrl]+[Shift]+[V]键,将圆形在原来位置上粘贴。

21. 双击圆形，进入该元件的编辑窗口，单击圆形并选择“窗口”|“颜色”菜单命令，弹出“颜色”面板并设置“填充样式”为“径向渐变”。单击渐变色滑杆左侧的颜色块，在下方的取色区中，选择白色，并设其 A1pha 透明设为 5%；继续单击右侧的颜色下方的取色区，选择蓝色，如图 7－24 所示。为圆形填充渐变色，使圆形的中心呈白色透明，边缘是蓝色的渐变色效果，如图 7－25 所示。

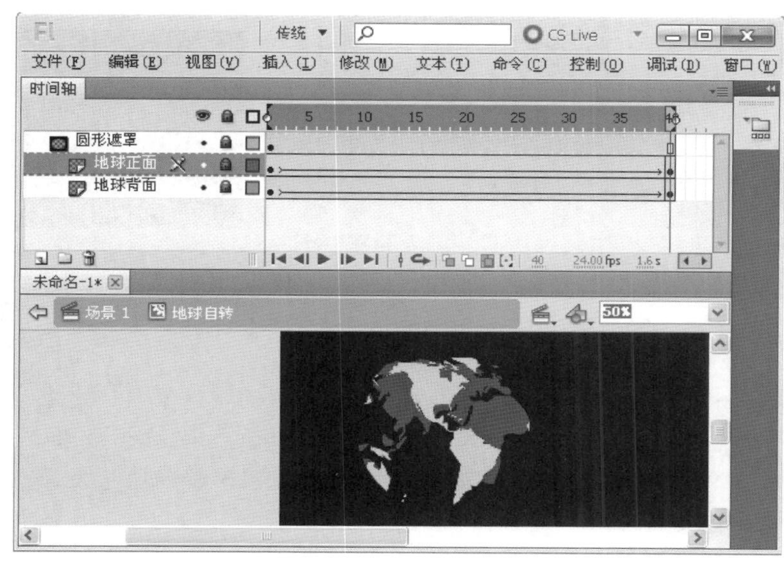

图 7－23　两层遮罩的时间轴面板

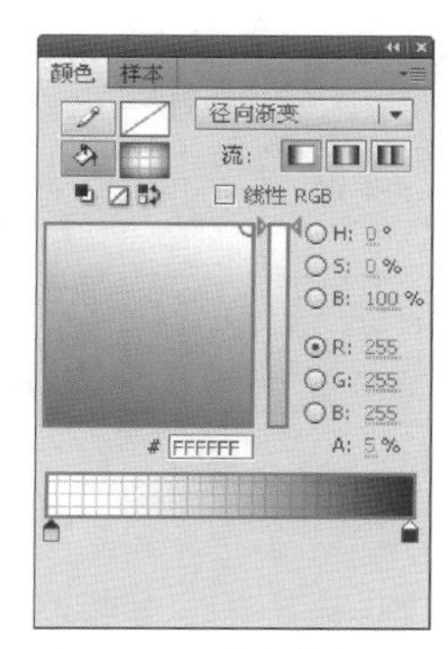

图 7－24　“颜色”面板

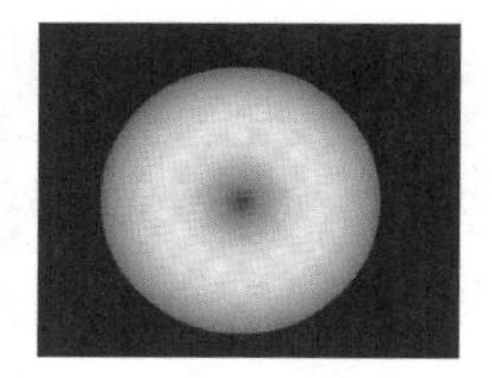

图 7－25　渐变效果的圆形

22. 在舞台空白区域双击鼠标，回到影片剪辑元件“地球自转”的编辑窗口。在“半透明圆”图层上再新建一个图层，双击图层名称，将其改为“光晕效果”。单击“绘图”工县栏上的椭圆工具，在“属性”面板上设置“笔触颜色”为无、“填充色”为白色（# FFFFFF），按住[Shift]键的同时拖动鼠标，绘制一个略大于地球的圆。

23. 在“颜色”面板中设置“填充样式”为“径向渐变”，在渐变色滑杆上，将左则颜色块拖动到中间位置，设置该颜色块为白色透明（A1pha 值为 0）；选中右侧颜色块，也同样设置为白色透明，如图 7－26(a)所示。在两颜色块中间，单击鼠标添加一个颜色块，设置为白色不透明（A1pha 值为 100），为圆填充此渐变色，如图 7－26(b)所示。

24. 选中该圆，在“变形”面板上，设置水平和垂直缩放比例为 90%，单击“拷贝并应用变形”按钮，复制出一个稍小的同心圆，如图 7－27 所示。在舞台的空白处单击鼠标，取消对小圆的选中状态，使小圆与大圆融合；再次选中小圆，按[Dlete]键将该圆删除，即删除大圆的中心部分，显示其下层的地球图形，如图 7－28 所示。

25. 单击舞台左上角的“场景”按钮，回到主场景中；将“库”面板中的影片剪辑元件“地球自转“拖到舞台中央；利用绘图工具箱上的“任意变形工具”，将其尺寸调整到自己满意的大小。

26. 保存文件，按[Ctrl]＋[Enter]键，预览播放效果。

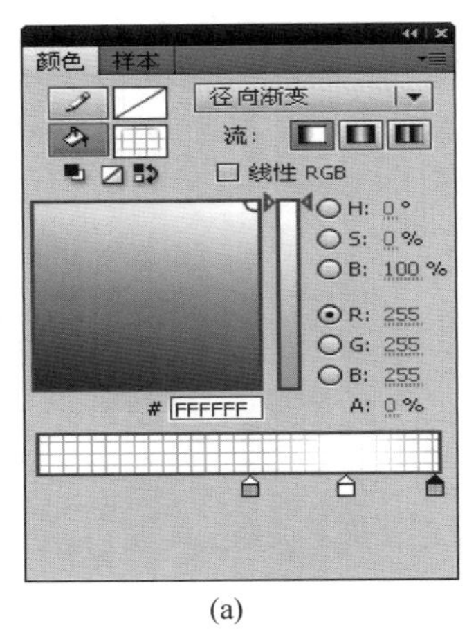

(a)

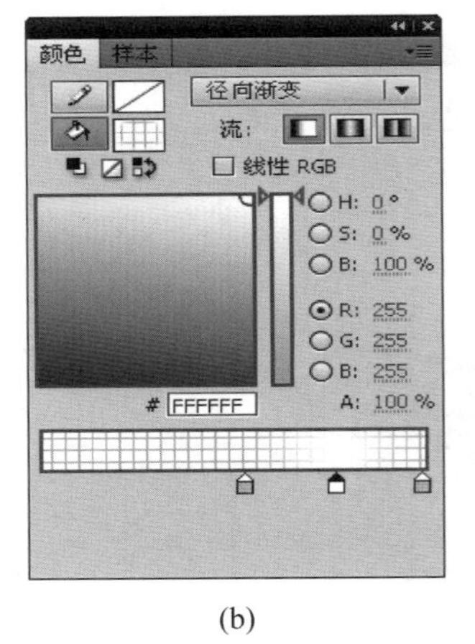

(b)

图 7-26 "颜色"面板

图 7-27 两同心圆

图 7-28 显示遮罩效果

知识点拨

在"圆形遮罩"图层中绘制的圆，就像一个洞，透过这个洞看到下面被遮罩层("地球正面""地球背面"图层)中地图图形移动的动画效果。为了增强地球自转的立体效果，不仅需要制作地图图形(较亮)从右向左移动的动画，还要制作地球图形(较暗)从左向右移动的动画，产生逼真的地球自转动画。

将图层设置为遮罩层，此时遮罩层和被遮罩层会同时被锁定，并显示出遮罩效果；如果取消对这些图层的锁定状态，则遮罩效果也随即消失，但并不会影响生成的 *.swf 动画文件遮罩效果。

演示案例 3 "线-线"遮罩应用——党徽熠熠

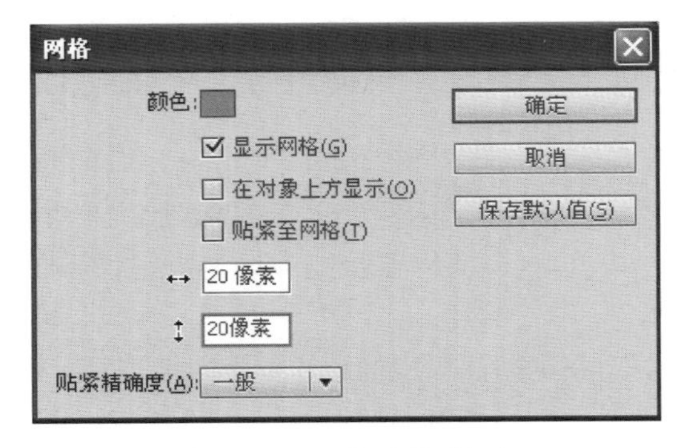

图 7-29 网格设置对话框

演示步骤

1. 新建一个 Flash 影片文档，背景大小为 600×600、颜色为黑色、帧频为 12 fps，其他为默认。

2. 选择"视图"|"网格"|"编辑网格"命令，打开"网格"对话框，设置网格的大小为 20×20，如图 7-29 所示，再选择"视图"|"网格"|"显示网格"命令。

3. 选择"插入"|"新建元件"|命令，打开新

建元件对话框，新建一个元件名称为“矩形”的图形元件。选中“矩形工具”设置矩形的笔触为无、填充色为金色（＃FF9900），在工作区中绘制一个宽为350、高为4的细长金黄色矩形。

4. 再选择“插入”|“新建元件”|命令，新建一个名称为“光线1”的图形元件。将库面板中的图形元件“矩形”拖入到工作区中，使矩形放在工作区中心的下一方格，且右端与工作区的中心对齐。

5. 使用“任意变形工具”调整矩形的中心点，使中心点与工作区的中心点重合。在窗口菜单下的“变形”面板中，设置旋转值为15°，多次点击“重制选区和变形”按钮，得如图7-30(a)所示的效果。

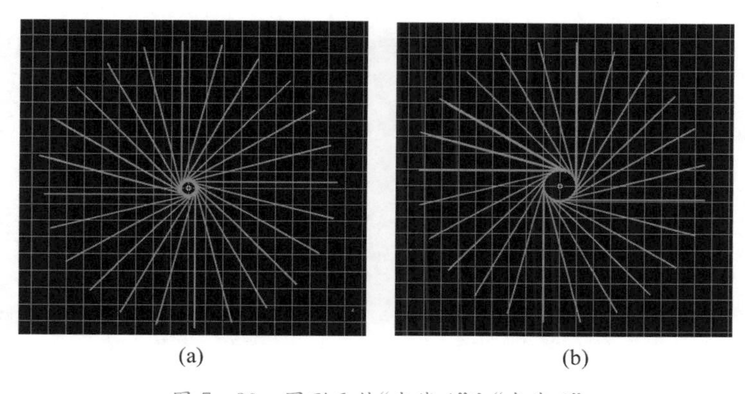

图7-30　图形元件“光线1”和“光线2”

6. 再选择“插入”|“新建元件”|命令，新建一个名称为“光线2”的图形元件。将“库”面板中的图形元件“矩形”拖入到工作区中，使矩形放在工作区中心的上一方格，且右端与工作区的中心对齐。

7. 使用“任意变形工具”调整矩形的中心点，使中心点与工作区的中心点重合。在窗口菜单下的“变形”面板中设置旋转值为15°，多次点击“重制选区和变形”按钮，得如图7-30(b)所示的效果。按[Ctrl]+[A]键全选“光线2”，按[Ctrl]+[B]键两次将其全部分解。

8. 回到舞台场景，插入一个新层，可用“铅笔工具”作记号确定好舞台中心。

9. 将库面板中的“光线1”拖放入图层1的第1帧，将“库”面板中的“光线2”拖放入图层2的第1帧，调整“光线1”和“光线2”的位置与舞台中心重合。

10. 在图层2中单击右键，设置图层2为遮罩层、图层1为被遮罩层，此时“光线1”和“光线2”的遮罩特效已出现，如图7-31所示。

图7-31　“光线1”和“光线2”的遮罩特效

11. 选定图层1的第80帧，按[F5]键延长帧；选定图层2的第80帧，按[F6]键插入关键帧。在图层2的第1帧和第80帧间创建传统补间动画。

图 7－32　属性面板

12. 单击图层 2 的锁图标解锁，选择图层 2 的第 80 帧，打开窗口菜单下的“变形”面板，设置旋转 4°，按[Enter]键应用。

13. 再选定图层 2 的第 1 帧，在属性面板的“补间”项设置旋转为“逆时针”，使“光线 2”在 1～80 帧中逆时针转动 356°，如图 7－32 所示。

14. 制作“党徽”影片剪辑元件：

(1) 选择“插入”|“新建元件”|命令，新建一个名称为“党徽”的影片剪辑元件。选择“文件”|“导入”|“导入到舞台”命令，弹出“导入”对话框，选择本书素材“模块 7”|“党的生日.jpg”，导入到舞台中。调整导入的位图，使其位于舞台的中心位置，如图 7－33 所示。

(2) 插入一个新层，用“椭圆工具”绘制一个笔触为无、填充色任意的椭圆，调整椭圆的位置，使其与图 1 中的位图中心对齐，如图 7－34 所示。

(3) 单击右键设置图层 2 为遮罩层、图层 1 为被遮罩层，此时通过遮罩特效出现圆形“党徽”，如图 7－35 所示。至此，影片剪辑元件“党徽”制作完成。

图 7－33　导入的位图

图 7－34　两图层对象对齐

图 7－35　圆形“党徽”

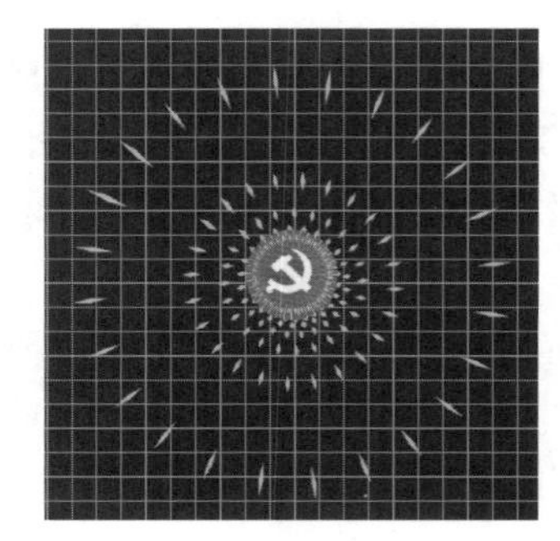

图 7－36　遮罩效果

15. 回到舞台场景，插入第三层，将影片剪辑元件“党徽”拖放入舞台中，并调整其位置与舞台中心重合。

16. 测试动画，可进一步看到党徽熠熠的效果，如图 7－36 所示。保存影片为“党徽熠熠.fla”。

知识点拨

通过影片剪辑元件“党徽”的制作,可以得到圆形“党徽”图标。

做 举一反三 上机实战

任务1 文字遮罩应用——请党放心 强国有我

制作步骤

1. 打开模块7素材“任务1.fla”,按[Ctrl]+[L]键打开库面板,库中已有“背景”“主页”“敬礼”和“少年gif”等素材。按[F5]键,将背景层延长到200帧。

2. 第1个画面,整体效果参考图7-37。

(1) 在1～67帧处,先完成素材入场动画:元件“2”从左入场景,元件“0”从左上入场景,元件“二十大”在场景所在位置显示,元件“五角星”旋转且由小变大,出现在场景左上角,场景和时间轴的效果如图7-37所示。

(2) 插入名为“学习二十大精神”的图层,在该层上添加一遮罩层,制作“学习二十大精神”从第30～67帧的遮罩动画。文字“学习二十大精神”竖排出现在场景右侧。

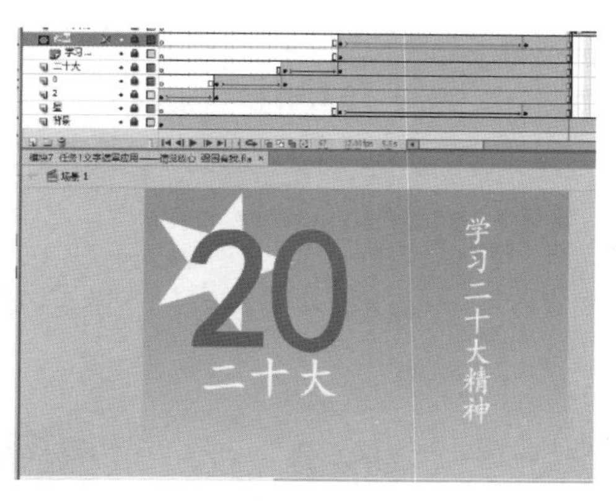

图7-37 第1个画面场景效果

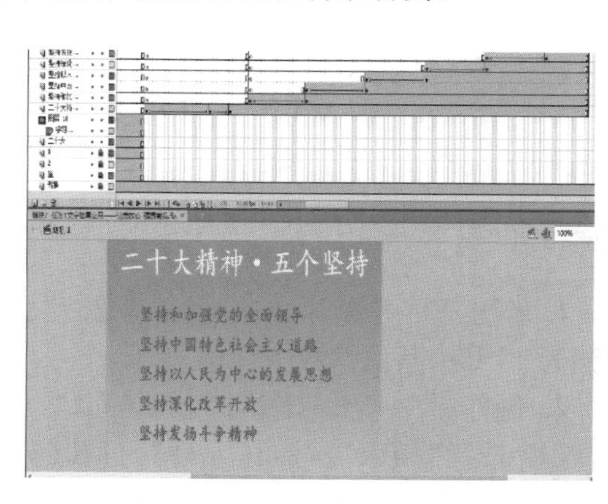

图7-38 第2个画面场景效果

3. 第2个画面,场景和时间帧效果,参考图7-38。

(1) 在第68～177帧间,制作“二十大精神·五个坚持”等文字内容的动画。“二十大精神·五个坚持”文字旋转出现在场景上部;“坚持和加强党的全面领导”文字从场景上部进入;“坚持中国特色社会主义道路”文字从场景左侧进入;“坚持以人民为中心的发展思想”文字在场景所在位置出现;“坚持深化改革开放”文字从场景右侧进入;“坚持发扬斗争精神”文字从场景底部进入。

(2) 按[F5]键再将背景层延长到260帧,在第177帧~260帧间,继续显示“二十大精神·五个坚持”等6行文字全部内容。

4. 第3个画面,整体效果参考图7-39。分别插入3个图层,从库中将影片剪辑元件“敬礼”插入场景左下角,从左下方入场景到左上方停留;“请党放心”的动画从上部入场景;“强国有我”的动画从底部入场景。

图7-39 第3个画面场景效果

5. 按[Ctrl]+[Enter]键测试效果,预览动画效果满意后,整理库文件夹。保存影片文档为“文字遮罩应用.fla”原文件。

任务2 矩形遮罩应用——五星红旗飘扬

制作步骤

1. 新建Flash影片文档,设置背景大小为600×500、背景颜色为淡蓝色(#00CCFF)、帧频为12 fps,其他参数为默认。

2. 制作影片剪辑元件“旗帜飘扬”:

(1) 选择“插入”|“新建元件”,打开新建元件对话框,在名称栏中输入“旗帜飘扬”,选“类型”为“影片剪辑”,单击【确定】按钮进入该元件的编辑窗口。

(2) 双击“图层1”并命名为“旗帜”。利用矩形工具绘制一个笔触为无、填充色为红色(#FF0000),且高为160、宽为120的矩形,如图7-39(a)所示。

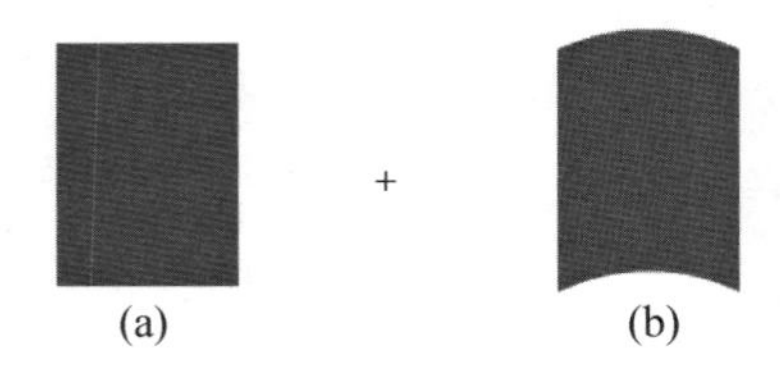

图7-39 绘制矩形并改变形状

(3) 使用工具箱中的选择工具,分别将鼠标指针移到矩形的上边和下边,拖动鼠标调整矩形的形状,如图7-39(b)所示。

(4) 选中该矩形,按[Ctrl]+[G]键将其组合,接着按住[Ctrl]键的同时,用鼠标向右拖动该图形,复制出一个相同的图形,如图 7-40(a)所示。选择"修改"|"变形"|"垂直翻转"命令,将复制的图形翻转,调整图形位置,如图 7-40(b)所示。

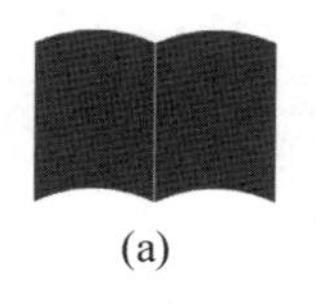

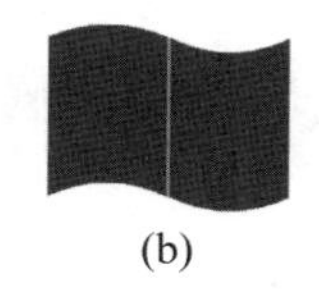

图 7-40 复制矩形并垂直翻转

图 7-41 组合图形

图 7-42 完成图形

(5) 框选这两个图形,按[Ctrl]+[G]键将其组合,如图 7-41 所示。按住[Ctrl]键的同时,用鼠标向右拖动该图形,并复制出一个旗帜图形。框选这两个旗帜图形,再按[Ctrl]+[G]键将其组合,旗帜绘制完成,如图 7-42 所示。

(6) 在"旗帜"层上新建一个图层并命名为"矩形遮罩"。单击"矩形遮罩"图层的第 1 帧,绘制一个无边框的灰色矩形,其尺寸正好覆盖图形右半部的旗帜图形,如图 7-43 所示。

(7) 单击"旗帜"图层的第 30 帧,按[F6]键插入一个关键帧,单击"时间轴"面板下方的"编辑多个帧"按钮,可同时编辑多个帧中的内容。继续单击"修改标记"按钮,在弹出的下菜单中,选择"标记整个范围"命令,将可编辑帧的范围设置为图层中的所有帧。

(8) 此时,可同时显示出第 1 帧和第 30 帧中的内容。在第 30 帧中,选中图形,按键盘上的向右方向键,直到图形左半部的旗帜图形与第 1 帧中图形右半部的旗帜图形完全吻合,停止移动,如图 7-44 所示。

图 7-43 绘制遮罩图形(矩形)

图 7-44 第 1 帧右半部与第 30 帧左半部完全吻合

(9) 在第 1~30 帧间创建传统补间动画,得到旗帜图形从左向右移动的动画。单击"时间轴"面板下方的"编辑多个帧"按钮,退出多帧编辑状态。

(10) 单击"矩形遮罩"图层的第 30 帧,按[F5]键延长帧。在图层上单击鼠标右键,弹出快捷菜单,选择"遮罩层"命令,将其设为遮罩层,在其下层的"旗帜"图层自动设为被遮罩层,此时时间轴如图 7-45 所示。

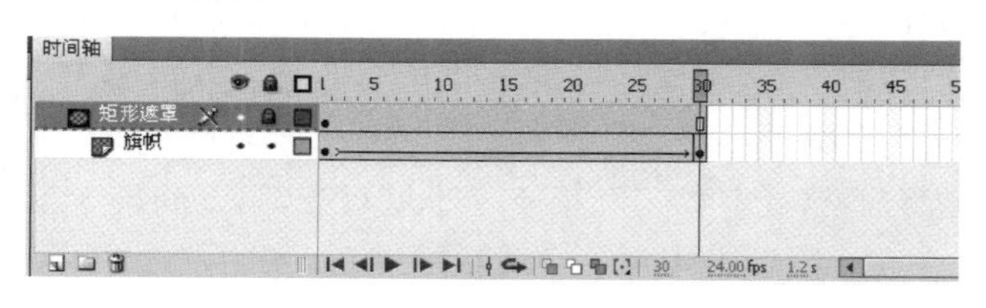

图 7-45 设置遮罩后的时间轴面板

(11) 回到舞台场景,图层命名为"旗帜飘扬",将影片剪辑元件"旗帜飘扬"放到场景中央,按[Ctrl]+[Enter]键观看旗帜飘扬的动画效果。

(12) 调整旗面的大小为标准尺寸。选定舞台场景中的影片剪辑元件"旗帜飘扬",在属性面板中,按国旗尺寸长 240、宽 160(3:2)调整,如图 7-46 所示。

3. 制作五星图案：

（1）制作 1 个黄色的五角星元件。选择"插入"|"新建元件"，打开新建元件对话框，在名称栏中输入"五角星"，选"类型"为"图形"，单击【确定】按钮进入"五角星"元件的编辑窗口。

（2）点击工具箱中"椭圆工具"右边的小黑山角，选择"多角星形工具"，执行"窗口"|"属性面板"，在打开的属性面板中点击"选项"；进一步打开"工具设置"对话框并选择样式中的"星形"，边数为 5。

（3）在工具栏中，选择笔触为"无"，填充色为"黄色"（#FFFF00），左手按住[Shift]键，在舞台场景中央绘制一个黄色的正五角星，如图 7-47 所示。

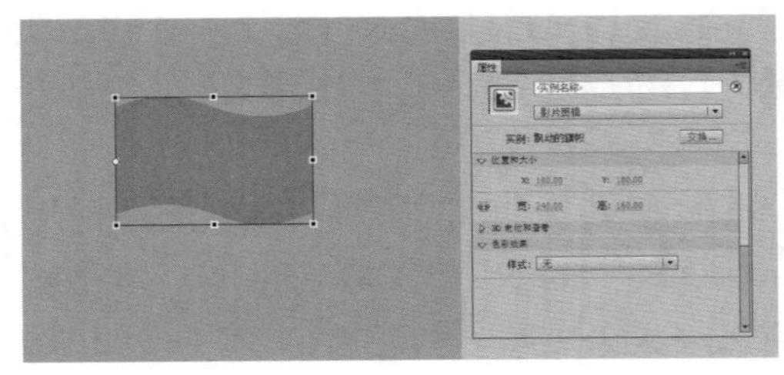

图 7-46　调整国旗的旗面大小为标准尺寸比例

图 7-47　绘制黄色的五角星元件的设置

（4）"插入"|"新建元件"，打开新建元件对话框，在名称栏中输入"五个星"，选"类型"为"图形"，单击【确定】按钮进入"五个星"元件的编辑窗口。

（5）将库中的"五角星"元件拖到舞台中央，大五角星的外接圆直径为旗高的 3/10，小五角星的外接圆直径为旗高的 1/10。旗面高为 160 个单位，将大五角星改为 48 个单位。再拖出一个小五角星元件到舞台上，大小改为 16 单位，按[Ctrl]键再复制出 3 个小五角星。

（6）调整 5 个星的相对位置：

显示网格并设置每个网格为 8 个单位。插入一个参考图层，在参考图层绘出 240×160 的矩形，矩形的长、宽比例为 3∶2。用线条工具把矩形分成 4 等分。

将 5 个星都移到左上角的小矩形位置。大星的中心点在该矩形的上 5 格下 5 格、左 5 格右 10 格处；第 1 个小星的中心点，在该矩形的上 2 格下 8 格、左 10 格右 5 格处；第 2 个小星的中心点，在该矩形的上 4 格下 6 格、左 12 格右 3 格处；第 3 个小星的中心点，在该矩形的上 7 格下 3 格、左 12 格右 3 格处；第 4 个小星的中心点，在该矩形的上 9 格下 1 格、左 10 格右 5 格处。第 1 和第 4 个小星对齐，第 2 和第 3 个小星对齐。

- 国旗中 4 颗小星环状围绕在大星的右边，用工具栏中的任意变形工具分别调整 4 个小星星，保证 4 颗小星都有一个角指向大星的中心，相对位置效果如图 7-48 所示。接着，删除参考图层，五星元件的制作完成。

3. 回到舞台场景，场景中已有图层对象"旗帜飘扬"。插入"辅助线"图层，绘制白色的辅助线，将旗面分成四等分。再插入新图层"五星层"，将图形元件"五个星"拖放到该图层，调整好大星在旗面左上角的位置（大星的中心点，在该矩形的上 5 格下 5 格、左 5 格右 10 格之处），其余 4 个小星的位置就会同时确定好，效果如图 7-49 所示。

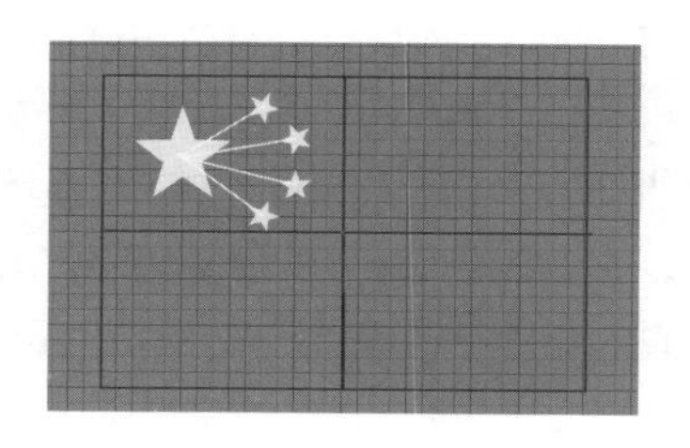

图 7-48　5 个星相对位置示意图

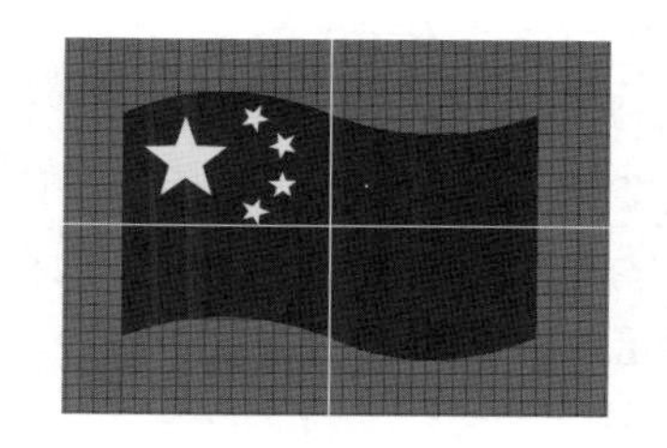
图 49　“五星红旗飘扬”遮罩动画效果 示意图

4. 删除“辅助线”图层，隐藏网格，按[Ctrl]+[Enter]键测试动画效果，可以看到五星红旗飘扬的动画效果。保存影片文档为“五星红旗飘扬. fla 格式”。

任务 3　遮罩综合应用——展开的画轴

制作步骤

1. 制作“画轴”元件：

(1) 新建 Flash 影片文档，设置背景大小为 550×400，背景颜色为淡紫色(＃993366)，其他为默认。

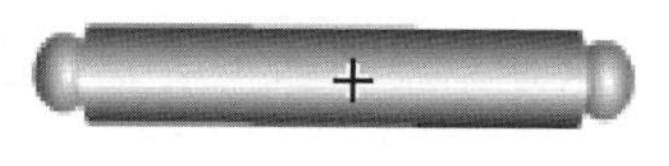
图 7-50　绘制画轴

(2) 选择菜单“插入”|“新建元件”命令或按[Ctrl+F8]键，弹出“新建元件”对话框，设置名称为“画轴”、类型为“图形”，单击【确定】按钮，进入该元件的编辑窗口，绘制画轴，如图 7-50 所示。

2. 制作“画 1”和“画 2”元件：

(1) 选择菜单“插入”|“新建元件”或按[Ctrl]+[F8]键，弹出“新建元件”对话框，设置名称为“画 1”、类型为“图形”，单击【确定】按钮，进入该元件的编辑窗口。

(2) 选择矩形工具，设置黑色边线绘制矩形 1，填充颜色为(＃663300)，如图 7-51 所示。

(3) 新建图层 2，继续使用矩形工具绘制矩形 2，不使用边线，填充颜色为(＃993300)，如图 7-52 所示。

图 7-51　绘制矩形 1

图 7-52　绘制矩形 2

图 7-53　添加文字

(4) 新建图层 3,使用"文字"工具,设置字体为隶书、大小为 47 点、文字方向为"垂直",输入文字内容"中秋佳节饼飘香",如图 7-53 所示。

(5) 在"库"面板中,选择元件"画 1"点击鼠标右键,在弹出的右键菜单中选择"直接复制",弹出"直接复制元件"对话框,将名称改为"画 2"。在"库"面板中,鼠标双击"画 2"元件进入"画 2"元件的编辑窗口,选择图层 3,使用文字工具,将文字改为"乐叙天伦共品尝"。

3. 制作画展开影片剪辑元件:

(1) 选择菜单"插入"|"新建元件"或按[Ctrl]+[F8]键,弹出"新建元件"对话框,设置名称为"画 1 展开"、类型为"影片剪辑",单击【确定】按钮,进入该元件的编辑窗口。

(2) 将图层 1 名称设置为"画 1",并将元件"画 1"从"库"面板中拖放到舞台上,在第 40 帧插入普通帧。

(3) 新建图层"画轴上",将"画轴"从"库"面板中拖放到舞台上,放置在"画 1"的正上方,如图 7-54 所示。

图 7-54 位置示意

(4) 新建图层"矩形",使用矩形工具,绘制一无边线的长方形,在第 40 帧插入空白关键帧,使用任意变形工具,将矩形拉长,覆盖整个画面,在第 1 帧点击鼠标右键创建补间形状动画效果。

(5) 新建图层"画轴下",复制"画轴上"图层中第 1 帧上的画轴,原位置粘贴到"画轴下"图层的第 1 帧,在第 40 帧插入空白关键帧,将画轴移动到画的最下端,选第 1 帧点击鼠标右键创建补间形状动画效果。

(6) 选定"矩形"图层,点击鼠标右键,将该图层设置为遮罩层,"画轴上"和"画 1"图层设置为被遮罩图层,如图 7-55 所示。

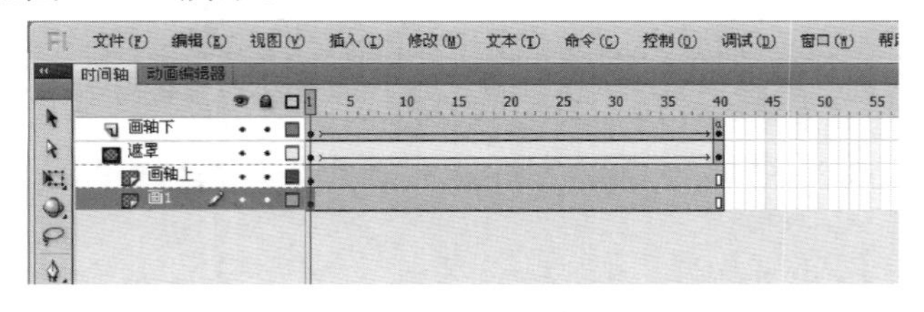

图 7-55 画 1 展开

(7) 在"库"面板中,选择影片剪辑元件"画 1 展开"点击鼠标右键,在弹出的右键菜单中选择"直接复制",弹出"直接复制元件"对话框,将名称改为"画 2 展开",在库面板中鼠标双击"画 2 展开"元件进入"画 2 展开"元件的编辑窗口,选择"画 1"图层,删除第 1 帧上的内容,从库面板中将元件"画 2"拖放到舞台上。

4. 制作图片展示影片剪辑元件:

(1) 选择菜单"插入"|"新建元件"或按[Ctrl]+[F8]键,弹出"新建元件"对话框,设置名称为"图片展示"、类型为"影片剪辑",单击【确定】按钮,进入该元件的编辑窗口。

(2) 将图层 1 名称设置为"图 1",从"库"面板中将图形元件"图 1"拖放到舞台的中央,分别在第 30 帧和 60 帧按[F6]键插入关键帧,在属性面板中设置舞台上"图 1"在第 1 帧和第 60 帧 Alpha 值为 0%。

(3) 新建图层“图 2”，在第 30 帧按[F6]键插入关键帧，从“库”面板中将图形元件“图 2”拖放到舞台的中央。

(4) 新建图层“圆形”，在第 30 帧按[F6]键插入关键帧，使用“椭圆”工具，在舞台的正中央绘制小的无边线的椭圆，填充颜色任意选择，在第 60 帧和 90 帧插入关键帧，使用任意变形工具将第 60 帧的椭圆放大到能遮盖舞台上的图片。在关键帧间创建补间形状动画效果。

(5) 新建图层“图 3”，在第 65 帧按[F6]键插入关键帧，并从库面板中将图形元件“图 3”拖放到舞台的中央，分别在第 90 帧和 115 帧按[F6]键插入关键帧，在属性面板中设置舞台上“图 3”在第 65 帧和第 115 帧 Alpha 值为 0%。在关键帧间设置传统补间动画效果，时间轴如图 7-56 所示。

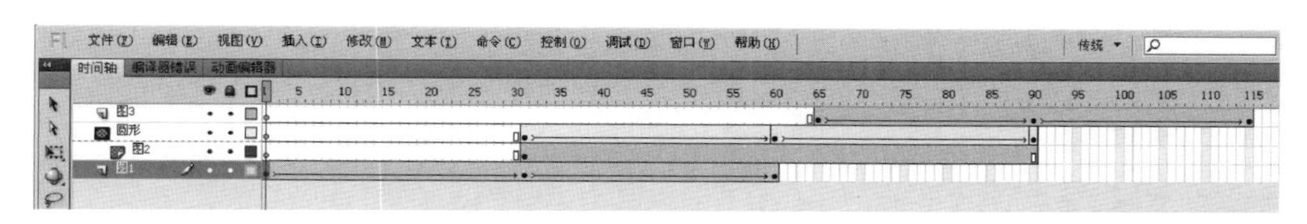

图 7-56 “图片展示”时间轴

5. 回到主场景中，将图层 1 名称设置为“画轴展开”，从“库”面板中将影片剪辑元件“画轴 1 展开”和“画轴 2 展开”放置到舞台的两侧；新建图层“图片展示”，从“库”面板中将影片剪辑元件“图片展示”拖放到舞台的中央。

6. 按[Ctrl]+[Enter]键测试效果后，继续修改。双击库中的影片剪辑元件“画 1 展开”4 个图层的第 60 帧，按[F5]键，将时间帧都延长到第 60 帧。同样的方法，双击库中的影片剪辑元件“画 2 展开”4 个图层的第 60 帧，按[F5]键，将时间帧都延长到第 60 帧。

7. 保存影片文档为“展开的画轴. fla”。

知识点拨

设置遮罩层就是在某个图层上单击右键，在弹出菜单中选择“遮罩层”，使命令的左边出现一个小勾，该图层就会生成遮罩层，“层图标”就会从普通层图标变为遮罩层图标，系统会自动把遮罩层下面的一层关联为被遮罩层，在缩进的同时图标变为。想关联更多层被遮罩，只要把这些层拖到被遮罩层下面就行了。

模块小结

本模块介绍了遮罩动画的概念，学习了遮罩动画的制作要点。通过典型案例和任务中列举的圆形遮罩、文字遮罩、矩形遮罩、线-线遮罩和遮罩综合应用的效果，逐步学会遮罩动画的应用技巧。

模块8 引导层动画

引导层动画使用引导层实现，主要用来制作沿轨迹运动的动画效果，将一个或多个层连接到一个运动引导层，使其沿同一条路径运动。

教 知识要点

- Flash 引导层动画基础
- Flash 引导层动层画要点
- Flash 引导层动画应用

8.1 引导层动画基础

引导层动画由引导层和被引导层组成，引导层位于被引导层的上方。在引导层中，可以绘制引导线。引导线只对对象的运动起作用，在最终影片的测试效果中不会显示出来。

(1) 引导层动画的概念　引导层是用于引导的图层。在 Flash 中，一个最基本的引导层动画由两个图层组成。引导层一定位于被引导层上方，在它下方缩进一格的图层则是被引导层。

一个引导层，可以有任意多个被引导层。

(2) 引导层动画的作用　在 Flash 中，引导层是起辅助作用的。设置引导层后，在引导层中添加引导层路径，与之相连的下一层里面的对象就会按照引导层里面的引导层路径运动。

8.2 引导层动画应用技术

制作引导层动画很简单，关键是学会在复杂动画中灵活应用，利用引导层动画可以制作很多效果。引导层动画应用很广，如沿轨迹运动的小球、绕太阳公转的地球、水中遨游的小鱼、花丛中飞舞的蝴蝶、飘荡的雪花，以及空中的飞机、小鸟和风筝等。

8.2.1 创建引导层动画

1. 引导层动画的要素

构成引导层动画的要素有：

(1) 引导层、引导线 元件必须吸附到引导线的起点和终点。

(2) 至少需要两个关键帧 一个关键帧定位运动开始，一个关键帧定位运动结束。

2. 简单引导层动画制作步骤

(1) 主要操作步骤 具体如下：

① 创建引导层和被引导层。在时间轴面板上，右击普通图层后，选择“添加传统运动引导层”命令，该层的上面就会添加一个引导层，同时该普通层缩进成为被引导层，如图 8-1 所示。

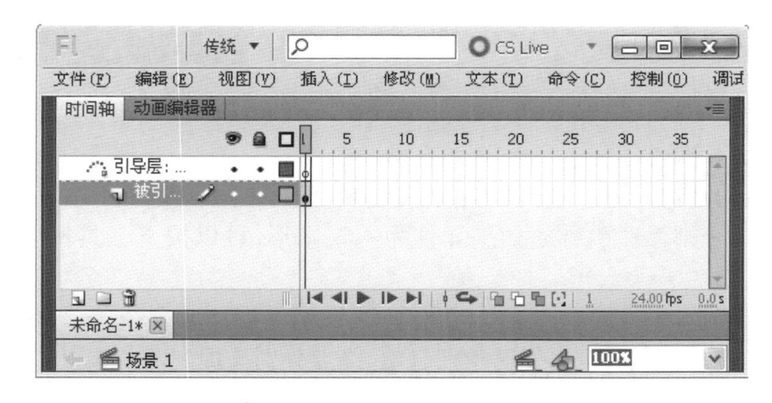

图 8-1 “时间轴”面板

② 制作引导层路径动画。引导层是用来指示元件运行路径的，所以引导层中的内容可以是用钢笔、铅笔、线条、椭圆工具、矩形工具或画笔工具等绘制出的线段。而被引导层中的对象是沿着引导线走的，不能是散件，常常是图形元件、文字和影片剪辑等，也可以是按钮。由于引导线是一种运动轨迹，被引导层中最常用的动画形式是动作补间动画，当播放动画时，一个或数个元件将沿着运动路径移动。

由于引导线是一种运动轨迹，不难想象，被引导层中最常用的动画形式是动作补间动画，当播放动画时，一个或数个元件将沿着运动路径移动。

③ 向被引导层中添加元件。引导层动画最基本的操作就是使一个运动动画附着在引导线上。所以，操作时得特别注意引导线的两端。被引导层的对象起始、终点的两个中心点一定要捕捉到引导线的两个端口。

(2) 制作小球水平方向圆周运动动画 具体步骤如下：

① 使用椭圆工具在舞台中绘制一个小球，按下快捷键[Ctrl]+[G]组合图形。

② 在时间轴上“图层 1”左端，单击鼠标右键，在弹出的快捷菜单中选择“添加传统运动

引导层”命令。这时，图层 1 上就增加了一个引导层，使用“椭圆工具”在引导层中绘制一个无填充的大圆，作为引导线。用橡皮在圆上擦出一个切入口，作引导层路径如图 8－2 所示。

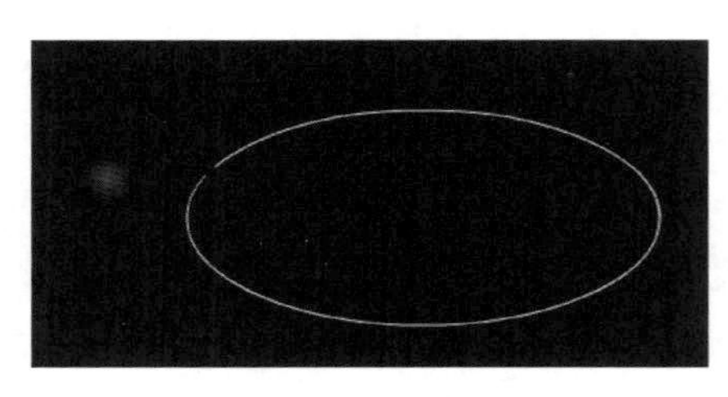

图 8－2 引导路径切入口

③ 在图层 1 与引导层第 30 帧处按[F5]键，延长两个层的时间帧。使用选择工具，移动椭圆，将其中心点移动到引导层的一个端口。

④ 在图层 1 中，第 30 帧处按[F6]键，增加关键帧。使用选择工具，将椭圆移动到引导层的另一个端口。

⑤ 单击图层 1 中任意一帧，在第 1 帧和第 30 帧间创建传统补间动画。

⑥ 按[Enter]键测试，小球可以随着引导层中的路径（播放时不显示）在水平方向做圆周运动，如图 8－3 所示。

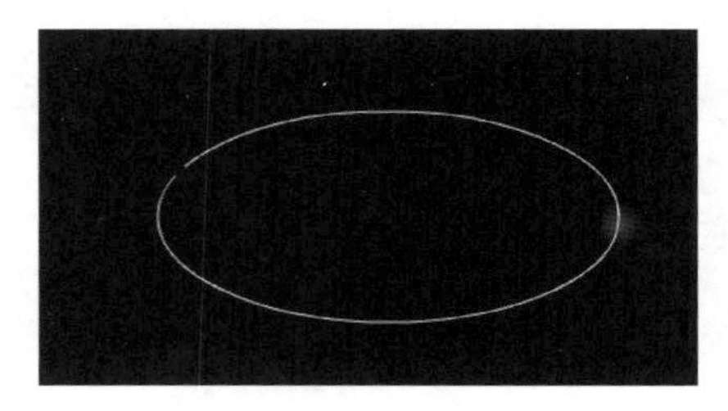

图 8－3 小球的圆周运动

8.2.2 创建引导层动画技术要点

1．引导层端点捕捉

创建引导层动画，在动画开始和结束的关键帧上，一定要让元件的中心点对准线段的开始和结束的端口，否则无法引导。如果元件为不规则形，可以按下工具栏上的任意变形工具，调整中心点。

如上所述，小球水平方向圆周运动动画，正是在引导层画圆形线条，再用橡皮擦去一小段，使圆形线段出现两个端口，再使对象在起始、终点分别捕捉到两个端口。

2．引导线要求

创建引导层动画时，过于陡峭的引导线可能使引导层动画失败，而平滑圆润的线段有利于引导层动画成功制作。引导层允许重叠，如螺旋状引导线，但在重叠处的线段必须保持光滑，让 Flash 辨认出线段走向，否则会使引导层失效。另外，被引导层对象的中心对齐场景中的十字星，也有助于引导层动画的成功。

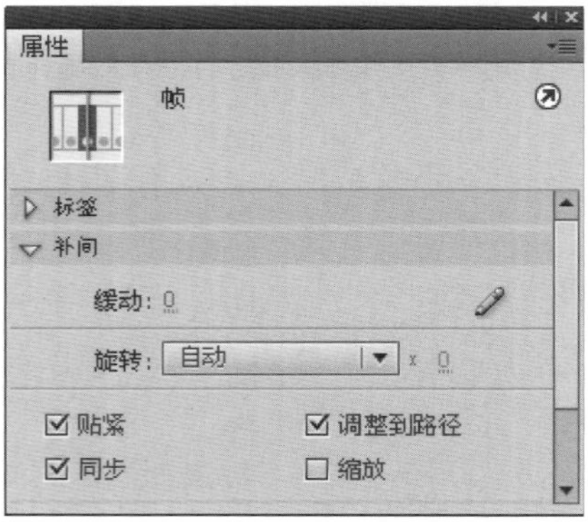

3．时间帧属性设置

对象在被引导运动时，还需要在时间帧属性中作更细致的设置，如图 8－4 所示。

(1) 勾选“属性”面板中的“调整到路径”，运动对象的基线就会调整到运动路径。

(2) 勾选“属性”面板中的“同步”，元件的中心点容易与运动路径对齐。

(3) 勾选“属性”面板上的“贴紧”，容易使“对象附着于引导层”的操作更容易成功。

图 8－4 “属性”面板

知识点拨

引导层中的内容在播放时是看不见的。利用这一特点，可以单独定义一个不含被引导层的引导层，该引导层中可以放置一些文字说明、元件位置参考等。

想解除引导层，可以把被引导层拖离引导层，或在图层区的引导层上单击右键，在弹出的菜单上选择“属性”，在对话框中选择“一般”(或正常)作为图层类型。

学 知识巩固 案例演示

演示案例1 曲线轨迹动画——雪花飘舞

演示步骤

1. 新建一个Flash影片文档，打开“文档属性”对话框，设置背景颜色为黑色、背景大小为600×500，其他为默认。

2. 选择“文件”|“导入”|“导入到舞台”命令，弹出“导入”对话框，选择本书素材“模块8”|“雪景.jpg”，导入到舞台中。设置位图尺寸为500×400，调整导入位图文件对象与舞台背景吻合。

3. 制作3个雪花图形元件：

(1) 新建一个名称为“雪花1”的图形元件，选择绘图工具箱中的“多角星形工具”，此时查看“属性”面板，设置“属性”面板中的“选项”按钮，打开“工具设置”对话框。在“工具设置”对话框中设置：“样式”为星形、“边数”为6、“星形顶点大小”为0.5，如图8-5所示。

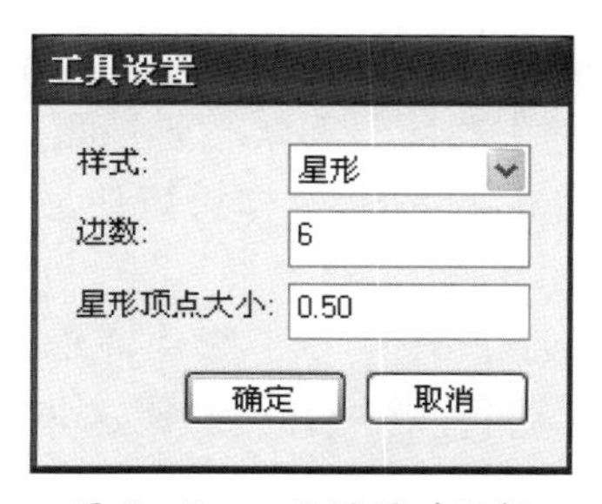

图8-5 工具设置对话框

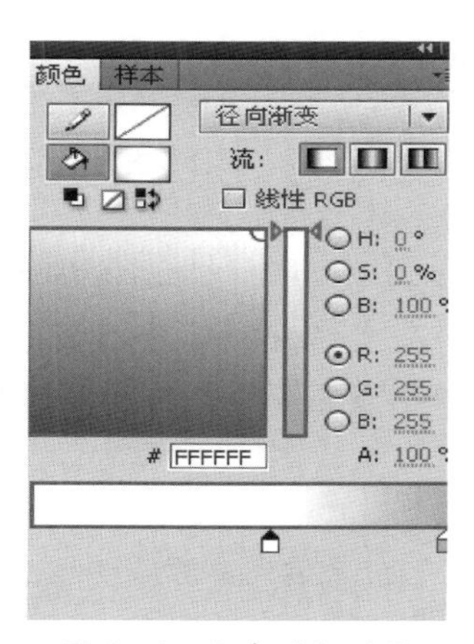

图8-6 颜色面板设置

(2) 执行“窗口”|“颜色”命令，打开颜色面板，设置径向渐变，颜色从白色(#FFFFFF)渐变为淡蓝色(#00FFFF)，如图8-6所示。并且，绘制出了一个六角图形。

（3）新建一个名称为“雪花 2”的图形元件，重复步骤（1）和（2），绘制一个八角图形。

（4）新建一个名称为“雪花 3”的图形元件，重复步骤（1）和（2），绘制一个十角图形。

4. 制作 3 个雪花影片剪辑元件：

（1）执行“插入”|“新建元件”命令，元件名称为“雪花 1 - 1”，元件类型为“影片剪辑”。在第 1 帧，将“雪花 1”的图形元件拖放至窗口上方，使用“任意变形工具”略改动“雪花 1”的形状。

（2）鼠标移动到图层 1 的图层名称处，右击，在快捷键菜单中选择“添加传统运动引导层”命令，此时在“图层 1”上方出现一个引导层。锁定图层 1，在引导层中用铅笔工具绘制一条随意弯曲的光滑线段。

（3）在引导层的第 100 帧处按[F5]键延长帧。在图层 1 中使用任意变形工具调整图层 1 中的“雪花 1”图形，并使用选择工具移动到“引导层”上端，此时注意雪花的中心点必须与线段上端对齐，如图 8 - 7(a)所示。

（4）在图层 1 中的第 100 帧处按[F6]键添加关键帧。使用选择工具调整第 100 帧中雪花的位置，中心点与线段的尾端对齐，如图 8 - 7(b)所示。

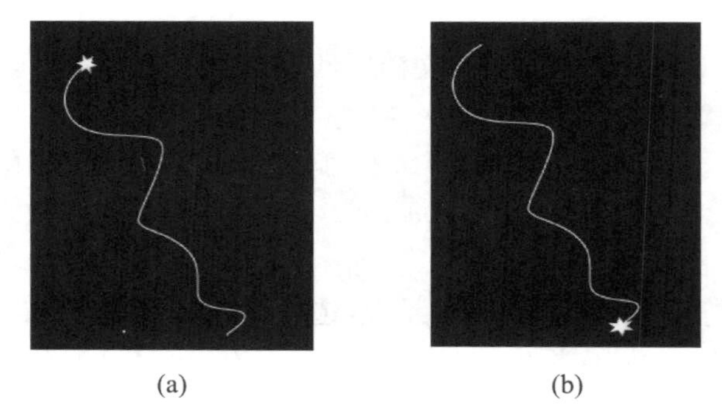

(a)　　　　(b)

图 8 - 7　元件中心点与引导路径端点对齐

（5）在第 1 帧和第 100 帧间创建传统补间动画。再在图层 1 中的第 100 帧处选择“修改”|“变形”|“水平翻转”（也可在第 1 帧处的属性面板中，设置雪花 1 顺时针旋转），使雪花 1 图形沿曲线轨迹运动更加自然。

（6）同上述步骤一样，制作“雪花 2 - 2”和“雪花 3 - 3”的影片剪辑元件。需要区别的是：雪花 2 - 2 和雪花 3 - 3 的引导层曲线形状与雪花 1 的引导层线形状不要相同，插入关键帧的位置也可以不同，使雪花 2 和雪花 3 的飘落速度与雪花 1 不同，这样可以使最终的效果更加逼真。

5. 返回场景，插入“图层 2”，在第 1 帧处从库中拖放任意多个影片剪辑元件“雪花 1 - 1”、“雪花 2 - 2”和“雪花 3 - 3”到图层 2 中，调整影片剪辑元件的位置，使这些影片剪辑元件处于舞台上方。

6. 插入图层 3，将场景中在图层 2 第 1 帧处的所有影片剪辑元件复制到图层 3 中的第 1 帧处。调整场景中影片剪辑元件位置，使其均匀分布。

7. 选中图层 3 中的第 1 帧，执行“修改”|“变形”|“水平翻转”命令，使图层 3 中的影片剪

辑元件和“图层 2”影片剪辑元件做对称的运动。

8. 按[Ctrl]+[Enter]键测试影片，能见到漫天飘舞的雪花，如图 8-8 所示。保存该影片文档为“雪花飘舞.fla”。

图 8-8 “雪花飘舞”动画效果示意

知识点拨

利用引导层动画制作下雪效果，要分析下雪自然状态。动态雪花是不一样的，不仅形状不同、大小不同，而且还要轨迹不同。本案例中，雪花的制作方法是利用了放射状渐变的填充技法，先绘制出 3 种不同形状的雪花，再设置各自不同的引导层轨迹，最终制作出 3 种速度和 3 种飘动路径的雪花，使雪花飘落的效果更自然。

演示案例 2 圆形轨迹动画——三球相对运动

演示步骤

新建一个空白的影片文档，设置背景颜色为黑、背景大小为 600×400，其他为默认。

1. 制作月亮绕地球转动的动画：

(1) 创建月亮图形元件。选择“插入”|“新建元件”，名称为“月亮”，类型“图形”元件，在窗口中绘制一个圆：“笔触颜色”为无、“填充颜色”为径向渐变(白→绿)。

(2) 按[Ctrl]+[F8]键，弹出“创建新元件”对话框。在设置名称为“月亮绕地球转动”、类型为“影片剪辑”元件中，单击【确定】按钮，进入该“影片剪辑”元件的编辑窗口。

(3) 在时间轴上，将图层 1 的名称改为“地球”。选择“文件”|“作为库打开”菜单命令，弹出“作为库打开”对话框，选中本书素材“模块 7”中 Flash 源文件“地球自转. fla”，单击【打开】按钮，弹出该文件中的“库”面板；将该面板中的影片剪辑元件“地球”，拖动到舞台的中央。

(4) 新建“月亮”图层。将“库”面板中的“月亮”元件拖到舞台上，并放在地球图形的右上角，如图 8－9 所示。

图 8－9　月亮与地球相对位置

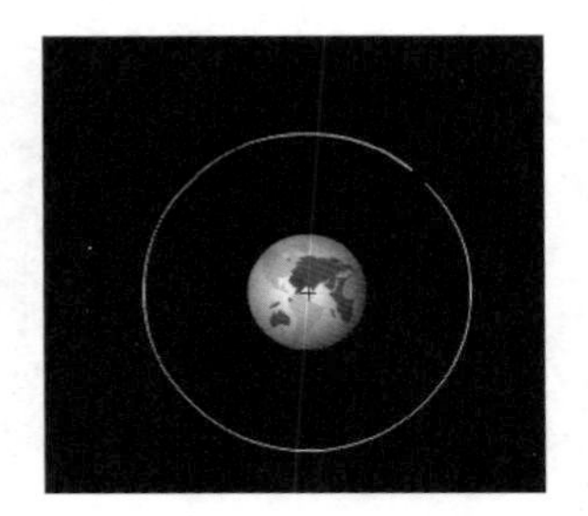

图 8－10　月亮的轨迹处理

(5) 右击“月亮”图层，在弹出的菜单中选择“添加传统运动引导层”命令，在“月亮”层上新建一个引导层图层，图层名为“引导层”。单击“引导层”图层的第 1 帧，绘制一个“笔触颜色”为白、“填充颜色”为无的大空心圆作为引导层的轨迹。用橡皮将大圆擦出一个小缺口，如图 8－10 所示。

(6) 分别单击“地球”“引导层”图层的第 60 帧，按[F5]键延长帧。单击“月亮”图层的第 1 帧，将“月亮”图形元件(绿色小圆)拖动到大圆的上端缺口，在该层的第 60 帧按[F6]键插入关键帧，将月亮图形拖动到大圆的下端缺口。在“月亮”图层的第 1～60 帧间，创建传统补间动画。月亮绕地球转动的动画便制作完毕，如图 8－11 所示。

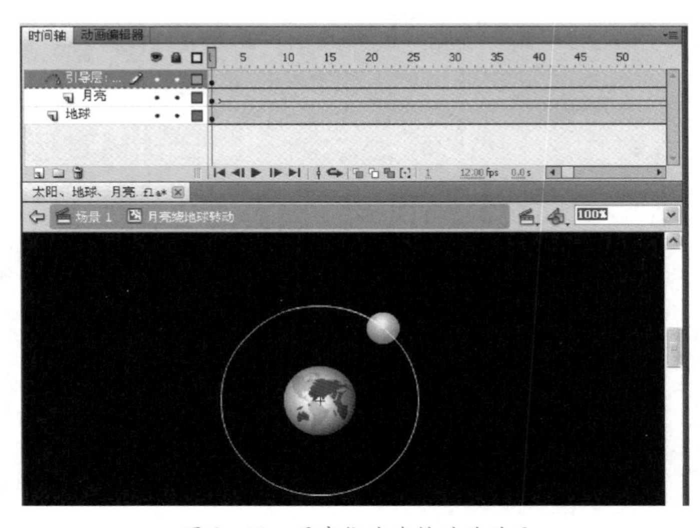

图 8－11　月亮绕地球转动的动画

2. 创建地球绕太阳转动的动画：

(1) 创建“太阳”图形元件。选择“插入”|“新建元件”，设置名称为“太阳”、类型为“图形”元件，单击【确定】后，在窗口中绘制一个圆：“笔触颜色”为无、“填充颜色”为径向渐变(白→红)。

(2) 按[Ctrl]+[F8]键，弹出“新建元件”对话框，设置名称为“地球绕太阳转动”、类型为“影片剪辑”元件，单击【确定】按钮，进入该元件的编辑窗口。

(3) 将“库”面板中的“太阳”元件拖动到舞台上，并放置在舞台的中央。在“太阳”层上新建一个图层“地球”，将“库”面板中的影片剪辑元件“月亮绕地球转动”拖动到舞台上，如图8-12所示。

图8-12 地球绕太阳转动的动画

图8-13 地球的轨迹示意图

(4) 在“地球”图层上添加运动引导层，图层名为“引导层”；单击该图层的第1帧，以太阳图形为中心绘制一个“笔触颜色”为白、“填充颜色”为无的大空心圆。用橡皮将大圆擦出一个小缺口，作为地球绕太阳转动的轨迹线，如图8-13所示。

(5) 在“太阳”图层上新建一个图层，双击图层名称，将其改为“轨迹线”；用鼠标将该图层拖动到“太阳”图层的下方。单击“引导层”图层的第1帧，选中大圆，按[Ctrl]+[C]键将其复制到剪贴板上。单击“轨迹线”图层的第1帧，按[Ctrl]+[Shift]+[V]键，将复制的大圆在原位置上粘贴，将轨迹线的颜色改为红色。

(6) 将影片剪辑元件“月亮绕地球转动”拖动到大圆上端缺口处。

(7) 分别在“引导层”、“太阳”图层和“轨迹线”层按[F5]键延长帧。在“地球”图层的第60帧插入关键帧，将“月亮绕地球转动”的影片剪辑实例拖动到大圆下端缺口处。

(8) 在“地球”图层的第1～60帧间创建传统补间动画。

(9) “地球绕太阳转动”的动画便制作完毕，此时的时间轴面板如图8-14所示。

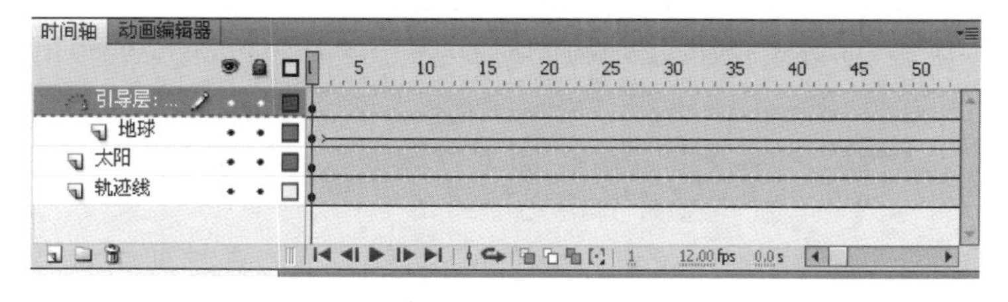

图8-14 时间轴面板

3. 回到场景 1 中，在“库”面板中，将影片剪辑元件“地球绕太阳转动”拖动到舞台上，利用绘图工具箱上的任意变形工具调整其大小。

4. 输入标题文字：单击“绘图”工具箱上的“文本工具”按钮，在“属性”面板上，设置字体为隶书、字的大小为 30、文字颜色为蓝色，在舞台上方中央输入标题文字“太阳、地球和月亮”，如图 8-15 所示。

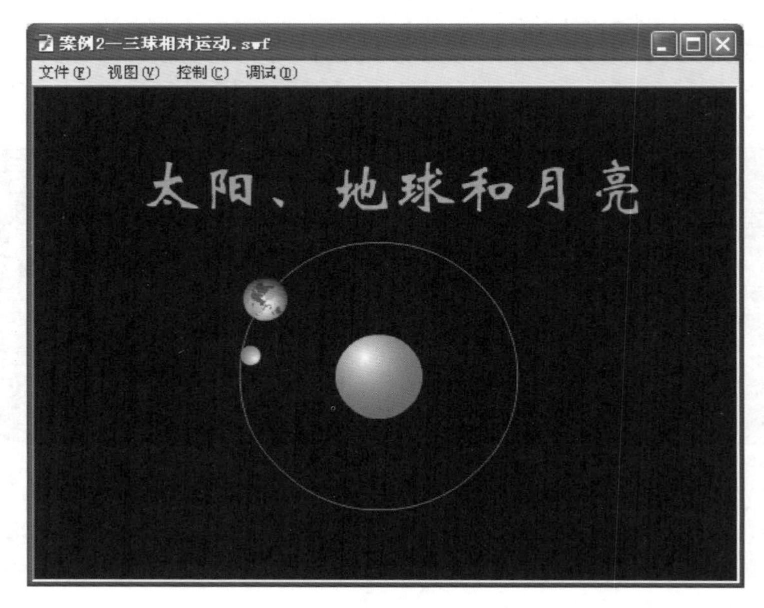

图 8-15　三球(太阳、地球、月亮)相对运动示意图

5. 全部操作完成，按[Ctrl]+[Enter]键，预览播放效果，保存文件为“三球相对运动. fla”。

演示案例 3　心形轨迹动画——爱心活动

演示步骤

1. 启动 Flash 软件，选择“文件”|“打开”后，打开本书素材的“模块 2”|“绘制红心. fla”文件。另存该文件于本书素材“模块 8”中，文件名为“爱心活动. fla”。

2. 在工作区域中右击，在弹出的菜单中选择“文档属性”命令，背景颜色为黑、背景大小为 600×400，其他为默认。

3. 按[Ctrl]+[F8]键，将已有的“红心”图形转换为“红心”元件。

4. 新建一个名称为“心动”的影片剪辑元件：

(1) 选择“插入”|“新建元件”，设置名称为“心动”，类型为影片剪辑，确定后进入影片剪辑元件的编辑窗口。

(2) 在第1帧将“红心”元件拖入到场景中间，锁定该图层。

(3) 右击图层，在弹出的菜单中选择“添加传统运动引导层”命令，使用椭圆工具在引导层中绘制一个“填充颜色”为无、“笔触颜色”为白的椭圆。按[Ctrl]+[Shift]键的同时拖动鼠标，复制一个同样的椭圆，并使两圆水平交叉摆放，如图8-16(a)所示。选中它们中间的两条弧线，按[Delete]键删除，如图8-16(b)所示。

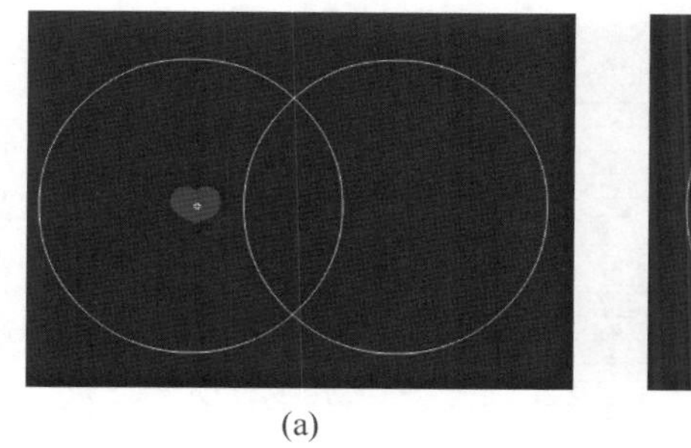
(a)

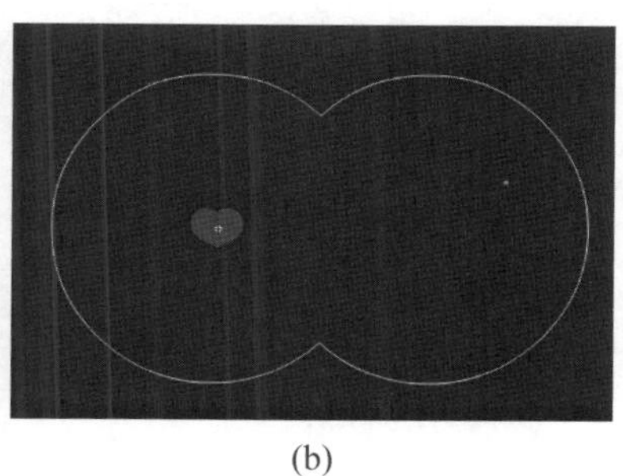
(b)

图8-16　引导层路径制作

(4) 用选择工具将图形调成心形，再用直线工具在中间画一条直线，如图8-17(a)所示。先选中心形左半部删除，然后删除直线，只留下右半部分(半个心形轨迹)作为引导层路径，如图8-17(b)所示。按[F5]键延长引导层到第119帧，锁定该“引导层”图层。

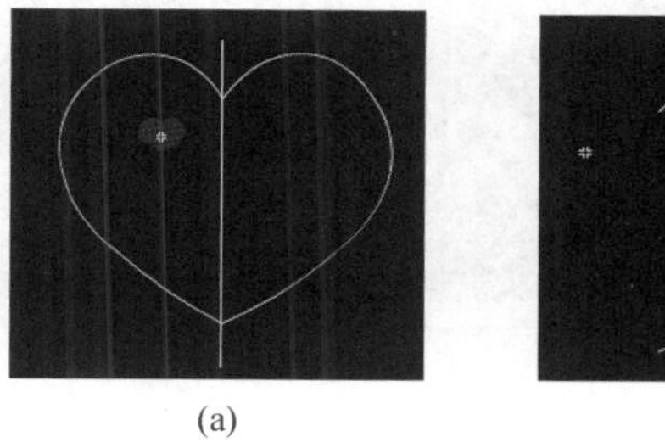
(a)　(b)

图8-17　制作“引导层”路径

(5) 图层1解锁，在第1帧，把心形元件拖到引导层线的上方，如图8-18所示。

(6) 在第60帧处加入关键帧，把心形元件拖到引导层线的下方，如图8-19所示。在第1帧和第60帧间创建传统补间动画，实现红心沿半心形轨迹运动的动画。

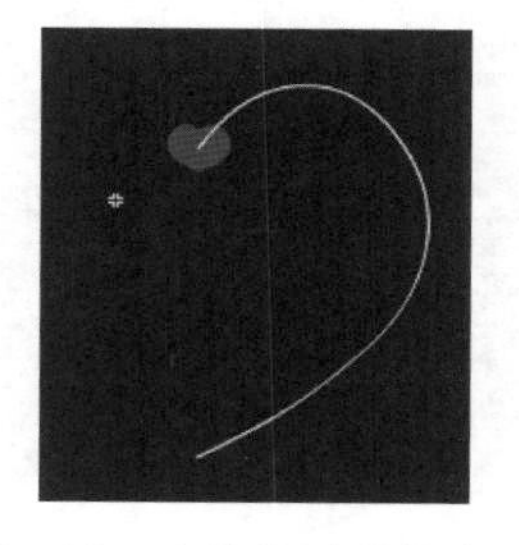
图8-18　元件拖到引导线上端

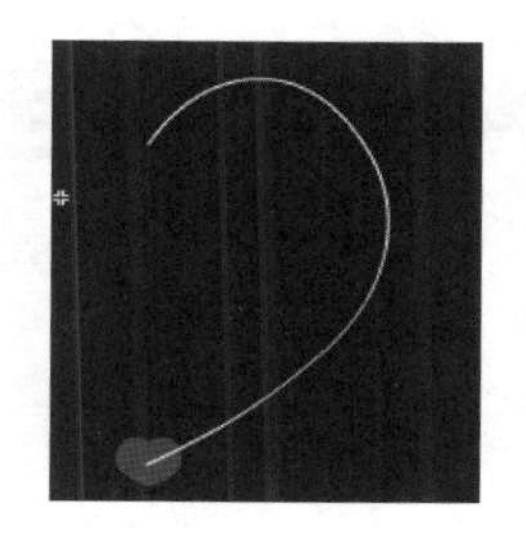
图8-19　元件拖到引导线下端

(7) 选定第1～60帧，点击鼠标右键选“复制帧”；再点击第63帧处，右击选“粘贴帧”。删除第60与63帧之间的补间。

(8) 在第 1 层上增加 12 个图层,选中第 1 层所有的帧,点鼠标右键选"复制帧";再点第 2 层的第 5 帧,右击选"粘贴帧"。这样,就把第 1 层所有的帧全部复制到了第 2 层。

(9) 同上,每间隔 5 帧,再把第 1 层的所有的帧,复制到第 3～13 层的第 10、15、20、25、30、35、40、45、50、55、60 帧上。此时,时间轴面板如图 8－20 所示。

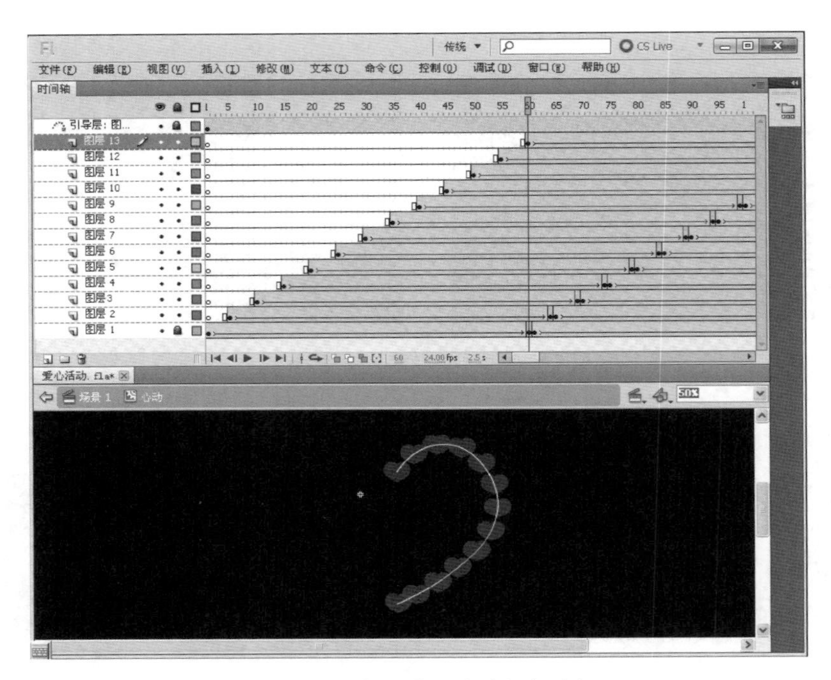

图 8－20 粘贴帧后的时间轴面板

(10) 在第 1～12 层的第 119、120 帧都加上关键帧,其时间面板如图 8－21 所示。锁定第 1～11 层。为方便操作,将时间轴刻度调到"很小"状态。

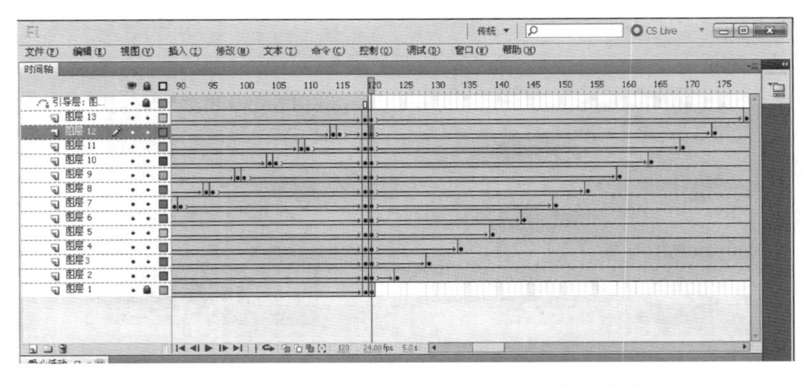

图 8－21 第 119、120 帧加上关键帧后时间轴面板

(11) 选中第 12 层的 120～178 帧之间所有的帧(即两个关键帧之间的所有帧),在第

120 帧上按住鼠标左键，这时所选中的帧上出现一个框，继续按住鼠标左键，把这个框拖到第 13 层的第 1 帧上放开鼠标，这样就把第 12 层的 120～178 帧之间所有的帧拖到 13 层的 1～59帧上，如图 8－22 所示。

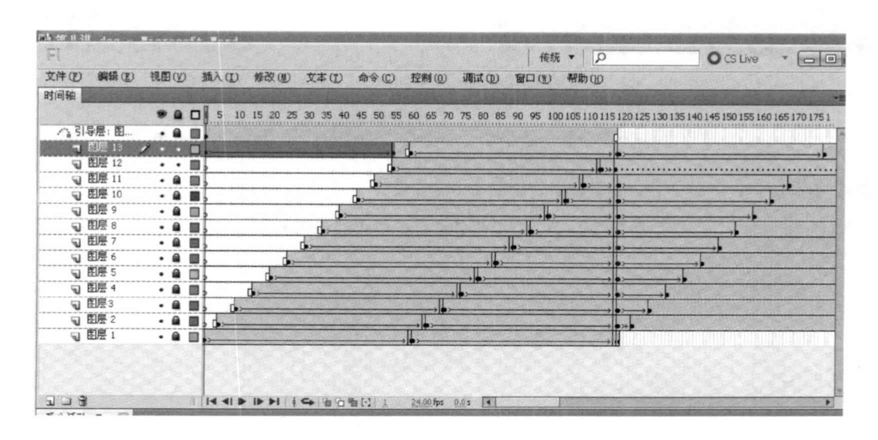

图 8－22　移动帧后的时间轴面板

（12）同上，分别将第 11～1 层的第 120 帧与其后的关键帧之间的所有帧选中，在 120 帧上按住鼠标左键，拖到上一层的第 1 帧放开鼠标。

（13）把所有图层第 120 帧之后的所有帧（包括第 120 帧）删除，完成后时间轴的图层效果如图 8－23 所示。至此，影片剪辑元件“心动”已做好了。

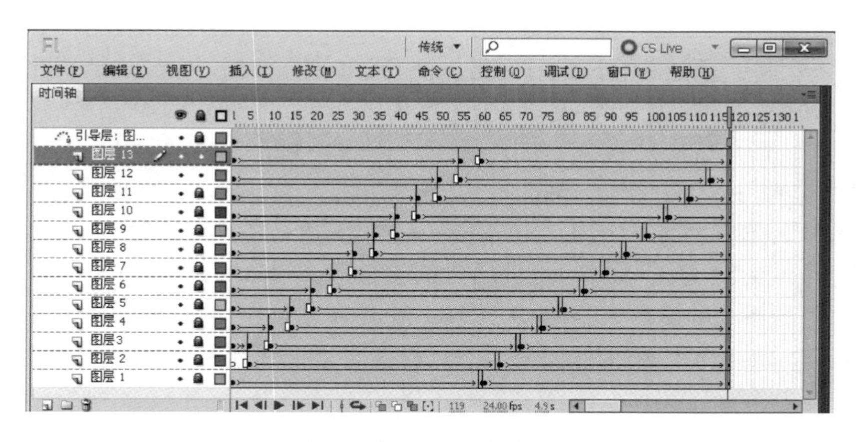

图 8－23　影片剪辑元件“心动”后的时间轴面板

5. 回场景 1 中，在第 1 层的第 1 帧处把“心动”元件从库中拖入场景。调整“心动”元件的大小，再复制一个相同大小的“心动”元件。选中其中的一个，选择“修改”|“变形”|“水平翻转”，如图8－24 所示。

图 8-24　影片剪辑元件“心动”复制并水平翻转

图 8-25　组合后的影片剪辑元件

6. 调整两个“心动”元件的位置，按[Ctrl]+[G]键组合场景中的图形，如图 8-25 所示，再调整到舞台的中间位置。

7. 按[Ctrl]+[Enter]键测试影片，漂亮的动态爱心效果就呈现在眼前。保存该影片文档。

知识点拨

影片剪辑元件水平翻转并组合后，同复制和粘贴后一样，不会影响元件本身的动画效果。

做　举一反三　上机实战

任务 1　弧形轨迹动画——彩虹上的舞鞋

制作步骤

1. 执行“文件”|“新建”菜单命令，新建一个 Flash 影片文档，打开“文档属性”对话框，设置背景颜色为白色、大小为 800×400，其他为默认。

2. 创建舞鞋影片剪辑元件：

(1) 选择菜单“插入”|“新建元件”命令或按[Ctrl]+[F8]键，弹出“新建元件”对话框，设置名称为“舞鞋”、类型为“影片剪辑”，单击【确定】按钮，进入该元件的编辑窗口。

(2) 执行“文件”|“导入”|“导入到舞台”菜单命令，打开“导入”对话框，导入“模块 8”|“舞鞋”，选择舞鞋系列的图片，只需要选择“1. bmp”，单击【打开】按钮，此时会弹出一个提示对话框，如图 8-26 所示。单击【是】按钮，Flash 会自动把图片序列以逐帧的形式导入到场景中，序列中总共有 16 张图片，自动分配到了 16 个关键帧中，如图 8-27 所示。

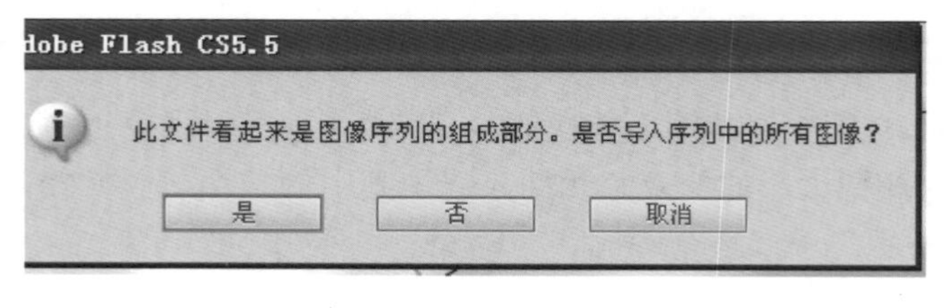

图 8-26　提示对话框

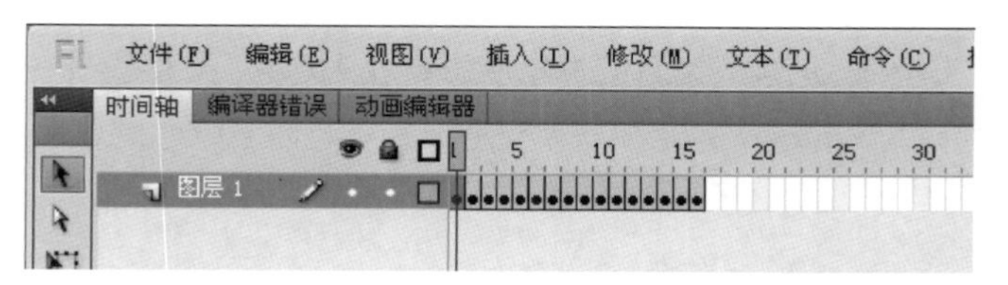

图 8-27　舞鞋时间轴效果

(3) 单击时间轴下方的“编辑多个帧”按钮，单击“修改绘图纸修改”标志，在弹出的菜单中选择“绘制全部”，执行“编辑”|“全选”命令，将所有帧中的图形全部选定，效果如图 8-28 所示。

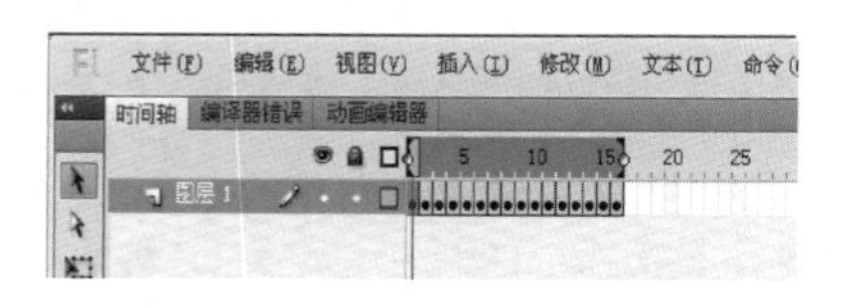

图 8-28　编辑全部

(4) 执行“修改”|“分离”菜单命令，将所有的图片分离，使用“套索”工具中的魔术棒工具，选择每个图片的背景，按[Delete]键删除。

3. 创建主场景动画：

(1) 回到主场景，将图层 1 命名为“彩虹”。执行“文件”|“导入”|“导入到舞台”菜单命令，打开“导入”对话框，在其中选择“彩虹”的图片。将图片导入到舞台上，并放置在舞台的中央，在第 70 帧按[F5]键延长时间帧。

(2) 新建图层“舞鞋”，在库面板中将影片剪辑元件“舞鞋”拖放到舞台上，在第 70 帧按[F6]键插入关键帧。

(3) 选定“舞鞋”图层，点击鼠标右键，在弹出的菜单中选择“添加传统运动引导层”命令，添加运动引导层。在运动引导层中，选择工具箱中的“铅笔工具”，依照“彩虹”图片上的彩虹绘制引导层路径。

(4) 编辑“舞鞋”图层的第 1 帧，将影片剪辑元件“舞鞋”的中心点和引导线的左端对齐，如图 8-29 所示。编辑第 70 帧，将影片剪辑元件“舞鞋”的中心点和引导线的右端对齐，如图 8-30 所示。在第 1～70 帧间，右击鼠标，选择“创建传统补间”动画效果，点选第 1 帧，在“属性”面板中勾选“调整到路径”选项。

图 8-29　“舞鞋”图层第 1 帧效果

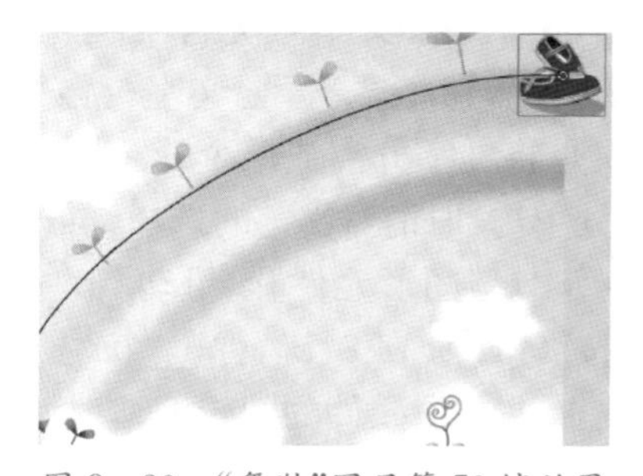

图 8-30　“舞鞋”图层第 70 帧效果

4. 按[Ctrl]+[Enter]键测试影片，舞鞋在彩虹上移动。保存影片文档为“彩虹上的舞鞋. fla”。

知识点拨

被引导层中的对象在被引导层运动时，还可作更细致的设置，如运动方向。在“属性”面板上，选中“路径调整”复选框，对象的基线就会调整到运动路径。如果选中“对齐”复选框，元件的注册点就会与运动路径对齐。

引导层中的内容在播放时是看不见的，利用这一特点，可以单独定义一个不含被引导层的引导层。在该引导层中，可以放置一些文字说明、元件位置参考等。此时，引导层的图标为 。

在做引导层路径动画时，按下工具箱中的“对齐对象”按钮 ，可以使“对象附着于引导层线”的操作更容易成功。拖动对象时，对象的中心会自动吸附到路径端点上。

任务 2　文字轨迹动画——“精彩人生”闪烁效果

制作步骤

1. 执行“文件”|“新建”菜单命令，新建一个 Flash 影片文档，打开“文档属性”对话框，设置背景颜色为黑色、大小为 550×400，其他为默认。

2. 创建“边线”和“精彩人生”图形元件：

(1) 选择菜单“插入”|“新建元件”命令或按[Ctrl]+[F8]键，弹出“新建元件”对话框，设置名称为“边线”、类型为“图形”，单击【确定】按钮，进入该元件的编辑窗口。

(2) 选择“文本”工具，在场景中输入“精彩人生”4 个字。在“属性”面板中，设置文本类型为“静态文本”、字体为华文彩云、字体大小为 80、颜色为白色。

(3) 在“库”面板中，选择元件“边线”，点击鼠标右键，在弹出的右键菜单中选择“直接复制”，弹出“直接复制元件”对话框，将名称改为“精彩人生”。在“库”面板中，鼠标双击“精彩人生”元件，进入“精彩人生”元件的编辑窗口。使用选择工具，选定舞台上的文字，执行“修改”|“分离”菜单命令 3 次，把文字打散为图形。其中，第一次是将图形元件实例分离成文字，第二次是将文字分离成单个的字块，第三次是将文字块分离成图形。利用选择工具，在场景的空白处单击，取消对文字的选择，再选择颜料桶工具，把每个字中间的空隙填充为七彩色。

3. 制作“星”图形元件和“星动”影片剪辑元件：

(1) 按[Ctrl]+[F8]键，弹出“新建元件”对话框，设置名称为“星”、类型为“图形”，单击【确定】按钮，进入该元件的编辑窗口。

(2) 将视图放大到 400%，绘制一个圆形构成星的主体，另外用 3 条直线构成星星，如图

8-31 所示。

图 8-31 “星”元件放大到 400%

(3) 再打开“新建元件”对话框，设置名称为“星动”、类型为“影片剪辑”，单击【确定】按钮，进入该元件的编辑窗口。从“库”面板中将“星”图形元件拖放到舞台的中央，在第 20 帧处按[F6]键插入关键帧。在关键帧间点击鼠标右键，在弹出的菜单中选择创建传统补间动画效果。鼠标点击第 1 帧，在属性面板中设置“旋转”为顺时针、旋转次数为 1。

4. 制作主场景动画：

(1) 回到主场景，将图层 1 命名为“填充文字”，将图形元件“文字”从库面板拖放到舞台的中央，在第 40 帧按[F5]键延长帧。

(2) 创建引导层和被导层：新建一图层并命名为“星 1”，再单击时间轴上的“添加引导层”按钮，创建引导层。此时，刚刚新建的图层会自动缩进到引导层下面，单击缩进了的这一层，在时间轴上连续单击“添加图层”按钮 3 次，就会在引导层下面创建 4 个缩进的被引导层。其他 3 个图层分别命名为“星 2”“星 3”和“星 4”。这些均被引导层图层用来放置旋转星星。

(3) 设置引导层：选中引导层图层，从库里把名为“文字边线”的元件拖出来，其边缘要和下面的“填充文字”图层中的对象边缘对齐，执行“修改”|“分离”命令 3 次，把文字打散成形状。这时“文字边线”元件已经被打散，原文字的边缘已经成为线段，用作引导层线。使用橡皮擦工具，将每个文字的部分擦除一点内容，使文字的外边线断开来，如图 8-32 所示。

图 8-32 引导层

(4) 设置被引导层：在步骤(2)里面，已经创建了 4 个被引导层。每个图层里放一个“旋转星星”元件，并分别沿着“精彩人生”4 字的边缘运动。

隐藏“文字”图层，选定图层“星 1”的第 1 帧，从“库”面板中将“旋转星星”影片剪辑元件拖放到舞台上，放置在文字“精”的左边，如图 8-33 所示。在第 40 帧按[F6]键插入关键帧，将“旋转星星”元件移动到文字的右边，如图 8-34 所示。在关键帧间点击鼠标右键，在弹出的菜单中选择“创建传统补间”动画效果。“星 2”“星 3”和“星 4”图层动画效果采用相同的方法，让星星围绕其他 3 个文字运动。主场景效果如图 8-35 和图 8-36 所示。

图 8-33 “星 1”图层第 1 帧

图 8-34 “星 1”图层第 40 帧

5. 按[Ctrl]+[Enter]键测试影片，星星围绕文字边缘运动效果制作完成。保存该影片文档为“精彩人生.fla”。

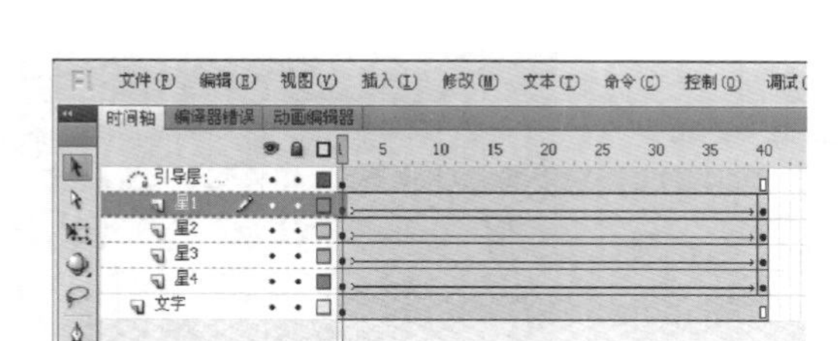

图 8-35　主场景时间轴效果

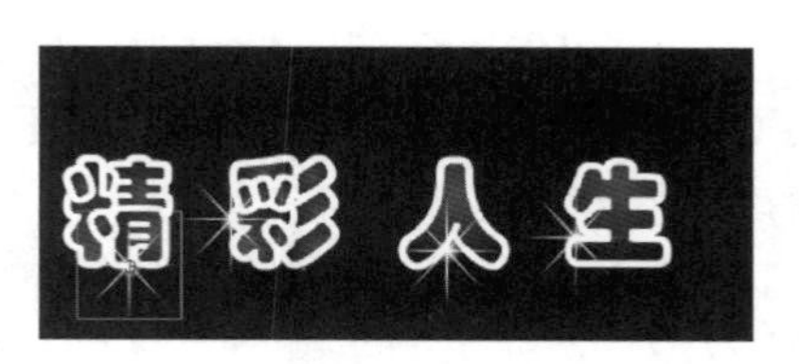

图 8-36　主场景第 1 帧舞台效果

任务 3　不规则轨迹动画——蝴蝶飞舞

制作步骤

1. 执行“文件”|“新建”菜单命令，新建一个 Flash 影片文档，打开“文档属性”对话框，设置背景颜色为黑色、大小为 600×400、帧频为 12 fps，其他为默认。

2. 创建“蝴蝶”影片剪辑元件：

(1) 选择菜单“插入”|“新建元件”命令或按[Ctrl]+[F8]键，弹出“新建元件”对话框，设置名称为“蝴蝶”、类型为“影片剪辑”，单击【确定】按钮，进入该元件的编辑窗口。

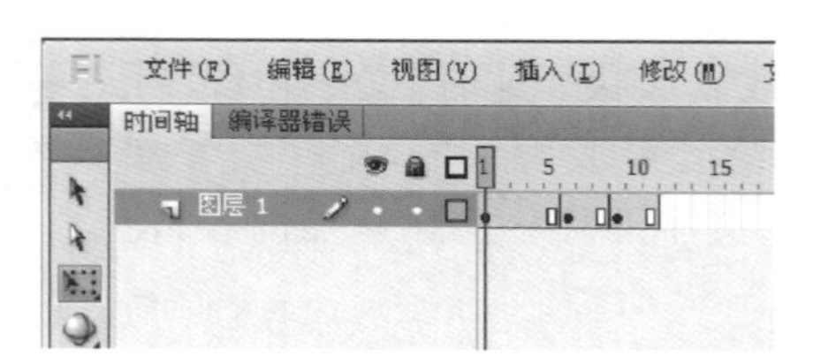

图 8-37　蝴蝶时间轴效果

(2) 执行“文件”|“导入”|“导入到舞台”菜单命令，打开“导入”对话框，在其中选择素材“模块 8”|“蝴蝶. gif”，将蝴蝶导入到舞台上，时间轴效果如图 8-37 所示。

(3) 单击时间轴下方的“编辑多个帧”按钮，单击“修改绘图纸修改”标志，在弹出的菜单中选择“绘制全部”。执行“编辑”|“全选”命令，选择所有帧中的全部图形，效果如图 8-38 所示。

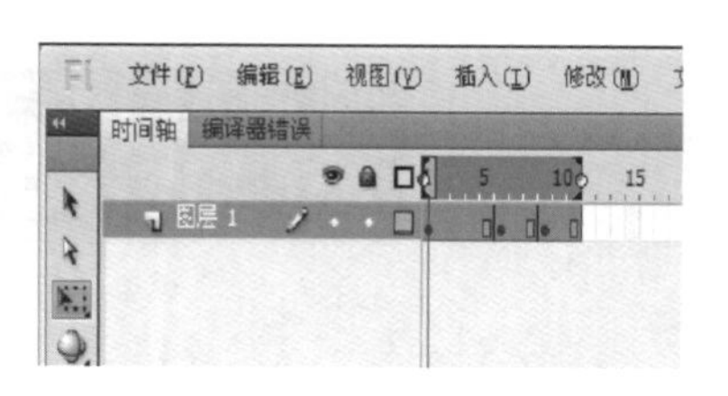

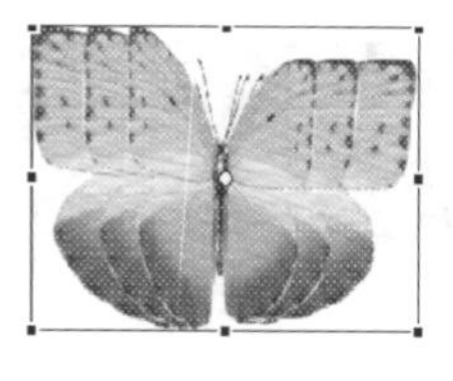

图 8-38　编辑全部效果

(4) 执行“修改”|“分离”菜单命令，将所有的图片分离，使用“套索”工具中的“魔术棒工具”，选择每个图片的背景，按[Delete]键删除背景。

3. 创建“蝴蝶飞舞”影片剪辑元件：

(1) 再打开“新建元件”对话框，设置名称为“蝴蝶飞舞”、类型为“影片剪辑”，单击【确定】按钮，进入该元件的编辑窗口。

(2) 从“库”面板中将“蝴蝶”影片剪辑元件拖放到舞台上，在第 30 帧插入关键帧，在图层 1 点击鼠标右键，为图层 1 添加“传统运动引导层”，在引导层用工具栏中的“铅笔工具”画一条弯弯曲曲的线，作为蝴蝶飞舞的路径，并在 30 帧处按[F5]键延长帧。

(3) 在图层 1 的第 1 帧处将蝴蝶的中心点对准线的一端点，作为飞行的开始点；在 30 帧处按[F6]键插入关键帧，将蝴蝶的中心点对准线的另一端，作为飞行的终点。再用任意变形工具调整这两帧蝴蝶的方向，使蝴蝶能和线的方向保持一致，如图 8－39 所示。

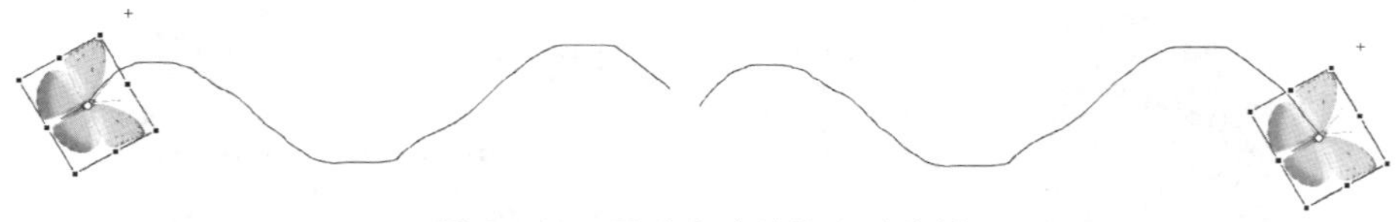

图 8－39　图层 1 关键帧上的蝴蝶

(4) 在关键帧间点击鼠标右键，在弹出的菜单中选择“创建传统补间”动画效果。单击第 1 帧，在“属性”面板中“调整到路径”选项前打钩，使蝴蝶能够沿路径自动调整方向飞行。

为了让蝴蝶在飞舞的时候有淡入淡出效果，在图层 1 的第 15 帧按[F6]键插入关键帧，再在“属性”面板中将第 1、30 两帧的 Alpha 设置为 40％，如图 8－40 所示。

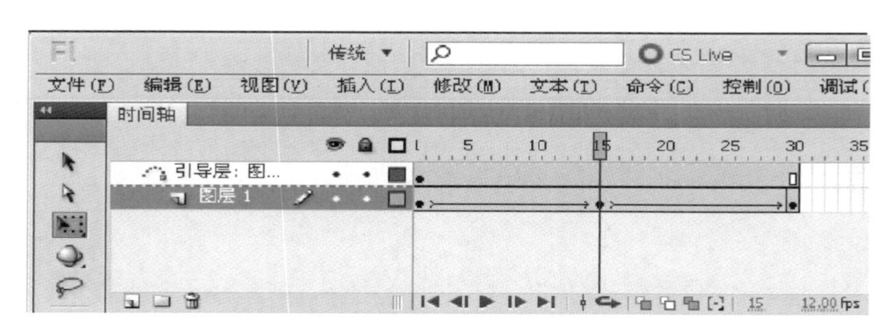

图 8－40　“蝴蝶飞舞”元件的时间轴效果

4. 主场景操作：

(1) 命名该层为“花”，执行“文件”|“导入”|“导入到舞台”菜单命令，打开“导入”对话框，在其中选择素材“花.jpg”，调整“花”图片与舞台吻合。

(2) 插入“蝴蝶”层，将影片剪辑元件“蝴蝶飞舞”拖放 3 个到舞台中，调整影片剪辑元件的大小和位置。

5. 按[Ctrl]+[Enter]键测试影片，可见蝴蝶飞舞，如图 8－44 所示。保存影片文档为“蝴蝶飞舞.fla”。

图 8－41 蝴蝶飞舞效果

模块小结

本模块介绍了引导层动画的概念和制作引导层动画的技术要点。通过典型案例和任务，学习了不同轨迹引导层动画制作，逐步掌握了引导层动画的制作技巧。

模块9 交互型动画

与其他动画制作软件相比，Flash动画能实现美观、新奇、交互性更强的动画效果。交互设计使用户可以随心所欲地控制动画，赋予用户更多的主动权，可以更好地满足所有用户的需要。

教 知识要点 简明扼要

- Flash简单交互动画
- Flash复杂交互动画
- Flash影片剪辑的控制

9.1 简单交互动画

ActionScript是Flash实现强大交互功能的关键。ActionScript是Flash内置的脚本语言，ActionScript脚本是通过"动作"面板添加的。下面先来体验一下简单交互动画。

打开本书资源"模块9"|"素材9"|"简单交互动画.fla"，如图9-1所示。执行菜单"控制"|"测试影片"|"测试"菜单命令，动画开始播放。可以看到，能够控制动画的播放方式。这就是简单的交互动画，需要应用动作脚本来实现。"动作"面板是Flash提供的专门处理动作脚本的编辑环境。如果面板没有显示出来，可以执行"窗口"|"动作"命令来显示。"动作"面板由动作工具箱、脚本导航器和脚本窗口组成，如图9-2所示。

图9-1 简单交互动画

(1) 动作工具箱 在"动作"面板中，左上角是"动作工具箱"，每个动作脚本语言在此工具箱中有一个对应的条目。工具箱实际上是ActionScript程序命令的大集合，按不同的类别详细地排列。

(2) 脚本导航器 左下角的"脚本导航器"是Flash文档中相关联的帧动作、按钮动作具体位置的可视化表示形式，可以在这里浏览FLA文件中的对象以查找动作脚本代码。如果单击"脚本导航器"中的某一项目，则与该项目关联的脚本将出现在脚本窗口中，并且播放头

图 9-2 “动作”面板

将移到时间轴上的该位置。

(3) 脚本窗口　右侧部分是脚本窗口,这里是脚本输入区。可以直接在脚本窗口中编辑动作、输入动作参数或删除动作;还可以双击动作工具箱中的某一项或脚本窗口上方的“将新项目添加到脚本中”按钮,向“脚本窗口”添加动作。

脚本窗口上方还有若干功能按钮,利用它们可以快速对动作脚本实施一些操作,如图 9-3 所示。

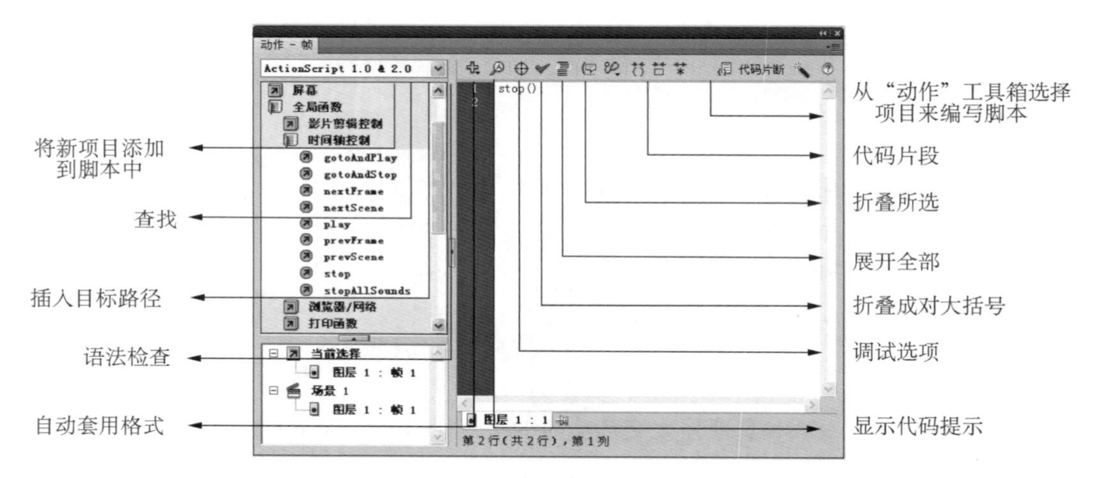

图 9-3 脚本窗口上功能按钮

9.1.1 为关键帧添加动作脚本

在 ActionScript 2.0 环境下,添加脚本有两种方法:一是把脚本编写在时间轴上的关键帧上面;二是把脚本编写在对象身上,如把脚本直接写在 MC(影片剪辑元件的实例)上和按钮上面。

在舞台的时间轴上或者影片剪辑对象的时间轴上,选择需要定义的帧,在出现的“动作”面板中直接添加脚本。如果“动作”面板没有出现,可以在帧上点击鼠标右键执行“动作”命令,显示动作面板,或者先执行“窗口”|“动作”命令来显示“动作”面板。在 Flash (ActionScript 2.0)动画文件中,使用鼠标点击要添加脚本的关键帧,执行下列任一操作即可在关键帧上添加脚本:

(1) 在脚本窗口直接输入脚本,如 stop()。

(2) 双击动作工具箱中的某一项添加动作。

(3) 点击脚本窗口左上角的“将新项目添加到脚本中”按钮 添加动作。

添加了脚本的关键帧上会显示"a"字母，起区分和提示的作用，如图 9－4 所示。

图 9－4　关键帧上添加脚本

时间轴的关键帧上添加了脚本后，当 Flash 动画运行时，它会首先执行这个关键帧上的脚本，然后才会显示关键帧上的对象。

打开本书资源"模块 9"|"素材 9"|"简单交互动画. fla"，新建图层。鼠标点击第 1 帧，在"动作"面板的"脚本窗口中添加脚本 stop()"测试影片，发现动画停止播放，显然 stop()是对帧播放的控制命令。能控制帧的命令有很多，最基本的帧命令见表9－1。

表 9－1　基本的帧命令

命　令	作　　用
stop()	停止当前播放的影片，即停止在当前帧
play()	在时间轴上向前移动播放头，即从当前帧开始播放
gotoAndStop (scene, frame)	跳转到指定场景的指定帧并在该帧停止播放，如果没有指定场景，则跳转到当前场景的指定帧
gotoAndPlay (scene, frame)	跳转到指定场景的指定帧并从该帧开始播放，如果没有指定场景，则跳转到当前场景的指定帧
nextFrame()	跳至下一帧并停止播放
prevFrame()	跳至前一帧并停止播放，如果在第 1 帧，则不动
nextScene()	跳至下一个场景第 1 帧并停止播放
prevScene()	跳至前一个场景第 1 帧并停止播放
stopAllSounds()	当前播放的所有声音停止，但动画不停止。被设置的流式声音将继续播放
Scene	播放头将转到的场景的名称
Frame	播放头将转到的帧的编号或标签

9.1.2　为按钮添加动作脚本

利用 Flash 实现交互动画的时候，需要理解一个重要的概念——事件。所谓事件，就是软件或者硬件发生的事情，它需要应用程序一定的响应。

再次打开本书资源“模块 9”|“素材 9”|“简单交互动画.fla”，播放动画时小猫左右摇晃，单击停止按钮时，小猫停止摇晃。以上操作过程就包含了事件和事件处理的概念。再单击播放按钮(鼠标事件)，则小猫开始摇晃(相应事件响应程序控制动画)。

Flash 中的事件，包括用户事件和系统事件两类。用户事件是指用户直接交互操作而产生的事件，如鼠标单击或按下键盘键之类的事件。系统事件是指 Flash Player 自动生成的事件，它不是由用户直接生成的，如影片剪辑在舞台上第一次出现或播放头经过某个关键帧。一般，在下列情况下会产生事件：

- 当在时间轴上播放到某一帧时。
- 当某个影片剪辑载入或卸载时。
- 当单击某个按钮或按下键盘上的某个键时。

为了使应用程序能对事件作出反应，则必须有相应的事件处理程序。事件处理程序就是与特定对象和事件关联的动作脚本代码。Flash 提供了 3 种编写事件处理程序的方法：on()函数和 onClipEvent()函数、事件处理函数、事件帧听器。

为按钮添加脚本，可以通过 on()事件处理函数直接将代码添加到按钮对象上，或使用事件处理函数方法，将函数直接分配给按钮实例。

1. on()事件处理函数

on()事件处理函数是最传统的事件处理方法。它直接作用于按钮元件实例，相关的程序代码要编写到按钮实例的动作脚本中。需要先选中这个按钮，然后切换到“动作”面板，在“动作”面板中添加脚本即可。

on()函数的一般形式为：

```
on(鼠标事件){
    //此处程序语句，这写程序组成函数体来响应鼠标事件
}
```

对于按钮而言，on()事件处理函数所支持的按钮事件，如图 9-5 所示。

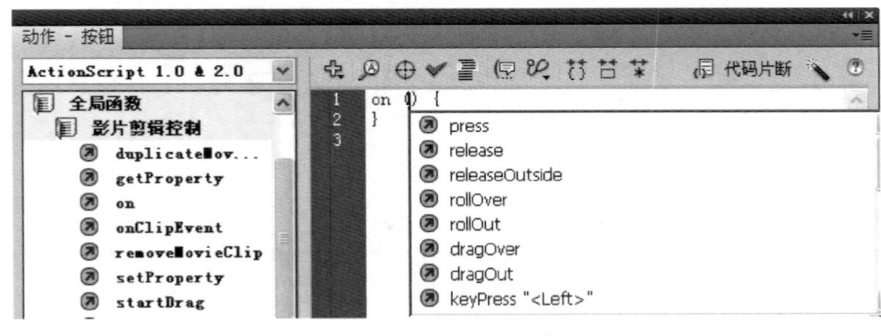

图 9-5　on()函数事件

➢ press：事件发生于鼠标在按钮上方，并按下鼠标时。

➢ release：事件发生于在按钮上方按下鼠标，接着松开鼠标时，也就是按一下鼠标。

➢ releaseOutside：事件发生于在按钮上方按下鼠标，接着把鼠标移到按钮之外，然后松开鼠标时。

➢ rollOver：事件发生于鼠标滑入按钮时。

➢ rollOut：事件发生于鼠标滑出按钮时。

➢ dragOver：事件发生于按着鼠标不松手，鼠标滑入按钮时。

➢ dragOut：事件发生于按着鼠标不松手，鼠标滑出按钮时。

➢ keyPress：事件发生于按下指定的按键时。

2. on()事件处理函数方法

on()事件处理函数方法是直接在对象上编写事件的处理程序。如果场景中按钮过多，把代码分开来写不利于管理和修改。利用事件处理函数，可以将事件处理程序添加在关键帧上，为代码的编辑和管理带来便利。

使用按钮事件处理函数方法时，可以将函数直接分配给按钮实例。当出现该方法指定的事件时，该函数就会执行。例如：

(1) 打开本书资源"模块 9"|"素材 9"|"按钮事件处理函数方法.fla"。

(2) 选定"播放"按钮，在属性面板中将名称定义为"bofang"，如图 9-6 所示。

(3) 选定"停止"按钮，在属性面板中将名称定义为"tingzhi"。

(4) 新建图层"动作"，鼠标右击第 1 帧选"动作"进入"动作"面板，在动作输入窗口输入代码，如图 9-7所示。

图 9-6　"播放"按钮属性面板

图 9-7　事件处理函数

这里使用的 onRelease 就是事件处理函数的方法。一般的按钮事件,处理函数方法出现在"动作"面板|"动作工具箱"|"ActionScript 2.0"|"Button"|"事件处理函数"项中。

(5) 保存文件,按[Ctrl]+[Enter]组合键预览最终效果。

和本书资源"模块 9"|"素材 9"|"简单交互动画 1.fla"比较,动画效果一样,但是脚本的添加方法不同。

9.1.3 为影片剪辑添加动作脚本

影片剪辑是 Flash 中功能最为强大的对象,和按钮实例一样,影片剪辑也需要事件来驱动。可以通过 onClipEvent()事件,直接作用于影片剪辑实例;或使用事件处理函数方法,在帧中添加对影片剪辑实例,添加事件处理的脚本。

1. 为影片剪辑添加动作脚本

(1) onClipEvent()事件处理函数　onClipEvent()函数的一般形式为:

```
onClipEvent(影片剪辑事件){
  //程序
  }
```

通过 onClipEvent()事件直接作用于影片剪辑实例。如果要为影片剪辑添加动作脚本,则需要先选中这个影片剪辑,然后切换到"动作"面板,在"动作"面板中添加脚本即可。onClipEvent()事件处理函数所支持的事件,如图 9-8 所示。

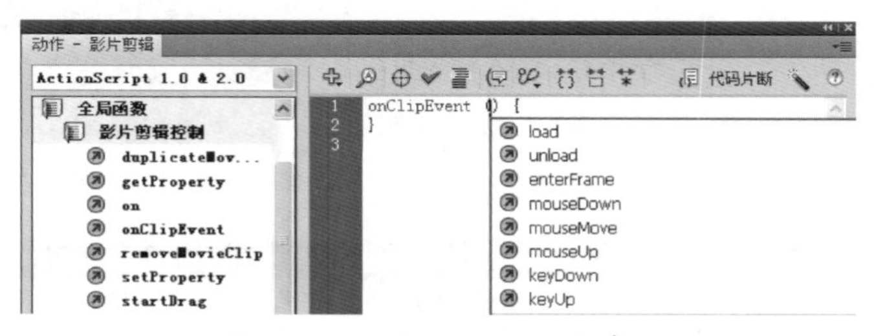

图 9-8　onClipEvent()函数事件

➢ load:影片剪辑一旦被实例化并出现在时间轴中,即启动此动作。

➢ unload:在时间轴中删除影片剪辑之后,此动作在第 1 帧中启动。在向受影响的帧附加任何动作之前,先处理与 unload 影片剪辑事件关联的动作。

➢ enterFrame:影片剪辑帧频不断触发的动作。首先处理与 enterFrame 剪辑事件关联的动作,然后才处理附加到受影响帧的所有帧动作。

➢ mouseup:当释放鼠标左键时启动此动作,只要在舞台的任何位置松开鼠标键都能触发该事件。

➢ mouseDown:当按下鼠标左键时,启动此动作。

➢ mouseMove:每次移动鼠标时,启动此动作。

➢ keyDown:当按下某个键时,启动此动作。

➢ keyUp：当释放某个键时，启动此动作。

➢ data：当在 loadVariables()或 loadMovie()动作中接收数据时，启动此动作。

(2) 影片剪辑事件处理函数方法　onClipEvent()函数和 on()函数一样，是直接应用于对象上的事件处理方式。和按钮一样，影片剪辑也具有一系列事件处理函数方法。利用事件处理函数，可以在帧脚本中对影片剪辑实例添加事件处理的脚本。影片剪辑事件处理函数方法在"动作"面板|"动作工具箱"|"ActionScript 2.0"|"影片"|"MovieClip"|"事件处理函数"项中，如图 9-9 所示。使用格式如下：

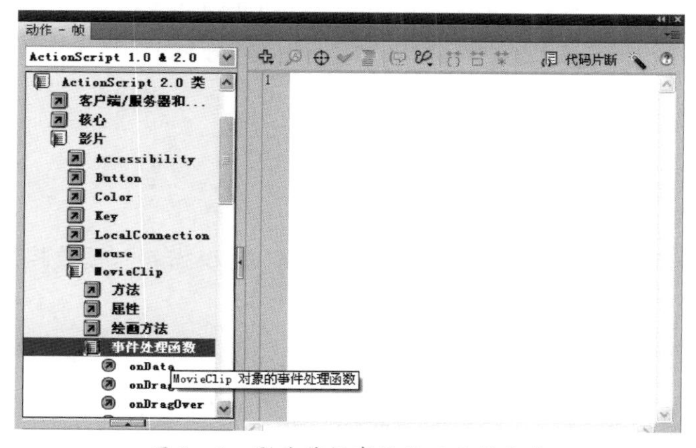

图 9-9　影片剪辑事件处理函数方法

```
影片剪辑的实例名称.影片剪辑事件处理函数= function() {
  执行的动作;
}
```

2. 影片剪辑的路径层次

作为一种重要的元件实例，影片剪辑有着其他元件无法比拟的优势和自身特点。影片剪辑存放于舞台的根时间轴线上，而它自己也有时间轴线，同时还能包含别的影片剪辑。被包含的影片剪辑称为子影片剪辑，而另一个就是父影片剪辑。父级实例包含子级实例。场景中，每层的根时间轴线是该层的所有影片剪辑的父时间轴线，是最顶层的，所以它没有父级。影片剪辑中的父子关系就像计算机上文件管理的层次结构一样。

打开本书资源"模块 9"|"素材 9"|"影片剪辑层次.fla"，新建图层，按[Ctrl]+[L]打开库面板，将"小猫动"影片剪辑拖放到舞台上。在属性面板中，实例名称设为"cat1"，并使用工具栏中的任意变形工具缩放到一定大小，选定影片剪辑，为影片剪辑添加动作：

```
onClipEvent (mouseDown) {
    stop();
}
```

图 9-10　添加了影片剪辑的动画场景

另存文件，按[Ctrl]+[Enter]组合键预览动画，如图 9-10 所示。

动画中，有两只猫在做同样的动作。点击鼠标后，只有影片剪辑中的小猫停止了播放，而根目录中的小猫动画却不受影响。显然，stop()命令只对书写有代码的影片剪辑起作用。

回到动画场景中，打开“库”面板，将“停止”按钮拖放到舞台上，并为该按钮添加脚本：

```
on (release) {
    stop();
}
```

测试影片，发现按下按钮“停止”，只对根时间线上的小猫起到播放控制作用。

回到动画场景中，为按钮“停止”添加如下脚本：

```
on (release) {
        cat1.stop();
}
```

在 Flash 动画的脚本中，使用点语法的书写方法，通常的格式为：

```
影片剪辑的实例名称.方法
```

测试影片，按下按钮“停止”，就可以实现对影片剪辑小猫的播放控制。

可能会有多层的影片剪辑嵌套，为了能控制每个影片剪辑的实例，应该为这些影片剪辑全都命名，并使用点语法调用控制。根层级有一个固定的名字“_root”，下面通过图 9-11 来

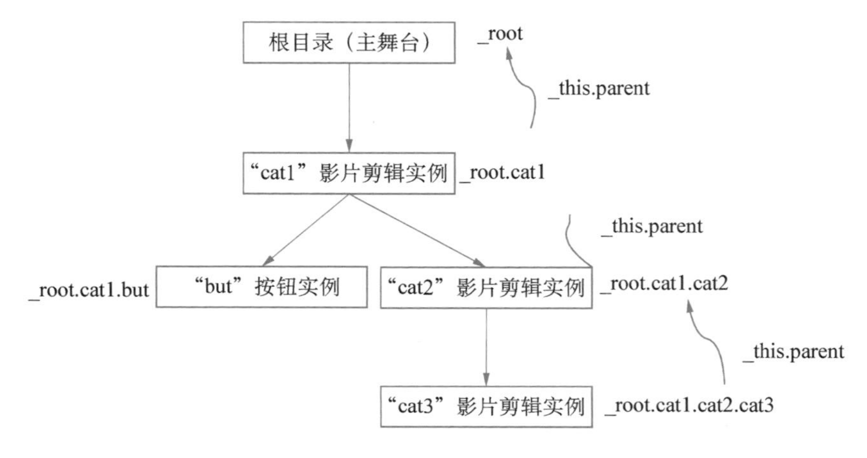

图 9-11　路径层级关系

说明各个层级之间的调用关系。

假设在根目录下放置“cat1”影片剪辑实例，它包含了“cat2”影片剪辑实例，“cat2”影片剪辑实例又包含了“cat3”影片剪辑实例，……

(1) 绝对路径　从起点开始(主场景开始)调用变量或影片剪辑，这样的语法称为绝对路径。此方法简单、易理解，但移植性差。例如，要在“cat3”中控制“cat1”，可以写成“_root. cat1. cat2. 方法”。

(2) 相对路径　以自己所处的起点访问其他变量或影片剪辑。以自己为起点向上访问，需要用_parent。_parent 是影片剪辑的一个属性，指明它自己的父级剪辑。以自己为起点向下访问，用点语法。例如，以 cat3 为起点向上访问 cat1，可以写成“_this. _parent. _parent. 方法”。

3. 影片剪辑对象的属性

Flash 之所以能作出变幻多姿的动画效果，很多时候都是通过控制对象的属性来实现的。

在动作面板中，“动作工具箱”|“ActionScript 2. 0”|“影片”|“MovieClip”中，可以找到表 9－2 列出的一些常用的影片剪辑对象属性。

表 9－2　影片剪辑对象属性表

属性名称	意义	说　明
_x _y	横纵坐标	设置影片剪辑的(x, y)坐标，该坐标是相对于父级影片剪辑的本地坐标。如果在主场景中，则是以舞台左上角为(0, 0)点坐标，影片剪辑的坐标指的是注册点的位置
_width _height	宽 高	影片剪辑的宽度和高度，以像素为单位
_visible	可见性	通过布尔值设置对象的可见性，true 设置对象为可见，false 设置对象不可见
_xscale _yscale	水平、垂直缩放百分比	设置影片剪辑从注册点开始应用的水平、垂直缩放比例。默认注册点为(0, 0)，默认值为 100
_rotation	旋转角度	以度为单位进行旋转，0～180 为顺时针，0～－180 为逆时针
_xmouse _ymouse	鼠标坐标	影片中鼠标的横纵坐标
_alpha	透明度	影片剪辑的透明度，0 为完全透明，100 为完全不透明，默认值为 100
_totalframes	总帧数	只读参数，返回影片剪辑的总帧数
_currentframe	当前帧	只读参数，返回播放头所在位置的帧编号

在绘制图形时，可以设置图形位置、大小、旋转等元件实例的属性。生成. swf 文件后，要修改元件在舞台中实例的属性，就必须通过程序语句控制。影片剪辑属性的设置与获取，可以通过 setProperty()和 getProperty()函数或点语法。

(1) setProperty()函数用来设置影片剪辑属性　语法格式为：

```
setProperty(目标，属性，值);
```

➢ 目标:设置属性的影片剪辑实例名称,包括路径。
➢ 属性:要设置的影片剪辑的属性。
➢ 值:影片剪辑所要设置的属性值,包括数值、布尔值等。

(2) getProperty()函数用来获取影片剪辑属性 语法格式为:

```
getProperty(目标,属性)实例名称.属性名称
```

(3) 使用点语法 格式为:

```
影片剪辑名称.属性=(属性对应的)值
```

其中,影片剪辑名称包括路径。

4. 影片剪辑对象的方法

影片剪辑实例有自己的属性,通过事件驱动,使用方法来完成一件事情,除前面学习的一些方法外,影片剪辑对象还有很多有用的方法。在"动作"面板|"动作工具箱"|"ActionScript 2.0"|"影片"|"MovieClip"|"方法"中可以找到。例如,常用的方法,其格式为:

```
DuplicateMovieClip(目标,新名称,深度)
```

➢ 目标(target):需要复制的影片剪辑实例路径和名称。
➢ 新名称(newname):被复制出来的影片剪辑实例名称。
➢ 深度(depth):已经复制影片剪辑的堆叠顺序编号。

深度决定了重叠影片剪辑显示在舞台上的顺序,深度数值大的影片剪辑显示在深度数值小的影片剪辑前。深度是个正整数,如果复制出来的影片剪辑和其他的深度值相同,则前一个复制出来的就会被后一个代替。

将上面简单动画效果中的"猫动"影片剪辑放置到舞台上,位于舞台左边,实例名称为"mc_cat"。选择"mc_cat"所在的关键帧,添加如下动作代码:

```
for (i=1; i<=5; i++) {
duplicateMovieClip("mc_cat","new_mc"+i, i);
setProperty("new_mc"+i, _x, i*100);
}
```

以上动作代码的作用是:

(1) 对 i 作循环,i 的取值分别为 1、2、3、4、5。

(2) 每次都以"my_mc"为样本,复制一个新的影片剪辑。复制出的新影片剪辑名称分别为"new_mc1""new_mc2""new_mc3"……

(3) 复制深度值取 i,3 个影片剪辑的深度分别为 1、2、3。

(4) 复制出的 5 个影片剪辑的横坐标_x 的取值是 i*100,分别为 100、200、300、……

(5) 保存文件,测试影片,场景中多了 5 个复制出来的影片剪辑实例。

动画效果可参看本书资源"模块 9"|"素材 9"|"复制影片剪辑.fla"。

当然，还有很多的影片剪辑实例方法，在这里就不一一介绍。总之，使用这些方法更容易实现精彩的动画效果。

知识点拨

只有3个地方可以添加脚本即帧、按钮和影片剪辑。影片剪辑和按钮要通过事件触发函数触发。直接在按钮上添加命令，要先添加 on()事件处理函数；在影片剪辑上写命令，一定要先加上 onClipEvent()事件处理函数。影片剪辑和按钮是 Flash 的内置对象，有自身的属性和方法，可以使用点语法调用和操作这些属性和方法。

9.2 复杂交互动画

通过前面的学习和练习，已学会利用脚本制作出简单的 Flash 交互动画。但是，要想制作出复杂的交互动画，一定要理解 ActionScript 2.0 程序的基本语法。

9.2.1 动作脚本基本语法

1. 基本语法

ActionScript 2.0 的语法和标点规则，确定了使用哪些字符和单词来创建脚本，以及按什么顺序来编写。通常，使用的语法有点语法、大括号、分号、括号、大写和小写字母、注释、关键字和常数等。

2. 变量

变量是保存信息的容器，可以存储计算机中不断变化的信息。容器本身是不变的，但是内容可以更改。一个变量由两部分构成：变量名和变量的值。

(1) 变量名　变量名通常是一个单词或几个单词构成的字符串，也可以是一个字母。需要尽可能地为变量指定一个有意义的名称，它的命名规则如下：

① 必须是英文字母开头，如 userName。

② 变量名中不允许出现空格，也不允许出现特殊符号，但是可以使用数字。

③ 不能使用一些特殊的符号，除了“_”。

④ 不能是关键字或 ActionScript 的固定意义文本。

(2) 变量类型　变量可以存储不同类型的数据，包括数字变量、字符串变量、布尔变量、数组变量。

① 数字是最简单的变量类型。可以在变量中存储两种不同类型的数字：整数和浮点数。整数没有小数点部分，如 117、−3 685；浮点数有小数点部分，如 0.1、532.23、−3.7。

② 可以在变量中存储字符串。字符串就是由字符组成的序列，可以是一个或多个字符，甚至可以没有字符，即空字符串，但必须用双引号括起来。

③ 布尔变量只接受两个数据：true(真)和 false(假)常用来判断是和非。

④ 数组可以存放一系列的数据而非单个数据，主要是为了存储大量复杂，但是相关联的数据。

(3) 运算符和表达式　运算符是指定如何组合、比较或修改表达式值的字符，对其执行运算的元素称为操作数。例如，在语句 x+3 中，+为运算符、x 和 3 就是操作数。

运算符连接变量或者常量得到的式子，叫做表达式。

运算符可以通过“动作”面板查看，单击“动作”面板左上角的 ，在弹出的菜单中选择“运算符”命令，可以展开各类运算符，如图 9-12 所示。

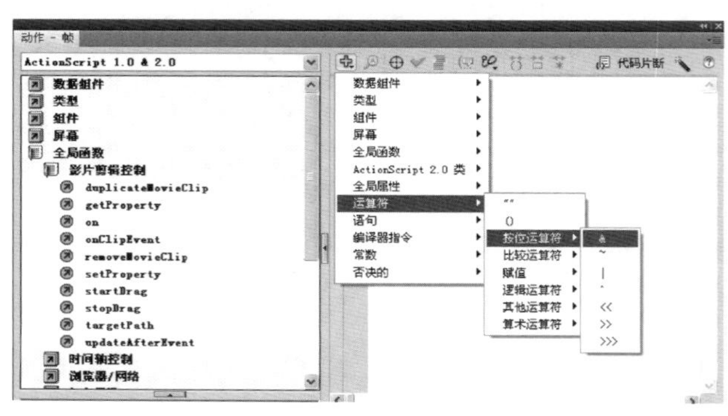

图 9-12　运算符

(4) 函数　函数指在动画中任何地方都可以调用的动作脚本语句块。函数可以接受不同的参数，并根据参数的不同，做出不同的操作，而且可以用返回值返回信息。

函数有两种：一种是动作脚本中内置的已经定义好的函数，用户只需要直接调用即可，称作内置函数；另外一种需要用户自己定义，称作自定义函数。例如，前面介绍的 stop()等都是内置函数。

自定义函数用关键字 function()实现，格式为：

```
Function 函数名(){
//代码
}
```

定义后，调用格式为：

```
函数名();
```

(5) 程序结构　程序都是由若干个基本结构组成，每个基本结构包含一个或多个语句。程序有 3 种基本结构：顺序结构、选择结构、循环结构。动作脚本使用 if、else、elseif、for、while、do... while、for... in，以及 switch 语句中的条件来判断是否执行动作，从而控制动画的流向。

9.2.2　动作脚本的条件判断语句

顺序结构是最简单、最基本的程序结构，程序是按顺序执行的。在实际运用中，往往有一些需要根据条件来判断结果的问题，条件成立是一种结果，条件不成立又是一种结果。这样的问题必须用 if 条件判断语句，即选择结构。

在选择结构程序中，当条件为真时，执行一段代码；否则，执行另一段代码。所以，选择结构的程序的特点是只能执行两段代码中的一段。

1. 简单 if 语句

(1) 语法格式为：

```
if(条件) {
    //程序
}
```

(2) 功能：if 是表示条件语句的关键词，注意字母是小写；if 后面小括号里面的条件只能有两种结果：真(true)或假(false)。只有当条件为真时，才执行大括号中的程序；如果条件为假，将跳过大括号中的程序，执行下面的语句。if 语句执行过程，如图 9-13 所示。

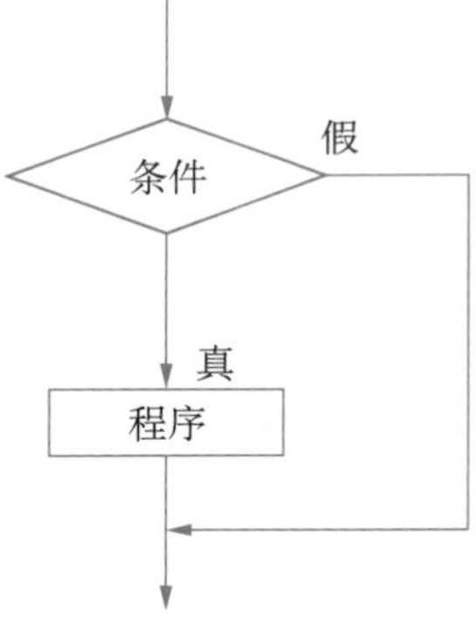

图 9-13　if 语句执行图

(3) 示例：判断数字 10 能否被 5 整除：

➢ 在 Flash 中新建一个 ActionScript 2.0 影片文档，默认设置。

➢ 鼠标点选第 1 帧，在“动作”面板中输入如下代码：

```
var num=10;
if (num %5==0)
    {
        trace ("数字 10 能被 5 整除");
        }
```

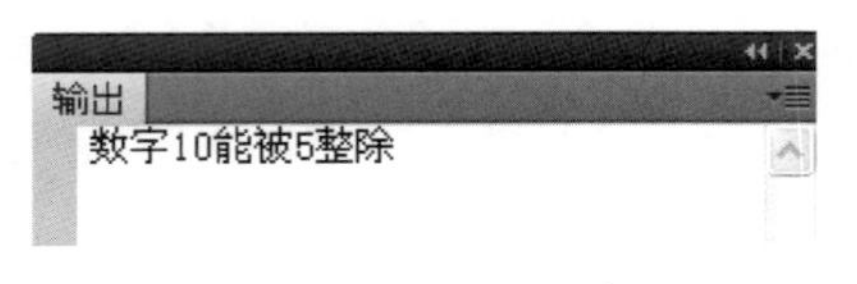

图 9-14　输出信息

trace()命令是调试函数，可以接受程序中的任何变量，并把它们的值显示在“输出”面板中。

➢ 保存文件，测试影片，在“输出”面板中输出信息，如图 9-14 所示。

2. if-else 语句

(1) 语法格式为：

```
if (条件){
//程序 1,条件为真时执行的程序
} else {
//程序 2,条件为假时执行的程序
}
```

(2) 功能：当条件成立时执行程序 1，当条件不成立时执行程序 2。这两个程序只选择一个执行后，执行下面的程序，如图 9 - 15 所示。

(3) 示例：判断数字 11 能否被 5 整除：

➢ 在 Flash 中新建一个 ActionScript 2.0 影片文档，默认设置。

➢ 鼠标点选第 1 帧，在“动作”面板中输入如下代码：

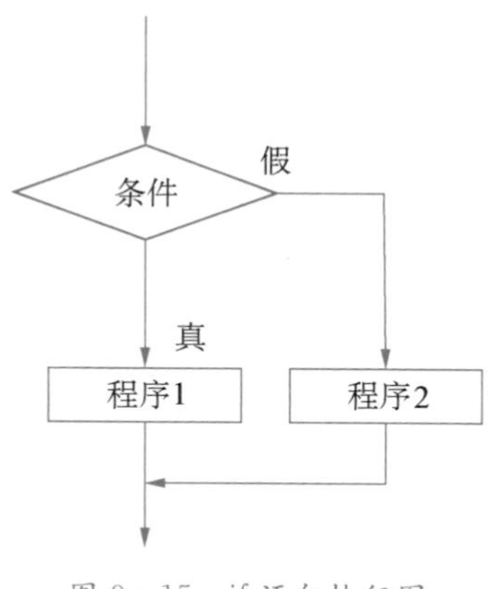

图 9 - 15　if 语句执行图

```
var num=11;
if (num %5==0)
    {
     trace("数字 11 能被 5 整除");
    }
else
    {
     trace("数字 11 不能被 5 整除");
    }
```

➢ 保存文件，测试影片。

3. else_if 语句

(1) 语法格式为：

```
if(条件 1) {
程序 1;
} else if(条件 2) {
程序 2;
...
} else if(条件 s) {
程序 (s);
}
```

(2) 功能：判断条件 1，如果条件 1 为真，执行程序 1；如果条件 1 为假，则跳过程序 1，判断条件 2。其他依此类推。

9.2.3　动作脚本的循环语句

循环结构通过一定的条件，控制动作脚本中某一部分语句反复执行，当条件不满足时就停止循环。利用循环结构可快速解决问题，大大提高程序的效率。

ActionScript 语言中，可通过 4 种语句实现程序的循环，即 while、do-while、for 循环和 for-in 循环语句。它们与 if 语句的最大区别在于，只要条件成立，循环里面的程序语句就会不断地重复执行，而 if 语句中的程序代码只能执行一次。

1. while 循环语句

(1) 语法格式为:

```
while(条件) {
循环体;
}
```

(2) 功能:在运行语句块之前,首先测试条件表达式。如果该测试返回值为真,则运行该语句块;如果该条件为假,则跳过该语句块,并执行 while 动作语句块之后的第一条语句。如此反复执行直到条件不成立为止,其过程如图 9-16 所示。

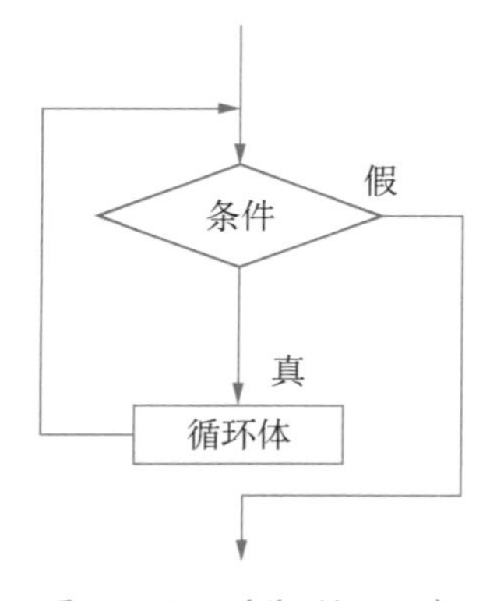

图 9-16　while 循环语句

图 9-17　while 循环语句输出信息

(3) 示例:求 1+2+3+…+100 的和:

➢ 新建一个 ActionScript 2.0 影片文档,默认设置。

➢ 鼠标点选第 1 帧,在"动作"面板中输入如下代码:

```
var i = 1;
var sum = 0;
while (i<=100) {
    sum+ = i;
    i++;
    }
trace(sum);
```

➢ 保存文件,测试影片,在"输出"面板中输出信息,如图 9-17 所示。

知识点拨

在循环结构中,应该有使循环趋于结束的语句。在本例的代码中,用变量 i 来控制, i 不断递加到 101,使条件为假,结束循环。

2. do-while 循环语句

(1) 语法格式为:

```
do {
循环体;
} while(条件表达式)
```

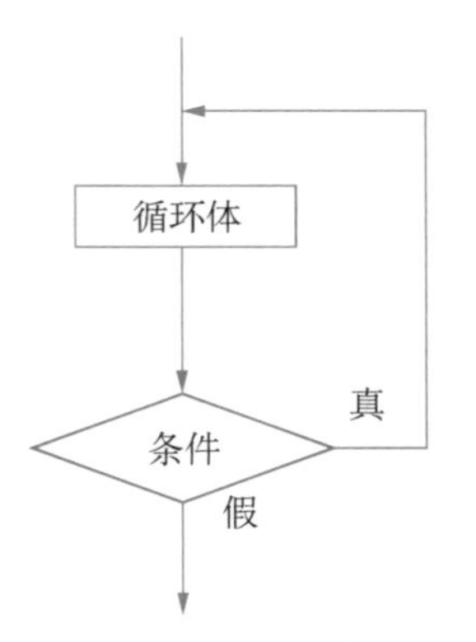

图 9-18 do-while 循环语

(2) 功能:和 while 循环语句相反,do-while 循环语句是一种先斩后奏的循环语句。不管怎样,do{}之间的程序至少要执行一次,然后再判断条件是否要继续循环。如果 while()里的条件成立,继续执行 do 里面的程序语句,直到条件不成立为止,如图 9-18 所示。

(3) 示例:求 1+2+3+…+100 的和:

➢ 在 Flash 中新建一个 ActionScript 2.0 影片文档,默认设置。

➢ 鼠标点选第 1 帧,在“动作”面板中输入如下代码:

```
var i = 1;
var sum = 0;
do {
sum = sum+i;
i++;
} while (i<=100);
trace(sum);
```

➢ 保存文件,测试影片,在“输出”面板中输出信息。

while 与 do-while 结构都可以按照一定的条件循环执行循环体,与 while 结构不同的是,do-while 循环结构先执行循环体中的语句,然后判定循环条件。这就是说,do-while 循环结构无论条件是否符合,循环至少执行一次。

3. for 循环语句

(1) 语法格式为:

```
for(初始表达式;条件判断;迭代计算表达式){
程序
}
```

(2) 功能:初始表达式用来设定语句循环执行次数的变量初值,通常是赋值表达式;条件判断的计算结果为真或假,用来判定循环是否继续;迭代计算表达式是每次执行完循环体语句以后执行的语句,用来增加或减少变量的初值,如图 9-19 所示。

(3) 示例:求 1+2+3+…+100 的和:

➢ 新建一个 ActionScript 2.0 影片文档,默认设置。

➢ 鼠标点选第 1 帧,在"动作"面板中输入如下代码:

```
var sum=0;
for(i=1;i<=100;i++){
    sum=sum+i;
}
trace(sum);
```

➢ 保存文件,测试影片,输出结果和上两例一样。

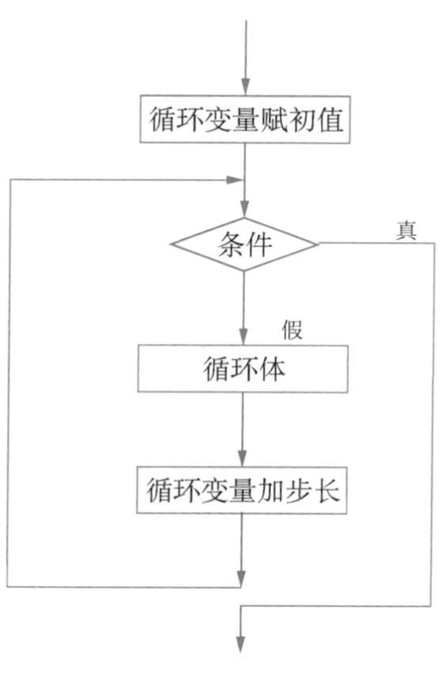

图 9-19　for 循环语句

学　知识巩固　案例演示

演示案例 1　简单相册效果

演示步骤

为了尽快适应添加脚本的学习,本实例中,其他部分已经制作完成,只需添加脚本。

1. 打开本书资源"模块 9"|"素材 9-1"|"简单相册.fla",在最上方新建图层"jb"以添加脚本。选第 1 帧点击鼠标右键执行"动作",显示"动作"面板,在动作面板的左侧"动作工具箱"中点"全局函数",展开后,点"时间轴控制",鼠标双击"stop"即可,如图 9-20 所示。

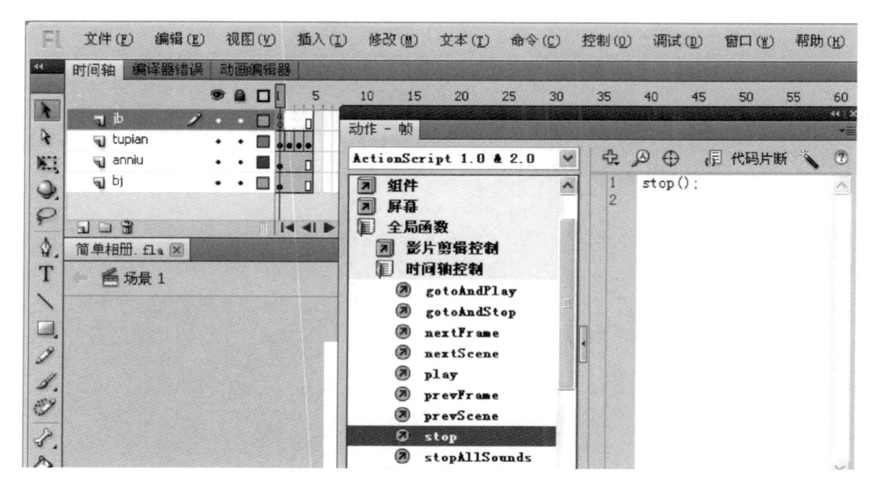

图 9-20　第 1 帧添加脚本

2. 在"jb"层的第 2、3、4 帧插入关键帧，并用上面的方法分别添加脚本 stop()；

3. 在舞台上选定第一个按钮，在"动作"面板中输入如下代码，效果如图 9－21 所示：

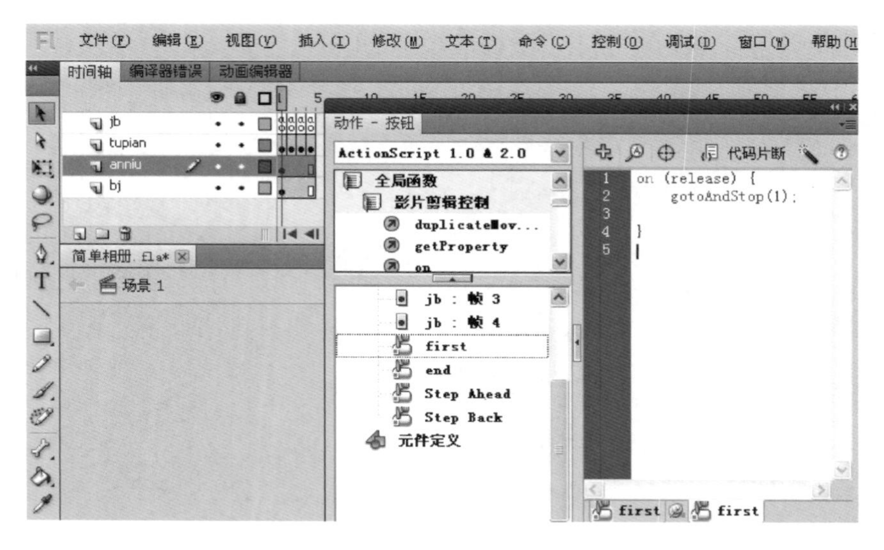

图 9－21 为按钮 first 添加代码

```
on (release){
        gotoAndStop(1);
}
```

4. 为 Step Ahead、Step Back、end 按钮依次添加如下代码：

```
on (release) {
        nextFrame();
}
on (release) {
    prevFrame();
}
on (release) {
    gotoAndStop(4);
}
```

5. 保存文件，按[Ctrl]＋[Enter]组合键预览最终效果，如图 9－22 所示。

Flash相册----校园风景

教学楼（东）
East teaching building

first　step　step　end

图 9-22　简单相册效果图

知识点拨

本案例在关键帧和按钮上添加脚本，实现控制动画播放，以显示图片效果。通过 4 个按钮可以分别控制实现显示图片的起始、前进、后退、最末。整个案例主要应用 stop、gotoAndStop、nextFrame 和 prevFrame 函数来实现。

演示案例 2　瑞雪兆丰年

演示步骤

1. 在 Flash 中，新建一个 ActionScript 2.0 影片文档，尺寸为 1020×540，黑色背景，其他参数为默认值。

2. 执行"文件"|"导入"|"导入到舞台"命令，将本书资源"模块 9"|"素材 9"|"瑞雪兆丰年.jpg"导入到舞台，舞台场景右边显示选择 50%，以便编辑。按[Ctrl]+[B]分离图片，再使用工具栏中"选择"工具，在图片中最下部分拉一个细长的矩形，删除最下部细长矩形中的内容（主要是去除图片中的文字），按[Ctrl]+[G]组合图形。打开属性面板，将图形尺寸大小调整为 1020×540，X、Y 坐标为(0,0)使图片与舞台完全吻合。按[F8]将图片转换为图形元件，在库中可以看到"元件 1"。

3. 创建元件：

(1) 创建"雪球"图形元件　执行"插入"|"新建元件"命令，在弹出的"创建新元件"对话框中，填写元件名称为"雪球"，类型为"图形"，单击【确定】进入"雪球"元件的编辑窗口，如图

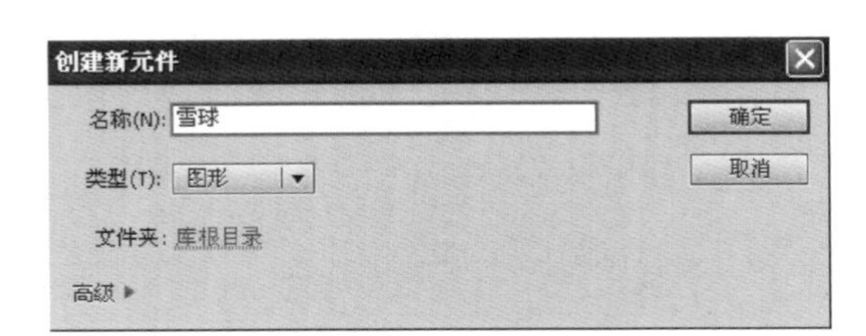

图 9-23　新建元件

9-23 所示。

选择工具栏中的"椭圆工具"，在"颜色面板"中设置无边线，填充色为白色，径向渐变，设置渐变色两个都为＃FFFFFF，并设置右边的 Alpha 值为 0%，然后在舞台中央绘制雪球，如图 9-24 所示。

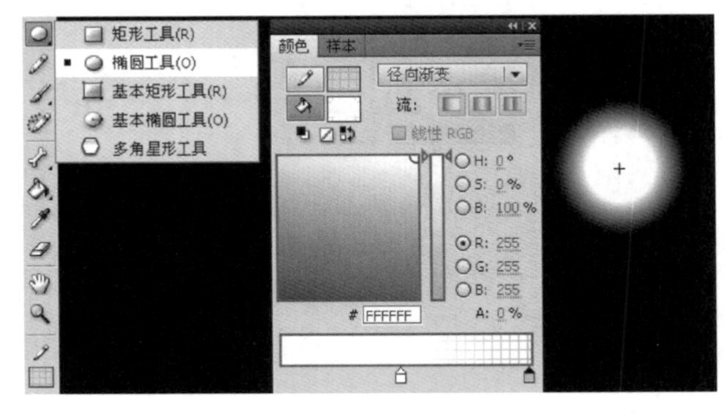

图 9-24　绘制雪球

（2）创建"雪球按钮"按钮元件　执行"插入"|"新建元件"命令，在弹出的"创建新元件"对话框中，填写元件名称为"雪球按钮"，类型为"按钮"，单击【确定】进入"雪球按钮"元件的编辑窗口。在"点击"帧插入空白关键帧，从库面板中将"雪球"元件拖放到舞台中间，如图 9-25所示。

（3）创建"雪球动"影片剪辑元件　执行"插入"|"新建元件"命令，在弹出的"创建新元件"对话框中，填写元件名称为"雪球动"，类型为"影片剪辑"，单击【确定】进入"雪球动"影片剪辑元件的编辑窗口，如图 9-26 所示。

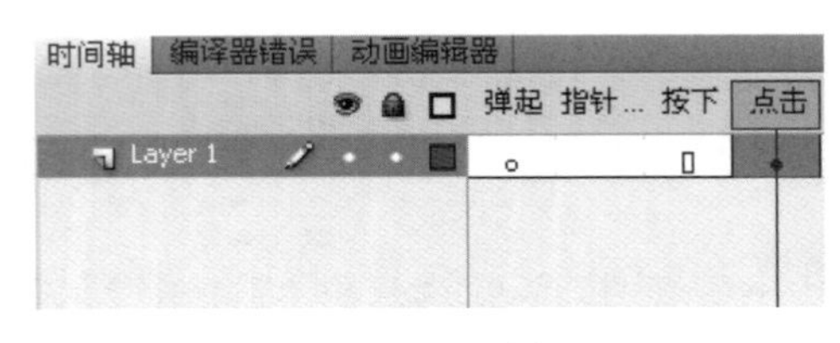

图 9-25　雪球按钮

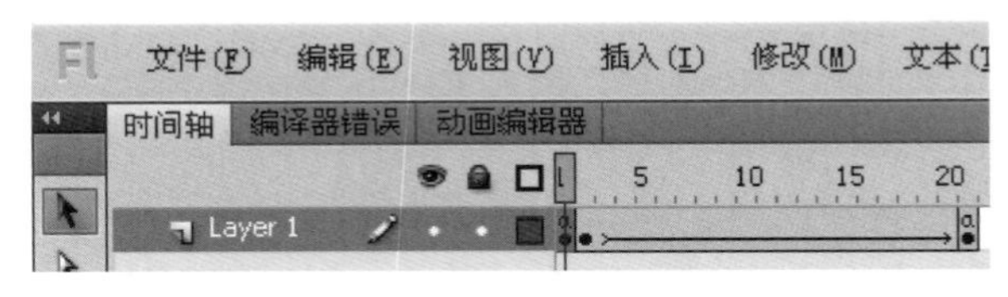

图 9-26　"雪球动"影片剪辑

第 1 帧放置"雪球按钮"按钮元件；第 2 帧插入关键帧，放置"雪球"元件；第 20 帧插入关键帧，将"雪球"元件下移一段距离，并设置 Alpha 值为 0%。点击第 1 帧和 20 帧，在"动作"面板中添加脚本语句 stop()；和 gotoAndStop(1)；，在第 1 帧按钮上添加脚本为：

```
on (rollOver){
        gotoAndPlay(2);
        }
```

(4) 创建“雪花”图形元件　执行“插入”|“新建元件”命令，在弹出的“创建新元件”对话框中，填写元件名称为“雪花”，类型为“图形”，单击【确定】进入“雪花”元件的编辑窗口，如图 9-27 所示。

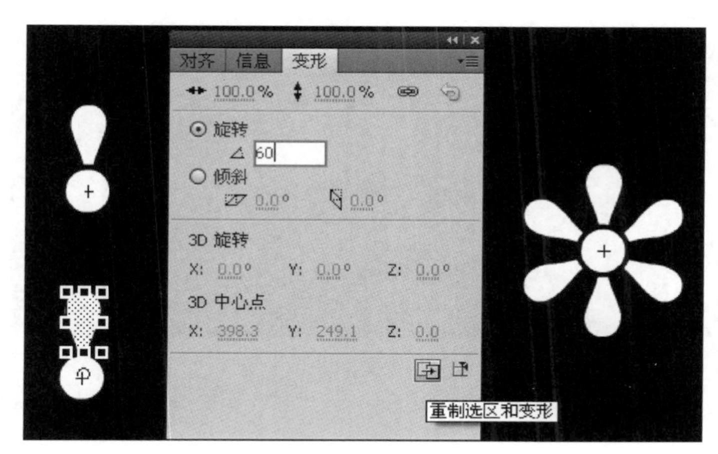

图 9-27　“雪花”图形元件

选择工具栏的“椭圆工具”，绘制花心和花瓣，使用任意变形工具移动花瓣中心，按[Ctrl]+[T]组合键调出“变形”面板，参数设置如上，复制出其他的花瓣，完成雪花图形元件制作。

(5) 创建“雪花按钮”按钮元件　执行“插入”|“新建元件”命令，在弹出的“创建新元件”对话框中，填写元件名称为“雪花按钮”，类型为“按钮”，单击【确定】进入“雪花按钮”元件的编辑窗口。在“点击”帧插入空白关键帧，从库面板中将“雪花”元件拖放到舞台中间。

(6) 创建“雪花动”影片剪辑元件　执行“插入”|“新建元件”命令，在弹出的“创建新元件”对话框中，填写元件名称为“雪花动”，类型为“影片剪辑”，单击【确定】进入“雪花动”影片剪辑元件的编辑窗口，如图 9-28 所示。第 1 帧放置“雪花按钮”按钮元件；第 2 帧插入关键帧，放置“雪花”元件；第 15 帧和第 30 帧插入关键帧，创建雪花旋转飘落效果。第 1 帧和 30 帧脚本语句为 stop()；和 gotoAndStop(1)；，在第 1 帧按钮上添加脚本：

```
on (rollOver) {
gotoAndPlay(2 );
            }
```

(7) 创建“雪花动 1”和“雪花动 2”影片剪辑元件　采用步骤(5)的方法，制作不同的雪花飘落效果。

4. 返回到主场景，新建图层“雪花”，从库面板中拖放“雪球动”“雪花动”“雪花动 1”“雪花动 2”影片剪辑元件到舞台上，复制多个摆放位置并设置大小等，如图 9-29 所示。

5. 保存文件，按[Ctrl]+[Enter]组合键预览最终效果，当鼠标移动时有雪花飘落，如图 9-30 所示。

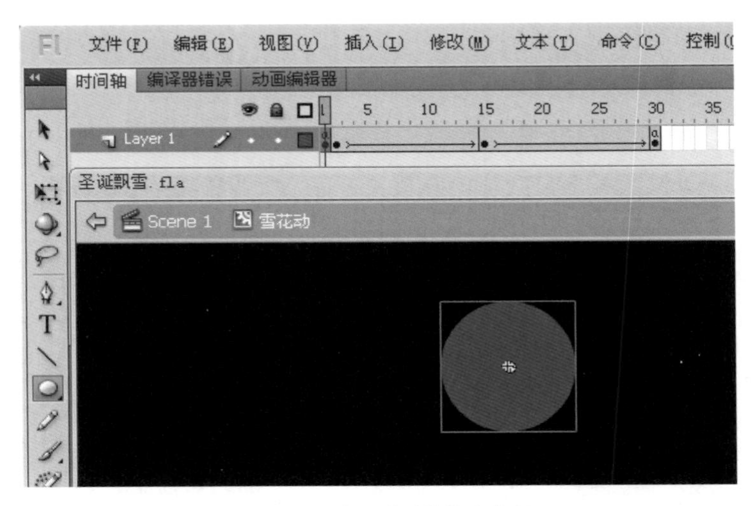

图 9-28 "雪花动"影片剪辑

图 9-29 舞台效果

知识点拨

本案例在舞台上放置许多的按钮，按钮只有点击区域，通过按钮的 on (rollOver) 事件来实现雪花飘落的效果。当鼠标在舞台上滑动时，会有许多雪花飘落。

图 9－30　圣诞飘雪效果

演示案例3　雪景

演示步骤

1. 在 Flash 中新建一个 ActionScript 2.0 影片文档，影片大小为 700×500、背景颜色为黑色，其余参数为默认设置。

2. 执行“文件”|“导入”|“导入到舞台”命令，将本书资源“模块 9”|“素材”|“雪地.jpg”导入到舞台；新建图层将“人物.png”导入到舞台，布置舞台效果如图 9－31 所示。

图 9－31　场景效果

3. 创建“雪花”影片剪辑元件：

(1) 执行“插入”|“新建元件”命令，在弹出的“创建新元件”对话框中，填写元件名称为

“雪球”，类型为“影片剪辑”，单击【确定】进入“雪花”影片剪辑元件的编辑窗口。

(2) 选择工具栏中的“椭圆工具”，在“颜色面板”中设置无边线、填充色为白色、径向渐变，设置多个渐变色都为#FFFFFF，并设置从左到右边墨水瓶的 Alpha 值依次递减为 0%，然后在舞台中央绘制雪花，如图 9-32 所示。

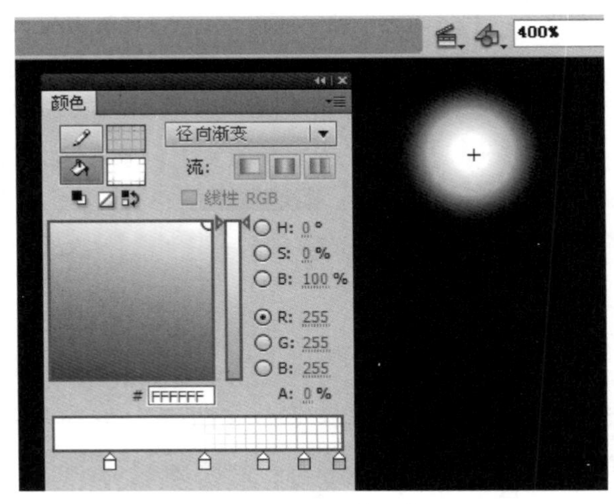

图 9-32　绘制雪花

4. 回到主场景，新建图层“xue”，从“库”面板中将“雪花”影片剪辑元件拖放到舞台上，并在属性面板中设置实例名称为“snow”，选定场景中的“雪花”影片剪辑，在“动作”面板中添加如下代码：

```
onClipEvent (enterFrame) {
            this._x += Math.random() * (this._xscale)/3;
            this._y += Math.random() * (this._yscale)/10;
            if (this._x>700) {
            this._x = 0;
            }
                  if (this._y>500) {
                        this._y = 0;
                        }
                        }
```

5. 新建图层“action”，点选第 1 帧进入“动作”面板，在“动作”面板中添加如下代码，复制雪花影片剪辑：

```
n = 1;
while (n<=450) {
duplicateMovieClip("snow", "snow"+n, n);
```

```
setProperty("snow"+n, _x, random(700));
setProperty("snow"+n, _y, random(500));
setProperty("snow"+n, _xscale, Math.random() * 50+25);
setProperty("snow"+n, _yscale, getProperty("snow"+n,_xscale));
setProperty("snow"+n, _alpha, getProperty("snow"+n,_xscale));
n++;
}
```

6. 保存文件，按[Ctrl]+[Enter]组合键预览最终效果，效果图如图 9－33 所示。

图 9－33　雪景效果图

知识点拨

本案例通过 DuplicateMovieClip 影片剪辑事件函数方法和循环语句，以及 setProperty()和 getProperty()函数实现下雪效果。

做　举一反三　上机实战

任务 1　动画播放控制

制作步骤

1. 直接在按钮上利用 on()事件处理函数控制动画的播放：

(1) 打开本书资源“模块 9”|“素材 9”|“按钮控制播放. fla”影片文件。

(2) 新建一图层“按钮”，按[Ctrl]+[L]键打开库面板，把“播放”和“停止”按钮拖放到舞台上。

(3) 新建一图层“action”，选择这个图层的第 1 帧，在“动作”面板中添加如下程序代码：

```
stop();
```

(4) 选中舞台上“播放”按钮实例，打开“动作”面板，添加如下代码：

```
on (release) {
    play();
}
```

(5) 选中舞台上“停止”按钮实例，打开“动作”面板，添加如下代码：

```
on (release) {
      stop();
}
```

(6) 另存文件为“按钮控制播放完成 1. fla”，保存文件，按[Ctrl]+[Enter]组合键预览最终效果。

2. 在帧上利用事件处理函数控制动画的播放：

(1) 打开本书资源“模块 9”|“素材 9”|“按钮控制播放. fla”影片文件。

(2) 新建一图层“按钮”，按[Ctrl]+[L]打开“库”面板，把“播放”和“停止”按钮拖放到舞台上，在属性面板上命名实例名称分别为“play_btn”和“stop_btn”。

(3) 新建一图层“action”，选择这个图层的第 1 帧，在“动作”面板中添加如下程序代码：

```
stop();
play_btn. onRelease=fuction(){
      play();
}
stop_btn. onRelease=fuction(){
      stop();
}
```

(4) 另存文件为“按钮控制播放完成 2. fla”，保存文件，按[Ctrl]+[Enter]组合键预览最终效果。

3. 通过影片剪辑的 onClipEvent()事件控制舞台上影片剪辑的播放：

(1) 创建影片文档。新建一个 ActionScript 2.0 影片文档，设置背景色为“#FFF5DF”，其他都按照默认值设置。

(2) 导入图片。执行“文件”|“导入”|“导入到舞台”命令，将本书资源“模块 9”|“任务素材 9-1”|“小猫. jpg”导入到舞台，按[Ctrl]+[B]组合键分离图片。选定工具栏中“魔术棒”工具，选择图片中白色背景部分，删除。需要多步选定和删除操作，可配合“橡皮擦”工具去

除白色背景。选定去掉背景的图片，按[F8]键将图片转换为图形元件"小猫"，回到主场景选定舞台中内容按[Delete]删除。

(3) 创建"小猫运动"影片剪辑元件。执行"插入"|"新建元件"命令，在弹出的"创建新元件"对话框中，填写元件名称为"小猫运动"，类型为"影片剪辑"，单击【确定】进入"小猫运动"影片剪辑元件的编辑窗口。

在第1帧从"库"面板中将"猫"图形元件拖放到舞台上，使用"对齐"面板将图形对齐在舞台的中央。使用工具栏中的"任意变形工具"将"小猫"元件的中心点移动到下边线的中间。在第40帧和80帧插入关键帧。选定舞台中的小猫，使用"变形"面板将第1帧小猫图形倾斜10°，第40帧倾斜−10°，第80帧倾斜10°。在时间轴上添加动作补间动画，如图9-34所示。

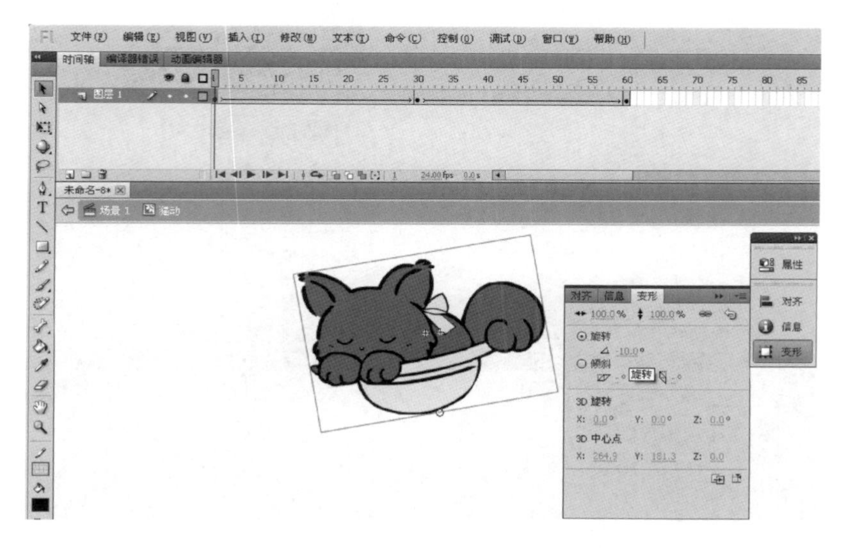

图9-34　设置关键帧上小猫倾斜效果

(4) 新建图层，使用工具栏中的"椭圆工具"绘制阴影，制作完成的影片剪辑如图9-35所示。

(5) 回主场景，从"库"面板中将"猫动"影片剪辑拖放到舞台中间。使用工具栏中的"文本工具"输入文字，如图9-36所示。

(6) 选中舞台上的影片剪辑，点击鼠标右键，进入"动作"面板，在左侧动作工具箱中点"全局函数"|"影片剪辑函数"，双击"onClipEvent"，添加如图9-37所示的脚本。

(7) 保存文件，按[Ctrl]+[Enter]组合键预览，测试最终效果。

知识点拨

本任务使用不同的方法实现对动画的播放控制：

(1) 直接在按钮上利用 on() 事件处理函数控制动画的播放。

(2) 在帧上利用事件处理函数控制动画的播放。

图 9-35 "小猫运动"影片剪辑

图 9-36 舞台布局

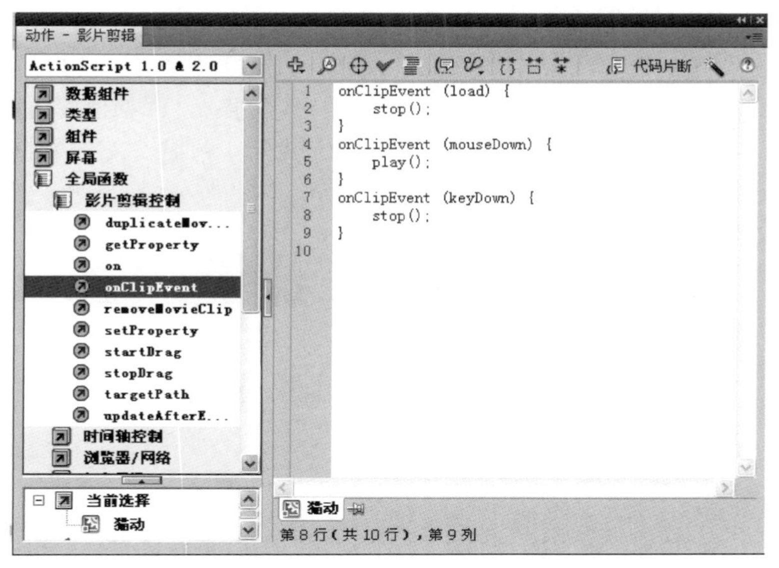

图 9-37　脚本添加

(3) 通过影片剪辑的 onClipEvent()事件来控制舞台上影片剪辑的播放。当影片加载时，影片剪辑处于停止状态；当点击松开鼠标左键时，影片剪辑播放；当按下键盘上任意键时，影片剪辑停止播放。

任务2　判断数是否被5整除

演示步骤

1. 创建影片文档。新建一个 ActionScript 2.0 影片文档，按照默认值设置。

2. 创建元件：

(1) 创建"矩形"图形元件　执行"插入"|"新建元件"命令，在弹出的"创建新元件"对话框中，填写元件名称为"矩形"，类型为"图形"，单击【确定】进入"矩形"图形元件的编辑窗口。

在第1帧绘制如图 9-38 所示矩形，矩形填充为径向渐变，3个墨水瓶颜色依次为＃660033、＃FF99FF、＃660033。

图 9-38　矩形颜色设置

(2) 创建"清除"按钮　执行"插入"|"新建元件"命

令，在弹出的"创建新元件"对话框中，填写元件名称为"清除"、类型为"按钮"，单击【确定】进入"清除"按钮元件的编辑窗口。点选按钮第1帧，按[Ctrl]+[L]组合键打开"库"面板，将"矩形"图形元件拖放到舞台上并使用"对齐"面板居中，在第2、3、4帧依次插入关键帧。

新建图层2，使用工具箱中的文本工具，在本图层的第1帧输入文字"清除"，在第2、3帧依次插入关键帧。"清除"按钮元件的时间轴线，如图9－39所示。

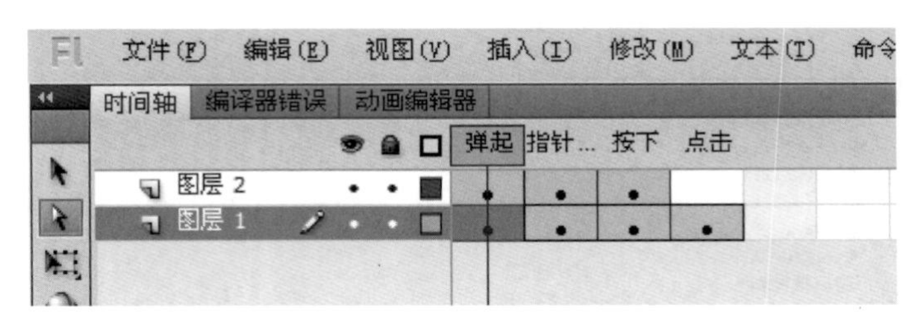

图9－39 "清除"按钮时间轴线

(3) 创建"判断"按钮 在"库"面板中选定"清除"按钮，点右键选择"直接复制"命令，在弹出的直接复制元件窗口中，名称命名为"判断"。复制出"判断"按钮元件，双击"判断"按钮元件，进入编辑窗口。点选第2层，使用文本工具将每个关键帧上的文字修改为"判断"。

3. 导入图片。回到主场景，将图层1改名为"背景"，执行"文件"|"导入"|"导入到舞台"命令，将本书资源"模块9"|"素材9"|"背景.png"导入到舞台。

4. 新建图层"文本框"。在该图层的第1帧，使用工具箱中文本工具建立两个静态文本、一个输入文本、一个动态文本。静态文本的属性设置字体为黑体、颜色为＃660033、大小为25点；输入文本的设置字体为Times New Roman、颜色为＃000000，变量名定义为"a"；动态文本的设置字体为Times New Roman、颜色为＃000000，变量名定义为"b"。

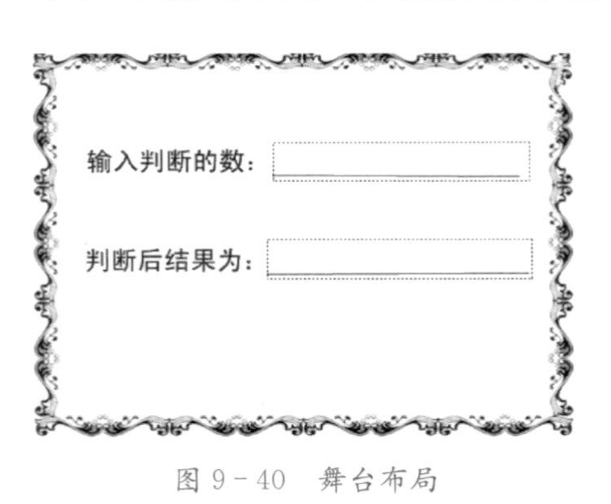

图9－40 舞台布局

5. 新建图层"线条"。在该图层的第1帧，使用工具箱中线条工具绘制两条直线。舞台上的布局，如图9－40所示。

6. 新建图层"按钮"。在该图层的第1帧，将"库"面板中"清除"和"判读"按钮拖放到舞台上，点选"判读"按钮，在"动作"面板中添加如下代码：

```
on (release) {
    var num;
    num=Number(a);
    if (num %5==0)
      {
```

```
        b="数字"+a+"能被 5 整除".
        }
  else
   {
   b="数字"+a+"不能被 5 整除"
   }
  }
```

在“清除”按钮上添加如下代码：

```
on (release) {
    a="";
    b="";
}
```

7. 保存文件，按[Ctrl]+[Enter]组合键预览，测试最终效果，如图 9－41 所示。

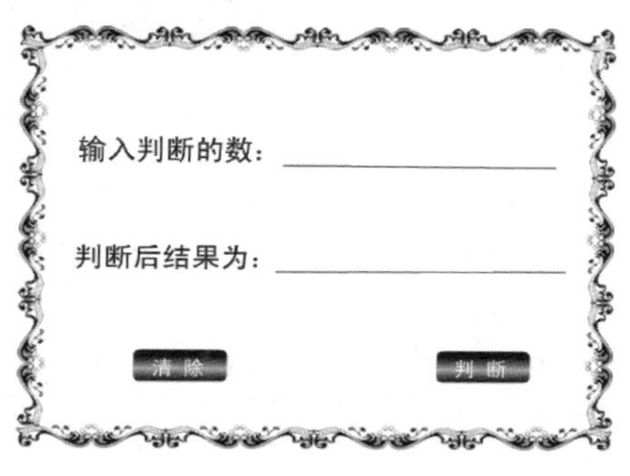

图 9－41　最终效果图

> **知识点拨**
>
> 本任务是要实现判断任意输入的一个数值能否被 5 整除。运行文件时，输入要判断的数值，点击“判断”按钮，即可输出结果；点击“清除”按钮，即可重新输入数值。

任务3　星星跟我走

演示步骤

1. 打开本书资源“模块 9”|“素材 9”|“星星跟随素材. fla”影片文件。

2. 新建一图层“星星”。按[Ctrl]+[L]键打开“库”面板，把“星星”影片剪辑拖放到舞台上，在“属性”面板上设置实例名称为“star1”。

3. 复制该影片剪辑 5 次，并依次设置实例名称为“star2”“star3”“star4”“star5”“star6”，使用工具箱中的任意变形工具依次缩放影片剪辑，舞台效果如图 9－42 所示。

4. 新建一图层“action”。选择这个图层的第 1 帧，在“动作”面板中添加如下程序代码：

图 9-42　舞台上星星

```
startDrag("star1",true);//拖动第一个星星
var distance=star1._width;//间距为星星的宽度
var i=6;//定义变量代表星星的个数
```

5. 在图层"action",选择第 2 帧插入空白关键帧,在"动作"面板中添加如下程序代码:

```
while(i>1){
    this["x"+i]=this["x"+(i-1)]+distance;
    this["y"+i]=this["y"+(i-1)]
    i--;
}//利用 while 循环获取星星的坐标
x1=star1._x;
y1=star1._y;//获取第一个星星实例的坐标
while(i<=6){
    this["star"+i]._x=this["x"+i];
    this["star"+i]._y=this["y"+i];
    i++;
}利用 while 循环,分别设置星星的坐标
i--;
```

6. 在图层"action",选择第 3 帧插入空白关键帧,在"动作"面板中添加如下程序代码:

```
gotoAndPlay(2);//跳转到第 2 帧,不断循环
```

主场景中,时间轴上的图层结构如图 9-43 所示。

7. 另存文件为"星星跟随完成效果",按[Ctrl]+[Enter]组合键预览,鼠标移动速度不同,可以呈现出不同的效果,如图 9-44 所示。

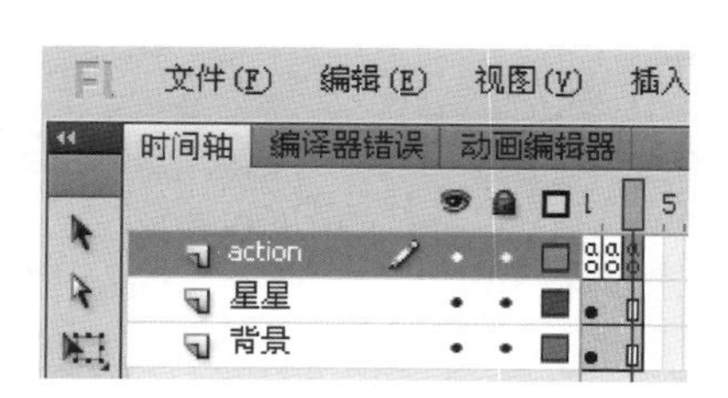

图 9-43　if 语句执行图

图 9-44　星星跟随效果图

知识点拨

本任务要实现一个鼠标跟随效果,一串星星跟随鼠标移动。主要是利用一个影片剪辑实例锁定跟随鼠标,然后利用帧循环不断获取鼠标的坐标,利用 while 循环来设置各个跟随内容的坐标。根据鼠标的移动速度,可以呈现出不同的动态效果。

模块小结

本模块学习了简单交互动画、复杂交互动画和影片剪辑的控制相关知识。通过典型案例的学习和上机实战的体会,逐步掌握交互动画制作的技巧。

第四篇
Flash MTV制作

模块10 Flash中使用音频和视频

Flash具有非常强大的音频和视频编码功能，越来越多的网站呈现出了Flash创作的音视频作品。

教 知识要点 简明扼要

- Flash中音频文件的使用
- Flash中视频文件的使用

10.1 Flash CS6中音频文件的使用

Flash对声音的支持非常出色，基于Flash创作出的声音文件很小，却能显示出较高的听觉清晰度。Flash支持的声音文件格式类型主要有WAV、MP3、AIFF和AU等。常用的主要有WAV和MP3两种音频格式文件。

1. Flash中常用的音频文件格式

(1) WAV格式音频文件　可以导入各种音频软件创建的WAV格式音频文件，直接保存对声音波形的采样数据，数据没有经过压缩，音质非常好。Windows系统中的启动声音，以及一些相关音乐都是以WAV格式存储的。但WAV格式的音频文件有一个致命的缺陷，就是对数据采样时没有压缩，体积过大，占用的磁盘空间也就很大。其他的很多音频格式都是在改造WAV格式缺陷的基础上发展起来的。

(2) MP3格式音频文件　相同长度的音频文件用MP3格式存储，一般大小只有WAV格式的1/10。虽然MP3格式是一种破坏性的压缩格式，但是因为其取样与编码的技术优异，其音质接近CD，体积小、传输方便，拥有较好的声音质量。所以，目前的网络音乐大多是以MP3格式输出的。

2. Flash中音频文件的使用

Flash的公用库中，提供了丰富的音频文件供编辑使用，也可以从外部导入需要的音频文件。

(1) 公用库中的音频文件　选择“窗口”|“公用库”|“声音”，可以查看Flash公用库中的音频文件，如图10-1所示。

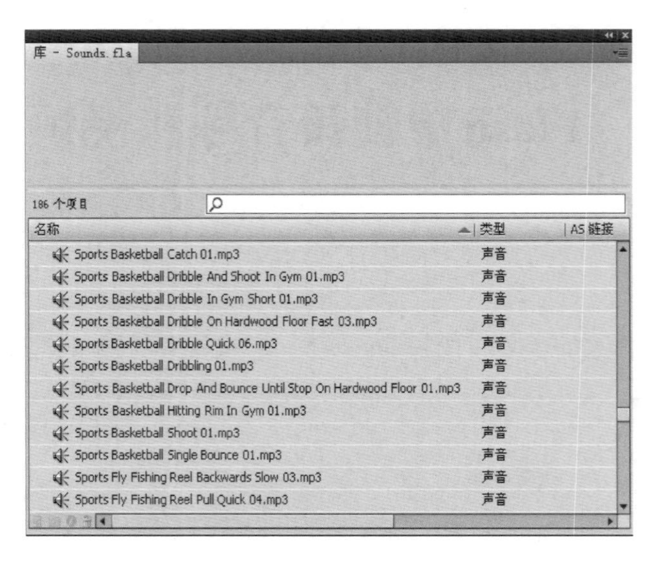

图 10-1　公用库中已有的音频文件

（2）外部音频文件的导入　要将外部音频文件应用到 Flash 中，首先要将音频文件导入到影片文档中。选择"文件"|"导入"|"导入到库"命令，在弹出的对话框中选择所需导入的音频文件，即可将所选的外部音频文件添加到"库"面板中。导入的音频文件会与位图和元件等一起保存在"库"面板中，如图 10-2 所示。

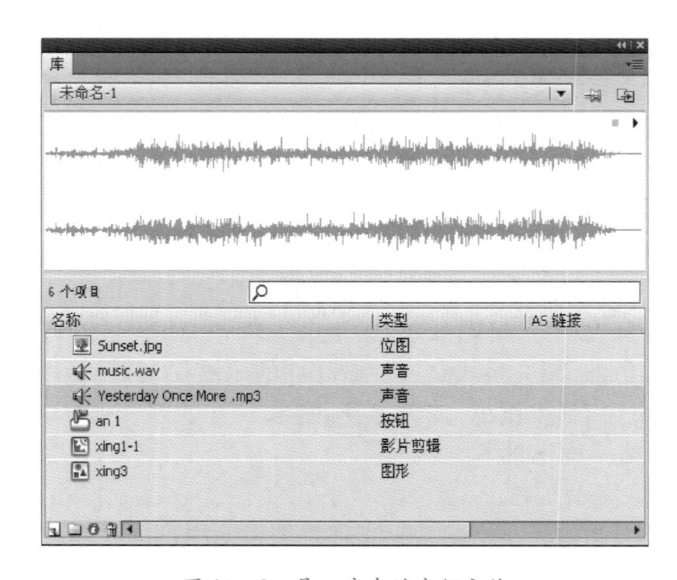

图 10-2　导入库中的音频文件

知识点拨

将声音导入到 Flash 中，如果声音的格式不是 11 kHz 的倍数(如 8 kHz、31 kHz、10 kHz)，则需要重新采样。

10.2　Flash CS6 中视频文件的使用

10.2.1　Flash CS6 常用视频文件格式

导入的视频对象，可以缩放、旋转、扭曲和遮罩处理，也可以编写脚本，用来创建视频对象的动画。

Flash 支持的视频文件的种类较多，常用的有 FLV 和 F4V。

10.2.2　Flash CS6 常用视频的导入

1. 视频的导入

导入的视频文件会与位图和其他元件等一起保存在"库"面板中。导入视频的步骤如下：

(1) 执行菜单栏中"文件"|"导入"|"导入视频"命令，打开"导入视频"向导。在"选择视频"对话框中单击【浏览】按钮，选择本书素材"模块 10"文件夹中的"外景.flv"视频文件，选择"在 SWF 中嵌入 FLV 并在时间轴中播放"，如图 10－3 所示。

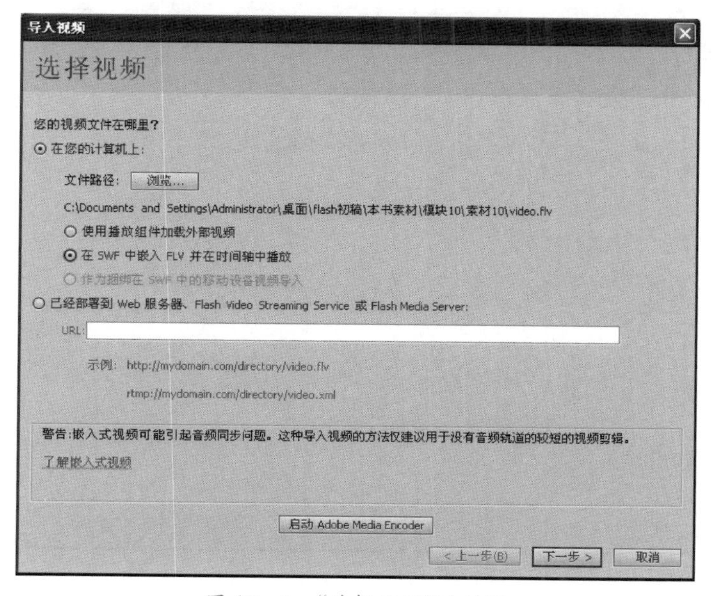

图 10－3　"选择视频"对话框

(2) 单击【下一步】按钮,则切换到导入视频的“嵌入”对话框,设置参数如图 10-4 所示。

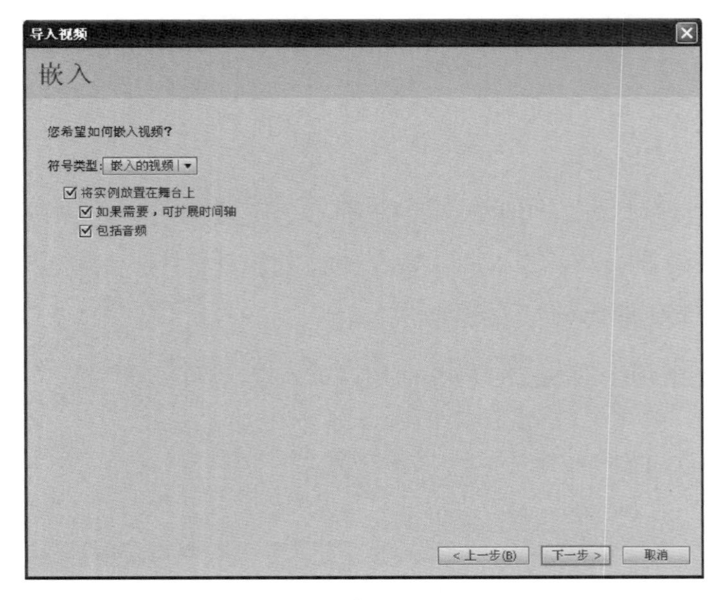

图 10-4 “嵌入”对话框

(3) 继续单击【下一步】按钮,则切换到导入视频的“完成视频导入”对话框,如图 10-5 所示。

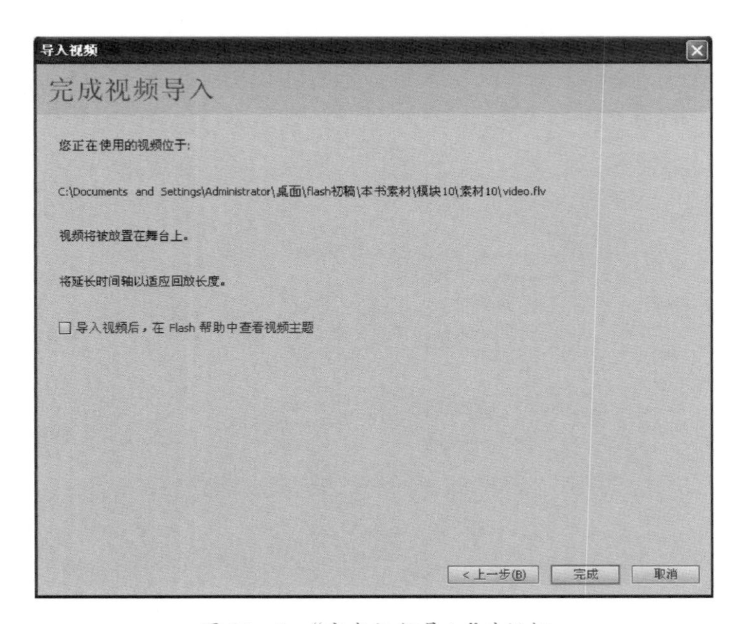

图 10-5 “完成视频导入”对话框

（4）单击【完成】按钮，将视频文件导入到舞台中，调整其在舞台中的位置，如图 10－6 所示。

图 10－6　导入到舞台中的视频

2. 视频的转换

视频文件格式非常多，当执行菜单栏中“文件”|“导入”|“导入视频”命令时，会出现不能正常导入的现象，如图 10－7 所示，需转为 Flash 支持的视频格式。视频格式转换器有许多种，读者可以在网上搜索。

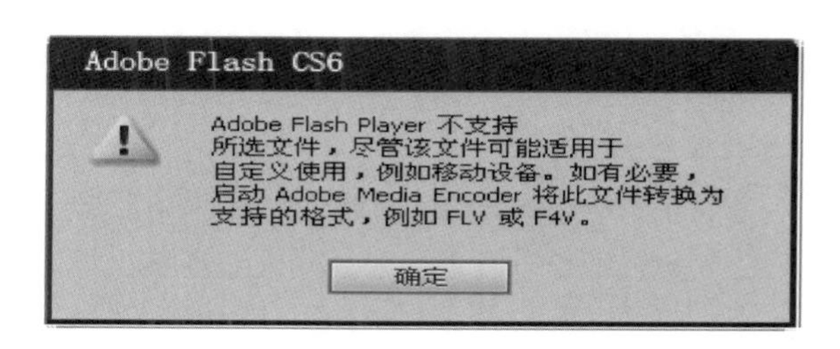

图 10－7　不能导入视频的提示

学　知识巩固　案例演示

演示案例 1　升国旗

演示步骤

1. 启动 Flash，新建一个 ActionScript 2.0 的影片文档，设置背景大小为 600×400、帧频

改为 12 fps、背景颜色为默认。文件保存为“升国旗. fla”。

2. 选择“文件”|“导入”|“导入到舞台”命令，将本书素材“模块 10”|“天安门. jpg”导入到舞台中，调整导入图片的大小，使其与舞台大小吻合。命名该层为“背景图”。

3. 制作旗杆：

（1）按[Ctrl]+[F8]键，创建一个“旗杆”图形元件，使用矩形工具绘制一个“笔触颜色”为无色、“填充颜色”为白至紫色(#666699)线形渐变的竖直的细长矩形，在“信息”面板中设置矩形的宽为 10、高为 280，如图 10－8 左所示。

（2）使用椭圆工具绘制一个“笔触颜色”为无色、“填充颜色”为白至紫色(#666699)径向渐变、大小为 12×15 的椭圆，将其移动到细长矩形的顶点，按[Ctrl]+[G]键组合图形，如图 10－8 右所示。

图10－8　旗杆形状示意图

4. 回到场景，插入一层并命名为“旗杆”，将“旗杆”图形元件从库中拖放到第 1 帧。

5. 再插入一层并命名为“国歌”，选择“文件”|“导入”|“导入到库”命令，将本书素材“模块 10”|“guoge. mp3”导入到“库”面板中。

6. 在“国歌”层的第 1 帧处设置属性面板，如图 10－9 所示。

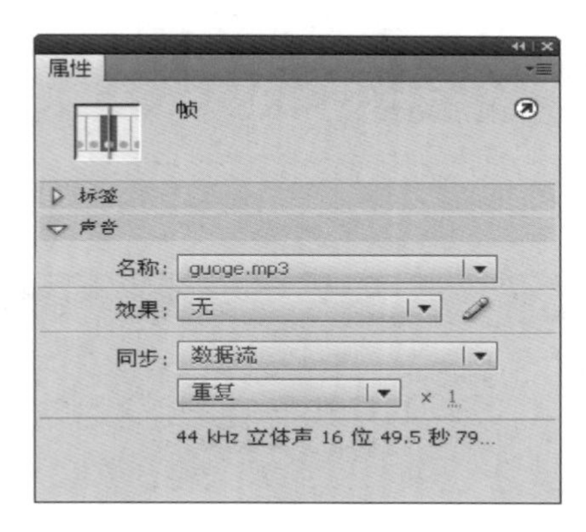

图 10－9　“属性”面板

图 10－10　显示乐曲的播放时间

7. 估算“guoge. mp3”乐曲的播放时间。双击“guoge. mp3”图标，启动 MP3 播放器后显示乐曲的播放时间为 49 s，如图 10－10 所示。帧频设置为 12 fps，则 12×49＝588(帧)。

8. 点击时间轴的右上角，选择刻度为“小”。移动时间轴上的滚动条，在“国歌”层的 588 帧处按[F5]键延长帧的长度，略作调整，直到音乐波形消失为止，约在第 596 帧。

9. 依次在“背景图”层和“旗杆”层按[F5]键，延长帧的长度到 596 帧。

10. 锁定现有的图层，在旗杆层的上方再插入“五星红旗帜”层，选择“文件”|“导入”|“打开外部库”命令，打开“作为库打开”对话框，选择本书素材“模块 7”|“五星红旗飘扬. fla”，点击【打开】后便打开了文件“五星红旗飘扬. fla”的库面板。

11. 选择影片剪辑元件“飘动的旗帜”拖放到场景中该层的第 1 帧，观察到旗帜飘扬的方向正好与背景图中红旗飘扬的方向相反(与风向应该一致)。选定影片剪辑元件“飘动的旗

帜”，选择“修改”|“变形”|“水平翻转”命令，使该影片剪辑元件的方向与背景图一致。

12. 右击第 596 帧处插入关键帧，选中舞台上的影片剪辑元件“飘动的旗帜”，连续按键盘上的向上方向键，直到红旗到达旗杆顶部。在第 1 帧和第 596 帧间创建传统补间动画，使五星红旗冉冉升起。

13. 在“五星红旗”图层的第 596 帧上，单击鼠标右键，在弹出的快捷菜单中，选择“动作”命令，弹出“动作-帧”面板。在该面板的左侧窗格中，双击“动作”下的“影片剪辑控制”类别，展开该类别下的动作语句。双击 stop 语句，将其添加到右下角的脚本窗格中，为该帧添加动作语句“stop();”，使动画不循环播放，此时时间轴上该层的第 596 帧出现一个“a”标示。

14. 继续保存文件，按[Ctrl]+[Enter]键，预览播放效果，五星红旗随国歌冉冉升起，如图 10 - 11 所示。

图 10 - 11　国旗升起的动画效果示意

演示案例 2　制作音频播放器

演示步骤

1. 启动 Flash，新建一个 ActionScript 2.0 的影片文档，按[Ctrl]+[J]键，设置背景大小为 400×500、背景颜色为黑色、帧频为默认。

2. 选择“文件”|“导入”|“导入到舞台”命令，将本书素材“模块 10”|“音频播放器界面.jpg”导入到舞台中。将其调整至舞台的中心位置，如图 10 - 12 所示。

3. 命名第 1 层为“音频播放器界面”，锁定第 1 层，插入一个新层并命名为“乐曲”。

4. 选择工具箱中的文本工具，在“属性”面板中设置：静态文本、宋体、16 号、白色(#FFFFFF)，然后在舞台中输入文字“乐曲 1”，如图 10 - 13 所示。

图 10－12　音频播放器界面

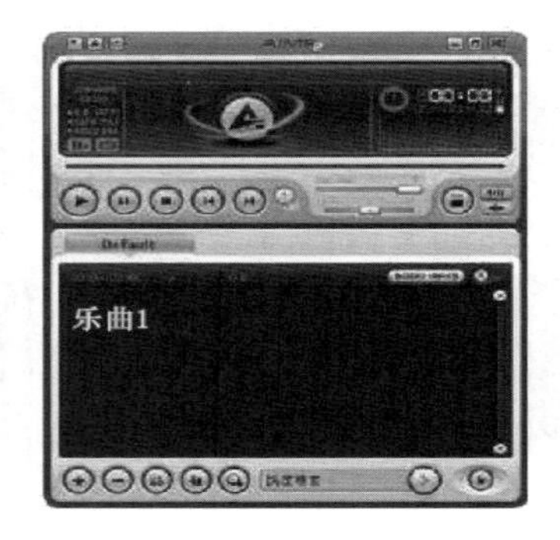

图 10－13　文本 1 输入

图 10－14　按钮设置

5. 选择输入的文本，按[F8]键将其转换为名称为"按钮 1"的按钮元件，双击该实例进入"按钮 1"的编辑窗口中。

6. 在"指针经过"帧处插入关键帧，然后将文字更改为蓝色（#0000FF），在"点击"帧处插入关键帧，绘制一个"笔触"为无、"填充"为白色的矩形，矩形恰好遮挡住文字即可，如图 10－14所示。

7. 返回到舞台场景，在"乐曲"层再输入相同设置的文本"乐曲 2"，如图 10－15 所示。

8. 将"乐曲 2"转换为名称为"按钮 2"的按钮元件，并做同"按钮 1"元件相同的处理。

9. 插入第 3 层并命名为"静音"。用同样的方法，再制作一个形状略大的，名称为"静音"的按钮元件，如图 10－16 所示。

图 10－15　文本 2 输入

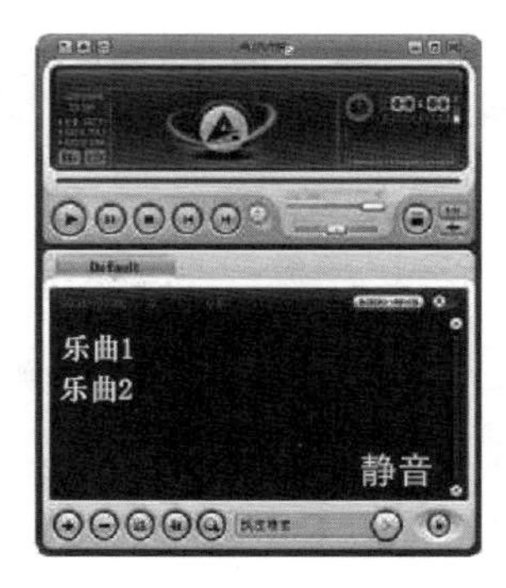

图 10－16　静音按钮位置

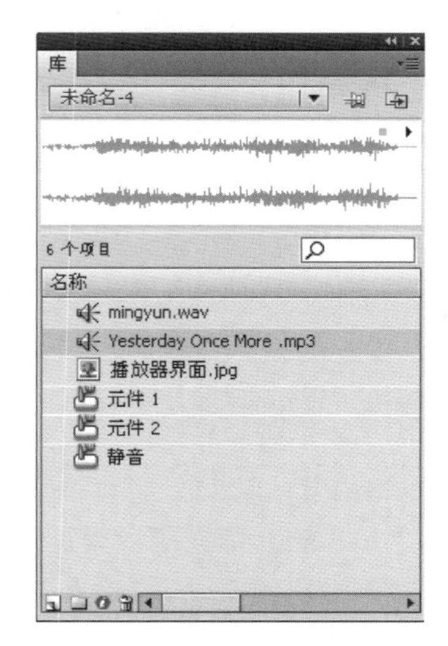

图 10－17　"属性"面板

10. 选择"文件"|"导入"|"导入到库"命令，将本书素材"模块 10"|"mingyun. wav"和"Yesterday Once More. mp3"，导入到"库"面板中，如图 10－17 所示。

11. 在"库"面板中的"mingyun. wav"上右击，在弹出的菜单中选择"属性"命令，在打开的“声音属性”对话框中单击“ActionScript”按钮，然后勾选“为 ActionScript 导出”复选框，此时“在第 1 帧中导出”复选框也同时勾选，如图 10－18 所示。单击【确定】按钮。

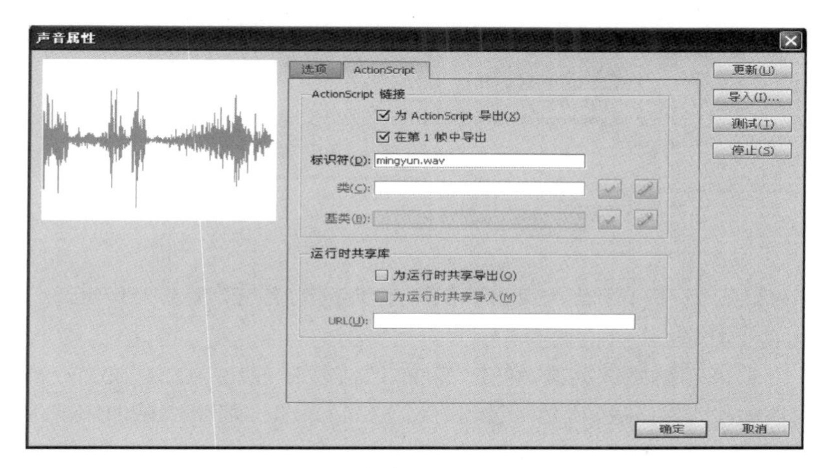

图 10－18　“声音属性”对话框的设置

12. 在舞台中选择“乐曲 1”按钮，按[Shift]＋[F3]键弹出“行为”面板，单击“行为”面板中的“添加行为”按钮，在弹出的菜单中选择“声音”|“从库加载声音”命令，如图 10－19(a)所示。再在弹出的“从库加载声音”对话框中设置参数“A”，如图 10－19(b)所示。单击【确定】按钮，则为“乐曲 1”按钮添加了行为。

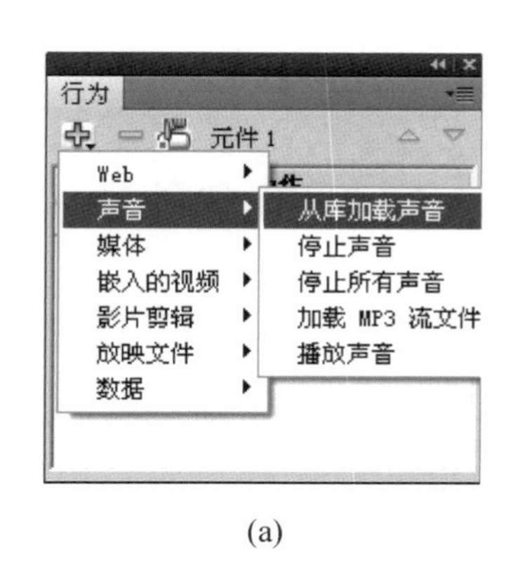

(a)

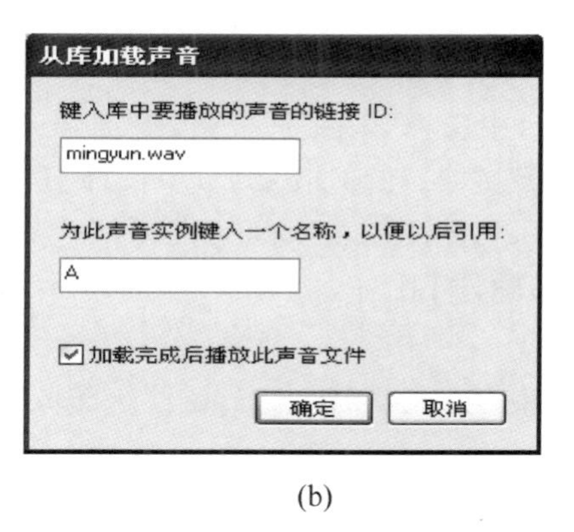

(b)

图 10－19　“乐曲 1”按钮添加行为

13. 在舞台中选择“乐曲 2”按钮，按[Shift]＋[F3]键弹出“行为”面板，单击“行为”面板中的“添加行为”按钮，在弹出的菜单中选择“声音”|“加载 MP3 流文件”命令，再在弹出的“加载 MP3 流文件”对话框中设置参数，如图 10－20 所示。单击【确定】按钮，则为“乐曲 2”按钮添加了行为。

14. “乐曲 2”加载了 MP3 流文件以后并不会自动播放，还要再加一个播放声音的行为。单击“行为”面板中的“添加行为”按钮，在弹出的菜单中选择“声音”|“播放声音”命令，弹出

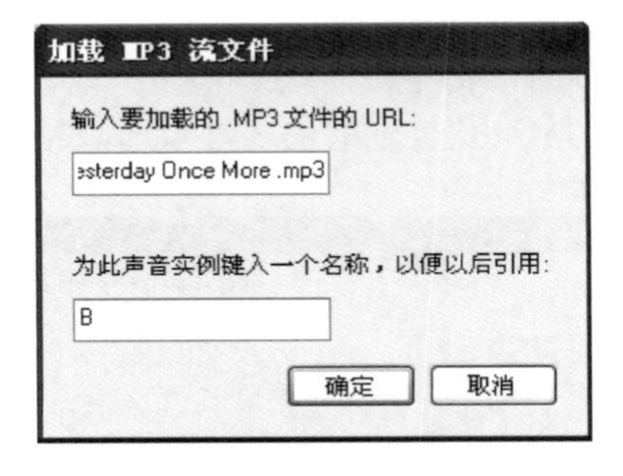

图 10-20 "乐曲 2"按钮添加行为

的"播放声音"对话框中，再在"键入要播放的声音实例的名称"文本框中输入"B"，如图 10-21 所示，单击【确定】按钮。

按[Ctrl]+[Enter]键测试动画，单击"乐曲 1"按钮播放出"mingyun. wav"的乐曲，单击"乐曲 2"按钮播放出"Yesterday Once More. mp3"的乐曲。但两个乐曲声会混在一起，所以还需要再使用"行为"进行控制，使之不产生混放现象。

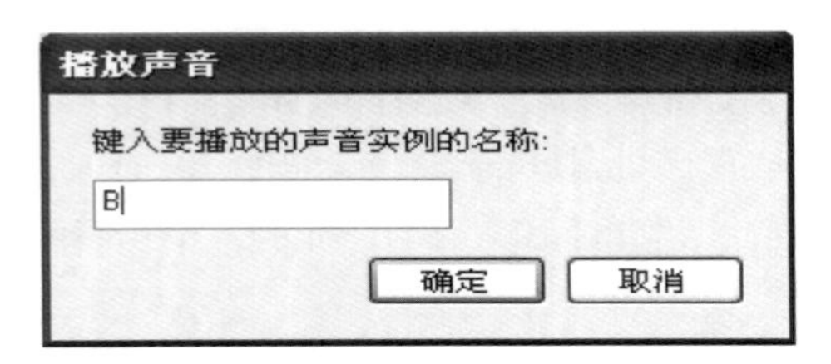

图 10-21 "播放声音"对话框

图 10-22 "停止所有声音"对话框

15. 在舞台中选择"乐曲 1"按钮，按[Shift]+[F3]键弹出"行为"面板，单击"行为"面板中的"添加行为"按钮，在弹出的菜单中选择"声音"|"停止所有声音"命令。弹出的"停止所有声音"对话框，如图 10-22 所示。

16. 单击【确定】按钮，在"行为"面板中将默认的"释放时"事件改为"按下时"，如图 10-23所示。

17. 用同样的方法，在舞台中选择"乐曲 2"按钮，为其添加"停止声音"行为，参数设置如图 10-24 所示。

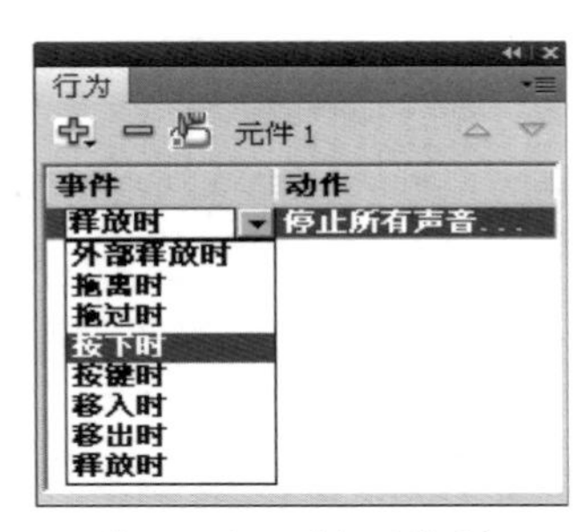

图 10-23 "行为"面板

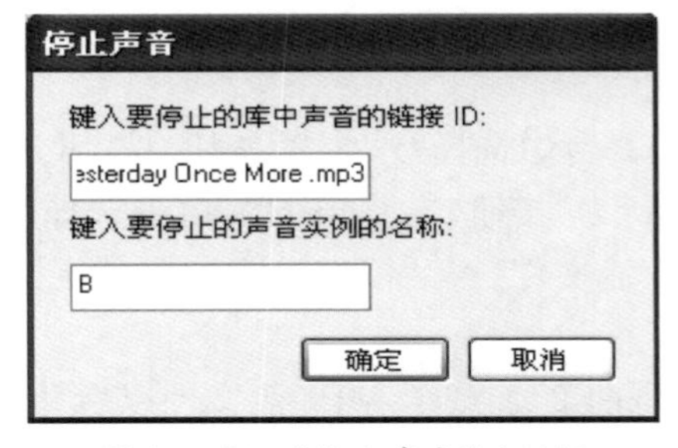

图 10-24 "停止声音"对话框

18. 单击【确定】按钮，则“乐曲 2”按钮上共有 3 种行为，如图 10－25 所示。

行为
元件 2

事件	动作
释放时	播放声音...
释放时	加载 MP3 流...
释放时	停止声音...

图 10－25　“乐曲 2”按钮 3 种行为

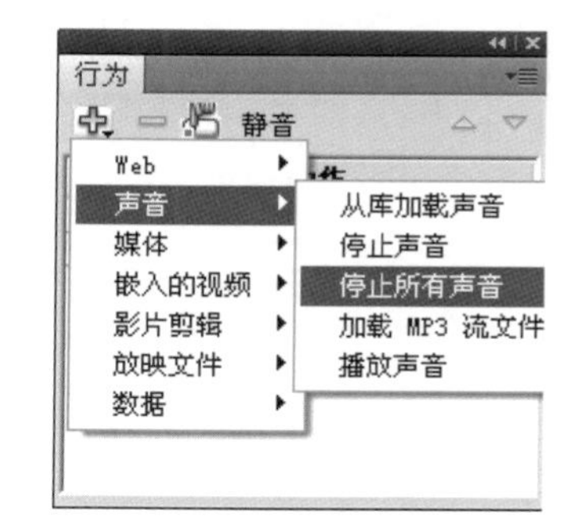

图 10－26　“静音”按钮行为设置

19. 在舞台中单击第 3 层的“静音”按钮，按[Shift]＋[F3]键打开“行为”面板，选择“添加行为”按钮，在弹出的菜单中选择“声音”|“停止所有声音”命令，在弹出的“停止所有声音”对话框中单击【确定】按钮，如图 10－26 所示，对“静音”按钮添加行为。

20. 至此，完成了全部制作，按[Ctrl]＋[Enter]键，再点击“乐曲 1”“乐曲 2”和“静音”按钮欣赏效果。

21. 最后保存文件为“音频播放器. fla”。

演示案例 3　制作视频播放器

演示步骤

1. 启动 Flash，新建一个 ActionScript 2.0 影片文档。在“文档设置”对话框中，设置“尺寸”为 320×240、“背景颜色”为黑色，其他为默认值。

2. 执行“文件”|“导入”|“导入视频”命令，则打开“导入视频”向导。在“选择视频”对话框中单击【浏览】按钮，选择本书素材“模块 10”文件夹中的“专题片. wmv”视频文件，选择“在 SWF 中嵌入 FLV 并在时间轴中播放”，出现图 10－7 所示不能导入视频的提示。

3. 将“专题片. wmv”转换为 Flash 支持的“专题片. flv”格式：

(1) 安装“万能视频格式转换器”软件(模块 10 中的素材 10 中)。打开“万能视频格式转换器”软件窗口，操作共有 4 步，如图 10－27 所示。

(2) 第一步：点击“万能视频格式转换器”窗口中的【添加】按钮，选择本书素材“模块 10”|“专题片. wmv”视频文件，如图 10－28 所示。

(3) 第二步：选择输出格式为“. flv”。

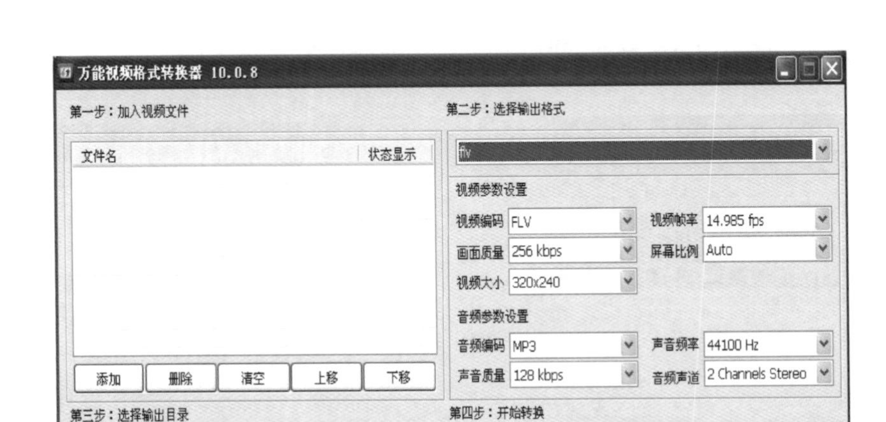

图 10-27　万能视频格式转换器

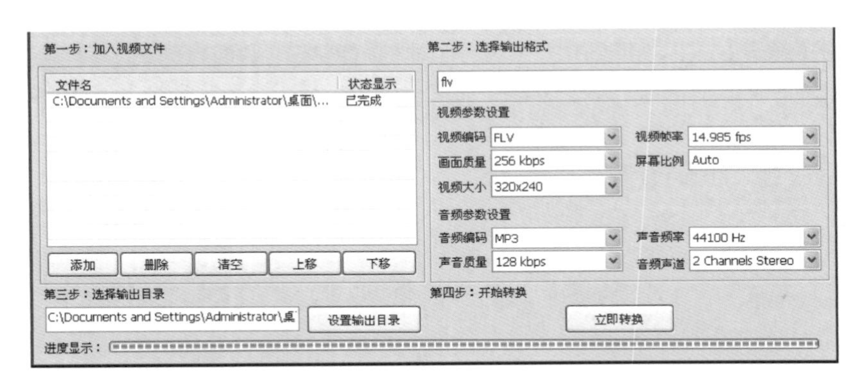

图 10-28　万能视频格式转换器

（4）第三步：选择输出目录为本书素材"模块 10"。

（5）第四步：点击"立即转换"，在"模块 10"素材文件夹中会生成"专题片.flv"视频文件。

4. 在 Flash 软件中，执行菜单栏中"文件"|"导入"|"导入视频"命令，则打开"导入视频"向导。在"选择视频"对话框中单击【浏览】按钮，选择本书素材"模块 10"|"专题片.flv"视频文件，选择"在 SWF 中嵌入 FLV 并在时间轴中播放"，如图 10-29 所示。

5. 单击【下一步】和【完成】按钮，则"专题片.flv"视频文件能正常完成导入。

6. 选择导入的视频，在"属性"面板中将其命名为"VD"，如图 10-30 所示。

7. 选择第 1 帧，在"动作-帧"面板中输入代码：stop()；

8. 命名该图层为"视频"，新建图层并命名为"视频首页"。在第 1 帧导入本书素材"模块 10"文件夹中的"视频首页.jpg"，调整图片位置。删除该层第 1 帧后的所有帧。

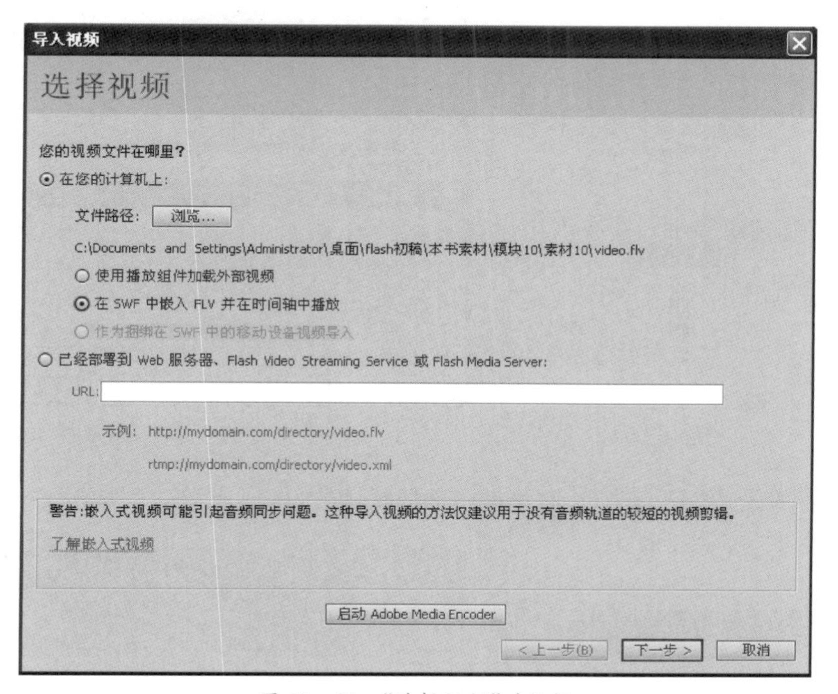

图 10-29　“选择视频”对话框

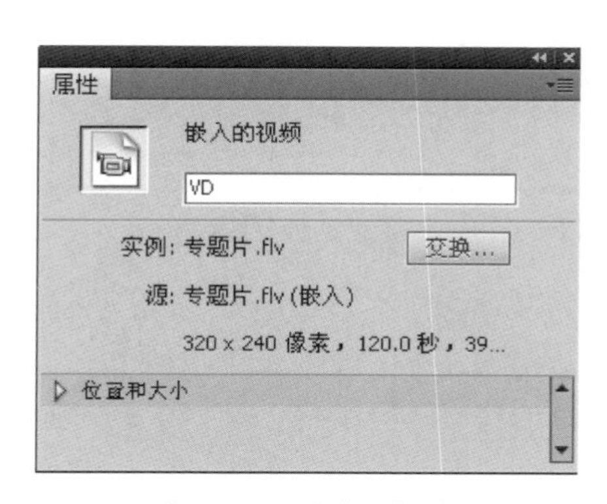

图 10-30　“属性”面板

图 10-31　按钮位置

9. 新建图层并命名为“按钮”。执行“窗口”|“公用库”|“按钮”，打开“公用库”，选择一组矩形按钮拖放在舞台的下方。依次排列为“播放”“暂停”和“停止”，如图 10-31 所示。

10. 在舞台中选择第 1 个“播放”按钮，按快捷键[Shfit]+[F3]打开“行为”面板。单击“行为”面板中的“添加行为”按钮，在弹出的菜单中选择“嵌入的视频”|“播放”命令，如图10-32 所示。在弹出的“播放视频”对话框中选择“VD”，如图 10-33 所示。

图 10-32 "行为"面板

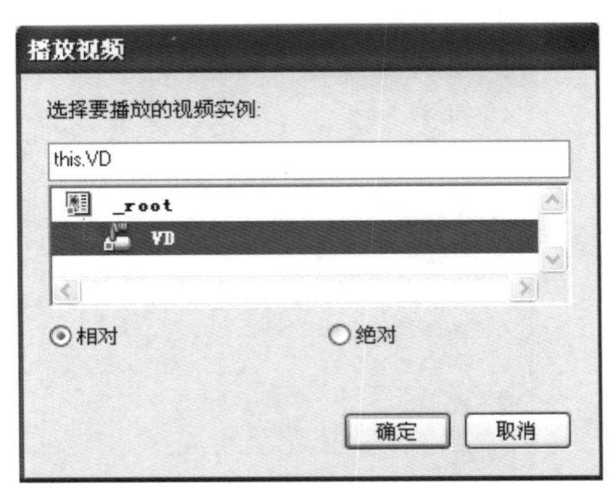

图 10-33 "播放视频"对话框

11. 单击【确定】按钮,在"行为"面板中选择默认的"释放时"事件,如图 10-34 所示。

图 10-34 "行为"面板

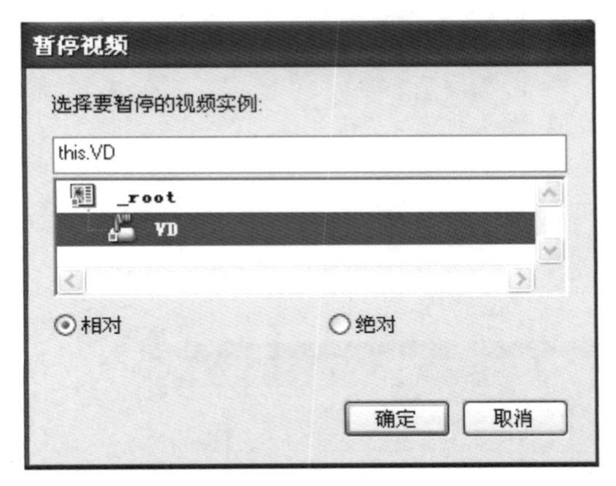

图 10-35 "播放视频"对话框

12. 在舞台中选择第 2 个"暂停"按钮,单击"行为"面板中的"添加行为"按钮,在弹出的菜单中选择"嵌入的视频"|"暂停"命令,在弹出的"暂停视频"对话框中选择"VD",如图 10-35 所示。

13. 单击【确定】按钮,在"行为"面板中选择默认的"释放时"事件。

14. 同样的方法,在舞台中选择第 3 个"停止"按钮,单击"行为"面板中的"添加行为"按钮。在弹出的菜单中选择"嵌入的视频"|"停止"命令,在弹出的"停止视频"对话框中选择"VD",单击【确定】按钮,在"行为"面板中选择默认的"释放时"事件。

15. 按下[Ctrl]+[Enter]键,测试按钮效果,然后将文件保存为"视频播放器. fla"。

知识点拨

从图 10-32 可知,"行为"面板中的添加行为有 5 种:"播放""暂停"、"停止"、"显示"和"隐藏",学习者可以用同样的方法设置"显示"和"隐藏"视频按钮。

做 举一反三 上机实战

任务 1　母亲节音乐贺卡

制作步骤

1. 新建 Flash 影片文档，在工作区域中右击，在弹出的菜单中选择"文档属性"命令，背景颜色为黑、背景大小为 500×350、帧频为 12 fps，其他参数为默认。先保存该文件于本书素材"模块 10"中，文件名为"母亲节音乐贺卡. fla"。

2. 执行"文件"|"导入"|"导入到库"，将模块 10 素材中"世上只有妈妈好. mp3"导入到库中。

3. 将图层 1 命名为"音乐"，将库中"世上只有妈妈好. mp3"拖放到该层的第 1 帧。显示"属性"面板，名称中选"世上只有妈妈好. mp3"，同步中选"数据流"，如图 10－36 所示。按[F5]键延长时间帧到 290 帧，这样，在动画播放至第 290 帧时，音乐停止。

4. 在音乐层的下方插入新图层并命名为"背景"，执行"文件"|"导入"，导入"模块 10"素材文件夹中的"母亲节贺卡背景. jpg"，设置贺卡背景与舞台场景大小吻合。按[F5]键延长时间帧到 290 帧处。

5. 锁定现有的两层，在中间插入新图层，并命名为"红心动画"。执行"文件"|"导入"|"打开外部库"，打开本书素材"模块 8"|"爱心活动. fla"文件的库面板，将影片剪辑元件"心动"拖放到舞台中，关闭外部库面板。

6. 执行"窗口"|"库"，打开"库"面板，影片剪辑元件"心动"等已在现有的库中，如图 10－37 所示。在"烛光动画"层的第 1 帧再将一个"心动"元件拖放到舞台中，选中其中的一个影片剪辑元件"心动"，执行"修改"|"变形"|"水平翻转"；然后，按[Ctrl]+[G]键组合两个影

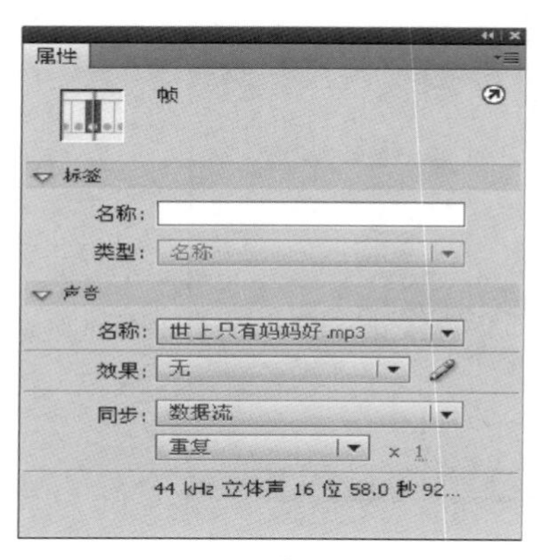

图 10－36　"属性"面板

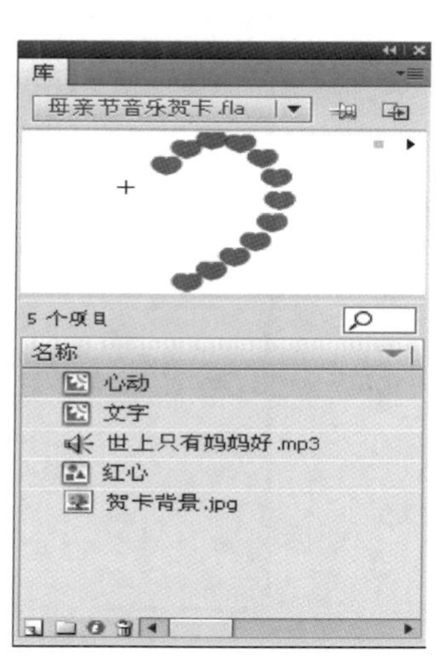

图 10－37　"库"面板

片剪辑元件，按[F5]键延长时间帧到 290 帧。

7. 制作影片剪辑元件"文字"：

(1) 按[Ctrl]+[F8]键打开"创建新元件"对话框，设置影片剪辑元件"文字"后，进入到影片剪辑元件"文字"的编辑窗口。

(2) 设置文本大小为 30、颜色为橙黄色(#FF9900)、字体为华文琥珀，输入文本"妈妈，您辛苦了！"

(3) 在时间轴第 1 帧和 96 帧间(在 300 帧间约播放 3 次)，将文本"妈妈，您辛苦了！"制作成逐帧动画，时间轴面板如图 10-38 所示。

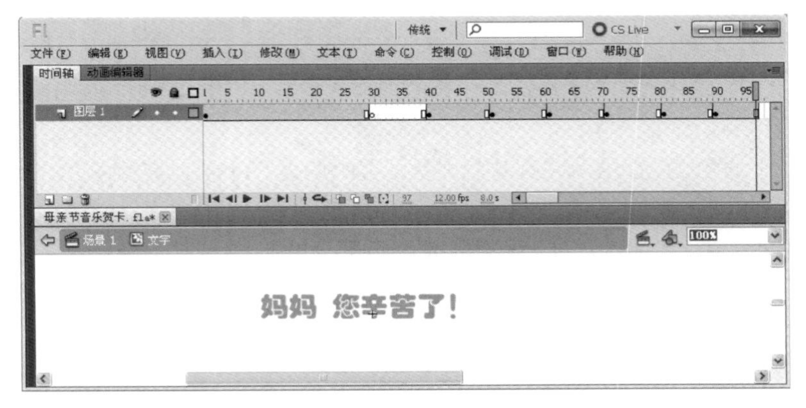

图 10-38 "时间"轴面板

8. 回到场景，在最上面插入一新图层并命名为"文本"，将剪辑元件"文字"拖放到第 1 帧，位于场景的左上角，效果如图 10-39 所示。按[F5]键延长时间帧到 290 帧。

9. 按[Ctrl]+[Enter]键测试影片，按[Ctrl]+[F8]键继续保存该影片文件。

图 10-39 音乐卡片效果示意图

任务 2　音乐片段——小鸟飞翔

制作步骤

1. 新建一个 Flash 影片文档，设置舞台尺寸为 500×400 像素、舞台背景为淡蓝色、帧频为 12，其他参数保持默认。

2. 命名该层为“音乐”，选择“文件”|“导入”|“导入到舞台”命令，导入本模块素材 10 中的“音乐片断”，打开属性面板设置如图 10-40 所示。该音乐片断为 29 s，播放完音乐片断所需的帧数约为 350 帧(12×29)，将音乐层时间帧延长到第 350 帧。

3. 插入“背景”层，选择“文件”|“导入”|“导入到舞台”命令，导入本教程模块 10 素材中的背景图片。选定背景图片并打开属性面板，设置图片尺寸为 880×660，使背景图片与舞台完全吻合。

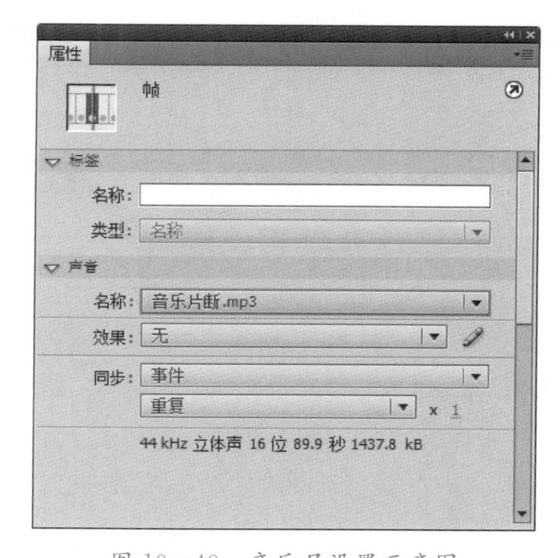

图 10-40　音乐层设置示意图

4. 在当前层的第 350 帧插入关键帧，右击该层创建传统补间动画。在第 70 帧处插入关键帧，将背景图向右下角移一点。同样，分别在第 140 帧、第 210 帧、第 280 帧和第 350 帧处做同第 70 帧相似的操作。

5. 创建“小鸟飞舞”的影片剪辑元件

(1) 按［Ctrl］+［F8］键，在弹开的“创建新元件”对话框中，元件名称设为“小鸟飞舞”，类型为“影片剪辑”。确定，进入“小鸟飞舞”的编辑状态。

(2) 在舞台中，绘制一只白色的小鸟，如图 10-41所示。使用工具箱中的骨骼工具，为小鸟形状添加骨架。

(3) 选择工具箱中缩放工具，使舞台中的骨架图形变大显示。接着，在工具箱中选择绑定工具后，在图形上单击，使图形上出现控制点。依次选择小鸟身体和头部的控制点，向骨架关节处拖动鼠标，将这些控制点和骨骼绑定起来，如图 10-42 所示。

图 10-41　小鸟的形状

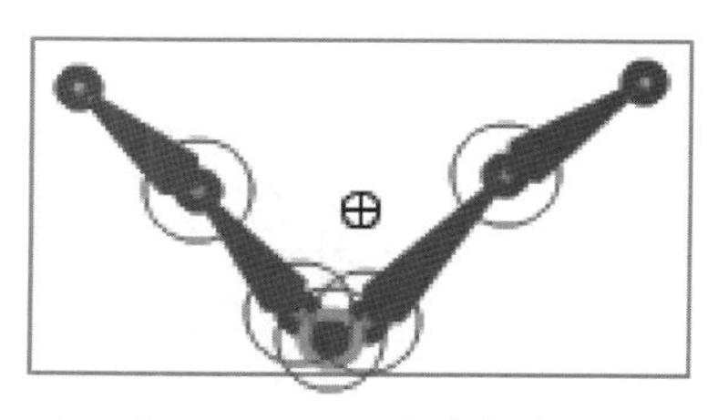

图 10-42　小鸟骨架绑定

知识点拨

骨骼绑定操作很重要，必须将小鸟身体上所有的控制点都与鸟身体上的关节绑好，否则在制作翅膀飞舞动画时会引起身体的变形。在绑定操作时，可以使用工具箱中选择工具移动翅膀，看看身体的哪些部位发生了变形，有利于更好地确定哪些控制点需要绑定。

(4) 将骨骼图层的时间帧延长到第 40 帧，在第 10 帧处拖动关节改变两翅膀的状态。用同样的方法，分别在第 20 帧处、第 30 帧处拖动关节改变两翅膀的状态，如图 10－43 所示。

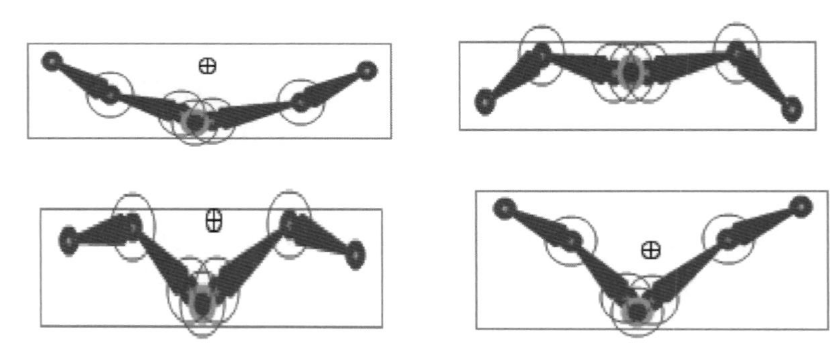

图 10－43　依次为第 10，20，30，40 帧处小鸟的翅膀形状

6. 回到场景，调整舞台中影片剪辑元件"小鸟飞舞"的位置。从库中再拖出一个影片剪辑元件"小鸟飞舞"，用任意变形工具将两影片剪辑元件调成一只略大、一只略小，效果如图 10－44 所示。延长"小鸟飞舞"层的时间到 350 帧。

图 10－44　小鸟飞翔效果示意图

7. 按[Ctrl]+ [Enter]键测试影片，保存并命名为“小鸟飞翔. fla”。

任务 3　多段音乐效果——生日贺卡

制作步骤

1. 新建一个 Flash 影片文档，打开“文档设置”对话框，将帧频改为 12，其他为默认。

2. 创建“生日快乐”影片剪辑元件：

(1) 选择菜单“插入”|“新建元件”命令或按[Ctrl]+[F8]键，弹出“新建元件”对话框，设置名称为“生日快乐”、类型为“影片剪辑”，单击【确定】按钮，进入该元件的编辑窗口。

(2) 将“图层 1”重命名为“生日快乐”。执行“文件”|“导入”|“导入到舞台”菜单命令，打开“导入”对话框，在其中选择素材“生日快乐. png”，将图片导入到舞台上。

(3) 新建图层“矩形圆”。执行“文件”|“导入”|“导入到舞台”菜单命令，打开“导入”对话框，在其中选择素材“矩形圆. png”，将图片导入到舞台上，如图 10 - 45 所示。

图 10 - 45　“生日快乐”和“矩形圆”图层

(4) 在第 3 帧插入关键帧，执行“修改”|“分离”菜单命令，将矩形圆分离，使用工具箱中颜料桶工具，将圆填充为不同的颜色组合。在第 5 帧和第 7 帧插入关键帧，同样将圆变换为不同的颜色组合。

(5) 新建图层“白边”，为圆添加白色内容。至此，“生日快乐”影片剪辑元件制作完成，如图 10 - 46 所示。

图 10 - 46　“生日快乐”影片剪辑元件

3. 创建"火苗"影片剪辑元件：

(1) 选择菜单"插入"|"新建元件"命令或按[Ctrl]+[F8]键，弹出"新建元件"对话框，设置名称为"火苗"、类型为"影片剪辑"，单击【确定】按钮，进入该元件的编辑窗口。

(2) 使用工具箱中的椭圆工具，绘制填充火苗效果，将火苗填充为径向渐变，3 个墨水瓶的颜色依次为#FDD54D、#DD4700 和#DD4700，最后一个墨水瓶的 Alpha 值为 0%，填充效果如图 10－47(a)所示。

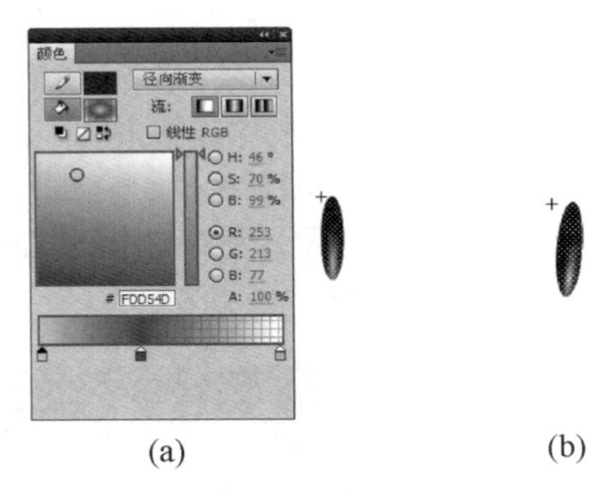

图 10－47　第 1 帧和第 7 帧上火苗效果

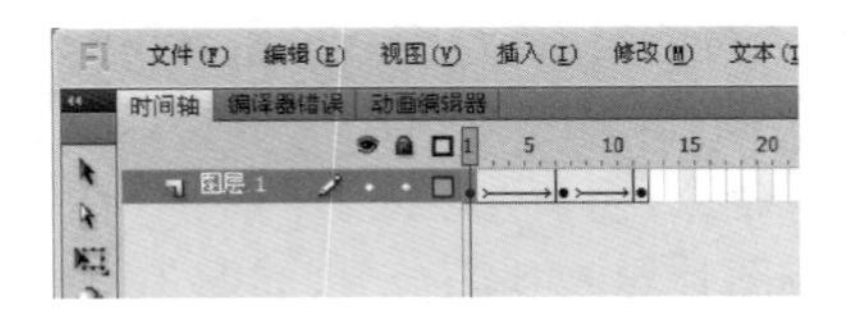

图 10－48　"火苗"影片剪辑时间轴效果

(3) 在第 7 帧插入关键帧，调整火苗成为如图 10－47(b)所示的形状。复制第 1 帧到第 11 帧。在关键帧点击鼠标右键，在弹出的菜单中选择"创建补间形状"动画效果。至此，"火苗"影片剪辑元件制作完成，时间轴如图 10－48 所示。

4. 创建"蛋糕"影片剪辑元件：

图 10－49　"蛋糕"影片剪辑元件

(1) 按[Ctrl]+[F8]键，弹出"创建新元件"对话框，设置名称为"蛋糕"、类型为"影片剪辑"，单击【确定】按钮，进入该元件的编辑窗口。

(2) 执行"文件"|"导入"|"导入到舞台"菜单命令，打开"导入"对话框，选择素材"任务 3　生日贺卡素材"|"蛋糕. png"，将图片导入到舞台上。

(3) 从"库"面板中将"火苗"影片剪辑元件拖放到舞台上，并复制 3 次。至此"蛋糕"元件制作完成，如图 10－49 所示。

5. 创建按钮元件：

(1) 按[Ctrl]+[F8]键，弹出"创建新元件"对话框，设置名称为"元件 1"、类型为"按钮"，单击【确定】按钮，进入该元件的编辑窗口。

(2) 打开"导入"对话框，选择素材创建新"礼盒 1. png"，将图片导入到舞台上。使用任意变形工具缩放到合适的大小，在"指针经过"帧插入关键帧，将礼盒向上移动一点距离，并导入"sound8. mp3"。在"按下"帧插入空白关键帧，复制"弹起"帧上的内容，原位置粘贴到"按下"帧。在"点击"帧插入关键帧。

(3) 新建图层 2，在按下帧插入关键帧，使用文本工具，输入内容“祝，长命百岁”，如图 10 - 50所示。

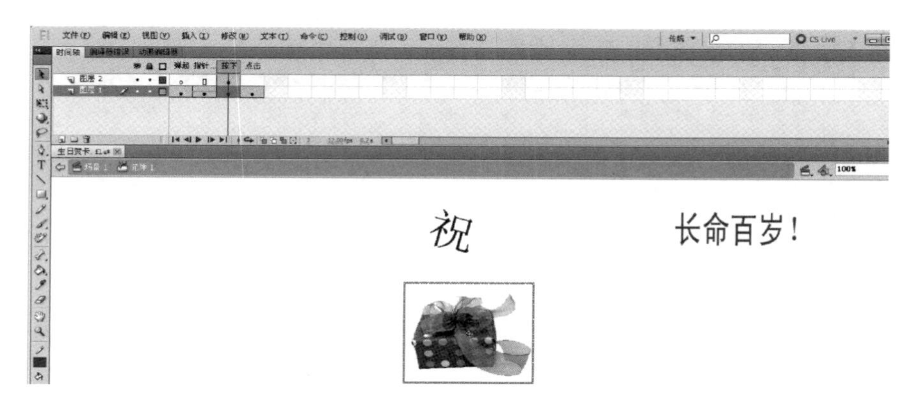

图 10 - 50 “元件 1”文字内容

(4) 采用上述(1)～(3)方法制作元件 2，如图 10 - 51 所示。

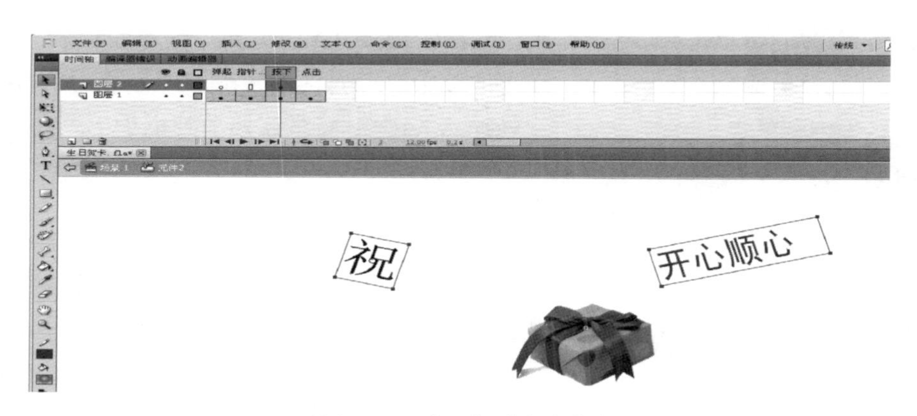

图 10 - 51 “元件 2”文字内容

(5) 在“库”面板中选定“元件 1”，点击鼠标右键，执行“直接复制”命令，在弹出的窗口中将元件命名为“元件 3”。双击“元件 3”进入编辑窗口，更改文字效果，如图 10 - 52 所示。

6. 编辑主场景：

(1) 单击时间轴上方的“场景 1”，切换到主场景。

(2) 将“图层 1”重命名为“粉色背景”，执行“文件”|“导入”|“导入到舞台”菜单命令，打开“导入”对话框，在其中选择素材“粉色背景.jpg”，导入到舞台上。打开外部素材库，将“生日快乐”影片剪辑拖放到舞台上，在第 163 帧插入帧，将背景延伸到第 163 帧处。

(3) 新建图层“桌”，打开“导入”对话框，选择素材“任务 3　生日贺卡素材”|“桌子.png”，使用工具箱中的任意变形工具将图片放大。

7. 在“粉色背景”图层的上面新建图层“女孩”，打开“导入”对话框，选择素材“任务 3

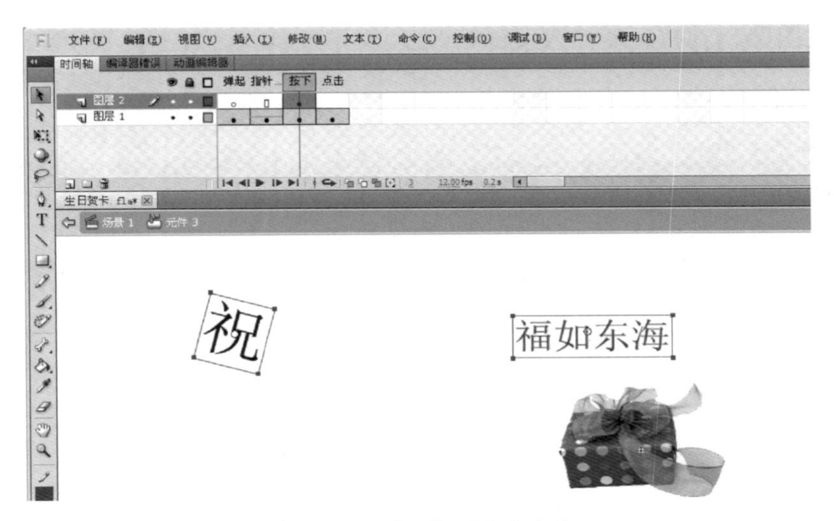

图 10-52 "元件 3"文字内容

图 10-53 舞台效果

图 10-54 "吹蜡烛"层第 70 帧的属性设置

生日贺卡素材"|"女孩. png",使用工具箱中的任意变形工具调整图片,舞台效果如图 10-53 所示。

(1) 在图层"桌"上方新建图层"蛋糕",从库中将"蛋糕"影片剪辑元件拖放到场景外的正下方。在第 35 帧插入关键帧,将蛋糕移动到桌子上。在关键帧间点击鼠标右键,在弹出的菜单中选择"创建传统补间"动画效果。

(2) 在"女孩"图层的第 45 帧插入关键帧,在第 46 帧插入空白关键帧。将"库"面板中的"女孩 1"拖放到舞台上原来女孩所在的位置。在第 70 帧插入空白关键帧。复制第 45 帧上的女孩,原位置粘贴到第 70 帧,使用工具箱中的任意变形工具将女孩稍微放大一点。在第 74 帧插入关键帧,将女孩还原为原来的大小。在第 163 帧插入关键帧,按[F9]键打开"动作"面板,在动作面板中输入语句"stop();"添加停止命令。

(3) 在"蛋糕"图层的上方,新建图层"吹蜡烛"。在"吹蜡烛"图层的第 70 帧插入关键帧,执行"文件"|"导入"|"导入到舞台"菜单命令,打开"导入"对话框,在其中选择素材"sound1. mp3",导入到舞台上。鼠标点击第 70 帧,在"属性"面板中进行如图 10-54 所示设置。在第 74 帧插入空白关键帧。在 86 帧插入关键帧。采用上面同样的方法将"sound2. mp3"导入到舞台上,属性设置同上。在第 100 帧插入空白关键帧。

（4）在"蛋糕"图层的第 75 帧插入关键帧。鼠标点选舞台上的蛋糕，执行"修改"|"分离"菜单命令一次后，鼠标点击其中的一根蜡烛，按[delete]键删除。在第 76 帧插入关键帧，鼠标点击其中的一根蜡烛，按[delete]键删除。采用同样的方法，依次删除其余的蜡烛。在第 98 帧插入关键帧，将 98 帧的蛋糕全部选中后按[Ctrl]+[G]组合键。在第 120 帧插入关键帧，将蛋糕平移到场景之外，在关键帧 98～120 间点击鼠标右键，在弹出的菜单中选择"创建传统补间"动画效果。

（5）在最上方新建图层"音乐"，执行"文件"|"导入"|"导入到舞台"菜单命令，打开"导入"对话框，在其中选择素材"music1. mp3"，导入到舞台上。在"属性"面板中将同步设置为"事件"，在第 120 帧插入关键帧。在第 121 帧插入空白关键帧，使用工具箱中的文本工具，输入"祝，生日快乐"，舞台效果如图 10－55 所示。

图 10－55　添加文字效果

（6）在"音乐"图层的第 130 帧插入空白关键帧，从库中将 3 个按钮元件拖放到舞台上，效果如图 10－56 所示。在 163 帧插入帧，至此主场景制作完成。

8. 按[Ctrl]+[Enter]键测试影片，如图 10－57 所示，保存影片文档为"生日贺卡. fla"。

图 10－56　按钮元件的添加

图 10－57　生日贺卡效果

知识点拨

本任务中，主场景中的动画效果较多，要根据内容判断插入关键帧还是空白关键帧。

模块小结

本模块学习了 Flash 音频和视频的导入方法。通过案例详细讲述了音频播放器文件和视频播放器的制作方法。通过完成任务，学习了音乐贺卡的制作，并体会了多段音乐贺卡动画的播放效果。

模块 11 Flash MTV创作

运用音频和视频元素，可以使作品本身效果更加丰富，起到画龙点睛的作用。网络文化不断发展的今天，Flash MTV 作品更是层出不穷。

教 知识要点 简明扼要

- Flash MTV 作品
- Flash MTV 创作流程
- Flash MTV 创作中软件关联技术

11.1 Flash MTV

MTV 即 music television 的缩写，即歌曲配以精美的画面，使原本只是听觉艺术的歌曲，变为视觉和听觉结合的一种艺术样式。

Flash MTV 就是在 Flash 软件中，应用音乐后创作出来的动画作品，其最大的特点是能够把一些矢量图、位图、歌词等文字做成交互性很强的动画，不仅具有视觉和听觉的双重感觉，更具有趣味性和创造性。

11.2 Flash MTV 创作流程

创作一部优秀的 Flash MTV 作品需要经过很多环节，就像拍一部电影一样，每一个环节都关系到作品的最终质量。

11.2.1 前期策划

着手制作 Flash MTV 作品前，应该首先明确作品的目的以及要达到的效果。前期策划阶段不涉及具体制作，却是整个制作过程中最重要的基础阶段，时间上占据整个过程的 1/2 左右，是最难的阶段。主要工作有 4 项。

(1) 选材　好的作品，必须经过反复构思，选用的乐曲必须心中有数。

(2) 确定剧情和角色　先多次聆听所选的音乐，直到能把握该歌曲所要表达的意境和歌曲中的感情，然后大体构思该作品。也可以先简单编写脚本描述或画构想图。

(3) 设定风格　根据剧情确定创作风格。没有风格，动画就没有内涵。

(4) 设定制作形式　作品的风格确定后，就要选择适合的制作形式来表现既定的风格。比如，比较严肃的题材，应该使用比较写实的风格；轻松愉快的题材，可以使用卡通风格。

11.2.2　素材准备

前期策划之后，风格和制作形式确定下来了，便可以开始根据策划的内容准备素材。

1. 声音素材的准备

创作一部 Flash MTV 作品前，首先得把创作歌曲准备好，一般都选择 MP3 格式音乐。当然，也可以从 CD、VCD 或 DVD 等其他音视频文件中提取声音。

2. 动画素材的准备

根据作品的情节选择一些图像素材，制作成为动画中需要的影片剪辑元件或常用的图形元件。

(1) 选择图片　初学者或没有美术基础的创作者，绘制 Flash MTV 作品中所需的矢量素材有一定的难度，可以多采用一些别人已绘制好的图片素材。例如，直接从网上搜集动画中要用到的图片素材，也可以使用现有的数码照片来创作一些形式比较简洁的 Flash MTV 作品。

(2) 矢量素材准备　Flash 作品以矢量图形素材为主流，因为矢量图形具有体积小、任意缩放都不会影响画面质量等特点。简单的矢量图形可以直接绘制，复杂的也可以将一些位图转换成矢量图形。

(3) 图片格式转换　Flash 可以导入几乎所有常见的图像格式文件，包括 jpg、gif、bmp、png、tif 等格式。使用位图制作的 Flash MTV 文件大多数体积很大，不能完全发挥 Flash 作品短小精悍、适合网上传播的特点。所以在应用位图素材时，图片的像素大小尽可能和作品的场景大小相同。对于过大的图片，最好事先作适当的压缩优化处理，减小文件的体积。但是，压缩优化处理尽可能不要影响 Flash MTV 作品画面的质量。

11.2.3　作品制作

作品制作是策划阶段的计划设定具体实施的过程，是整个流程中最辛苦的阶段。作品具体的制作就好像撰写一本书，先要将它的间架结构搭起来，整个作品才能凝聚、不松散。制作工作有两项：

(1) 词曲同步　这一步最能反映出作品质量。优秀的 Flash MTV 作品，必须实现词曲同步。

(2) 制作动画　主要包括角色的造型、添加动作、角色与背景的合成。需要掌握前面各模块所学的 Flash 动画制作的基础知识，若具备一定的美术知识效果会更理想。

11.2.4　后期测试和发布作品

(1) 后期测试　检测动画的最终播放效果、网上播放效果，以保证动画能完美地展现在欣赏者面前。

(2) 发布作品　动画制作好并调试无误后,便可以将其导出或发布为 SWF 格式的影片,上传到网上供人们欣赏和下载。

11.3 Flash MTV 中软件关联技术

在具体创作 Flash MTV 时,常常碰到两大难题:

(1) MP3 音乐不能顺利导入 Flash 软件中。这往往会使得构思许久的一部好作品,因为音乐不能顺利导入而放弃。

(2) 仅凭 Flash 软件本身不能方便、快捷地达到词曲同步效果。

每个软件的功能都有局限性。Flash MTV 创作过程中,兼用其他软件,实现软件的关联,能弥补仅用 Flash 软件制作 MTV 时的不足。挖掘其他软件的一些功能,用于在 Flash MTV 制作中,实现 Flash 软件和其他软件的关联,可以达到事半功倍的效果。

1. 标准 MP3 格式音频

MP3 的全称是 Moving Picture Experts Group Audio Layer III,简单说,MP3 就是一种音频压缩技术。MP3 是利用 MPEG Audio Layer 3 的技术,将音乐以 1∶10 甚至 1∶12 的压缩率,压缩成容量较小的文件。即能够在音质丢失很小的情况下,把文件压缩到更小的程度,非常好地保持了原来的音质。MP3 格式音乐每分钟只有 1 MB 大小,这样每首歌的大小只有 3～4 MB。正是因为体积小、音质高的特点,MP3 格式几乎成为网上音乐的代名词。Flash MTV 创作者一般都会直接选用从网上下载的 MP3 格式音乐。

导入过程:新建一个音乐层,点击"文件""导入"|"导入到库"命令,选择要导入的 MP3 音频文件,就可以完成音乐的正常导入,如图 11-1 所示。但是,也会出现 MP3 音乐不能正常导入的情况,如图 11-2 所示。这是因为有些 MP3 音频文件不是标准 MP3 格式音频,必须通过专门的 MP3 压缩软件处理,才能将非标准 MP3 格式音乐转换成标准 MP3 格式音乐。

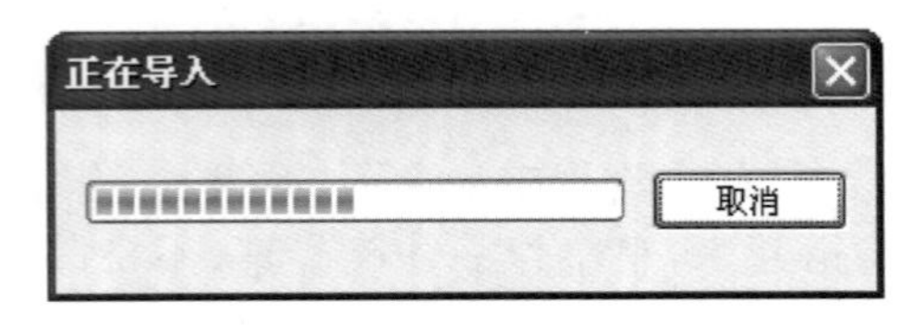

图 11-1　MP3 音乐正常导入

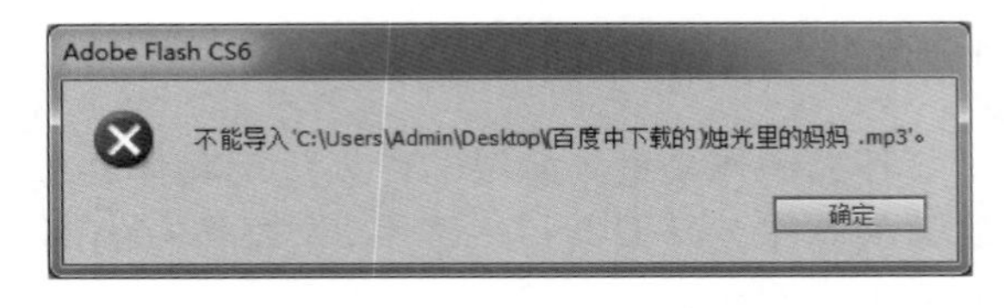

图 11-2　MP3 音乐不能正常导入的情况

2. Flash 与 Goldwave 软件关联

音频格式的转换是成功创作 Flash MTV 的前提。许多音频编辑软件都可以很方便地转换音频格式,这些音频编辑软件能将非标准的 MP3 格式音乐和其他格式音乐转换为标准的 MP3 格式音乐。推荐使用超级音频解霸和 Goldwave 软件。

Goldwave 软件功能强大,可以实现音频剪辑、音频转换、处理制作、编辑、播放和录制。Goldwave 可打开的音频文件相当多,包括 WAV、OGG、VOC、IFF、AIF、AFC、AU、SND、

MP3、MAT、DWD、SMP、VOX、SDS、AVI、MOV 等音频文件格式。而且，支持以动态压缩保存 MP3 文件。

（1）MP3 音频文件处理　Goldwave 软件处理 MP3 音频文件的具体步骤如下：

① 先解开模块 11 素材中的 HA_Goldwave 文件包，双击“Goldwave. exe”可以启动 Goldwave 软件，如图 11－3 所示。

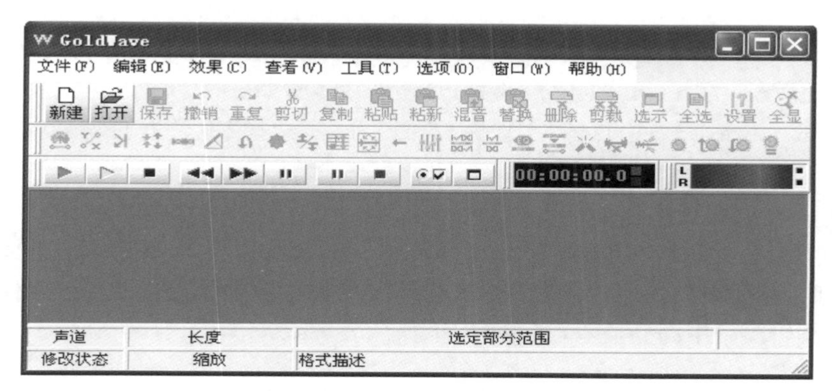

图 11－3　Goldwave 软件窗口

② 在 Goldwave 软件窗口中，点击“文件”|“打开”命令，选择在网上下载的非标准的 MP3 格式音乐“烛光里的妈妈. mp3”。Goldwave 软件工作界面发生了变化，显示的便是打开的音频，如图 11－4 所示。

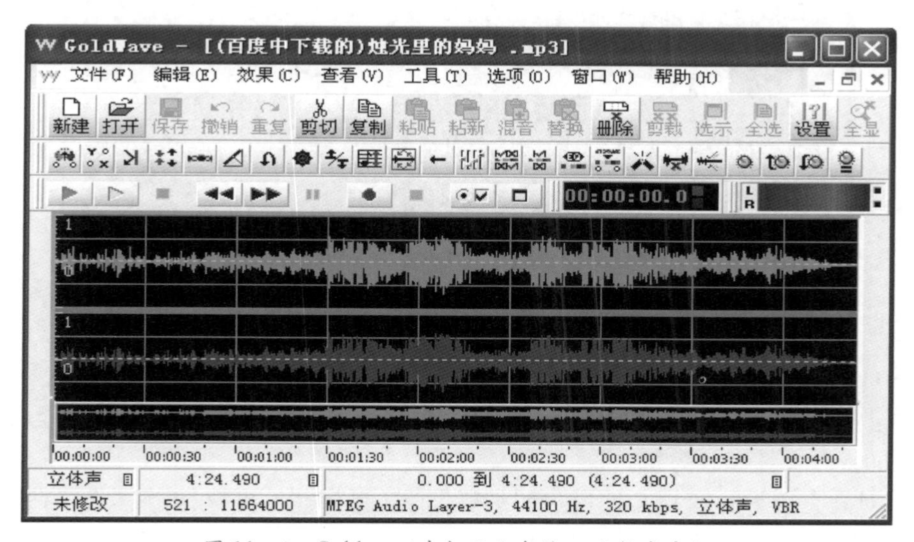

图 11－4　Goldwave 中打开状态的 mp3 格式音频

③ 点击“另存为”，文件名为“(标准 mp3 格式)烛光里的妈妈. mp3”，文件类型项选择“MPEG 音频 *. mp3”，再在文件属性项选择频率、位率等。

图 11－5 处理并保存标准 MP3 格式

至此，通过 Goldwave 软件简单处理，就能快捷地将非标准的 MP3 格式音乐转换成为标准的 MP3 格式音乐。启动，选择“文件”|“导入”|“导入到库”命令，“(标准 mp3 格式)烛光里的妈妈.mp3”，就能正常导入，如图 11－5 所示。

(2) MP3 音频文件剪裁　初学者往往需要音乐的一小段，而歌曲“烛光里的妈妈.mp3”整首歌曲播放时间比较长，为“4:24”即 4 分 24 秒，具体剪裁步骤如下：

① 启动 Goldwave 软件，点击“文件”|“打开”命令，选择“烛光里的妈妈.mp3”，音频文件打开后处于 Goldwave 软件编辑窗口。

② 截取需要的音频部分：

➢ 用鼠标单击“播放”按钮，试听到所需要的音频起始位置，右击鼠标，选“设置起始标记”；继续试听，到所需的结束位置时，单击“暂停”按钮，右击鼠标，选“设置结束标记”。所选的音频段在编辑窗口中高亮显示，如图 11－6 所示。

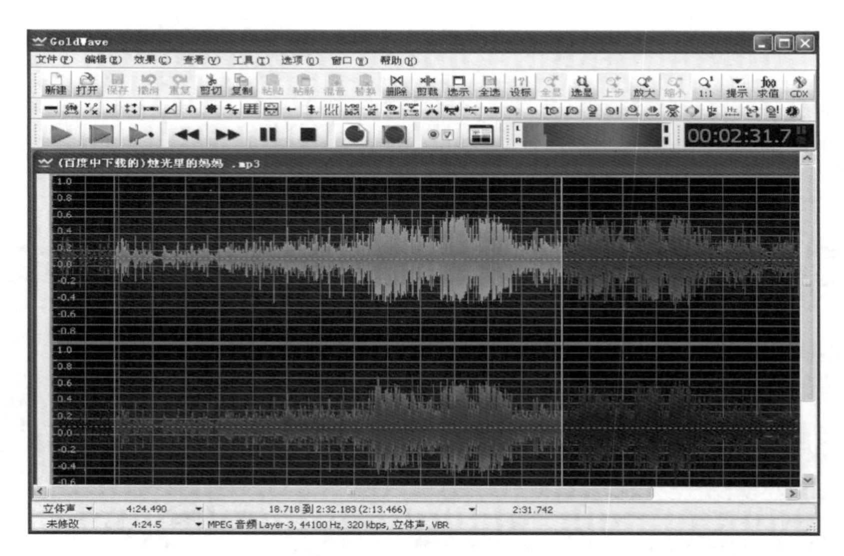

图 11－6 截取的部分音频高亮显示

➢ 同上步操作，再次单击“播放”按钮试听，再单击“暂停”按钮设置结束位置，反复试听到所需要的音频文件满意为止。

➢ 针对高亮显示的音频文件，执行“编辑”|“复制”命令，再执行“编辑”|“粘贴为新文件”命令，这样就把截取的音频段复制到了一个新建的音频文档中。保存该新建的音频文档为“(前段)烛光里的妈妈.mp3”(在本模块的案例 1 中使用)。

3. 词曲同步

为实现词曲同步，许多创作者往往采用传统而较死板的办法：播放、校对、再播放、再校对，在播放的时候，记下每句歌词开始或结束位置的时间帧。这样边听边校对的方法既耗费大量时间，又不是很准确。推荐一种简便又科学的方法：Flash 软件和歌词编辑软件(LyricsMate Lyrics Editor)、Winamp 软件相互关联，共同实现词曲同步。LyricsMate Lyrics Editor 和 Winamp 软件网上都可方便下载得到，现简述如下：

(1) Flash 与 Winamp 软件关联　用 Winamp 播放歌曲“烛光里的妈妈. mp3”，Winamp 窗口显示整首歌曲播放时间为“4：24”，即播放整首歌所需时间为 264 s，如图11－7所示。设置 Flash 软件每秒播放 12 帧，根据公式：帧数＝12.0×秒数，得出整首歌的帧数为 12.0×264＝3168。

图 11－7　Winamp 显示整首歌曲播放时间

(2) LyricsMate Lyrics Editor 与 Winamp 软件关联　LyricsMate Lyrics Editor 是一款歌词编辑软件。打开 LyricsMate Lyrics Editor 界面后，把歌词输入窗口的显示区域。为了方便操作，每句显示一行歌词，如图 11－8 所示。

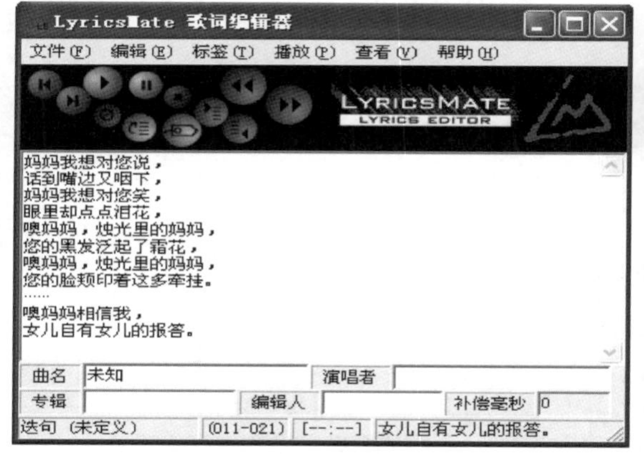

图 11－8　LyricsMate 歌词编辑器软件窗

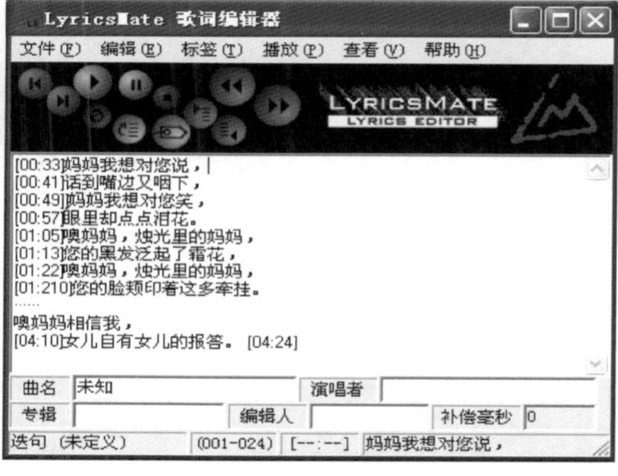

图 11－9　显示每句起始的播放时间

具体操作时，LyricsMate Lyrics Editor 和 Winamp 两软件同时启动，把光标定位到歌词的句前(也可定位在句后)，在每句歌词播放的时候，选择“标签”菜单下的“添加时间标签”命令(按窗口左上方的快捷按钮或快捷键[F5])。添一句后，光标自动调到下一行。这样，Winamp 每播放一句，LyricsMate Lyrics Editor 软件就会在每句歌词前添上该句的播出时间：[＊＊：＊＊]，如图 11－9 所示。也可以定位在每句歌词后。

(3) 确定 Flash 中每句歌词的起始帧　确定了每句歌词的播放时间后，就很容易计算出 Flash 软件在时间轴上每句歌词对应的时间帧数。根据公式(帧数＝帧频×秒数)可计算出：

第一句歌词“妈妈我想对您说”的起始帧为 12.0×33＝3106；

第二句歌词“话到嘴边又咽下”的起始帧为 12.0×41＝4102；

第三句歌词“妈妈我想对您笑”起始帧为 12.0×41＝4102；

依次类推，得出每句歌词的起始帧数，直到整首歌播放完为第 3168 帧。在 Flash MTV 播放时，第一句歌词在时间轴上具体显示的是 396，12. 0 fps，32. 9 s，如图 11 - 10 所示。

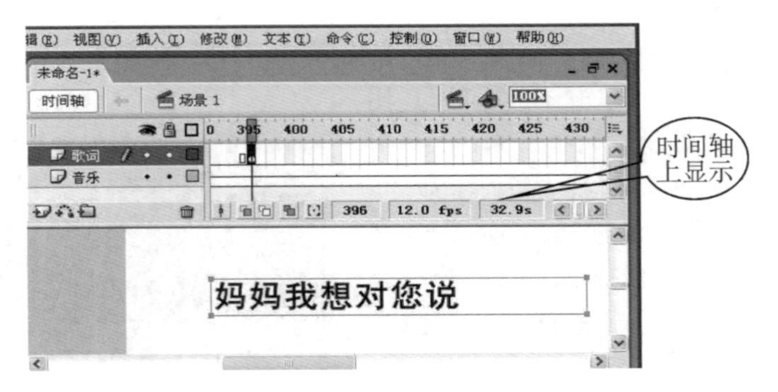

图 11 - 10　词曲同步时间帧的确定

图中的 32. 9 s 与公式中的 33 秒只差 0. 1 s，在欣赏 MTV 时完全不会受影响。

当然，Flash MTV 创作过程中还需与其他软件实现关联操作。软件关联及 MTV 制作步骤如图 11 - 11 所示。

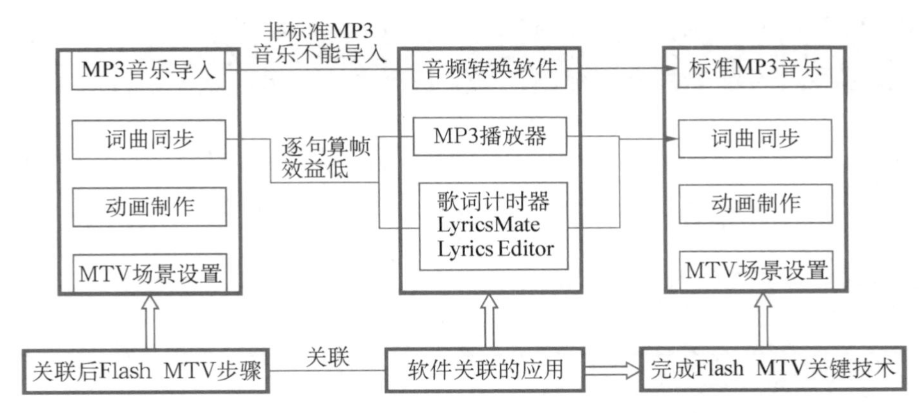

图 11 - 11　Flash 软件与其他软件关联后 Flash MTV 制作流程图

演示案例 1　Flash MTV——烛光里的妈妈

本案例使用已裁剪的前段音乐，动画素材以位图文件为主，绘图基础欠缺的学习者可以采用平时拍的照片制作 Flash MTV。

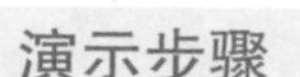

一、背景制作

1. 启动 Flash 软件，新建一个 ActionScript 2.0 影片文档。设置舞台背景大小为 600×500、背景颜色为白色、帧频为 12 fps，其他保持默认。先保存影片为“烛光里的妈妈(MTV).fla”。

2. 窗口显示比例为 50%，用矩形工具和线条工具绘制一个背景框（也可导入已有的背景框图形）。

3. 选定绘制的背景框图形，按[Ctrl]+[G]键组合所有图形，如图 11－12 所示。调整背景框在舞台中的位置，命名该层为“背景框”，并锁定该层。

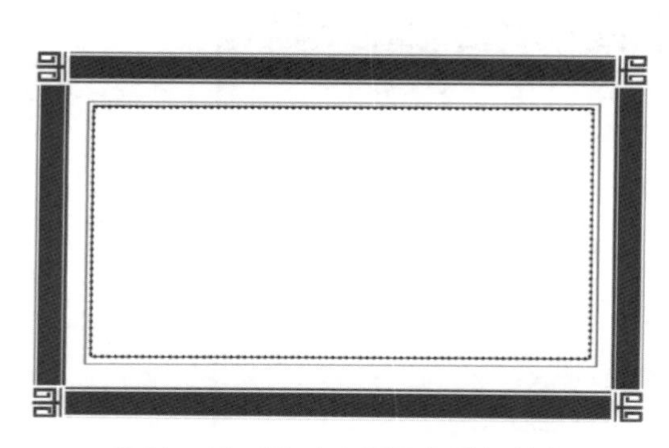

图 11－12　Flash MTV 背景框样式

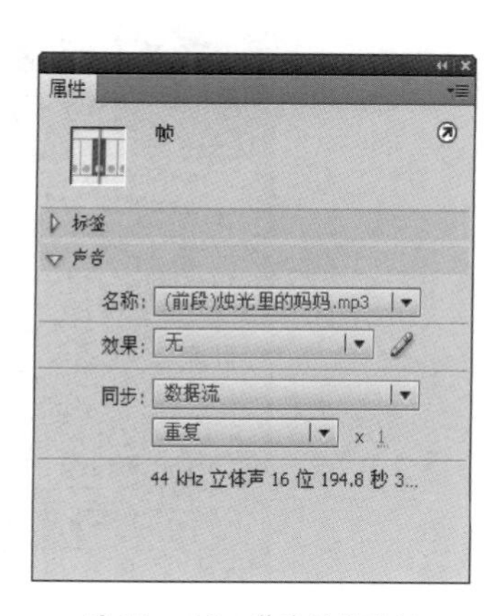

图 11－13　“属性”面板

二、音乐设置

1. 插入一新图层，命名为“音乐”，选择“文件”|“导入”|“导入到库”命令，导入已裁剪好的“(前段)烛光里的妈妈.mp3”音乐到库中（考虑到整首歌曲太长，需要 4 分 4 秒，在此案例中导入(前段)烛光里的妈妈.mp3 音乐，只需 2 分 15 秒）。

2. 在第 1 帧处，设置属性，名称项选“(前段)烛光里的妈妈.mp3”，同步项选“数据流”，如图 11－13 所示。

3. 启动 Winamp 播放器，打开“(前段)烛光里的妈妈.mp3”音乐，Winamp 播放器窗口会显示播放完该音乐的时间为 2:15，即 135 秒，计算出播完音乐总共需要 1620 帧（135×12=1620 帧）。

4. 分别在音乐层和背景框层的第 1620 帧处按[F5]键，延长时间帧。

三、词曲同步

1. 锁定现有的图层，插入一新图层，命名为“歌词”。

2. 启动歌词编辑器软件（LyricsMate Lyrics Editor），将已准备好的歌词粘贴到歌词编辑器软件窗口。为方便计时，最好一句歌词显示一行。选择歌词编辑器软件主菜单中的“编

辑”|“字体”,可以设置歌词文本的字体大小以方便显示。

3. 将 LyricsMate 歌词编辑器与 Winamp 播放器同时打开,配合使用。用 Winamp 播放“(前段)烛光里的妈妈. mp3”,将光标定位在每句歌词前,每播放一句,选择“标签”菜单下的“添加时间标签”命令(为操作方便,建议在每句歌词前按[F5]快捷键),会显示出播放每句歌词的起始播放时间。

4. 同样,当 Winamp 播放完最后一句歌词时,将光标定位在最后一句歌词结束处,按[F5]键,显示出播放完最后一句歌词的时间为 2:15,如图 11 - 14 所示(为准确起见,此步操作可以重复)。

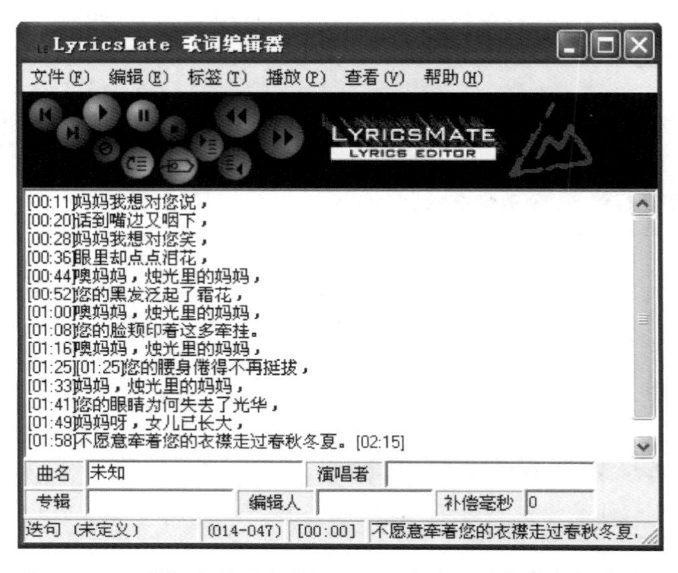

图 11 - 14 歌词编辑器和 Winamp 配合使用确定每句播放时间

知识点拨

LyricsMate 歌词编辑器与 Winamp 播放器必需配合使用。若某句出现播出时间误差,必须重新校对。

5. 计算出每句歌词起始帧位置,见下表。

序号	起始时间	对应歌词	起始帧	计算公式
1	[00:11]	妈妈我想对您说,	第 132 帧	12.0×11=132
2	[00:20]	话到嘴边又咽下,	第 240 帧	12.0×20=240

续 表

序号	起始时间	对应歌词	起始帧	计算公式
3	[00:28]	妈妈我想对您笑，	第 336 帧	12.0×28=336
4	[00:36]	眼里却点点泪花。	第 432 帧	12.0×36=432
5	[00:44]	噢妈妈，烛光里的妈妈，	第 528 帧	12.0×44=528
6	[00:52]	您的黑发泛起了霜花，	第 624 帧	12.0×52=624
7	[01:00]	噢妈妈，烛光里的妈妈，	第 720 帧	12.0×60=720
8	[01:08]	您的脸颊印着这多牵挂。	第 816 帧	12.0×68=816
9	[01:16]	噢妈妈，烛光里的妈妈，	第 912 帧	12.0×76=912
10	[01:25]	您的腰身倦得不再挺拔，	第 1020 帧	12.0×85=1020
11	[01:33]	噢妈妈，烛光里的妈妈，	第 1116 帧	12.0×93=1116
12	[01:41]	您的眼睛为何失去了光华。	第 1212 帧	12.0×101=1212
13	[01:49]	妈妈呀，女儿已长大，	第 1308 帧	12.0×109=1308
14	[01:58]	不愿意牵着您的衣襟走过春秋冬夏。	第 1416 帧	12.0×118=1416

6. 完成歌词的制作。为方便案例讲解，每句歌词统一置于背景框的下方。创作者可根据需要改变歌词的显示效果。

（1）第 1 句歌词的添加。从表中可知，第 1 句歌词的起始帧为第 132 帧。在歌词层的第 132 帧处插入关键帧，使用文本工具在这帧处将光标定位在背景框的左下方，在文本框中输入歌词“妈妈我想对您说，”在属性面板中设置歌词的属性，如图 11 - 15 所示。第 1 句歌词在舞台中的显示位置，如图 11 - 16 所示。

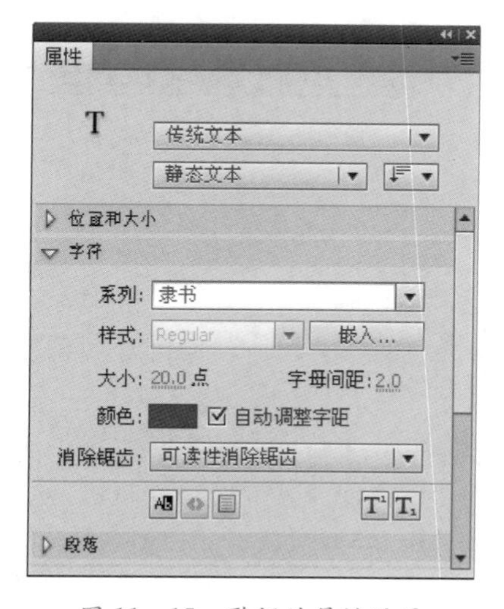

图 11 - 15 歌词的属性设置

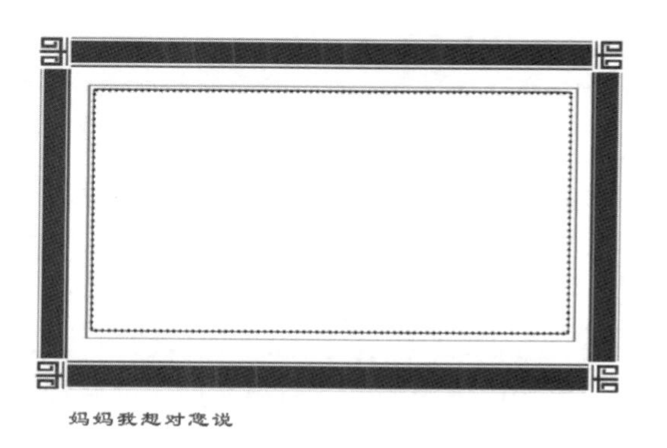

图 11 - 16 歌词的显示位置

(2) 第 2 句歌词的添加。从表中可知,第 2 句歌词的起始帧为第 240 帧。在歌词层的第 240 帧处插入关键帧,选中这帧已有的文本(前一帧延续的),粘贴为第 2 句歌词"话到嘴边又咽下,"设置效果:第 240 帧处第 1 句歌词已结束,第 2 句歌词刚巧开始。在属性面板中查看第 2 句歌词的属性,应该同第 1 句歌词一样。

(3) 第 3 句歌词的添加。第 3 句歌词的起始帧为第 336 帧。在歌词层的第 336 帧处插入关键帧,选中这帧已有的文本(前一帧延续的),粘贴为第 3 句歌词"妈妈我想对您笑"。

(4) 同样的方法,将后面的每句歌词粘贴到对应的起始帧位置。直到最后一句歌词完成,如图 11 - 17 所示。播放完最后一句的时间为 2:15,即 135 秒;时间帧为第 1620 帧。

7. 词曲同步全部完成。按[Ctrl]+[Enter]键,先预览词曲同步的播放效果,若有误差,还需略作调整。

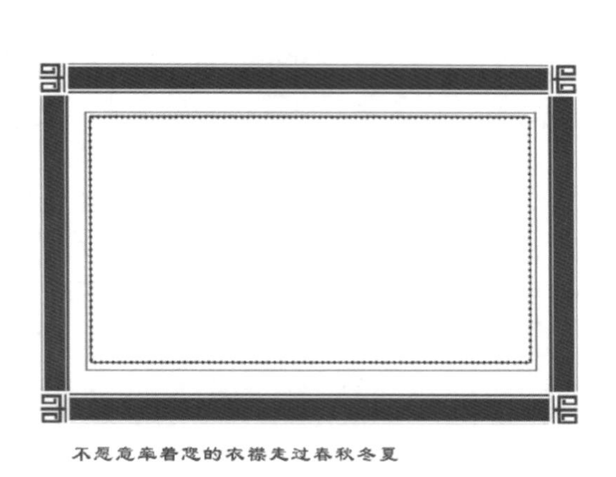

图 11 - 17　最后一句歌词的显示

图 11 - 18　外部库面板

四、动画制作

1. 完成序曲部分动画:

(1) 锁定现有的图层,新建一个图层文件夹,并命名为"动画"。在图层文件夹下插入一新层,命名为"动画 1"。用矩形工具绘制一个无边框的黑色矩形,矩形大小正好与背景框的中间部分吻合。

(2) 选择"文件"|"导入"|"打开外部库"命令,打开"作为库打开"对话框。选择本书素材"模块 8"|"爱心活动.fla",点击【打开】后便打开了"爱心活动.fla"的"库"面板。点击"爱心活动.fla"库面板中的影片剪辑元件"心动",显示如图 11 - 18 所示。

(3) 在"动画 1"层的第 1 帧处,把影片剪辑元件"心动"从库中拖入场景。图11 - 18显示的影片剪辑元件"心动"为心形的一半。调整"心动"元件的大小,再复制一个,选中其中的一

个，选择“修改”|“变形”|“水平翻转”，调整这两个影片剪辑元件“心动”的位置，摆放成心形后按[Ctrl]+[G]键，组合成如图 11－19 所示的心形。

图 11－19　影片“心形”的效果图

图 11－20　“蜡烛光.gif”置于红心“心形”

(4) 锁定现有的图层，在图层文件夹下插入一新层，命名为“动画 2”。导入本书素材“模块 11”|“MTV 图片素材”文件夹中的“蜡烛光.gif”。调整“蜡烛光.gif”每张的图片大小，使其处于红色心形的中央，如图 11－20 所示。采用复制帧和粘贴帧方法，使“动画 2”层的第 1 帧和第 132 帧间由“蜡烛光.gif”完成。

(5) 制作影片剪辑元件“M 烛光里的妈妈”。先制作一个图形元件，在元件制作窗口输入文本“烛光里的妈妈”，字号为 20、字体为隶书、颜色为橙色(＃FF9933)。再新建影片剪辑元件“M 烛光里的妈妈”，在第 1 帧将图形元件“烛光里的妈妈”的 Alpha 值设为 30%；在第 20 帧插入关键帧，将图形元件“烛光里的妈妈”的 Alpha 值设为 100%；在第 45 帧插入关键帧，将图形元件“烛光里的妈妈”的 Alpha 值设为 15%；在第 65 帧插入关键帧，将图形元件“烛光里的妈妈”的 Alpha 值设为 80%；在第 1～65 帧间创建传统补间动画。

(6) 回到场景，在图层文件夹下插入一新层，命名为“动画 3”。从库中拖放多个影片剪辑元件“M 烛光里的妈妈”到“动画 3”层的第 1 帧处，用“对齐”面板排列整齐，如图 11－21 所示。使文字“烛光里的妈妈”成为若隐若现的背景动画效果。

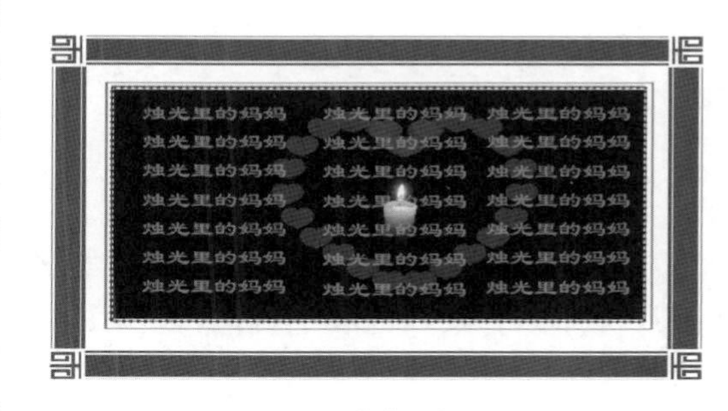

图 11－21　文字“烛光里的妈妈”若隐若现的背景效果

(7) 制作影片剪辑元件“献给伟大的母亲”。该影片剪辑元件的动画效果是：第 1 帧处输入竖排文本“献给伟大的母亲”，字体为华文琥珀，字号为 30，颜色为金黄色(＃FF9933)；在第 2～66帧间建立逐帧动画，逐帧动画的效果是，“献给伟大的母亲”这 7 个竖排文字逐个显示出来，并且显示速度均匀。

(8) 从库中把影片剪辑元件“献给伟大的母亲”也拖放到“动画 3”层的第 1 帧处，调整位置于场景偏左处，如图 11－22 所示。延长“动画 3”层的第 1～132 帧(删除第 133 帧及其以后的帧)。

图 11-22 影片剪辑"献给伟大的母亲"置放位置

2. 完成第 1 句歌词动画：

(1) 在"动画 3"层，输入静态文本"温馨五月，感恩母亲"，放到第 1 句歌的起始帧（第 132 帧），其时间帧延伸到第 1 句歌词结束。

(2) 制作影片剪辑元件"遮罩 1"。在影片剪辑元件"遮罩 1"的制作窗口，第 1 层从本书素材"模块 11"|"MTV 图片素材"文件夹中导入"想起老妈妈. jpg"，修改图片尺寸与背景内框大小相同（约 434×220）。按[F5]键将时间帧延长到约 110 帧处，因为播放完这句需要 108 帧（第 2 句的起始帧减第 1 句的起始帧，即 240－132＝108）。

插入第 2 层命名为"椭圆"，在第 1 帧处绘制一个笔触为无的小椭圆。在约 85 帧处插入关键帧，将椭圆由小放大。在第 1 帧与 90 帧间创建传统补间动画。按[F5]键延长时间帧到 110 帧处。右击"椭圆"层，勾选"遮罩层"命令。

(3) 在"动画 2"层，将影片剪辑元件"遮罩 1"拖放到第 1 句歌的起始帧（第 132 帧），其时间帧延伸到第 1 句歌词的结束。第 1 句歌的动画效果，如图 11-23 所示。

图 11-23 Flash MTV 背景样式

图 11-24 位图"母亲节快乐. jpg"调整后的效果

3. 完成第 2 句歌词动画：

(1) 在"动画 1"层第 2 句歌词起始 240 帧处，从素材中导入"母亲节快乐. jpg"，修改图片尺寸与背景内框大小相同，如图 11-24 所示。选定该位图，转换为图形元件"母亲节快乐"。

(2) 分别在第 290 帧（播放该句的中间帧处）、第 335 帧处（播放该句的结束帧处）插入关键帧，在该句的起始帧第 240 帧与第 335 帧间创建传统补间动画。

(3) 在第 240 帧处，选定图形元件"母亲节快乐"，在属性面板中将其 Alpha 值改为 30%；在中间约 290 帧处，将其 Alpha 值改为 100%；在该句结束的第 335 帧处，再将图形元件"母亲节快乐"的 Alpha 值改为 10%。这样，使第 2 句歌的动画出现明亮相间的效果。

4. 完成第 3 句歌词动画：

(1) 制作影片剪辑元件"妈妈辛苦了"。导入"母亲. gif"，调整帧的速度。

(2) 回到场景，在"动画 1"层将影片剪辑元件"母亲"拖放至该句的起始帧处（第 336

帧)，其时间帧自然延伸到第 3 句歌词的结束帧处。

5. 完成第 4 句歌词动画：

(1) 在“动画 1”层，导入“3 朵康.jpg”素材，并调整位图和修改大小。

(2) 在“动画 2”层，制作影片剪辑元件“游子吟”，用文本工具输入《游子吟》的诗句：“慈母手中线，游子身上衣。临行密密缝，意恐迟迟归。谁言寸草心，报得三春晖。”

(3) 把影片剪辑元件“游子吟”拖放到第 4 句歌的起始帧(第 432 帧)，其时间帧延伸到第 4 句歌词结束。

(4) 制作影片剪辑“想家的时候”。用文本工具输入文本“想家的时候”，用“渐变发光”滤镜效果。将影片拖放到第 3 层的第 4 句歌的起始帧(第 432 帧)，动画效果如图 11－25 所示。

图 11－25　第 4 句歌动画效果

6. 完成第 5 句歌词动画：

(1) 制作影片剪辑元件“烛光爱心”。新建一个影片剪辑元件，命名为“烛光爱心”，导入本书素材“模块 11”|“MTV 图片素材”文件夹中的“烛光爱心.gif”到舞台中。调整“烛光爱心.gif”每张图片的大小为 434×220，与舞台场景吻合。

(2) 在“动画 1”层，将影片剪辑元件“烛光爱心”放至该句的起始帧。

(3) 分别在 580 帧(播放该句的中间帧处)、第 623 帧(播放该句的结束帧处)插入关键帧。在该句第 528 帧与第 623 帧间，创建传统补间动画。

(4) 在第 528 帧处，选定影片剪辑元件“烛光爱心”，在“属性”面板中将其 Alpha 值改为 30%；在中间约 528 帧处，将其 Alpha 值改为 100%；在该句结束的第 623 帧处，将影片剪辑元件“烛光爱心”的 Alpha 值改为 10%。使第 5 句歌的动画出现明亮相间效果，同时烛光闪烁，如图 11－26 所示。

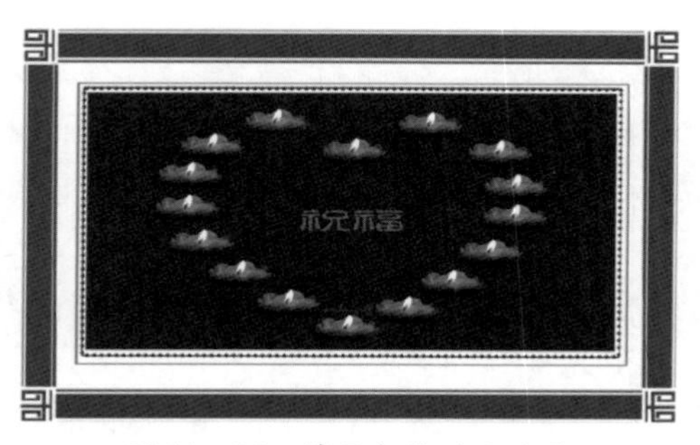

图 11－26　第 5 句歌动画效果

图 11－27　第 6 句歌动画效果

7. 完成第 6 句歌词动画：

(1) 导入“给母亲梳头.jpg”和“给母亲化妆.jpg”两图，调整图的大小，如图 11－27 所示。

(2) 按[Ctrl]+[G]键将两图组合。

8. 完成第 7 句歌词动画：

（1）制作影片剪辑元件"遮罩 2"。在影片剪辑元件"遮罩 2"的制作窗口，第 1 层从本书素材"模块 11"|"MTV 图片素材"文件夹中导入"烛光舞台.jpg"，修改图片尺寸与背景内框大小相同(约 434×220)。按[F5]键将时间帧延长到约 110 帧处。插入第 2 层，在第 1 帧处绘制一个笔触为无的大椭圆，在约 40 帧处插入关键帧，将椭圆由大改小；在第 80 处插入关键帧，将椭圆由小改大；在第 1 帧与 80 帧间创建传统补间动画。按[F5]键，延长时间帧到 110 帧处。

（2）回到场景，在"动画 2"层，将影片剪辑元件"遮罩 2"拖放到第 7 句歌词的起始帧(第 720 帧)，其时间帧延伸到第 7 句歌词结束。动画效果如图 11－28 所示。

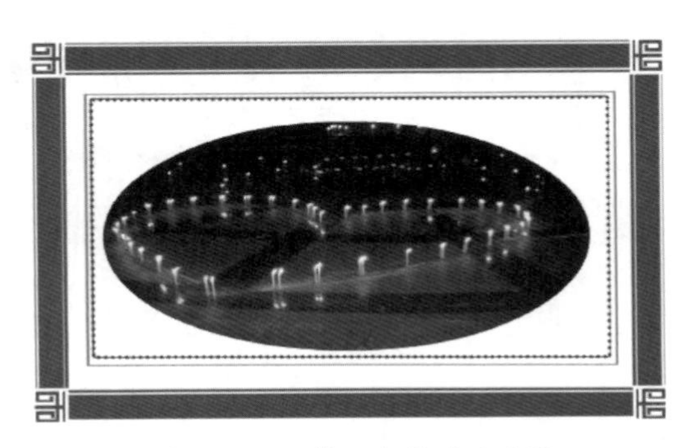
图 11－28　第 7 句歌动画效果

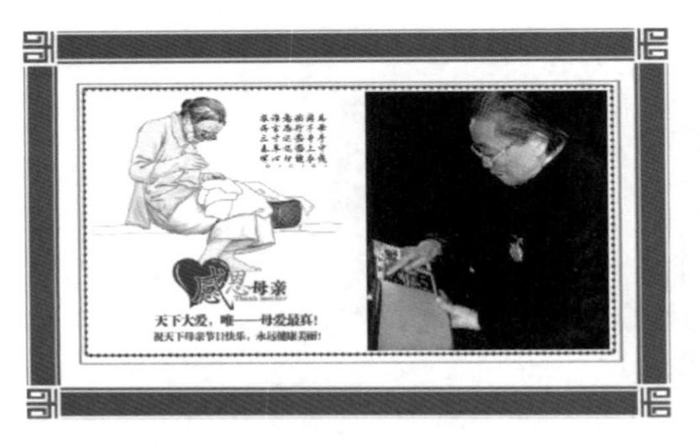

图 11－29　第 8 句歌动画效果

9. 完成第 8 句歌词动画：

（1）在"动画 1"层，导入"母织衣.jpg"位图素材，位置偏左。制作图片由小变大的效果。

（2）在"动画 2"层，导入"母亲牵挂孩子.jpg"位图素材，位置偏右。制作图片由小变大的效果。

（3）动画效果如图 11－29 所示。

10. 完成第 9 句歌词动画：

（1）制作一个图形元件"红烛"：

➢ 复制本书素材"模块 8"|"爱心活动.fla"文件到本书素材"模块 11"MTV1 图片素材中，将复制后的文件更名为"爱心红烛.fla"。

➢ 双击打开"爱心红烛.fla，显示"爱心红烛.fla"的"库"面板。用图形元件"红烛"替代图形元件"红心"。

➢ 库中的影片剪辑元件更名为"心动烛光"，显示如图 11－30 所示。

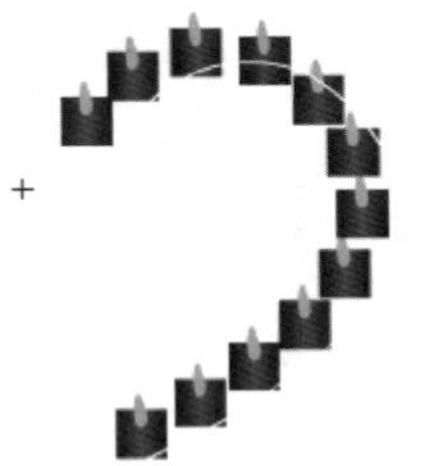
图 11－30　"心动烛光"元件

（2）制作影片剪辑元件"贺卡"：

➢ 按[Ctrl]＋[F8]键新建一个名称为"贺卡"的影片剪辑元件，确定后进入该剪辑元件的制作状态。

➤ 在第 1 层，将库中的影片剪辑元件“心动烛光”移两个至第 1 帧，将其中的一个水平翻转后组合成如图 11－31 所示的“红心烛光”，将时间帧延长到约第 55 帧。

➤ 在“贺卡”制作中的第 2 层，从第 1～55 帧制作文本“妈妈，您辛苦了！”的逐帧动画。

图 11－31 红心烛光

(3) 回到场景，在“动画 2”层，将影片剪辑元件“贺卡”应用到第 9 句歌词的动画中。

(4) 在场景中的“动画 1”层，选用工具箱中的“Deco(工具)”，显示“属性”面板，选择其中的“树刷子”，在 4 个角画上 4 枝园林植物。动画效果如图 11－32 所示。

图 11－32 第 9 句歌动画效果

图 11－33 第 10 句歌动画效果

11. 完成第 10 句歌词动画：

(1) 在“动画 1”层，导入“抱孩子 1.jpg”和“抱孩子 2.jpg”素材，两位图尺寸与背景内框吻合。

(2) 设置两张图片交替出现、明暗相间的动画效果。

(3) 新建影片剪辑元件“妈妈，我爱您！”，文本内容“妈妈，我爱您！”竖排，并以逐帧动画的形式出现。

(4) 在“动画 2”层的中间帧处，应用影片剪辑元件“妈妈，我爱您！”，动画效果如图 11－33 所示。

12. 完成第 11 句歌词动画：

(1) 在“动画 1”层，导入“page.jpg”素材。

图 11－34 第 11 句歌动画效果

(2) 新建影片剪辑元件“字幕”，输入文本内容“妈妈哟妈妈，亲爱的妈妈；你用那甘甜的乳汁把我喂养大，扶我学走路，教我学说话；唱着夜曲伴我入眠，心中时常把我牵挂。妈妈哟妈妈，亲爱的妈妈，女儿已长大……”

(3) 在“动画 2”层，应用影片剪辑元件“字幕”。第 11 句歌的动画剪辑效果如图 11－34 所示。

13. 完成第 12 句歌词动画：

(1) 在“动画 1”层，导入本书素材“模块 11”|

"MTV 图片素材"文件夹中的"双朵康乃馨.jpg"到库中。从库中拖放到第 12 句歌的起始帧(第 1 212 帧),修改并调整图片大小使其与舞台场景吻合。其时间帧延伸到第 12 句歌词结束。

(2) 制作影片剪辑元件"祝福语"。用文本工具输入文本"亲爱的妈妈,节日快乐,幸福安康!"文本用滤镜处理。文本显示为逐帧动画。

(3) 在"动画 2"层,影片剪辑元件"祝福语"拖放到第 12 句歌的起始帧(第 1 212 帧),其时间帧延伸到第 12 句歌词结束。动画剪辑效果如图 11 - 35 所示。

图 11 - 35　第 12 句歌动画效果剪辑

图 11 - 36　第 13 句歌动画效果剪辑

14. 完成第 13 句歌词动画:

(1) 在"动画 1"层,导入"母女 1.jpg"位图素材,调整该位图尺寸为背景内框一半。

(2) 在"动画 2"层,导入"母女 2.jpg"位图素材,调整该位图尺寸为背景内框一半。

(3) 制作两图在背景内框中左右运动并交错变幻的动画,动画效果如图 11 - 36 所示。

图 11 - 37　第 13,14 句歌间左上角"心形遮罩"效果

15. 完成第 13 句和第 14 句歌词之间的动画(因为这两句歌比较长,动画内容丰富):

(1) 新建影片剪辑元件"母女",效果是先左上角"心形遮罩",再右下角的"心形遮罩"。

(2) 在第 13 句歌和第 14 句歌之间,先显示影片剪辑元件"母女",再显示图片"母女 0.jpg"位图素材,如图 11 - 37 所示。

16. 完成第 14 句歌词动画:

(1) 在"动画 1"层,导入"母女 3.jpg"位图素材,调整该位图尺寸为背景内框一半。

(2) 在"动画 2"导入"母女 4.jpg"位图素材,调整该位图尺寸为背景内框一半。

(3) 制作两图在背景内框中相向运动并明暗相间的动画,动画效果如图 11 - 38 所示。

17. 结尾:

(1) 在"动画 1"层,应用影片剪辑元件"尾声",导入"花海.jpg"位图素材,修改其 Alpha 值,设置为明暗相间的动画。

(2) 在"动画 2"层,输入文本"愿所有母亲建康快乐!"动画剪辑效果如图 11 - 39 所示。

图 11－38　第 14 歌动画效果剪辑

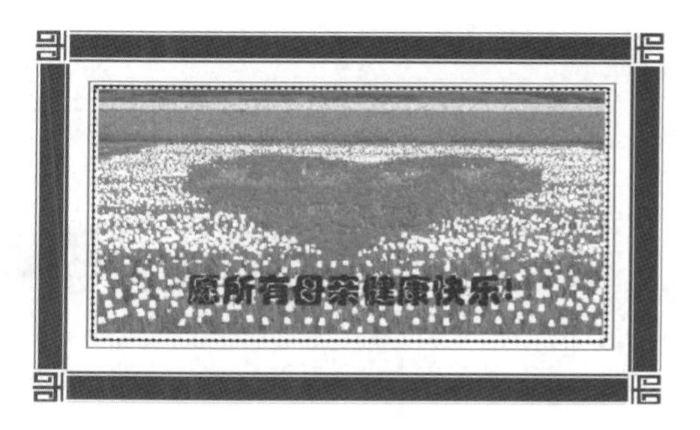

图 11－39　尾声的动画效果剪辑

五、影片控制

1. “Play”按钮的制作：

(1) 选择“插入”|“新建元件”命令，新建一个名称为“Play”的按钮元件。

(2) 在按钮的“弹起”帧处(第 1 帧)，将“库”面板中“序曲元件”文件夹中的“红心”元件拖放到舞台中心，在“按下”帧处(第 3 帧)插入关键帧。在“按下”帧处，按钮形状不变，但颜色填充为金黄色(＃FF9933)。

(3) 插入一“文本”层，在“文本”层的第 1 帧，输入文本“Play”，设置该文本的大小为 20、字体为黑体，颜色同序曲页中的文本“献给伟大的母亲”颜色相同，为金黄色(＃FF9933)。

(4) 在“文本”层的第 3 帧按[F6]键插入关键帧，文本“Play”的大小仍然为 20，字体也为黑体，但颜色改为红色。使按钮“按下”时与按钮“弹起”时心形和文本的颜色正好互换。

按钮元件“Play”制作完成，如图 11－40 所示。

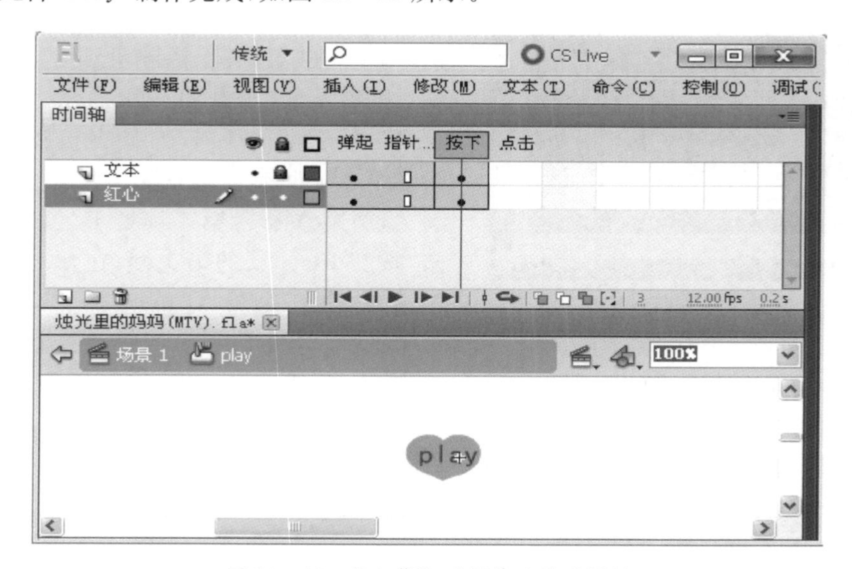

图 11－40　按钮“Play”制作后的时间轴

2. "RePlay"按钮的制作：

（1）打开"库"面板，右击按钮元件"Play"，在弹出的菜单中选择"直接复制"命令，复制出一个"RePlay"按钮元件，如图 11-41 所示。

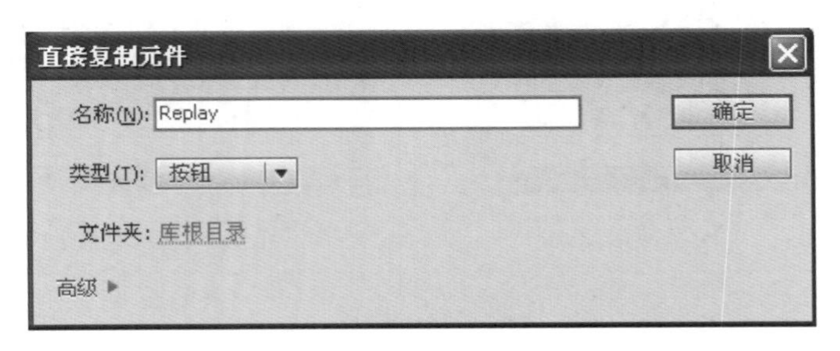

图 11-41　直接复制按钮元件

（2）双击"RePlay"按钮元件，进入"RePlay"按钮的编辑状态，分别将"文本"层第 1 帧和第 3 帧的文本"Play"改为"RePlay"，并且文本的大小改为 15、字体和颜色不变。

（3）按钮"RePlay"制作完成后，同按钮"Play"的帧面板一致。

知识点拨

因为按钮元件"RePlay"和按钮元件"Play"差距较小，采用"直接复制"命令更快捷。其他类型元件的制作，也可借鉴此方法。

3. 影片控制：

（1）回到舞台场景，插入一新层，命名为"按钮 Play"，在"第 1 帧"将按钮元件"Play"拖放到场景的右下方，如图 11-42 所示。删除"按钮"层第 1 帧后面的所有帧，使得按钮元件"Play"只在第 1 帧保持显示状态。

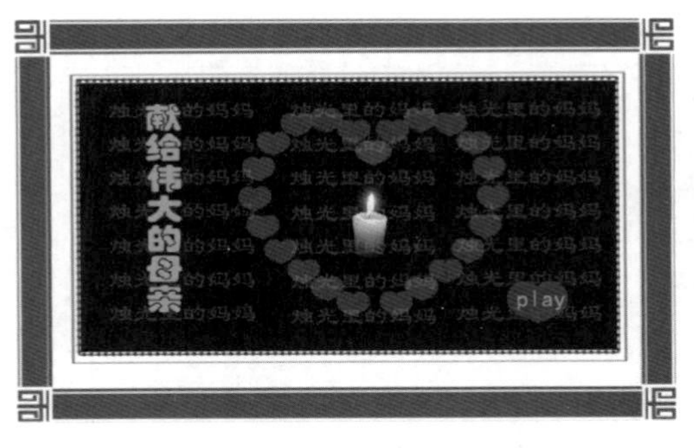

图 11-42　按钮元件"Play"置右下方

（2）设置影片第 1 帧处于"停止"状态。右击"按钮 Play"层的第 1 帧，在弹出的快捷菜单中选择"动作"命令，打开"动作-帧"面板。在面板中选择"全局函数"|"时间轴控制"|"Stop"函数，双击"Stop"，在"动作-帧"面板的右窗口出现"stop();"语句，如图 11-43 所示。至此，可控制影片在播放开始时默认为停止状态。

（3）设置元件"Play"的按钮动作。右击按钮"Play"，在弹出的快捷菜单中选择"动作"命令，打开"动作-按钮"面板。在面板中选择"全局函数"|"影片剪辑控制"|"On"函数，在"动作-按钮"面板的右窗口输入如下语句：

图 11－43　“动作-帧”面板及语句

```
on (release) {
    play();
}
```

如图 11－44 所示，至此，在鼠标点击按钮“Play”后释放时，可以控制影片开始播放。

图 11－44　“动作-按钮”面板及语句设置

(4) 回到舞台场景，插入一新层，命名为“按钮 RePlay”。因为播放完最后一句的时间帧为第 1 620 帧，在“按钮 RePlay”层的第 1 620 帧处按[F5]键插入帧，将按钮元件“RePlay”拖放到场景的右下方。

(5) 设置影片在第 1 620 帧播放结束后也处于停止状态，方法如同“按钮 Play”层的第 1 帧。右击“按钮 RePlay”层的第 1 620 帧，在弹出的快捷菜单中选择“动作”命令，打开“动作-帧”面板。在面板中选择“全局函数”|“时间轴控制”|“Stop”函数，双击“Stop”，在“动作-帧”面板的右窗口出现“stop();”语句。至此，可以控制影片在播放结束后停止在最后一帧。

(6) 设置元件“RePlay”的按钮动作，方法同元件“Play”的按钮动作设置。右击按钮“RePlay”，在弹出的快捷菜单中选择“动作”命令，打开“动作-按钮”面板。在面板中选择“全局函数”|“影片剪辑控制”|“On”函数，在“动作-按钮”面板的右窗口输入如下语句：

```
on (release) {
    play();
}
```

至此，在鼠标点击按钮“RePlay”后释放时，可以控制影片重新播放。

六、测试和保存

按[Ctrl]+[Enter]键测影片播放效果，按[Ctrl]+[S]键继续保存影片文档。

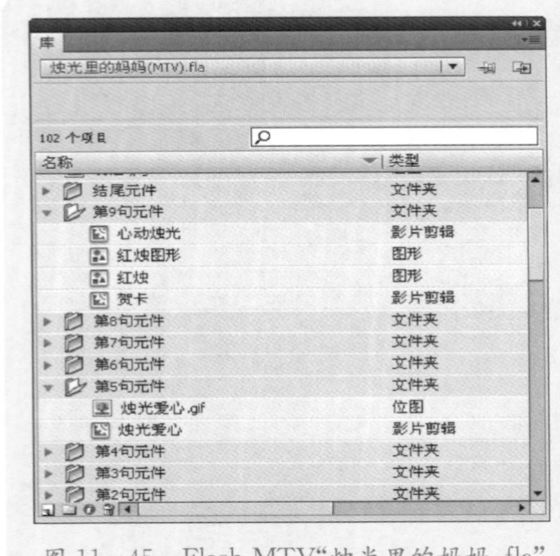

图 11-45　Flash MTV“烛光里的妈妈.fla”库面板元件分类

知识点拨

Flash MTV 影片的创作需要较长的时间，在测试后还常常需要修改。在创作过程中，需要养成随时保存影片文件的好习惯。

创作一部完整的 Flash MTV 作品，在库中会有许多许多不同的元件。养成将库中元件分类存放的好习惯，有利于测试影片后的修改和完善。图 11-45 所示为 Flash MTV“烛光里的妈妈.fla”库面板中，元件分类存放的部分元件内容。

演示案例 2　Flash MTV——保护地球

为巩固音乐裁剪知识，本案例使用一段音乐。动画素材以矢量图形为主，主要帮助学习者熟悉并采用绘制的矢量图形制作 Flash MTV。

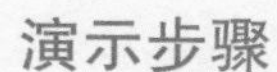

演示步骤

一、背景制作

1. 启动 Flash 软件，新建一个 Action Script 2.0 影片文档。设置舞台背景大小为 600×500、背景颜色为黑色，帧频修改为 12 fps，其他保持默认。

2. 以矩形工具为主制作影片剪辑元件“磁条”：

(1) 按[Ctrl]+[F8]键，新建一个名称为“磁条”的影片剪辑元件。

(2) 窗口显示比例为 50%，在舞台中央绘出一个笔触为无、填充为白色、宽为 15、高为 15 的小矩形，复制出若干个相同的小矩形。采用“窗口”|“对齐”面板，将若干个小矩形对齐，均匀分布，如图 11 - 46(a)所示。

(a)　　(b)

图 11 - 46　Flash MTV 背景框样式

(3) 按[Ctrl]+[G]键将若干个小矩形组合成一组，制作小矩形组从第 1～900 帧由右向左的传统补间动画。

3. 回到场景，将两个影片剪辑元件“磁条”拖放到舞台上下，如图 11 - 46(b)所示。

4. 命名该层为“背景”，并锁定该层。

二、音乐设置

1. 音频文件裁剪：

(1) 解开本书素材中“模块 11”的“HA_Goldwave510_HZ”文件包，双击“Goldwave.exe”可以启动 Goldwave 软件。从 Goldwave 软件窗口打开“模块 11”|“案例 MTV2”中的“一生有你.mp3”。

(2) 截取需要的音频部分：

➢ 用鼠标单击“播放”按钮，试听到所需要的音频起始位置，右击鼠标，选“设置起始标记”，如图 11 - 47 所示。

➢ 继续试听，到所需的结束位置时，单击“暂停”按钮，右击鼠标，选“设置结束标记”，如图 11 - 48 所示。

➢ 同上两步操作，再次单击“播放”按钮试听选“设置起始标记”，再单击“暂停”按钮设置结束位置。反复试听到所需要的音频文件满意为止。所选的音频段在编辑窗口中高亮显示，如图 11 - 49 所示。

➢ 针对高亮显示的音频文件，执行“编辑”|“复制”命令，再执行“编辑”|“粘贴为新文

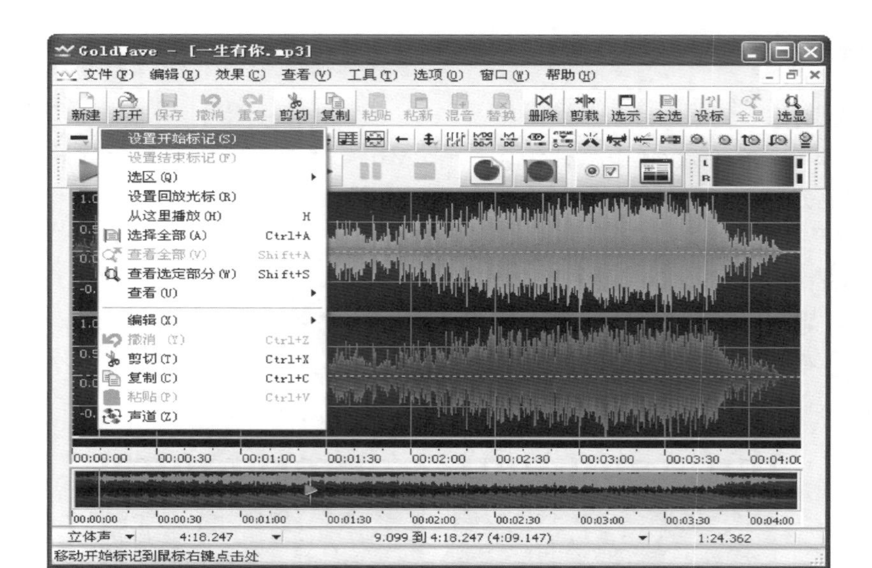

图 11-47　音频试听裁剪时设置起始标记

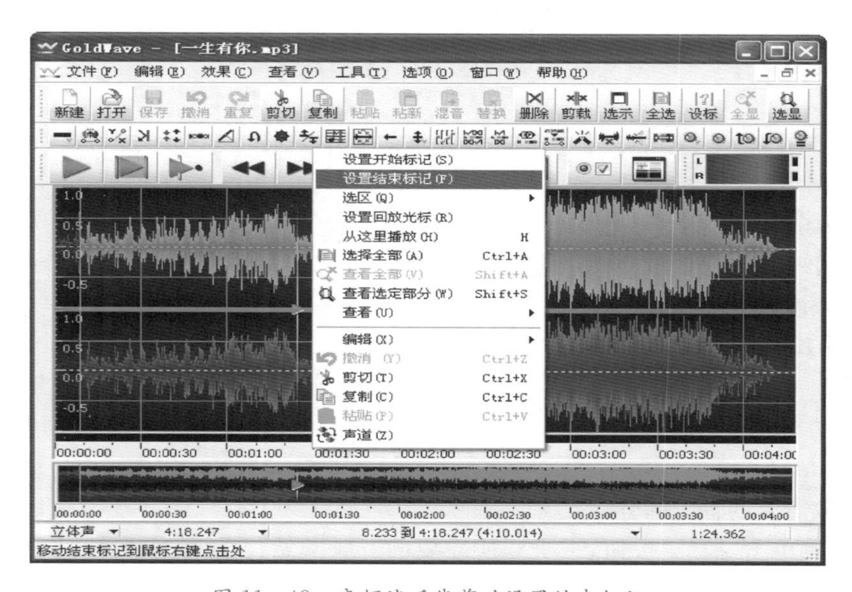

图 11-48　音频试听裁剪时设置结束标记

件”命令，把截取的音频段复制到一个新建的音频文档中。保存该新建的音频文档为“(一段)一生有你. mp3”，存放在“模块 11”|“案例 MTV2”文件夹中。

2. 插入一新层，命名为“音乐”，选择“文件”|“导入”|“导入到库”命令，导入已裁剪好的“(一段)一生有你. mp3”音乐到库中。

3. 在第 1 帧处，设置属性，名称项选“(一段)一生有你. mp3”，同步项选“数据流”。

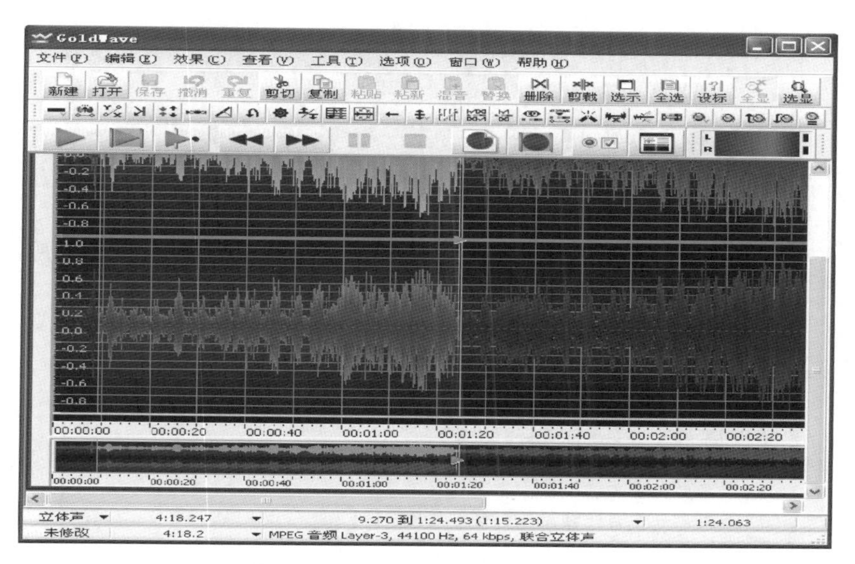

图 11－49　所选的音频段高亮显示

4. 启动 Winamp 播放器，打开“(一段)一生有你. mp3”音乐，播放器窗口会显示播放完“(一段)一生有你. mp3”音乐的时间为 1:12，即 72 s。计算出播完“(一段)一生有你. mp3”音乐总共需要 72×12＝864 帧。

5. 分别在音乐层和背景层的第 864 帧处按[F5]键，延长时间帧。

三、词曲同步

1. 启动歌词编辑器软件(LyricsMate Lyrics Editor)，将已准备好的歌词粘贴到歌词编辑器软件的窗口。为方便计时，最好一句歌词显示一行。

2. 歌词编辑器与 Winamp 播放器必须同时打开配合使用，若没打开 Winamp 播放器，会弹出提示窗口，如图 11－50 所示。

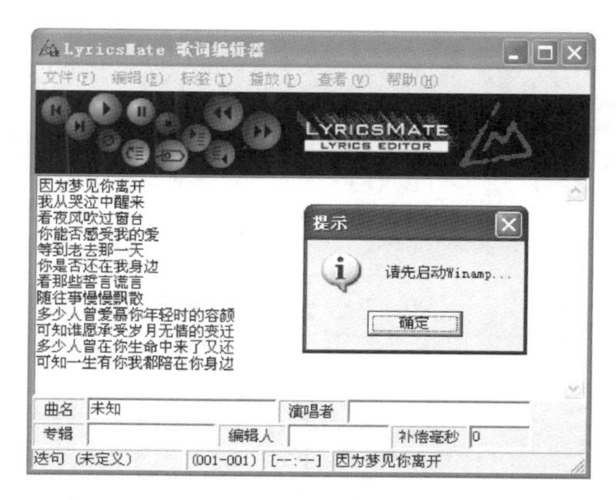

图 11－50　使用编辑器提示打开 Winamp

3. 用 Winamp 播放“(一段)一生有你. mp3”，将光标定位在每句歌词前。每播放一句，按[F5]快捷键，会显示出播放每句歌词的起始播放时间。

4. 同样，当 Winamp 播放完最后一句歌词时，将光标定位在最后一句歌词结束处，按[F5]键，显示出播放完最后一句歌词的时间为 2:12，如图 11－51 所示(为准确起见，此步操作可以再重复一次)。

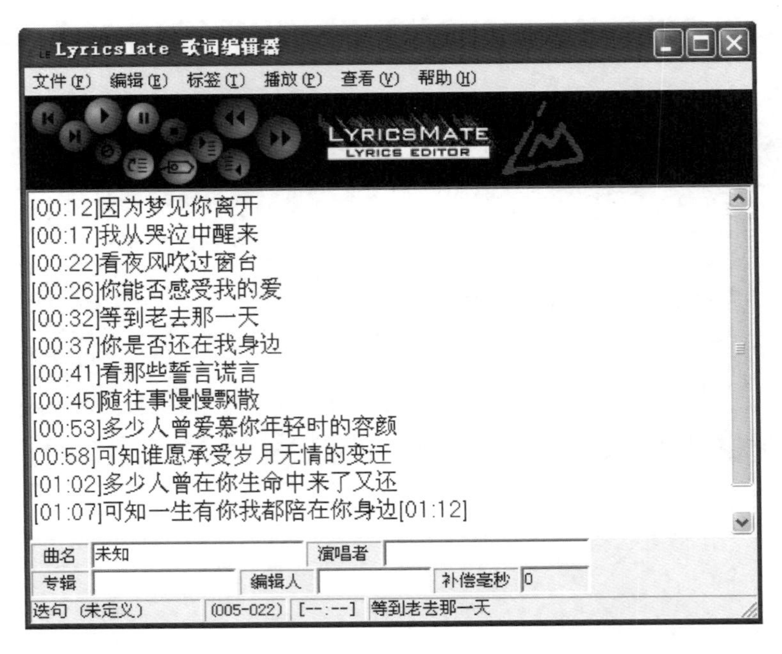

图 11-51　歌词编辑器和 Winamp 配合使用确定每句播放时间

5. 计算出每句歌词起始帧位置，见下表：

序号	起始时间	对应歌词	起始帧	计算公式
1	[00:12]	因为梦见你离开	第 144 帧	12.0×12=144
2	[00:17]	我从哭泣中醒来	第 204 帧	12.0×17=204
3	[00:22]	看夜风吹过窗台	第 264 帧	12.0×22=264
4	[00:26]	你能否感受我的爱	第 312 帧	12.0×26=312
5	[00:32]	等到老去那一天	第 384 帧	12.0×32=384
6	[00:37]	你是否还在我身边	第 444 帧	12.0×37=444
7	[00:41]	看那些誓言谎言	第 492 帧	12.0×41=492
8	[00:45]	随往事慢慢飘散	第 540 帧	12.0×45=540
9	[00:53]	多少人曾爱慕你年轻时的容颜	第 636 帧	12.0×53=636
10	[00:58]	可知谁愿承受岁月无情的变迁	第 696 帧	12.0×58=696
11	[01:02]	多少人曾在你生命中来了又还	第 744 帧	12.0×62=744
12	[01:07]	可知一生有你我都陪在你身边	第 804 帧	12.0×67=804

6. 完成歌词的制作：

(1) 锁定现有的图层，插入一个图层文件夹并命名为“歌词”。再插入两个新层，命名为“歌词1”和“歌词 2”，置于图层文件夹“歌词”下方。

(2) 添加第 1 句歌词。从表中可知，第 1 句歌词的起始帧为第 144 帧。在“歌词 1”层的第 144 帧处插入关键帧，使用文本工具在这帧处将光标定位在背景框内，在文本框中输入歌词“因为梦见你离开”，在属性面板中先设置文本框为黑体、30 号、白色，效果如图 11－52 所示。可根据需要设置歌词文本的属性。

图 11－52　第 1 句歌词的显示

知识点拨

为方便歌词动画的制作，建立两个歌词图层，并且每句歌词的放置位置先统一置于背景框的显示范围内。其实，可根据创作需要，在完成每句歌词对应的动画制作后，再修改歌词的显示效果和动画效果。

(3) 添加第 2 句歌词。第 2 句歌词的起始帧为第 204 帧。在“歌词 1”层的第 204 帧处插入关键帧，选中这帧处已有的文本(前一帧延续的)，粘贴为第 2 句歌词“我从哭泣中醒来”，设置效果是：第 204 帧处第 1 句歌词已结束，第 2 句歌词刚巧开始。在属性面板中查看第 2 句歌词的属性，因为是延续第 1 句歌词的设置，第 2 句歌词的显示效果应该同第 1 句歌词一样。

图 11－53　最后 1 句歌词的显示

(4) 添加第 3 句歌词。第 3 句歌词的起始帧为第 264 帧。在歌词层的第 264 帧处插入关键帧，选中这帧处已有的文本(前一帧延续的)，粘贴为第 3 句歌词“看夜风吹过窗台”。

(5) 同样的方法，将后面的每句歌词粘贴到对应的起始帧位置。从第 9 句开始，歌词内容较长，可以适当改变文本字号的大小(改为 20)和位置，直到最后一句歌词完成，效果如图 11－53 所示。

7. 词曲同步全部完成。从图 11－51 的歌词编辑器中已显示，播放完最后一句的时间为 1:12，即 72 s。时间帧为第 864 帧。按[Ctrl]+[Enter]键，先预览词曲同步的播放效果，再略作调整。会有几秒误差，不会影响整体效果。

四、每句歌的动画制作

锁定现有的图层，新建一个图层文件夹，并命名图层文件夹为“动画”。在“动画”图层文件夹中插入3个新层，命名为“动画1”“动画2”和“动画3”。此时，时间轴图层如图11-54所示。

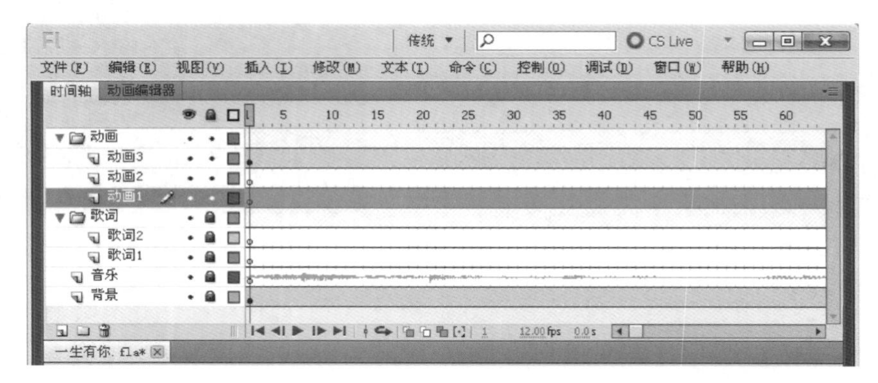

图 11-54　时间轴图层分布

1. 完成序曲部分动画，效果如图11-55所示。

图 11-55　序曲部分动画效果

(1) 新建影片剪辑元件“移动的箭头”：

➢ 按[Ctrl]+[F8]键，新建一个名称为“移动的箭头”影片剪辑元件，确定后进入该剪辑元件的制作状态。

➢ 在第1层，绘制一根大小为400×2的直线，将直线延长到第60帧。

➢ 在第2层，绘制一个小箭头。在第1帧和第60帧间，创建小箭头沿直线从左向右移动的传统补间动画。

(2) 新建影片剪辑元件“地球遮罩”:

➢ 新建一个名称为“地球自转”影片剪辑元件,确定后进入该剪辑元件的制作状态。

➢ 在第 1 层,导入外部库,选择本书素材“模块 7”|“地球自转. fla”,打开外部库。将外部库中影片剪辑元件“地球自转”拖放到第 1 层,将时间帧延长到第 45 帧。

➢ 在第 2 层,创建一个圆形遮罩。

➢ 在第 3 层的第 1 帧和第 45 帧间创建空心圆由小变大的形状补间动画(因为序曲部分动画 143 帧),使影片剪辑元件“地球自转”在序曲部分大约完成 3 次动画显示效果。

➢ 在第 4 层输入文本“绿水青山就是金山银山”。

(3) 新建影片剪辑元件“一生有你”:

➢ 按[Ctrl]+[F8]键新建一个名称为“一生有你”影片剪辑元件,确定后进入该剪辑元件的制作状态。

➢ 在第 1 层的第 1 帧和第 45 帧间,创建文本“一生有你”的逐帧动画(因为序曲部分动画 143 帧)。同样,可使影片剪辑元件“一生有你”在序曲部分大约完成 3 次动画显示效果。

➢ 插入第 2 层,输入静态文本“保护地球母亲”。延长时间帧到第 45 帧。

(4) 回到场景,将一个影片剪辑元件“移动的箭头”放到“动画 1”层的左下角。时间帧延长到序曲结束处(第 144 帧)。

(5) 再将一个影片剪辑元件“移动的箭头”放到“动画 1”层的第 1 帧。选定该影片剪辑元件,“修改”|“变形”|“逆时针旋转 90 度”,将旋转后的影片剪辑元件调短一点并移动到场景左边。时间帧延长到序曲结束处(第 144 帧)。

(6) 将影片剪辑元件“地球自转”放在“动画 2”层的第 1 帧,将时间帧延长到序曲结束处(第 144 帧)。

(7) 将影片剪辑元件“一生有你”放在“动画 3”层的第 1 帧,将时间帧延长到序曲结束处(第 144 帧)。

2. 完成第 1 句歌词动画,效果如图 11-56 所示。

图 11-56　第 1 句歌动画效果

(1) 新建影片剪辑元件“地图遮罩”:

➢ 新建一个名称为"地图遮罩"影片剪辑元件，确定后进入该剪辑元件的制作状态。

➢ 在第 1 层导入本书素材"模块 7"|"素材 7"中位图"map. gif"，将时间帧延到 60 帧以后(因为播放完第 1 句歌约需要 60 帧)。

➢ 在第 2 层绘制一个椭圆，在第 1～50 帧间创建椭圆由小变大的补间形状动画。

➢ 右击第 2 层，选择"遮罩层"，将第 2 层的时间帧延到 60 帧以后。

(2) 新建一个名称为"月亮"的图形元件，用椭圆工具绘制一个月亮。

(3) 回到场景，将影片剪辑元件"地图遮罩"放在"动画 2"层的起始帧处(第 145 帧)，时间帧延到第 1 句歌曲的结束处。

(4) 在场景中，"动画 3"层第 1 句歌的起始帧处导入外部库素材。选择"文件"|"导入"|"打开外部库"，找到本书素材"模块 5"|"星光灿烂. fla"后，打开外部库。将"库-星光灿烂"中影片剪辑元件"星星 1 - 1""星星 1 - 2""星星 1 - 3"和"星星 2 - 1""星星 2 - 2""星星 2 - 3"拖放若干个到"动画 3 层"，调整各个影片剪辑元件的位置使星星接近自然现象。将时间帧延长到第 1 句歌的结束帧处。

(5) 在场景中，将图形元件"月亮"也放在"动画 3"层的起始帧。同样，时间帧延长到第 1 句歌曲的结束处。

3. 完成第 2 句歌词动画，效果如图 11 - 57 所示。

图 11 - 57　第 2 句歌动画效果

(1) 制作影片剪辑元件"时钟"。参照本书模块 2 中"电子钟. fla"的制作方法。该影片剪辑元件"时钟"的时长为 120 帧。在场景中"动画 2"层的第 2 句词起始帧放入"时钟"元件，将时间帧延长到第 2 句歌词的结束处。

(2) 在场景中"动画 3"层的第 2 句歌起始帧处，将库中已有的影片剪辑元件"星星 1 - 1""星星 1 - 2""星星 1 - 3"和"星星 2 - 1""星星 2 - 2""星星 2 - 3"拖放出若干个，调整这些影片剪辑元件的位置接近自然现象。将时间帧延长到第 2 句歌的结束处。

4. 完成第 3 句歌词动画，效果如图 11 - 58 所示。

(1) 在第 2 层的第 3 句歌起始帧处，导入外部库，选择本书素材"模块 5"|"湖光夜色. fla"，打开外部库。将外部库中的影片剪辑元件"叶飘 1"和"叶飘 2"拖放到"动画 2"层，将时间帧延长到第 3 句歌的结束处。

图 11-58　第 3 句歌动画效果

(2) 在场景中"动画 3"层的第 3 句歌起始帧处，将库中已有的影片剪辑元件"星星 1-1""星星 1-2""星星 1-3"和"星星 2-1""星星 2-2""星星 2-3"拖放出若干个，调整这些影片剪辑元件的位置接近自然现象。将时间帧延长到第 3 句歌的结束处。

5. 完成第 4 句歌词动画，效果如图 11-59 所示。

图 11-59　第 4 句歌动画效果

(1) 新建影片剪辑元件"轨迹动画"：

➢ 创建 3 个图形元件"I""Love"和"You"，形状如图 11-59 所示。

➢ 在影片剪辑元件"轨迹动画"的制作窗口内，第 1 层拖放影片剪辑元件"地球自转"，将时间帧延长到第 75 帧处(因为播放完第 4 句歌约需要 75 帧)。

➢ 分别在影片剪辑元件"轨迹动画"制作窗口的第 2 层、第 3 层和第 4 层创建图形元件"I""Love"和"You"沿椭圆轨迹运行的动画。3 个图形元件的先后运动顺序错开。

➢ 再插入两层，其中一层显示 3 个图形元件运动的部分轨迹，另一层绘制两个小圆球显示这部分轨迹的起始和结束端点。时间轴面板如图 11-60 所示。

图 11-60 时间轴面板

(2) 回到场景，在“动画 3”层的第 4 句歌起始帧处，将库中已有的影片剪辑元件“星星 1-1”“星星 1-2”“星星 1-3”和“星星 2-1”“星星 2-2”“星星 2-3”拖放出若干个，调整这些影片剪辑元件的位置。将时间帧延长到第 4 句歌的结束处。

(3) 在场景中“动画 2”层的第 4 句歌起始帧处，将影片剪辑元件“轨迹动画”拖放到第 4 句歌起始帧处，将时间帧延长到第 4 句歌的结束处。

6. 完成第 5 句歌“等到老去那一天”的动画，效果如图 11-61 所示。

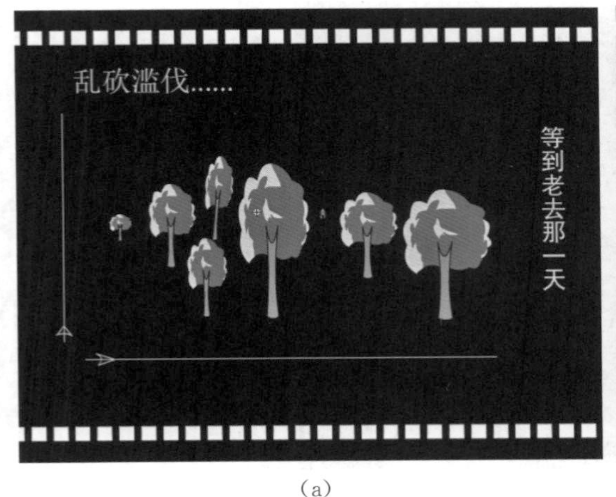

(a)

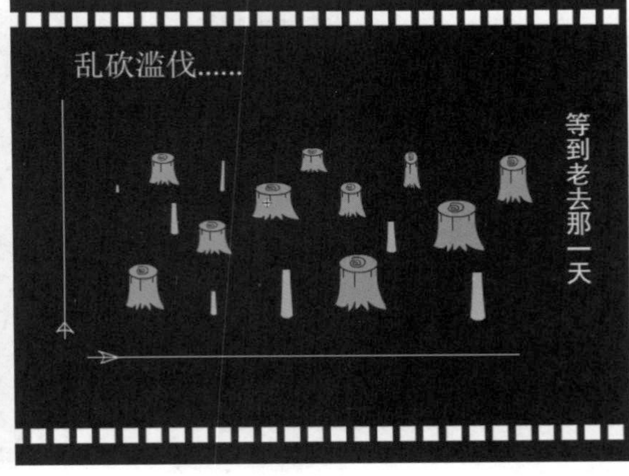

(b)

图 11-61 第 5 句歌动画效果

(1) 创建影片剪辑元件“树被砍”。先绘制好小树图形元件。将若干个小树图形元件拖放到舞台中，调整各小树的大小接近图 11-61(a)的自然效果。在第～35 帧间，制作小树被砍后只剩下树根的动画，如图 11-61(b)的效果。将第 35 帧延长到 70 帧处。

(2) 回到场景，在“动画 3”层第 5 句歌起始帧处，拖放出影片剪辑元件“树被砍”，将时间帧延长到第 5 句歌的结束处。

(3) 在“歌词 2”层增加文本“乱砍滥伐……”，将时间帧延长到第 5 句歌的结束处。

7. 完成第 6 句歌词动画，效果如图 11－62 所示。

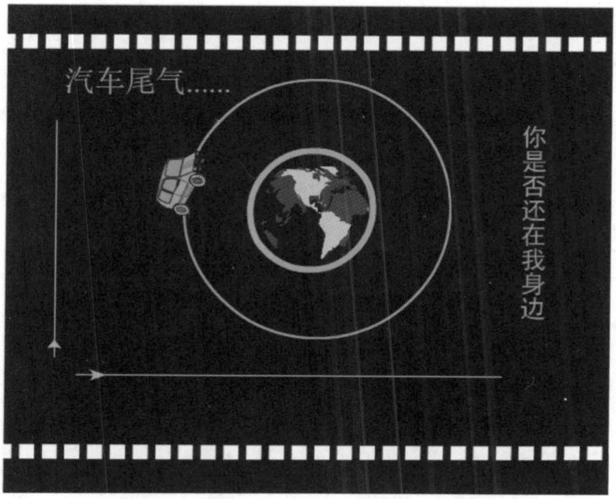

图 11－62　第 6 句歌动画效果

（1）创建影片剪辑元件“小车圆周运动”。绘制图形元件“绿小车”，将“地球自转”的影片剪辑元件从库中拖放出来，在第 1～60 帧间制作“绿小车”绕地球做圆周运动的动画。

（2）回到场景，在“动画 3”层第 6 句歌起始帧处，拖放出影片剪辑元件“小车圆周运动”，将时间帧延长到第 6 句的结束处。

（3）在“歌词 2”层第 6 句歌起始帧处，增加文本“汽车尾气”。将时间帧延长到第 6 句歌词的结束处。

8. 完成第 7 句歌词动画，效果如图 11－63 所示。

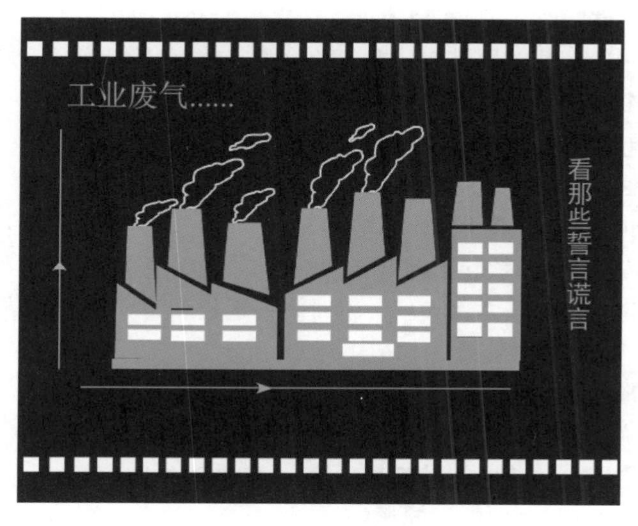

图 11－63　第 7 句歌动画效果

(1) 创建影片剪辑元件“烟污染”。在第一层先绘制“厂房”图形，将时间帧处长到约第54帧；在第二层制作烟雾逐渐出现的动画。

(2) 回到场景，在“动画 3”层第 7 句歌起始帧处，拖放出影片剪辑元件“烟污染”，将时间帧延长到第 7 句歌的结束处。

(3) 在“歌词 2”层第 7 句歌起始帧处，增加文本“工业废气”。将时间帧延长到第 7 句的结束处。

9. 完成第 8 句歌词动画，效果如图 11－64 所示。

图 11－64　第 8 句歌动画效果

(1) 创建影片剪辑元件“烟火”。在网上先搜集好类似“烟火”的“ *.gif”动画素材，将素材导入到影片剪辑元件“烟火”中，实现烟火逐渐出现的动画效果。

(2) 回到场景，在“动画 3”层第 8 句歌起始帧处，拖放出影片剪辑元件“烟火”，将时间帧延长到第 8 句的结束处。

10. 完成第 9 句歌词动画，效果如图 11－65 所示。

(1) 将模块 8 案例 2 中的影片剪辑元件“地球绕太阳转动”拖放到“动画 2”层第 9 句歌词起始帧处，将时间帧延长到第 9 句歌的结束处。

(2) 在“歌词 2”层第 9 句歌起始帧处，增加文本“地球母亲，在茫茫的宇宙中，您就像那海洋里一叶舟，虽然小，但却非常伟大!”。将时间帧延长到第 9 句歌的结束处。

11. 完成第 10 句歌词动画，效果如图 11－66 所示。

(1) 制作影片剪辑元件“遮罩 10”：

➢ 将模块 8 案例 3 中的影片剪辑元件“爱心活动”拖放到第 10 句歌起始帧处，将其中图形元件“爱心”改为橙黄色。将时间帧延长到第 10 句歌词的结束处。

➢ 在“动画 2”层的第 10 句歌词起始帧处，将影片剪辑元件“地球自转”拖放到“爱心活

图 11－65　第 9 句歌动画效果

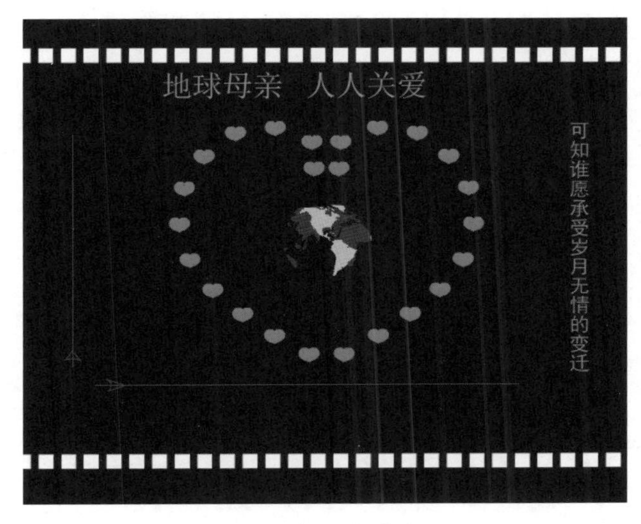

图 11－66　第 10 句歌动画效果

动”的中间。

（2）在“歌词 2”层第 10 句歌起始帧处，增加文本“地球母亲，人人关爱”。将时间帧延长到第 10 句歌词的结束处。

12. 完成第 11 句歌词动画，效果如图 11－67 所示。

（1）先制作“鱼儿畅游”影片剪辑元件，然后将几个“鱼儿畅游”影片剪辑元件拖放到“动画 2”层的第 11 句歌起始帧处中，帧延长到第 11 句歌的结束处。

（2）在“动画 2”层的第 11 句歌词起始帧处，也将模块 10 任务 2 中的影片剪辑元件“小鸟飞舞”拖放到舞台偏上方。

图 11－67　第 11 句歌动画效果

（3）在"歌词 2"层第 11 句歌起始帧处，增加文本"鱼儿畅游，鸟儿飞翔……"。将时间帧延长到第 11 句歌词的结束处。

13. 完成第 12 句歌词动画，效果如图 11－68 所示。

图 11－68　第 12 句歌动画效果

（1）先制作"白鸽飞翔"的影片剪辑元件（可百度搜索素材），然后将"白鸽飞翔"影片剪辑元件拖放到"动画 2"层，调整在场景中的左上方。延长帧到第 12 句歌的结束处。

（2）在"歌词 2"层第 12 句歌起始帧处，增加文本"空气清新　鸟语花香……"。将时间帧延长到第 12 句歌词的结束处。

动画控制需添加按钮。按钮设置可参照模块 MTV1 中"五、影片控制"的相关知识。歌词动画还可以进一步完善。可在步骤“三、词曲同步”和步骤“四、每句歌的动画制作”的基础上，添加歌词动画效果。

做 举一反三 上机实战

任务 1　Flash MTV——明天会更好

制作步骤

一、背景制作

1. 启动 Flash 软件，新建一个 ActionScript 2.0 影片文档。设置舞台背景大小为 720×570、背景颜色为白色、帧频为 12 fps，其他保持默认。先保存影片为“明天会更好(MTV). fla”。

2. 窗口显示比例为 50%，用矩形工具和线条工具绘制一个背景框，如图 11－69 所示(也可打开“明天会更好素材. fla”的库导入已有的背景框图形，后面动画所用素材同样可采用导入的方法)。

3. 选定绘制的背景框图形，按[Ctrl]+[G]键组合所有图形。调整背景框在舞台中的位置，命名该层为“背景框”，并锁定该层。

图 11－69　Flash MTV 背景框样式

二、音乐设置

1. 插入一新层，命名为“音乐”，选择“文件”|“导入”|“导入到库”命令，导入已裁剪好的“明天会更好. mp3”音乐到库面板中。

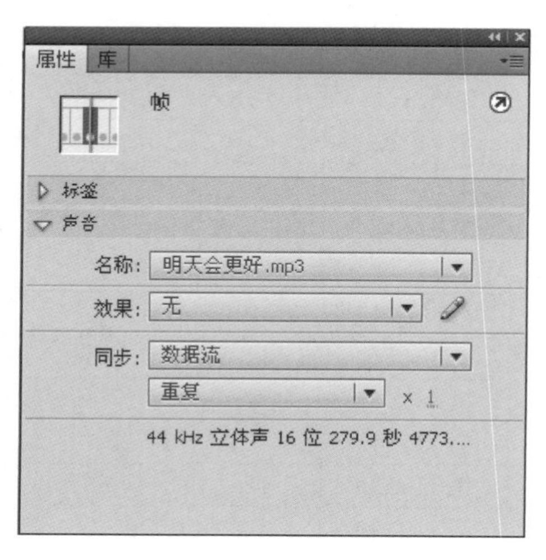

图 11－70　“属性”面板

2. 在第 1 帧处，设置属性，名称项选“明天会更好. mp3”，同步项选“数据流”，如图 11－70 所示。

3. 启动 Winamp 播放器，打开“明天会更好. mp3 音乐”，Winamp 播放器窗口会显示播放完音乐的时间为 1:50，即 110 s。计算出播完音乐总共需要 110×12=1320 帧。

4. 分别在音乐层和背景框层的第 1320 帧处按[F5]键，延长时间帧。

三、词曲同步

1. 锁定现有的图层，插入一新层，命名为“字幕”。

2. 启动歌词编辑器软件 LyricsMate Lyrics Editor，将已准备好的歌词粘贴到歌词编辑器软件的窗口。为方便计时，最好一句歌词显示一行。选

择歌词编辑器软件主菜单中的"编辑"|"字体",可以设置歌词文本的字体大小以方便显示。

3. 将 LyricsMate 歌词编辑器与 Winamp 播放器同时打开,配合使用。用 Winamp 播放"明天会更好.mp3",将光标定位在每句歌词前,每播放一句,选择"标签"菜单下的"添加时间标签"命令(为操作方便,建议在每句歌词前按[F5]快捷键),会显示出播放每句歌词的起始播放时间。

4. 同样,当 Winamp 播放完最后一句歌词时,将光标定位在最后一句歌词结束处,按[F5]键,显示出播放完最后一句歌词的时间,如图 11-71 所示(为准确起见,此步操作可以再重复一次)。

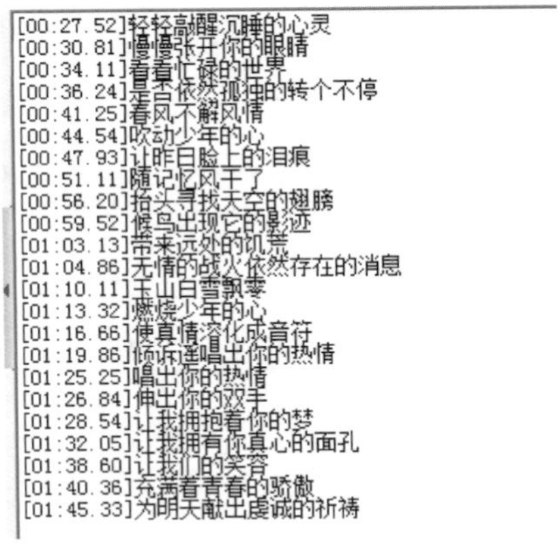

图 11-71 歌词编辑器和 Winamp 配合使用确定每句播放时间

5. 计算出每句歌词起始帧位置,见下表:

序号	起始时间	对应歌词	起始帧	计算公式
1	[00:27.52]	轻轻敲醒沉睡的心灵	第 330 帧	12.0×27.5=330
2	[00:30.81]	慢慢张开你的眼睛	第 372 帧	12.0×31=372
3	[00:34.11]	看看忙碌的世界	第 408 帧	12.0×34=408
4	[00:36.24]	是否依然孤独的转个不停	第 432 帧	12.0×36=432
5	[00:41.25]	春风不解风情	第 492 帧	12.0×41=492
6	[00:44.54]	吹动少年的心	第 528 帧	12.0×44=528
7	[00:47.93]	让昨日脸上的泪痕	第 576 帧	12.0×48=576
8	[00:51.11]	随记忆风干了	第 612 帧	12.0×51=612
9	[00:56.20]	抬头寻找天空的翅膀	第 672 帧	12.0×56=672
10	[00:59.52]	候鸟出现它的影迹	第 720 帧	12.0×60=720
11	[01:03.13]	带来远处的饥荒	第 756 帧	12.0×63=756
12	[01:04.86]	无情的战火依然存在的消息	第 768 帧	12.0×64=768
13	[01:10.11]	玉山白雪飘零	第 840 帧	12.0×70=840
14	[01:13.32]	燃烧少年的心	第 876 帧	12.0×73=876
15	[01:16.66]	使真情溶化成音符	第 924 帧	12.0×77=924
16	[01:19.86]	倾诉遥远的祝福	第 960 帧	12.0×80=960
17	[01:25.25]	唱出你的热情	第 1020 帧	12.0×85=1020
18	[01:26.84]	伸出你的双手	第 1044 帧	12.0×87=1044
19	[01:28.54]	让我拥抱着你的梦	第 1068 帧	12.0×89=1068
20	[01:32.05]	让我拥有你真心的面孔	第 1104 帧	12.0×92=1104
21	[01:38.60]	让我们的笑容	第 1188 帧	12.0×99=1188
22	[01:40.36]	充满着青春的骄傲	第 1200 帧	12.0×100=1200
23	[01:45.33]	为明天献出虔诚的祈祷	第 1260 帧	12.0×105=1260

6. 完成歌词的制作：

(1) 添加第 1 句歌词。从表中可知，第 1 句歌词的起始帧为第 330 帧。在歌词层的第 330 帧处插入关键帧，使用文本工具在这帧处将光标定位到背景框的左下方。在文本框中输入歌词"轻轻敲响沉睡的心灵"，按如图 11－72 所示，在属性中设置歌词的属性。第 1 句歌词在舞台中的显示位置，如图 11－73 所示。

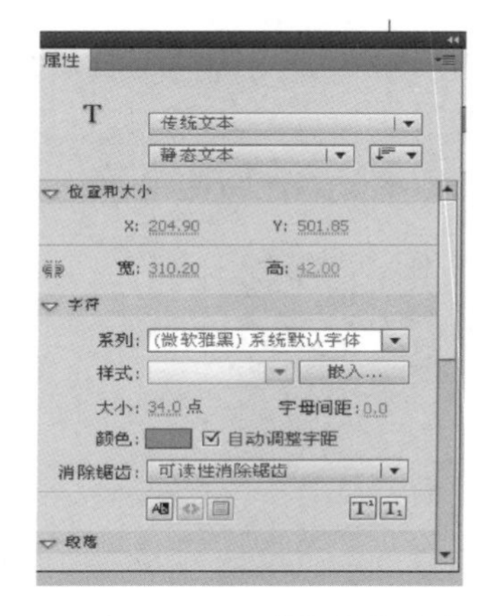

图 11－72 歌词属性设置

图 11－73 歌词显示位置

(2) 添加第 2 句歌词。第 2 句歌词的起始帧为第 372 帧。在歌词层的第 372 帧处插入关键帧，选中这帧已有的文本(前一帧延续的)，粘贴为第 2 句歌词"慢慢张开你的眼睛"。设置效果是：第 371 帧处第 1 句歌词已结束，第 2 句歌词正巧开始。在属性面板中查看第 2 句歌词的属性，应该同第 1 句歌词一样。

(3) 添加第 3 句歌词。第 3 句歌词的起始帧为第 372 帧。在歌词层的第 372 帧处插入关键帧，选中这帧处已有的文本(前一帧延续的)，粘贴为第 3 句歌词"看看忙碌的世界"。

(4) 同样的方法，将后面的每句歌词粘贴到对应的起始帧位置，直到最后一句歌词完成。歌词编辑器中已显示，播放完最后一句的时间为 1:45，即 100 s，时间帧为第 1200 帧。

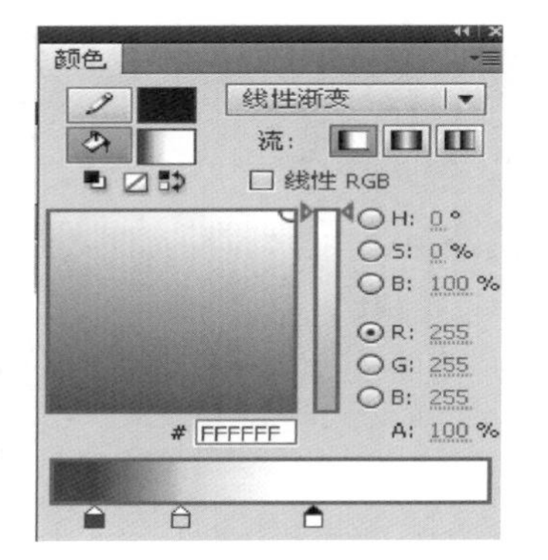

图 11－74 矩形填充颜色属性面板

7. 词曲同步全部完成。按[Ctrl]＋[Enter]键，先预览词曲同步的播放效果，若有误差，还需略作调整。

四、动画制作

1. 完成序曲部分动画：

(1) 锁定现有的图层，新建一个图层文件夹，并命名为"第一部分"。在图层文件夹下插入一新层，命名为"背景"。

(2) 选择工具箱中的矩形工具绘制，绘制一个和舞台同样大小的矩形，设置无边线，填充线性渐变，颜色为 3 个墨水瓶的颜色，分别是＃0066FD、＃ABE6FE、＃FFFFFF。颜色面板设置如图 11－74 所示，并将矩形转换为图形"元件 5"。

(3) 在"背景"图层的第 115 帧插入关键帧，将素材"背景

1. jpg"导入到舞台中矩形的正下方，并将矩形和"背景 1"组合转换成元件。在第 170 帧处插入关键帧，将舞台上的元件垂直向上移动，舞台的中间正好显示"背景 1"图片上的内容。在第 171 帧插入关键帧，将舞台上的内容选定，转换为新的图形元件。在新元件的编辑窗口，执行"修改"|"分离"命令，将组合在一起的矩形和"背景 1"部分内容分离，删除矩形部分后回到主场景，在第 328 帧插入空白关键帧。

(4) 锁定背景图层，在图层文件夹"第一部分"下插入一新层，命名为"太阳"。选择"文件"|"导入"|"打开外部库"命令，将"明天会更好素材. fla"的外部库打开。从"库"面板中将"太阳"元件拖放到舞台上，调整大小，使其第 1 帧处于舞台外，第 20 帧处于舞台右上角，显示如图 11－75 所示。在关键帧间点击鼠标右键，在弹出的菜单中选择"创建传统补间动画"效果。

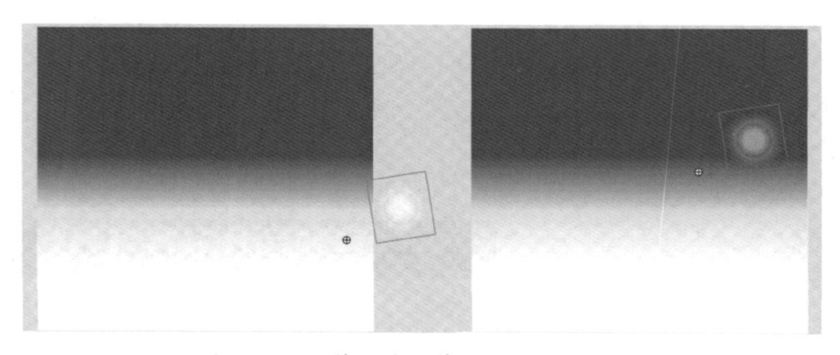

图 11－75　第 1 帧和第 20 帧太阳的位置

(5) 制作光线 1 的旋转动作。新建图层"光束 1"，在第 20 帧插入空白关键帧。选择"文件"|"导入"|"打开外部库"命令，将"明天会更好素材. fla"的外部库打开。从"库"面板中将"光束 1"元件拖放到舞台上，放在太阳的下方。在第 40 帧插入关键帧，使用工具箱中的任意变形工具，将中心点移到最右端并缩放，如图 11－76 所示。第 20 帧上点击鼠标右键执行"复制帧"命令，在第 60 帧点击鼠标右键执行"粘贴帧"命令。在第 61 帧插入空白关键帧，将第 20～60 帧的动画复制粘贴到从第 61 帧开始的动画。在第 115 帧插入关键帧，将第 115 帧上的"光束 1"选中，在"属性"面板上将其 Alpha 值设置为 0%。在所有的关键帧间点击鼠

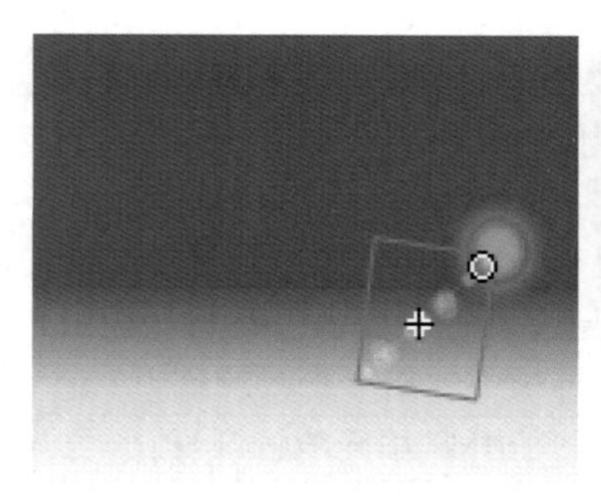

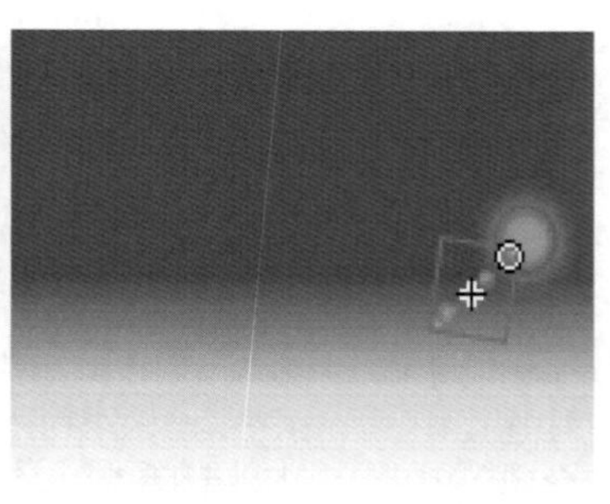

图 11－76　第 20 帧和第 40 帧光束 1 的位置与大小

标右键，在弹出的菜单中选择"创建传统补间动画"效果。

(6) 制作光线 2 的旋转动作。新建图层"光束 2"，在第 20 帧插入空白关键帧。选择"文件"|"导入"|"打开外部库"命令，将"明天会更好素材. fla"的外部库打开，从"库"面板中将"光束 2"元件拖放到舞台上，放在太阳的周围。在第 40 帧插入关键帧，在关键帧间点击鼠标右键，在弹出的菜单中选择"创建传统补间动画"效果。再点击第 20 帧，在"属性"面板上设置旋转"顺时针"一次。在第 41 帧插入关键帧，第 60 帧插入空白关键帧，将第 20 帧粘贴到第 60 帧。在第 41 帧和第 60 帧之间点击鼠标右键，在弹出的菜单中选择"创建传统补间动画"效果。再点击第 20 帧，设置旋转"逆时针"一次。在第 61 帧插入空白关键帧，将第 20～60 帧的动画复制粘贴到第 61 帧。在第 115 帧插入关键帧，在第 101 帧和第 115 帧之间点击鼠标右键，在弹出的菜单中选择"创建传统补间动画"效果。点击第 110 帧，在"属性"面板上设置旋转"顺时针"一次。将第 115 帧上的"光束 2"选中，在"属性"面板上将其 Alpha 值设置为 0%。

(7) 新建图层并命名为"旗杆"。在第 115 帧插入关键帧，同上打开外部库素材库，将"旗杆"拖放到舞台的正下方的外面。在第 170 帧插入关键帧，将旗杆移动到舞台的中央。在第 115 帧和第 170 帧之间点击鼠标右键，在弹出的菜单中选择"创建传统补间动画"效果。

图 11－77　调整红旗形状

(8) 新建图层并命名为"红旗"。在第 170 帧插入关键帧，打开外部库素材库，从库中拖放元件"红旗"到"红旗"层的第 170 帧处。在第 200 帧插入关键帧，将第 170 帧上的红旗选中，在"属性"面板上将其 Alpha 值设置为 30%。在第 170～200 帧之间点击鼠标右键，在弹出的菜单中选择"创建传统补间动画"效果。在第 205 帧插入关键帧，使用工具箱中的任意变形工具，调整舞台上的红旗大小，如图 11－77 所示。接下来，利用逐帧动画方式，不断调整红旗大小，达到飘动的动画效果。时间轴上关键帧，如 11－78 所示。

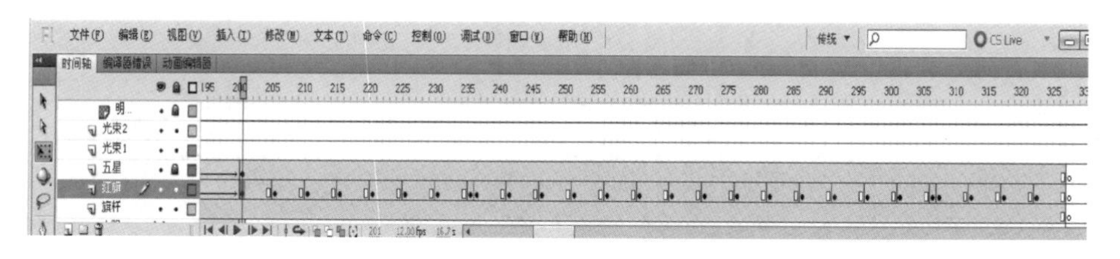

图 11－78　"红旗"层时间轴

(9) 新建图层"五星"。在第 170 帧插入空白关键帧，使用工具箱中的"多角星形工具"，如图 11－79 所示，绘制五角星，填充为黄色，并将其转换为图形元件。在第 200 帧处插入关键帧，在第 170～200 帧之间点击鼠标右键，在弹出的菜单中选择"创建传统补间动画"效果。将第 170 帧上的五星选中，在"属性"面板上将其 Alpha 值设置为 30%。

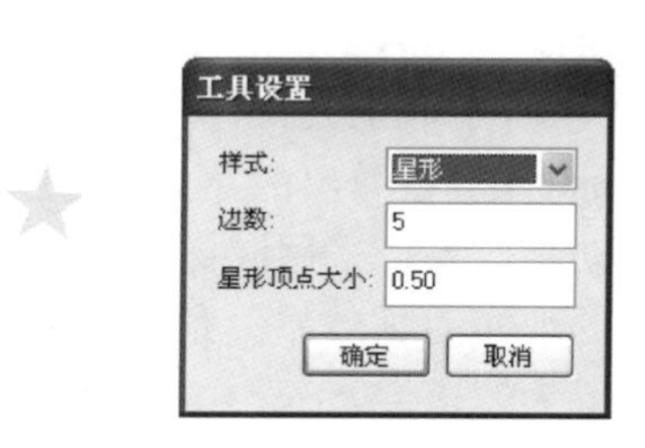

图 11－79　绘制五星效果

(10) 新建图层"文字"。在第 61 帧插入空白关键帧，使

用工具箱中的文字工具，在舞台上输入"明天会更好"。选定舞台上的文字，将文字转换为图形元件"歌曲名"。双击进入"歌曲名"元件的编辑窗口，执行"修改"|"分离"命令，将歌曲名分离成单个的文字，重新设置每个文字的颜色，如图 11-80 所示。在第 170 帧插入空白关键帧。

图 11-80　文字颜色效果

图 11-81　文字遮罩层第 61 和 95 关键帧上内容

(11) 新建图层"文字遮罩"。在第 61 帧插入空白关键帧，使用工具箱中的画笔工具随意绘制一点内容，覆盖在文字的上方。在第 95 帧处插入关键帧，使用任意变形工具将其放大，如图 11-81 所示。在第 61～95 帧之间点击鼠标右键，在弹出的菜单中选择"创建补间形状"动画效果。在图层"文字遮罩"层上点击鼠标右键，在弹出的菜单中选择"遮罩层"命令，这时候"文字"图层将自动缩进成为被遮罩图层。

(12) 新建图层"歌曲名"。在第 170 帧处插入空白关键帧，复制"文字"图层第 61 帧上的文字内容到"歌曲名"图层的第 170 帧处，执行"修改"|"分离"命令两次，将歌曲名分离。在第 200 帧插入空白关键帧，将"五星"图层第 200 帧上的五星复制原位置粘贴到"歌曲名"的第 200 帧处。选定五星，执行"修改"|"分离"命令，将五星分离。在 170～200 关键帧之间点击鼠标右键，在弹出的菜单中选择"创建补间形状"动画效果。

(13) 新建图层"文字 1"。在第 200 帧插入空白关键帧，使用工具箱中的文字工具在舞台上输入文字内容，如图 11-82 所示。在第 241 帧插入空白关键帧，输入文字内容，如图 11-83所示。在第 281 帧插入空白关键帧，输入文字内容，如图 11-84 所示。

有过多少美好的回忆
浮现在眼前
也有过多少挫折失败
不曾忘记

图 11-82　第 200 帧上文字内容

这期间
我们风雨同舟

图 11-83　第 241 帧上文字内容

光阴荏苒
三年的时光转眼即逝
我们即将告别大学生活

图 11-84　第 281 帧上文字内容

(14) 新建图层"文字 1 遮罩"。在第 200 帧插入空白关键帧，使用工具箱中的矩形工具绘制填充为黑色的无边线的小矩形。在第 220 帧插入关键帧，使用工具箱中的任意变形工具，将矩形条放大，覆盖整段文字，效果如图11-85所示。在第 200～220 关键帧之间点击鼠标右键，在弹出的菜单中选择"创建补间形状"动画效果。采用同样的方法制作其他两段文字的现实动画效果。最后，将"文字 1 遮罩层"设置为遮罩层。

光阴荏苒
三年的时光转眼即逝
我们即将告别大学生活

图 11-85　第 200 和第 220 帧上矩形

至此，完成序曲部分的全部效果。

2. 完成第 1 和 2 句歌词动画：

(1) 在“第一部分”文件夹的上方新建文件夹 2。

(2) 在文件夹 2 中，新建图层“长城”。在第 328 帧处插入空白关键帧，导入素材图片“长城.jpg”，时间轴延伸到第 1 句歌词的结束。

(3) 新建图层“草 1”。在第 328 帧插入空白关键帧，打开外部素材库，将“草 1”元件从库中拖放到舞台上。在第 365 帧插入关键帧，使用任意变形工具将其放大，效果如图 11-86 所示。在第 328～365 关键帧之间点击鼠标右键，在弹出的菜单中选择“创建传统补间动画”效果。

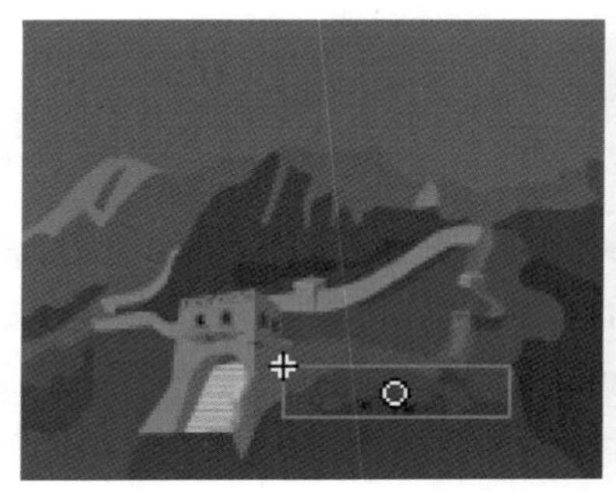
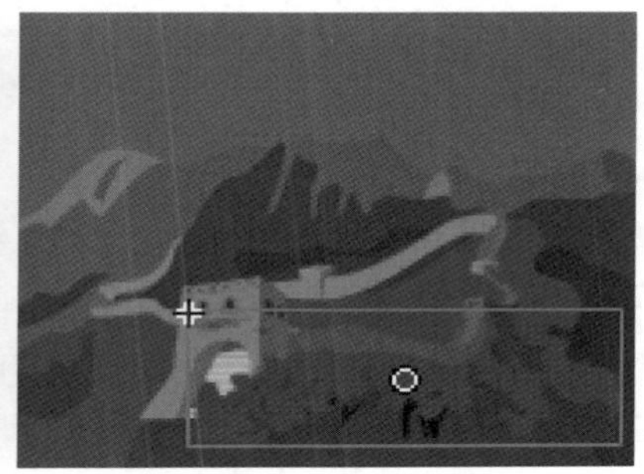

图 11-86　“草 1”图层关键帧上的内容

(4) 新建图层“草 2”。采用上述相同的方法，制作草 2 的动画效果：

➢ 新建图层“女孩”。女孩的出场利用 Alpha 的属性设置和动作补间动画来实现。在第 350 帧插入空白关键帧，将外部库中的元件“女孩”拖放到舞台的中间。在第 365 帧插入关键帧。在这两个关键帧之间点击鼠标右键，在弹出的菜单中选择“创建传统补间动画”效果，点选第 350 帧处舞台上的“女孩”，将其 Alpha 设置为 0%。

➢ 新建图层“眼睛”。在第 350～365 帧之间，通过 Alpha 属性设置和动作补间动画效果实现眼睛出场。在第 366 帧插入关键帧，选定眼睛执行“修改”|“分离”命令。在第 409 帧插入空白关键帧，使用工具箱中的圆形工具绘制填充圆形的眼睛。在第366～409 帧之间点击鼠标右键，在弹出的菜单中选择“创建补间形状”动画效果。各关键帧上内容，如图 11-87 所示。

图 11-87　“眼睛”图层关键帧上的内容

➢ 新建图层“眼珠”。在第 386 帧和第 409 帧实现眼珠的动画效果。

3. 完成第 3 和 4 句歌词动画：

（1）新建文件夹 3，在文件夹中新建图层“天坛”。在第 410 帧处插入空白关键帧，从素材中导入“天坛. png”，修改图片尺寸与背景内框大小相同，如图 11－88 所示。

图 11－88 天坛

（2）新建图层“兵马”。在第 424 帧插入空白关键帧，打开外部库，从库面板中将“兵马”元件拖放到舞台的下方。在第 442 帧插入关键帧，将“兵马”垂直向上移动到舞台的中央。在第 424～442 关键帧之间点击鼠标右键，在弹出的菜单中选择“创建传统补间动画”效果。

（3）新建图层“俑”。在第 424 帧插入空白关键帧，打开外部库，从库中将“俑”元件拖放到舞台的下方。在第 442 帧插入关键帧，将“俑”垂直向上移动到舞台的中央。在第424～442 关键帧之间点击鼠标右键，在弹出的菜单中选择“创建传统补间动画”效果。

（4）新建图层“夜空”。在第 443 处插入空白关键帧，从库中导入元件“夜空”，放置在舞台的中间。

（5）新建图层“月亮”。在第 443 帧处空白关键帧，从库面板中导入元件“月亮”。

（6）新建运动引导层。在第 443 帧插入空白关键帧，使用工具箱中的铅笔工具绘制运动引导线。在“月亮”图层的第 443 帧处，将月亮的中心点和引导线左端对齐。在第 493 帧插入关键帧，将月亮的中心点和引导线的右端对齐，效果如图 11－89 所示。在关键帧之间点击鼠标右键，在弹出的菜单中选择“创建传统补间动画”效果。时间轴效果如图 11－90 所示。

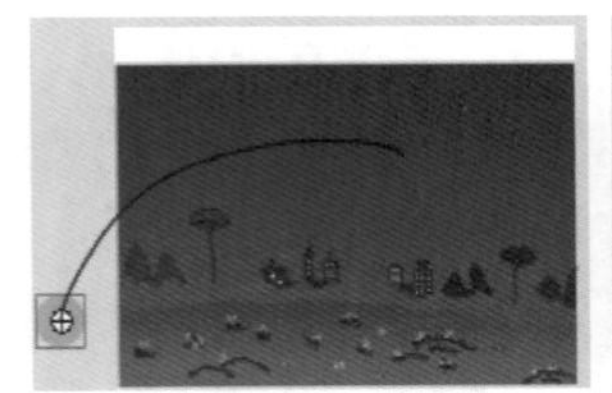
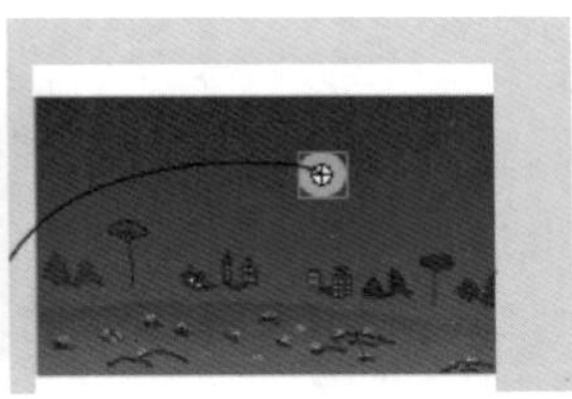
图 11－89 “月亮”层和引导层对齐

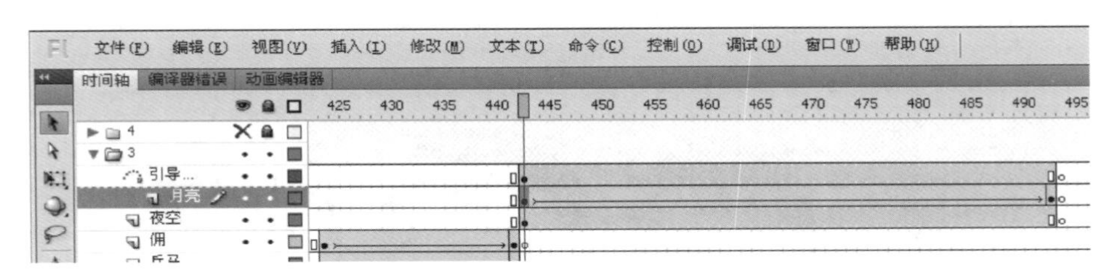

图 11－90 “月亮”层和引导层时间轴效果

4. 完成第 5～8 句歌词动画：

（1）新建文件夹 4，在文件夹中新建图层“大树”。在 492 帧处插入空白关键帧，打开外部库，将大树拖放到舞台的右下角。在第 534 帧插入关键帧，将大树移动到舞台的右边并放大，如图 11－91 所示。在关键帧间点击鼠标右键，在弹出的菜单中选择“创建传统补间动画”效果。在第 573 帧和 613 帧插入关键帧，使用任意变形工具缩小 613 帧上的大树。在关键帧间点击鼠标右键，在弹出的菜单中选择“创建传统补间动画”效果。

图 11－91　关键帧上“大树”

（2）接下来，制作女孩出场和眼泪动画效果，时间轴如图 11－92 所示。

图 11－92　文件夹 4 中时间轴效果

（3）新建图层“女孩”，在第 535 帧插入空白关键帧，从库面板中将“女孩”元件拖放到舞台上。在第 573 帧插入空白关键帧，在第 573 帧和第 611 帧插入关键帧。将第 535 帧上，女孩的 Alpha 值设置为 0%，将第 611 帧上放大女孩。在关键帧间点击鼠标右键，在弹出的菜单中选择“创建传统补间动画”效果。

（4）新建图层“眼睛”，制作眼睛的出场动画效果。

（5）新建图层“眼泪”，在第 613 帧插入空白关键帧，打开外部库，将“眼泪”元件从库面板中拖放到舞台上。在第 619 帧插入关键帧，将眼泪向下移动一定的距离。在关键帧之间点击鼠标右键，在弹出的菜单中选择“创建传统补间动画”效果，并在第 613 帧的“眼泪”的属性面板上，将 Alpha 值设置为 0%，效果如图 11－93 所示。

（6）新建图层“眼泪 1”。在第 617 帧插入空白关键帧，将“眼泪”层的动画复制、粘贴到 617 帧处。

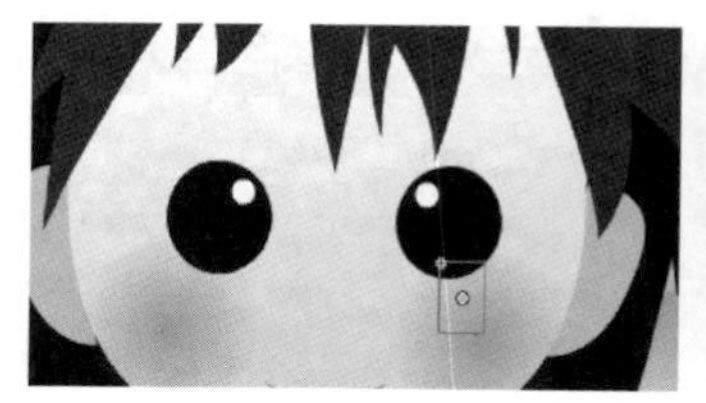

图 11－93　“眼泪”层关键帧内容

（7）新建图层“眼泪 2”。在第 620 帧插入空白关键帧，将“眼泪”层的动画复制、粘贴到 620 帧处。

（8）依照上述步骤(5)～(7)，制作女孩另一眼睛的眼泪动画效果。

5. 完成第 9 和 10 句歌词动画：

（1）新建文件夹 5。完成文件夹 5 中动画制作后时间轴动画效果，如图 11－94 所示。

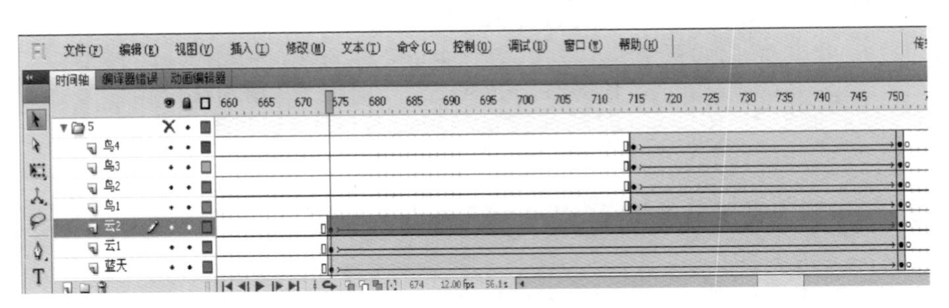

图 11－94　文件夹 5 时间轴效果

（2）在文件夹中新建图层“蓝天”。打开外部库，在第 673 帧插入空白关键帧，将“蓝天”元件拖放到舞台的上方。在第 750 帧插入关键帧，将蓝天向下移动一定距离。在关键帧间点击鼠标右键，在弹出的菜单中，选择“创建传统补间动画”效果。

（3）新建图层“云 1”，打开外部库，在第 673 帧插入空白关键帧，将“白云”元件拖放到舞台的右边。在第 750 帧插入关键帧，将白云向左移动一定距离。在关键帧间点击鼠标右键，在弹出的菜单中，选择“创建传统补间动画”效果。

（4）新建图层“云 2”。依照步骤(3)，制作白云从左边移入舞台的动画效果。

（5）新建图层“鸟 1”。在第 715 帧插入空白关键帧，从外部库中将影片剪辑“鸟 1”拖放到舞台外边的右下方。在第 750 帧插入关键帧，将“鸟 1”移动到舞台的上方。在关键帧间点击鼠标右键，在弹出的菜单中选择“创建传统补间动画”效果。

（6）新建图层“鸟 2”。在第 715 帧插入空白关键帧，从外部库中将影片剪辑“鸟 2”拖放到舞台外边的右下方。在第 750 帧插入关键帧，将“鸟 2”移动到舞台的上方。在关键帧间点击鼠标右键，在弹出的菜单中选择“创建传统补间动画”效果。

（7）依照上述步骤(5)和(6)的方法，制作图层“鸟 3”和“鸟 4”的动画效果，只需将它们缩放一点即可。舞台效果如图 11－95 所示。

图 11－95　鸟在舞台上的位置

6. 完成第 11 和 12 句歌词动画：

（1）新建文件夹 6，完成文件夹 6 中动画制作后，时间轴动画效果如图 11－96 所示。

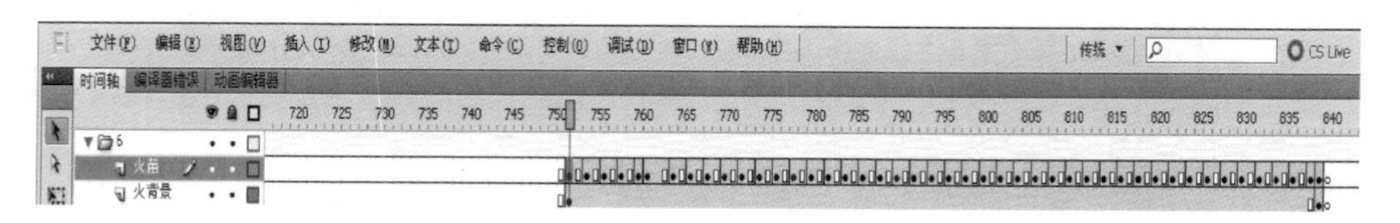

图 11－96 文件夹 6 时间轴效果

（2）新建图层“火背景”。在第 751 帧插入关键帧，从外部库中导入“红色”背景。

（3）新建图层“火苗”。在第 751 帧插入关键帧，从外部库中导入“火”系列的元件，利用逐帧动画，实现火苗跳动效果。

7. 完成第 13 和 14 句歌词动画：

（1）新建文件夹 7。完成文件夹 7 中动画制作后，时间轴动画效果如图 11－97 所示。

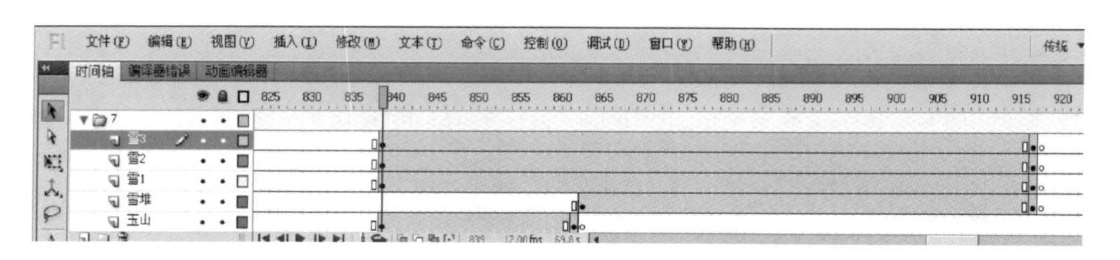

图 11－97 文件夹 7 时间轴效果

（2）新建图层“玉山”。在第 839 帧插入关键帧，从外部库中导入“玉山”图形元件。

（3）新建图层“雪堆”。在第 863 帧插入关键帧，从外部库中导入“雪堆”图形元件。

（4）新建图层“雪 1”“雪 2”和“雪 3”。在第 839 帧插入关键帧，从外部库中导入“雪 1”影片剪辑图形元件，放置在舞台的不同位置，如图 11－98 所示。

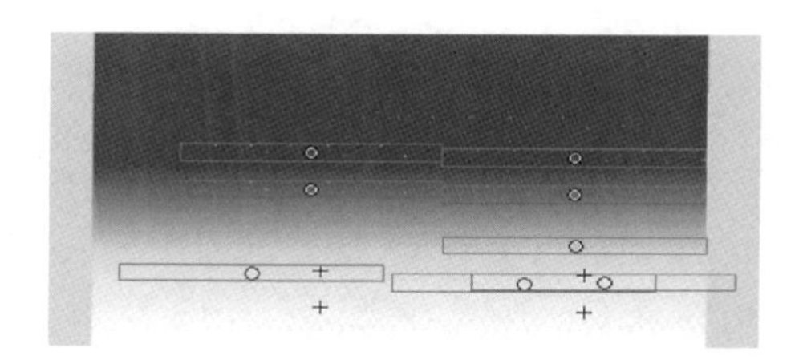

图 11－98 舞台上“雪”

8. 完成第 15 和 16 句歌词动画：

（1）新建文件夹 8，在文件夹中新建图层“栅栏”。在第 919 帧插入空白关键帧，打开外部库，从库中将“栅栏”元件拖放到舞台上，调整大小和位置。

（2）新建图层“小鸟”。打开外部库，在第 919 帧插入空白关键帧，从库中将“小鸟”元件拖放到舞台上，调整大小和位置。在第 921 帧插入关键帧，调整小鸟的位置，如图 11－99 所示。依次复制第 919～921 帧的动画，实现“小鸟”喂食动画效果。

（3）新建图层“栏杆”。从库中将“杆”元件拖放到舞台上，并复制一次，放置在小鸟的上面。

（4）新建图层“树”。从库中将“树”元件拖放到舞台上，调整大小和位置。

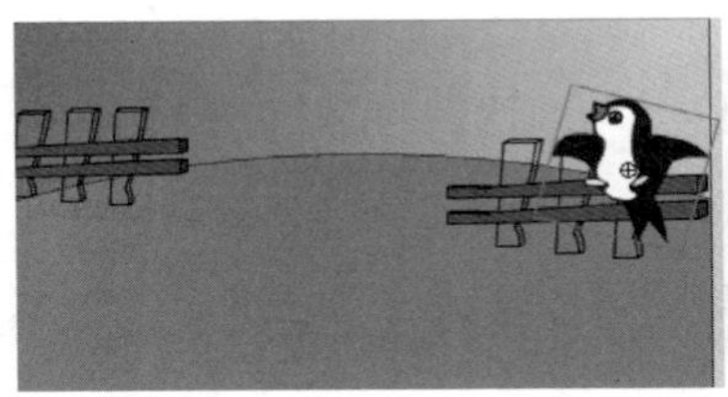
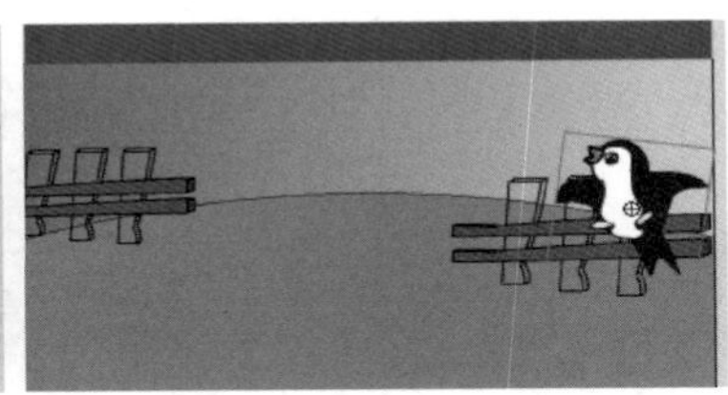

图 11－99　舞台上小鸟

图 11－100　舞台上小鸟们

（5）新建图层“小鸟 1”。依照步骤（2）的方法，制作“小鸟 1”动画效果。同样的方法制作“小鸟 2”和“小鸟 3”图层动画效果，如图 11－100 所示。

（6）新建图层“鸟窝”，从库中将“鸟窝”元件拖放到舞台上，调整大小和位置。

（7）新建图层，依照前面制作女孩和眼睛的方法，制作女孩的出现动画。

9. 完成第 17～19 句歌词动画：

（1）新建文件夹 9。完成文件夹 9 中动画制作后，时间轴动画效果如图 11－101 所示。

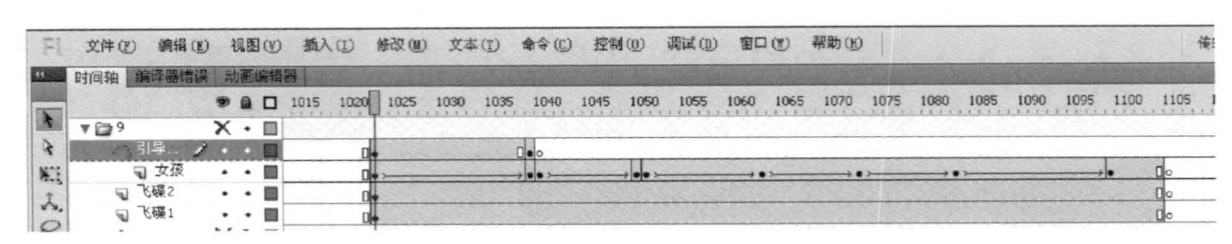

图 11－101　文件夹 9 时间轴效果

（2）新建图层“飞碟 1”和“飞碟 2”。在第 1021 帧插入关键帧，从外部库中导入“飞碟”影片剪辑元件，放置在舞台上，位置如图 11－102 所示。

图 11－102　舞台上的飞碟

（3）新建图层“女孩”。在第 1021 帧插入关键帧，从外部库中导入“睁眼女孩”元件，放置在舞台上，位置如图 11－103 所示。为“女孩”图层添加运动引导层，使用工具箱中的铅笔工具绘制路径。在“女孩”图层的第 1038 帧插入关键帧，将女孩的中心点和引导线的另一端对齐。在关键帧间点击鼠标右键，在弹出的菜单中选择“创建传统补间动画”效果。

（4）在“女孩”图层的第 1040 帧和 1097 帧，创建女孩放大、缩小以及旋转的动画效果。

10. 完成第 20 和 21 句歌词动画：

（1）新建文件夹 10，在文件夹中新建图层“松林”。在第 1104 帧插入空白关键帧，从外

图 11 - 103　舞台上女孩

部库中将“松林”元件拖放到舞台上，调整大小和位置。

(2) 新建图层“蝴蝶”。在第 1104 帧插入空白关键帧，从外部库中将“蝴蝶”元件拖放到舞台上，调整大小和位置。为“蝴蝶”图层添加运动引导层，使用工具箱中的铅笔工具绘制两条路径。回到“蝴蝶”图层，在第 1171、1172 和 1240 帧上插入关键帧，在第 1104～1171 关键帧之间创建蝴蝶围绕第一条路径运动的动画效果，如图 11 - 104 所示。在第 1172～1240 关键帧之间实现蝴蝶围绕第二条路径运动的动画效果，如图 11 - 105 所示。

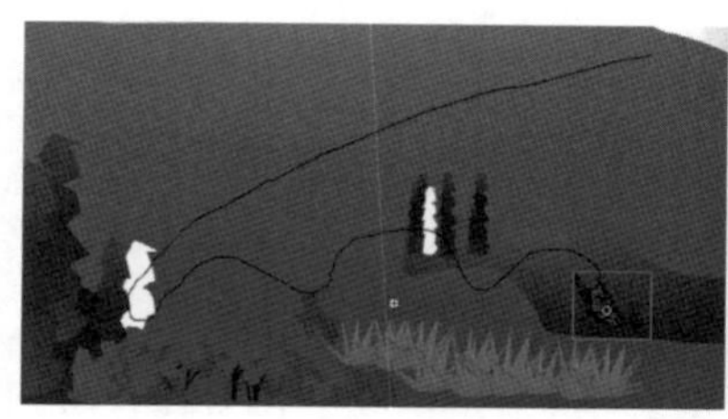
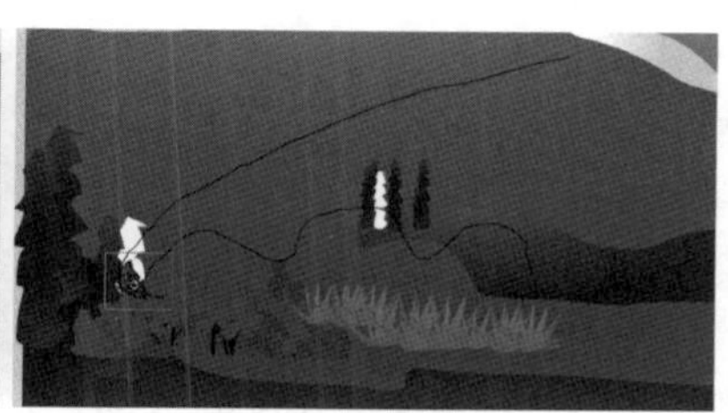

图 11 - 104　蝴蝶绕路径 1 运动

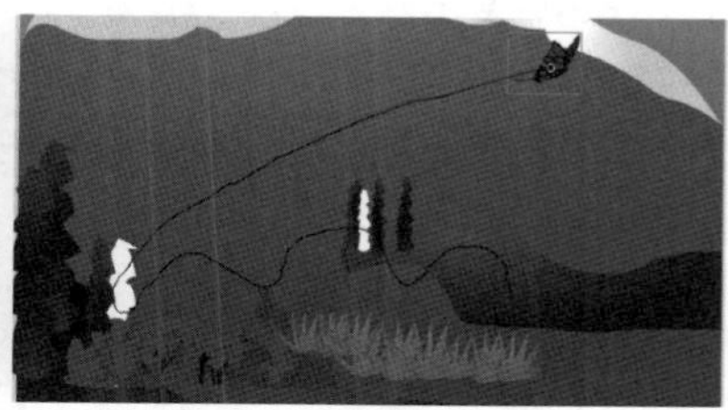

图 11 - 105　蝴蝶绕路径 2 运动

(3) 新建图层“松树”。在第 1104 帧插入空白关键帧，从外部库中将“松树”元件拖放到舞台上，调整大小和位置，完成对蝴蝶的遮挡效果。

11. 完成第 22 句歌词动画。新建文件夹 11，此部分的动画效果和序曲部分的动画效果相同，可以采用复制、粘贴帧的方式完成动画制作，只需要改动显示的文字内容。

五、测试和保存

按[Ctrl]+[Enter]键测试影片播放效果，按[Ctrl]+[S]键保存影片文档。

知识点拨

创作一部完善的 Flash MTV 作品，会有很多的图层，可以采用文件夹的方式管理图层。

任务 2　Flash MTV——最浪漫的事

制作步骤

一、“kaishi”场景制作

1. 启动 Flash 软件，新建一个 ActionScript 2.0 影片文档。设置舞台背景大小为 550×400、背景颜色为白色、帧频修改为 12 fps，其他保持默认。

2. 选择菜单“插入”|“新建元件”命令或按[Ctrl]+[F8]键，弹出“新建元件”对话框，设置名称为“播放”、类型为“按钮”，单击【确定】按钮，进入该元件的编辑窗口。

(1) 在“图层 1”的“弹起”帧，使用工具箱中的矩形工具和填充工具绘制填充为红色的矩形。在“指针经过”、“按下”和“点击”帧上，按[F6]键插入关键帧。

(2) 新建图层 2，在“弹起”帧，使用工具箱中的文字工具输入静态文本“PLAY”，字体大小为 18 点，字体设置为 Microsoft Sans Serif。在“指针经过”和“按下”帧上，按[F6]键插入关键帧。

(3) 新建图层 3，在“指针经过”帧上插入关键帧，将本书模块 8 中任务 2“精彩人生”中的“旋转星星”影片剪辑元件拖放到舞台上。选定舞台上的“旋转星星”影片剪辑，按[F8]键转换为元件，在弹出的转换元件对话框中，设置名称为“旋转”，类型为“影片剪辑”。双击舞台上的“旋转”影片剪辑，进入“旋转”影片剪辑的编辑窗口。制作星星围绕圆形路径运动动画效果(参照模块 8 引导路径动画)。时间轴效果，如图 11－106 所示。

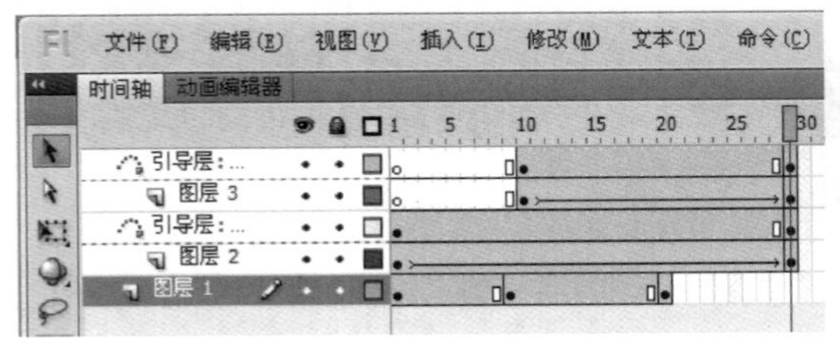

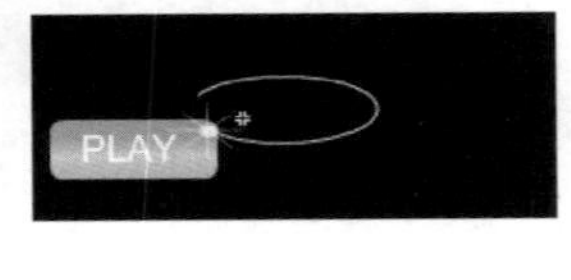

图 11－106　“旋转”效果

(4) 制作“播放”按钮，时间轴如图 11－107 所示。

3. 选择菜单“插入”|“新建元件”命令或按[Ctrl]+[F8]键，弹出“新建元件”对话框，设置名称为“歌曲名称”、类型为“影片剪辑”，单击【确定】按钮，进入该元件的编辑窗口。

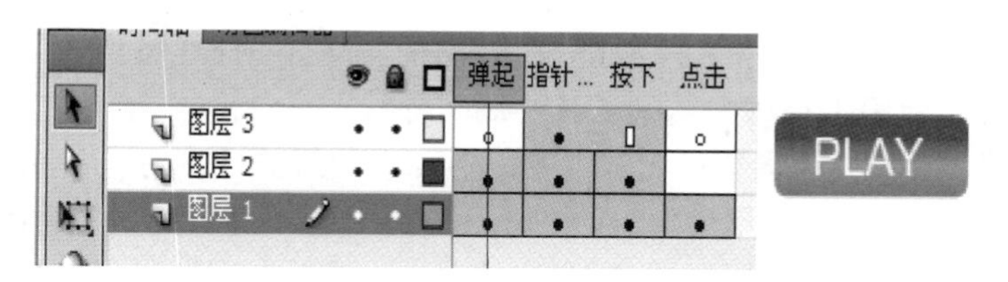

图 11-107 “PLAY”按钮

(1) 将图层 1 命名为“矩形条”，在舞台的中间，使用工具箱中的矩形工具绘制红色的矩形长条，如图 11-108 所示。

图 11-108 矩形长条

(2) 在第 40 帧插入关键帧，将矩形条向右移动一定的距离。在两个关键帧之间点击鼠标右键，在弹出的菜单中选择“创建传统动画”效果。

(3) 新建图层 2，将图层命名为“文字边框”。用工具箱中的文字工具，在舞台的中间输入静态文本“最浪漫的事”，字体大小为 37 点、字体设置为华文彩云、字体颜色为 #CCCCCC。

(4) 复制“文字边框”图层，将图层命名为“填充文字”。使用菜单“修改”|“分离”命令，将文字分离两次，使用墨水瓶工具将文字填充为红色，如图 11-109 所示。

图 11-109 填充的文字效果

(5) 在“填充文字”图层名称上点击鼠标右键，在弹出的菜单上选择“遮罩层”，将“文字边框”层和“矩形条”层设置为被遮罩层，如图 11-110 所示。

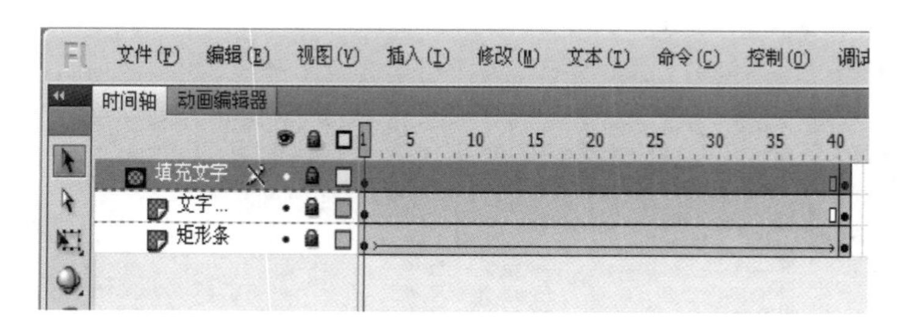

图 11-110 遮罩层设置

4. 选择菜单“插入”|“新建元件”命令或按[Ctrl]+[F8]键，弹出“新建元件”对话框，设置名称为“花落”、类型为“影片剪辑”，单击【确定】按钮，进入该元件的编辑窗口。

(1) 在图层 1 的第 1 帧，选择“文件”|“导入”|“导入到舞台”命令，将素材“花”导入到舞台上，并转换为影片剪辑元件“花”。在第 65 帧，按[F6]键插入关键帧。

(2) 在图层 1 的名称上点击鼠标右键,在弹出的菜单中选择"添加传统运动引导层"命令。在引导层 1 上,使用工具箱中铅笔工具绘制引导线。

(3) 在图层 1 的第 1 帧,将"花"元件的中心点和引导线的一端对齐。在第 65 帧,将元件的中心点和另一端对齐,并在"属性"面板中,将元件的 Alpha 值设置为 0%,如图 11 - 111 所示。在两个关键帧之间点击鼠标右键,在弹出的菜单中选择"创建传统动画"效果。

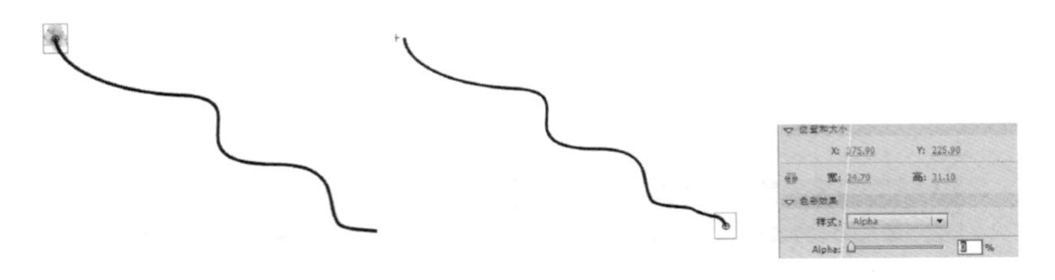

图 11 - 111　关键帧上花的设置

(4) 新建图层 2,在第 5 帧按[F6]键插入空白关键帧。选择图层 1 和引导层 1 中的第 1～65帧,点击鼠标右键,在弹出的菜单中选择"复制帧"命令,在图层 2 第 5 帧的关键帧上点击鼠标右键,在弹出的菜单中选择"粘贴帧"命令。

5. 回到主场景,设置"kaishi"主场景动画:

(1) 将图层 1 命名为"背景"。选择"文件"|"导入"|"导入到舞台"命令,将"背景.jpg"导入到舞台的中间。在第 35 帧按[F5]键插入帧(也可打开"最浪漫的事素材.fla"的库,导入已有的背景图形)。

(2) 新建图层"按钮",从库中将"播放"按钮拖放到舞台上。

(3) 新建图层"曲名",从库中将"歌曲名称"影片剪辑拖放到舞台上。

(4) 新建图层"花",从库中将"花落"影片剪辑拖放到舞台上。在第 10 帧、第 23 帧、第 40 帧,按[F6]键插入空白关键帧。从库中将"花落"影片剪辑拖放到舞台上,摆放在不同的位置。整个主场景,如图 11 - 112 所示。

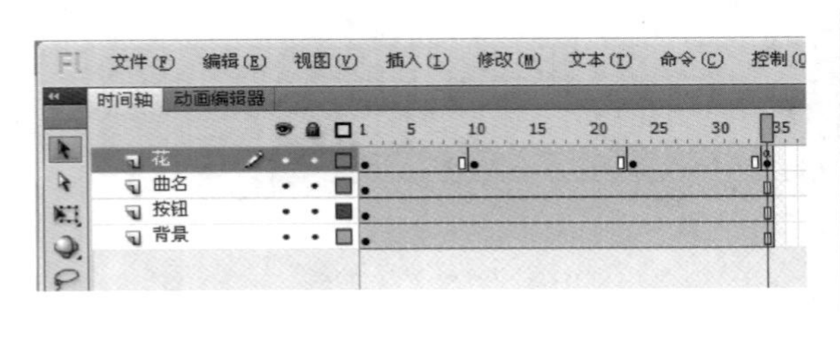

图 11 - 112　"kaishi"场景的内容和时间轴效果图

二、"neirong"场景制作

1. 背景制作:

(1) 将图层 1 命名为"背景",从库文件中将"背景"图形原件拖放到舞台中间。在第 59

帧按[F6]键，插入空白关键帧。在两个关键帧之间点击鼠标右键，在弹出的菜单中选择“创建传统动画”效果。点选第 59 帧舞台上的背景，在“属性”面板上将 Alpha 值设置为 0%，如图 11 - 113 所示。

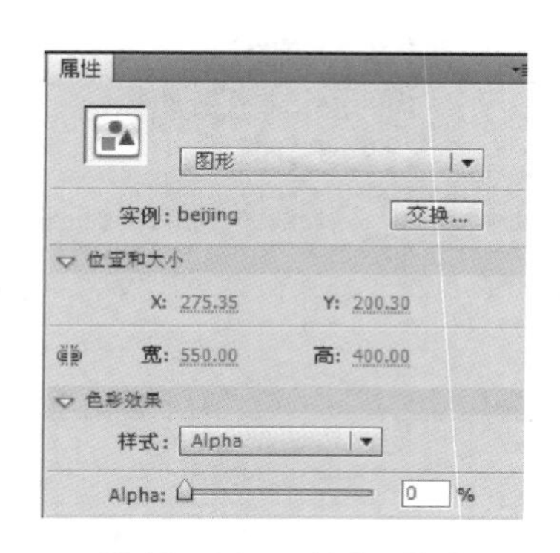

图 11 - 113　Alpha 属性设置

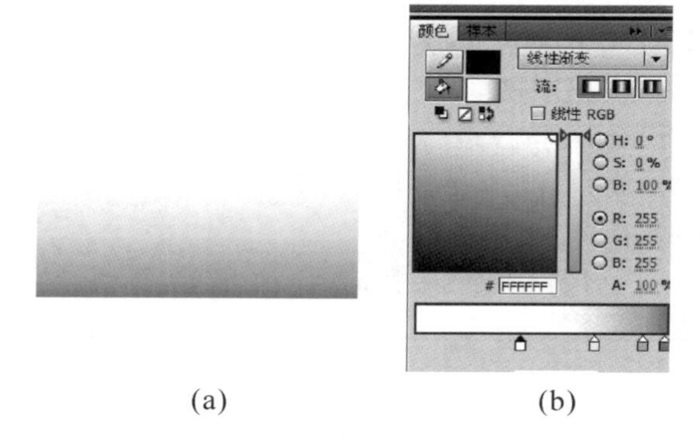

(a)　　(b)

图 11 - 114　绘制矩形

(2) 新建图层“背景色”，使用工具箱中的矩形工具，绘制一个和舞台大小相同的矩形。使用工具箱中的颜料桶工具填充矩形，效果如图 11 - 114(a)所示，颜色面板设置如图 11 - 114(b)所示。

(3) 新建图层“边框”，选择“文件”|“导入”|“导入到舞台”命令，将素材“边框. png”导入到舞台的中间，并转换为元件“边框”。在第 59 帧按[F6]键插入空白关键帧，在两个关键帧之间点击鼠标右键，在弹出的菜单中选择“创建传统动画”效果。点选第 1 帧舞台上的背景，在“属性”面板上将 Alpha 值设置为 0%。

2. 音乐设置：

(1) 插入一新层，命名为“音乐”。选择“文件”|“导入”|“导入到库”命令，导入已裁剪好的“zlms. mp3”音乐到“库”面板中(考虑到整首歌曲太长，而且是重复的，在此案例中导入前半部分音乐)。

(2) 在第 1 帧处，设置属性，名称项选“zlms. mp3”、同步项选“数据流”，如图 11 - 115 所示。

图 11 - 115　音乐属性设置

(3) 启动 Winamp 播放器，打开“zlms. mp3 音乐，播放器窗口会显示播放完“zlms. mp3”音乐的时间为 1：45，即 105 s，总共需要 1260 帧。

(4) 分别在“音乐”层、“花边”层和“背景色”层的第 1260 帧处按[F5]键，延长时间帧。

3. 词曲开始帧计算：

(1) 启动 LyricsMate Lyrics Editor，将已准备好的歌词粘贴到歌词编辑器软件的窗口，为方便计时，最好一句歌词显示一行。

(2) 同时打开 LyricsMate 歌词编辑器与 Winamp 播放器，配合使用。用 Winamp 播放“zlms. mp3”，将光标定位在每句歌词前，每播放一句，选择“标签”菜单下的“添加时间标签”命令，会显示出播放每句歌词的起始播放时间。当 Winamp 播放完最后一句歌词时，将光标定位在最后一句歌词结束处，按[F5]键，显示出播放完最后一句歌词的时间为 1:45，如图 11-116 所示。

[00:04.95]背靠着背坐在地毯上
[00:09.09]听听音乐聊聊愿望
[00:13.95]你希望我越来越温柔
[00:17.79]我希望你放我在心上

[00:24.53]你说想送我个浪漫的梦想
[00:28.74]谢谢我带你找到天堂
[00:33.60]哪怕用一辈子才能完成
[00:37.33]只要我讲你就记住不忘

[00:44.09]我能想到最浪漫的事
[00:47.99]就是和你一起慢慢变老
[00:52.34]一路上收藏点点滴滴的欢笑
[00:56.54]留到以后坐着摇椅慢慢聊
[01:01.82]我能想到最浪漫的事
[01:05.86]就是和你一起慢慢变老
[01:10.01]直到我们老得哪儿也去不了
[00:00.00][01:14.29]你还依然把我当成手心里的宝

图 11-116　歌词编辑器和 Winamp 配合使用确定每句播放时间

(3) 计算出每句歌词起始帧位置，见下表：

序号	起始时间	对应歌词	起始帧	计算公式
1	[00:04.95]	背靠着背坐在地毯上	第 59 帧	12.0×4.95=59
2	[00:09.09]	听听音乐聊聊愿望	第 109 帧	12.0×9.09=109
3	[00:13.95]	你希望我越来越温柔	第 167 帧	12.0×13.95=167
4	[00:17.79]	我希望你放我在心上	第 213 帧	12.0×17.79=213
5	[00:24.53]	你说想送我个浪漫的梦想	第 294 帧	12.0×24.53=294
6	[00:28.74]	谢谢我带你找到天堂	第 345 帧	12.0×28.74=345
7	[00:33.60]	哪怕用一辈子才能完成	第 403 帧	12.0×33.60=403
8	[00:37.33]	只要我讲你就记住不忘	第 448 帧	12.0×37.33=448
9	[00:44.09]	我能想到最浪漫的事	第 529 帧	12.0×44.09=529
10	[00:47.99]	就是和你一起慢慢变老	第 576 帧	12.0×47.99=576
11	[00:52.34]	一路上收藏点点滴滴的欢笑	第 628 帧	12.0×52.34=628
12	[00:56.54]	留到以后坐着摇椅慢慢聊	第 678 帧	12.0×56.54=678
13	[01:01.82]	我能想到最浪漫的事	第 742 帧	12.0×61.82=742
14	[01:05.86]	就是和你一起慢慢变老	第 790 帧	12.0×65.86=790
15	[01:10.01]	直到我们老得哪儿也去不了	第 840 帧	12.0×70.01=840
16	[01:14.29]	你还依然把我当成手心里的宝	第 891 帧	12.0×74.29=891

4. 词曲同步：

(1) 选择菜单“插入”|“新建元件”命令或按[Ctrl]+[F8]键，弹出“新建元件”对话框，设置名称为“歌词 1”、类型为“影片剪辑”，单击【确定】按钮，进入该元件的编辑窗口。使用工具箱上的文字工具，在舞台上输入静态文本“背靠着背坐在地毯上”，字体为隶书、大小为 30 点、颜色为#990033。在第 30 帧按[F5]键插入帧。

(2) 新建图层，使用工具箱中的矩形工具，绘制填充为黑色的无边线的矩形。在第 30 帧按[F6]键插入空白关键帧，使用工具箱中的任意变形工具，将矩形放大到覆盖底层的文字内容。在第 1～30 关键帧间之间点击鼠标右键，在弹出的菜单中选择“创建补间形状”动画效果。

(3) 在图层 2 的图层名称上点击鼠标右键，在弹出的菜单上选择“遮罩层”，将图层 2 设置为遮罩层，图层 1 成为被遮罩层。选定图层 2 的第 30 帧，点击鼠标右键，在弹出的菜单中选择“动作”命令，在动作面板中添加 stop()；。整体完成效果，如图 11－117 所示。

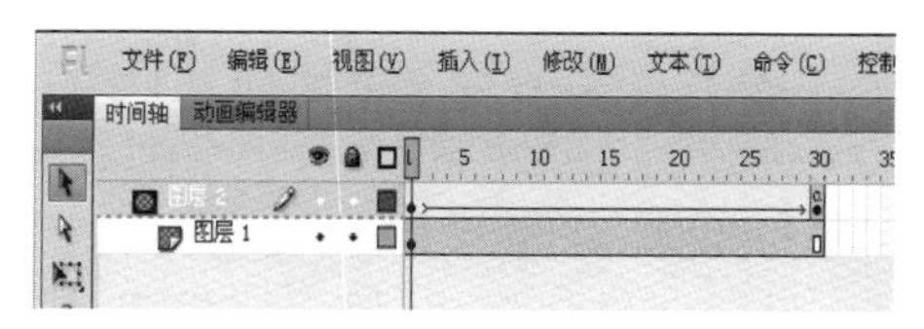

图 11－117　歌词 1 的时间轴和舞台效果

(4) 在“库”面板中，选定影片剪辑“歌词 1”，点击鼠标右键，在弹出的右键菜单中选择“直接复制”命令。在“直接复制元件”对话框中，将名称设置为“歌词 2”。在“库”面板中，双击“歌词 2”影片剪辑，进入“歌词 2”的编辑状态，将图层 1 的文本内容改成第 2 句歌词的内容。

(5) 采用步骤(4)的方法，分别制作后面的歌词。可以根据歌词的长度和歌曲的旋律适当增加和删除帧；可根据创作需要，改变歌词的显示效果。

(6) 新建图层“歌词”。根据上面计算的表格，可以知道每句歌词的开始帧。在每句歌词的开始帧上，按[F5]快捷键插入空白关键帧，将歌词依次从库中拖放到舞台的下方。

(7) 词曲同步全部完成。按[Ctrl]＋[Enter]键，先预览词曲同步的播放效果，如果有误差，再调整。

5. 动画制作：

(1) 在“背景色”图层上方，新建图层“动画”。在第 59 帧插入关键帧，选择“文件”|“导入”|“导入到舞台”命令，将素材“1. jpg”导入到舞台的中间，并转换为元件“背靠背”。在第 99 帧插入关键帧。在“属性”面板上设置第 59 帧上的图片大小为 693×446，并将 Alpha 设置为 0%。也可以使用工具箱中的任意变形工具，将第 99 上的图片缩放到和边框内部大小一样。在两个关键帧之间点击鼠标右键，在弹出的菜单中选择“创建传统动画”效果。

(2) 新建图层“音乐动画”。在第 99 帧插入空白关键帧，选择“文件”|“导入”|“打开外部库”命令，将“最浪漫的事素材. fla”的外部库打开。从“库”面板中将“音符”影片剪辑元件放置到舞台的左边。在第 125 帧插入关键帧，在两个关键帧之间点击鼠标右键，在弹出的菜单中选择“创建传统动画”效果，设置第 99 帧上“音符”的 Alpha 值为 0%。

(3) 在“动画”图层的第 169 和 194 帧插入关键帧。在两个关键帧之间点击鼠标右键，在弹出的菜单中选择“创建传统动画”效果，并在“属性”面板上设置第 194 帧上图片的 Alpha 值为 0%，实现图片的淡出效果。

(4) 同样，在“音乐动画”图层的第 169～194 帧之间实现“音符”的淡出效果。

（5）在"动画"图层的第195帧插入空白关键帧。选择"文件"|"导入"|"导入到舞台"命令，将素材"2.jpg"导入到舞台的中间，并转换成元件"心上"。在第250帧插入关键帧，并在"属性"面板上设置第195帧上图片的Alpha值为0%。使用任意变形工具将图片缩放到最小，放置在舞台的中间。在两个关键帧之间点击鼠标右键，在弹出的菜单中选择"创建传统动画"，实现图片放大效果。

（6）在第294帧插入空白关键帧。选择"文件"|"导入"|"导入到舞台"命令，将素材"3.png"导入到舞台的中间，并转换成元件"花束"。在第335帧插入关键帧，并在"属性"面板上设置第294帧上图片的Alpha值为0%。使用任意变形工具将图片缩放到最小，放置在舞台的中间。在两个关键帧之间点击鼠标右键，在弹出的菜单中选择"创建传统动画"，实现图片放大效果。在第336和第350帧插入关键帧，实现"花束"的淡出动画效果

（7）新建图层"心"，在第294帧插入空白关键帧。选择菜单"插入"|"新建元件"命令或按[Ctrl]+[F8]键，弹出"新建元件"对话框，设置名称为"心"、类型为"图形"，单击【确定】按钮，进入该元件的编辑窗口。使用工具箱中工具绘制填充图形，如图11－118所示。

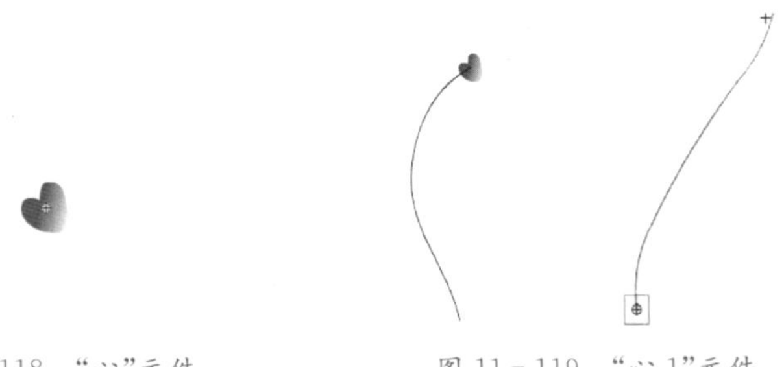

图11－118 "心"元件　　图11－119 "心1"元件

（8）选择菜单"插入"|"新建元件"命令或按[Ctrl]+[F8]键，弹出"新建元件"对话框，设置名称为"心1"、类型为"影片剪辑"，单击【确定】按钮，进入该元件的编辑窗口。从"库"面板中将图形元件"心"拖放到舞台上。在第100帧插入关键帧，在"属性"面板上设置心的Alpha值为0%。新建运动引导层，使用工具箱中的铅笔工具绘制路径，设置第1和第100帧上心和路径的两端对齐。在两个关键帧之间点击鼠标右键，在弹出的菜单中选择"创建传统动画"效果，如图11－119所示。

（9）选择菜单"插入"|"新建元件"命令或按[Ctrl]+[F8]键，弹出"新建元件"对话框，设置名称为"心飘动"、类型为"影片剪辑"，单击【确定】按钮，进入该元件的编辑窗口。从"库"面板中将图形元件"心1"拖放到舞台上，复制若干，调整大小和位置，如图11－120所示。在第180帧插入关键帧，将所有的"心1"实例向下移动一定距离，并设置Alpha值为0%。

（10）回到"neirong"主场景，在"心"图层的第294帧处将"库"面板中的影片剪辑元件"飘动的心"拖放到舞台上方。

（11）在"动画"图层的第351帧插入空白关键帧。从外部素材库中导入图形元件"浪漫"，在第380帧插入关键帧。在第351～380帧之间实现图片的淡入动画效果，在第380～

图 11-120　“心飘动”

400 帧之间实现图片的淡出动画效果。在第 401 帧插入空白关键帧，从外部库中将“浪漫 1”图形元件拖放到舞台中间，在 446～526 关键帧之间实现图片的淡出效果。

图 11-121　属性设置

(12) 在“心”图层的第 403 帧插入空白关键帧，选择菜单“插入”|“新建元件”命令或按[Ctrl]+[F8]键，弹出“新建元件”对话框，设置名称为“小花”、类型为“图形”，单击【确定】按钮，进入该元件的编辑窗口，绘制的小花如图 11-121 所示。

(13) 插入新建元件，弹出“新建元件”对话框，设置名称为“小花 1”、类型为“影片剪辑”，单击【确定】按钮，进入该元件的编辑窗口。从“库”面板中将图形元件“小花”拖放到舞台上。在第 45 帧插入关键帧，在两个关键帧之间点击鼠标右键，在弹出的菜单中选择“创建传统动画”效果。在“属性”面板中，设置旋转“顺时针”一次。

(14) 插入新建元件，弹出“新建元件”对话框，设置名称为“小花飘落”、类型为“影片剪辑”，单击【确定】按钮，进入该元件的编辑窗口。使用“小花 1”影片剪辑元件，制作小花环绕一定的路径飘落的动画效果。

(15) 回到“心”图层的第 403 帧，从“库”面板中将“小花飘落”影片剪辑元件拖放到舞台的右上角，并复制若干，调整大小和位置。

(16) 在“动画”图层的第 527 帧插入空白关键帧。选择“文件”|“导入”|“导入到舞台”命令，将“4.jpg”导入到舞台中，并转换为图形元件“变老”。在第 574 帧插入空白关键帧，在第 527～574 关键帧之间实现图片从小到大的淡入效果。并且，在第 581～631 关键帧之间实现图片的淡出效果。

(17) 在“动画”图层的第 633 帧插入空白关键帧，选择“文件”|“导入”|“导入到舞台”命令，将“5.jpg”导入到舞台中，并转换为图形元件“回忆”。在第 676 帧插入空白关键帧，在第 633～676 关键帧之间实现图片从大到小的淡入效果。并且，在第 676～731 关键帧之间实现图片从大到小的淡出效果。

(18) 在“音乐动画”图层的 678 帧插入空白关键帧，将“6.jpg”导入到舞台中，并转换为图形元件“摇椅”。在第 731 和 765 帧插入关键帧，在第 678～731 关键帧之间实现图片的淡入效果，在第 731～765 帧之间实现图片的淡出效果。

(19) 在“动画”图层的第 665 帧插入空白关键帧，从“库”面板中将影片剪辑元件“摇椅”拖放到舞台上。在第 790 帧插入关键帧。在这两个关键帧之间点击鼠标右键，在弹出的菜单中选择“创建传统动画”效果。在“属性”面板中，设置第 665 帧上内容的 Alpha 值为 0%。

(20) 插入新建元件,弹出“新建元件”对话框,设置名称为“手心里的宝”、类型为“影片剪辑”,单击【确定】按钮,进入该元件的编辑窗口。将“7. png”导入到舞台中。在第 5 帧插入普通帧,新建图层 2,将“8. png”导入到舞台中,放置在手心。在第 5 帧插入关键帧,使用任意变形工具将心放大,如图 11－122 所示。

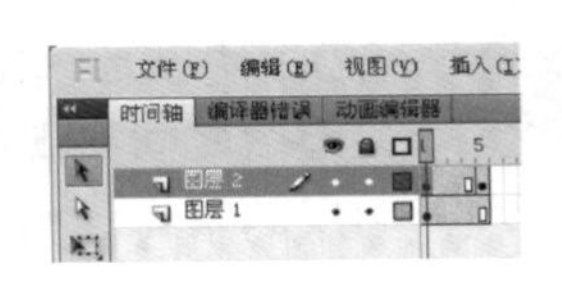

图 11－122　手心里的宝

(21) 在“动画”图层的第 891 帧插入空白关键帧,从“库”面板中将“手心里的宝”拖放到舞台的下方。在第 970 帧插入关键帧,将元件放大。在两个关键帧之间点击鼠标右键,在弹出的菜单中选择“创建传统动画”效果。在第 1020 和 1100 帧插入关键帧,实现淡出效果。

(22) 在“心”图层的第 1089 帧插入空白关键帧,制作“谢谢欣赏”动画效果。

三、影片控制

1. 在“库”面板中,选定按钮元件“播放”,点击鼠标右键,在弹出的右键菜单中选择“直接复制”命令,在“直接复制元件”对话框中将名称设置为“重播”。在“库”面板中,双击“重播”按钮元件,进入“重播”的编辑状态,将图层 2 的文本内容改成“Replay”。

2. 设置元件“播放”的按钮动作。选择“窗口”|“其他面板”|“场景”命令,打开场景面板,选择“kaishi”场景,进入“kaishi”场景的编辑窗口。选定舞台上的“播放”按钮,点击鼠标右键,在弹出的菜单中选择“动作”命令,打开“动作-按钮”面板。在面板中选择“全局函数”|“影片剪辑控制”|“On”函数,在“动作-按钮”面板的右窗口输入如下语句:

```
on (release) {
    gotoAndPlay("neirong",1);
}
```

如图 11－123 所示,在鼠标点击“播放”按钮后释放,可以控制影片进入“neirong”场景开始播放。

3. 设置元件“重播”的按钮动作。选择“窗口”|“其他面板”|“场景”命令,打开场景面板,选择“neirong”场景,进入“neirong”场景的编辑窗口。新建图层“按钮”,在最后一帧插入空白关键帧。从“库”面板中,将“重播”按钮拖放到舞台的中间。选定舞台上的“重播”按钮,点击鼠标右键,在弹出的菜单中选择“动作”命令,打开“动作-按钮”面板。在面板中选择“全局函数”|“影片剪辑控制”|“On”函数,在“动作-按钮”面板的右窗口输入与上一步骤相同的语句。

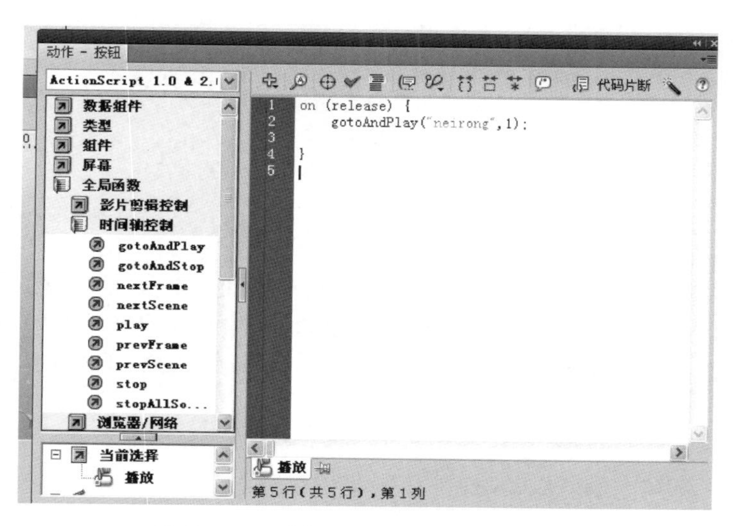

图 11-123　“播放”动作按钮的语句设置

至此，在鼠标点击“播放”按钮后释放，可以控制影片进入“neirong”场景的第 1 帧重新开始播放。

4. 设置“neirong”场景影片最后 1 帧处于“停止“状态。右击按钮图层的最后 1 帧，在弹出的快捷菜单中选择“动作”命令，打开“动作-帧”面板，在面板中选择“全局函数”|“时间轴控制”|“Stop”函数，双击“Stop”，在“动作-帧”面板的右窗口出现 stop();语句，如图 11-124 所示。至此，可以控制影片在播放到最后一帧时停止。

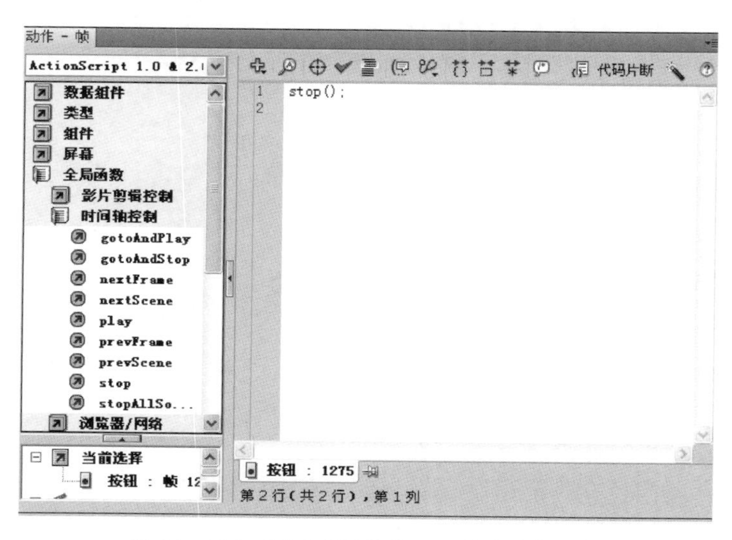

图 11-124　“按钮”图层最后一帧的动作语句

四、测试和保存

按[Ctrl]+[Enter]键测影片播放效果，按[Ctrl]+[S]键继续保存影片文档。

知识点拨

可以通过多场景的制作来实现动画效果。

模块小结

通过本模块的学习,在 Flash MTV 制作步骤中,MP3 音乐还能成功导入,词曲同步不再出现瓶颈。MTV 的制作是一个庞大的工程,只有结合本身已有的动画制作技术,勤于练习以掌握更多、更好的创作技巧,才能完美实现一部好的 Flash MTV 作品。

附：Flash 软件常用快捷键

工具

选择工具[V] 部分选取工具[A] 任意变形工具[Q]
渐变变形工具[F] 套索工具[L] 钢笔工具[P]
文本工具[T] 线条工具[N] 椭圆工具[O]
矩形工具[R] 铅笔工具[Y] 喷涂刷(子)工具[B]
3D 旋转工具[L] Deco 工具 [U] 骨骼工具[M]
颜料桶工具[K] 墨水瓶工具[S] 滴管工具[I]
橡皮擦工具[E] 手形工具[H] 缩放工具[Z]

菜单命令

新建 Flash 文件[Ctrl]+[N]
关闭[Ctrl]+[W]
打开 FLA 文件[Ctrl]+[O]
作为库打开[Ctrl]+[Shift]+[O]
保存[Ctrl]+[S]
另存为[Ctrl]+[Shift]+[S]
对象分解[Ctrl]+[B]
对象组合[Ctrl]+[G]
导入[Ctrl]+[R]
导出影片[Ctrl]+[Shift]+[Alt]+[S]
发布设置[Ctrl]+[Shift]+[F12]
发布预览[Ctrl]+[F12]
打印[Ctrl]+[P]
退出 Flash[Ctrl]+[Q]
撤消命令[Ctrl]+[Z]
清除[退格]
剪切到剪贴板[Ctrl]+[X]
拷贝到剪贴板[Ctrl]+[C]
粘贴剪贴板内容[Ctrl]+[V]
粘贴到当前位置[Ctrl]+[Shift]+[V]
全部选取[Ctrl]+[A]
取消全选[Ctrl]+[Shift]+[A]
剪切帧[Ctrl]+[Alt]+[X]
拷贝帧[Ctrl]+[Alt]+[C]
粘贴帧[Ctrl]+[Alt]+[V]
清除贴[Alt]+[退格]
选择所有帧[Ctrl]+[Alt]+[A]
全部显示[Ctrl]+[3]
编辑元件[Ctrl]+[E]
100%显示[Ctrl]+[1]
转到第一个[Home]
转到前一个[PgUp]
转到下一个[PgDn]
转到最后一个[End]
放大视图[Ctrl]+[+]
缩小视图[Ctrl]+[−]

首选参数[Ctrl]+[U]

按轮廓显示[Ctrl]+[Shift]+[Alt]+[O]
消除锯齿显示[Ctrl]+[Shift]+[Alt]+[A]
消除文字锯齿[Ctrl]+[Shift]+[Alt]+[T]
显示隐藏时间轴[Ctrl]+[Alt]+[T]
显示隐藏工作区以外部分[Ctrl]+[Shift]+[W]
显示隐藏标尺[Ctrl]+[Shift]+[Alt]+[R]

图书在版编目(CIP)数据

Flash CS6 项目驱动“教学做”案例教程/龚花兰主编. —3 版. —上海：复旦大学出版社，2019.12(2023.7 重印)
ISBN 978-7-309-14798-8

Ⅰ.①F… Ⅱ.①龚… Ⅲ.①动画制作软件-高等职业教育-教材 Ⅳ.①TP391.414

中国版本图书馆 CIP 数据核字(2019)第 288414 号

Flash CS6 项目驱动“教学做”案例教程
龚花兰 主编
责任编辑/张志军

复旦大学出版社有限公司出版发行
上海市国权路 579 号 邮编：200433
网址：fupnet@fudanpress.com http://www.fudanpress.com
门市零售：86-21-65102580 团体订购：86-21-65104505
出版部电话：86-21-65642845
上海丽佳制版印刷有限公司

开本 787×1092 1/16 印张 19.25 字数 411 千
2023 年 7 月第 3 版第 3 次印刷

ISBN 978-7-309-14798-8/T·662
定价：47.00 元